万物小史

了不起的面包

面包6000年神圣与日常的历史

Heinrich Eduard Jacob

[德] H. E. 雅各布——著
崔敏　文彤——译

SPM 南方传媒 | 广东人民出版社
· 广州 ·

图书在版编目（CIP）数据

了不起的面包：面包6000年神圣与日常的历史 /（德）H.E.雅各布著；崔敏，文彤译. —广州：广东人民出版社，2022.4

ISBN 978-7-218-14658-4

Ⅰ. ①了… Ⅱ. ①H… ②崔… ③文… Ⅲ. ①面包—文化—普及读物 Ⅳ. ①TS213.2-49

中国版本图书馆CIP数据核字（2020）第238067号

本书根据Richard Winston和Clara Winston的英译本转译。

LIAOBUQI DE MIANBAO: MIANBAO 6000 NIAN SHENSHENG YU RICHANG DE LISHI

了不起的面包：面包6000年神圣与日常的历史

［德］H.E.雅各布 著 崔敏 文彤 译

出 版 人：肖风华

责任编辑：陈 晔 罗凯欣
责任校对：钱 丰
责任技编：吴彦斌

出版发行：广东人民出版社
地 址：广州市越秀区大沙头四马路10号（邮政编码：510102）
电 话：（020）85716809（总编室）
传 真：（020）85716872
网 址：http://www.gdpph.com
印 刷：天津丰富彩艺印刷有限公司
开 本：889毫米 × 1194毫米 1/32
印 张：16.75 字 数：386千
版 次：2022年4月第1版
印 次：2022年4月第1次印刷
著作权合同登记号：图字19-2021-094号
定 价：78.00元

如发现印装质量问题，影响阅读，请与出版社（020-85716849）联系调换。
售书热线：020-87716172

目录

SIX THOUSAND YEARS OF BREAD

第四卷 美洲早期的面包

第五卷 19 世纪的面包

第六卷 我们时代的面包

献辞

SIX THOUSAND YEARS OF BREAD

谨以此书

献给我挚爱的妻子

多拉

H. E. 雅各布

插画版图

SIX THOUSAND YEARS OF BREAD

◆ 埃及二粒小麦

◇ 埃及人犁地（古墓壁画）

◆ 埃及人收割（古墓壁画）

◇ 拉美西斯国王的面包房（埃及古墓绘画）

◆ 犹太人准备制作无酵饼（德国旧木板画，1726 年）

◇ 德墨忒尔让特里普托勒摩斯在飞行马车上坐好

◆ 6000 年前的手磨，流传至今

◇ 刻瑞斯坐上宝座（庞贝壁画）

◆ 在英国领地犁地

◇ 中世纪的锄草场景（《勒特雷尔圣诗集》，1340 年）

◆ 面包师和魔鬼的故事

◇ 中世纪的收割场景（《勒特雷尔圣诗集》，1340 年）

◆ 帕绍的犹太人被控犯偷吃圣饼罪并殉教

◇ 麦子打捆（《勒特雷尔圣诗集》，1340 年）

◆ 用大车拉谷物（《勒特雷尔圣诗集》，1340 年）

◇ 第一幅土豆植株图（1580 年）

◆ 1847 年英国救济爱尔兰饥荒

◇ 赫布里底群岛居民进行人工磨面

◆ 殖民地时期人们在捣玉米

◇ 英国战地面包房（1852 年）

◆ 奥贝德·赫西坐在他的收割机上

◇ 普鲁士战地面包房（1866 年）

◆ 小麦粒中所含有的物质

◇ 小麦籽粒结构图

◆ 泡打粉托拉斯爆炸了

序言

SIX THOUSAND YEARS OF BREAD

现在回想起来，这一切就好像发生在昨天。

那时我只有四五岁，从小到大，我都生活在一个大城市里。

我独自坐在叔叔办公室里一把高高的椅子上。叔叔是一名粮商，可我并不理解那是什么意思。

印象中，父母的计划应该是在别处办完事后再回来接我。而我看着办公室里遍地堆放、噼啪作响的黄色干燥物，最终按捺不住从椅子上跳了下来，想摸摸看是什么感觉。

事实上，它的手感并不令人愉悦，反而还让我害怕。它的秆分明看起来像丝绸一样光滑，可摸起来却干而生涩，尖而脆弱，隐隐刺痛了我的手，闻起来也有些刺鼻。秆上结着坚硬的小颗粒，颗粒长着长而柔软的须。

它似乎在街头十分常见。这难道不是人们喂马时倾倒出来的马饲料吗？我那时候怕马，所以就哭了起来。

这时，叔叔回来了，手里还拿着一个箱子。他纳闷我为什么会哭。

“傻孩子，哭什么呀？难道你不知道这是什么吗？”

他拿起一根麦穗挠了挠我的脸蛋。我别过头去。

“这是草。”我结结巴巴地说道。

叔叔说：“这是谷物的样本，就是这么简单。这有什么好哭的。”

我问道：“什么是谷物样本？”

叔叔笑了。“你回家吃晚饭的时候，就能在餐桌上看到啦。仔细观察一下，你就会发现你是很喜欢谷物的……”

回到家以后，我筋疲力尽，发现餐桌上并没有什么黄色的食物。而瘦高瘦高的爸爸正在弯着腰切面包。面包的外皮泛着棕色的光泽，就像爸爸的鬓角一样；内里又十分白，就像爸爸平静的面庞。在灯光下，面包看起来还要更加温柔平和。看着那白面包和爸爸的手，一种安全感油然而生，这幅沉静、美好的画面仿佛会催眠，让人痴迷。

我已经忘记要问爸爸什么问题了。那个奇怪的黄色东西怎么会和我熟悉的面包有关系呢，想一想都觉得很蠢。不，甚至都不是蠢，我把谷物忘得一干二净了；毕竟面包就摆在桌上，不可能变成别的样子。

多年后，在1920年，我把这段童年经历讲给伟大的植物学家乔治·施魏因富特[①]听。他笑了笑。

然后他说道：“你比你叔叔聪明，你的想法也都是对的。”

我至今仍能回想起这位老人的音容笑貌。他与利文斯通[②]是同时期的人物，活到了将近90岁的高龄。在青年和中年时期，他考

---

① 乔治·施魏因富特（Georg Schweinfurth，1836—1925），德国植物学家和旅行家，多次前往非洲地区考察。（本书脚注皆为译者注）

② 利文斯通，全名戴维·利文斯通（David Livingstone，1813—1873），英国探险家，传教士，维多利亚瀑布和马拉维湖的发现者，非洲探险的最伟大人物之一。

察了非洲大部分地区，揭开了这一片神秘大陆的面纱。在非洲腹地，他发现了俾格米人[1]和长期以来苦苦寻找的植物，轰动一时。他虽然头发白了，但身姿仍然笔直。

“害怕秸秆很正常。即使不了解谷物的历史，大家也知道谷物像一个英雄一样，头戴羽饰，身穿坚硬的铠甲，把自己保护了起来，其坚韧可以称得上是奇迹。风拂过田地，谷物会啪啪作响，也是这个原因。即便如蛮族日耳曼人和斯拉夫人，他们踏上罗马帝国的领土后，第一次听到这种声音时也感到特别害怕。”

“真了不起！”我大声说道。

他却只是做了个手势，好像在告诉我：“这只是冰山一角。”

“你认不出谷物就是面包的原材料，这再正常不过了。毕竟谷物和面包的差距那么大。人类原来只会烘烤谷物，或者用它来做粥吃，做出面包这个过程可是花了一万年的时间。”

“那是谁发明了面包呢？”

“这没人知道。但我们可以肯定，这个人应该来自那个神奇的国度，那里的人们既有农民的耐心，又有化学家的求知欲。我说的就是埃及。”

“那就是说，从埃及人那个时代开始，面包就已经在餐桌上占有了一席之地吗？”

“不，完全不是。这种情况很少。”他迟疑地回答道。“通常，

---

① 俾格米人泛指男性平均身高不足五英尺（1 英尺≈ 0.30 米）的民族，这一名称源于古希腊人对于非洲中部矮人的称法。非洲中部的尼格利罗人是最著名的，被称为非洲的“袖珍民族”，成年人平均身高 1.30 米至 1.40 米，俾格米这一名称多半指他们。

农民都种不了谷物，不是农具让人拿走了，就是付不起高额的税款。这真的很悲惨。不过关于面包，也有更让人开心的故事。其中最棒的可能就是，虽然面包已有数千年的历史，但烘焙技术仍在不断发展、完善。植物学家、农民、磨坊主、面包师都还在进行新的尝试。要想全面了解面包的话，这里面的学问很深，社会、技术、宗教、政治和科学领域都有涉及。”

我问道：“还有宗教？”

“当然了。面包在宗教生活里发挥了非常重要的作用。大多数伟大的文化信仰都争先恐后，想要最先成为‘圣饼教’，并一直信奉下去……”

我大喊起来：“那你为什么不把这个故事写下来呢？给大家介绍一下面包在一万年里走过的历史。”

这时，他的脸上显出了老练睿智的神情，语调也突然变得像是伟大的学者或者即将卸任的政治家一样：“你为什么不试一试呢？你只需要研究人类历史的各个方面，无论是化学、农业、神学，还是经济史、政治和法律，都研究一番。用上二十年搜集资料，然后差不多就可以开始动笔了！”

我还清楚地记得他的笑容：很和善，但又不失嘲弄。

我暗自思忖：“为什么要由我来挑起这副重担呢？资料浩如烟海，又有谁可以尽数收集呢？”但之后，我确实扛下了这一重大责任，孜孜不倦地收集资料，从未停歇。

如今，就在继续丰富、充实相关资料的同时，我要开始给大家讲述面包的传奇故事了。

第一卷

SIX THOUSAND YEARS OF BREAD

史前人的面包

我们在战场上流血死亡，历史加以颂扬；我们依赖耕地繁衍生息，历史却不屑一顾。历史记录下了国王私生子姓甚名谁，却不能说出小麦起源何处。人类的愚昧就在于此。

亨利 · 法布尔[①]

① 亨利 · 法布尔（Henri Fabre，1823—1915），法国著名的昆虫学家、文学家。著有《昆虫记》。

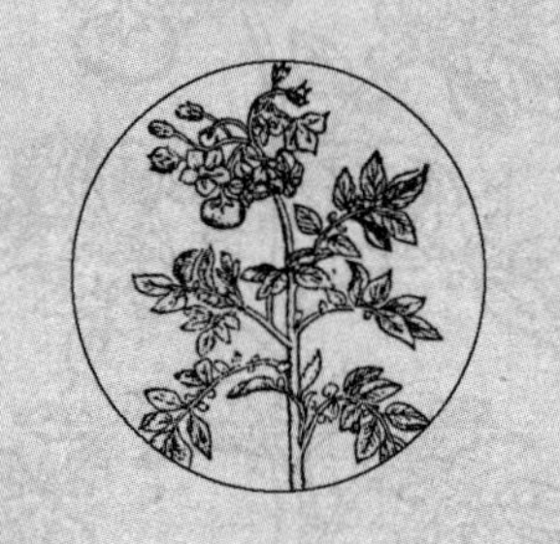

蚂蚁之谜

◇ 1 ◇

1861 年 4 月 13 日，伟大的查尔斯 · 达尔文起身，向伦敦林奈学会的各位学者发表讲话。那一年，达尔文 52 岁，但看上去还很年轻，没有长出花白胡子。

没有人见过达尔文激动的样子。此刻，他在向学会成员发表讲话时，也依然镇定自若："美国得克萨斯州的吉迪恩 · 林西克姆医生给我写了两封信，说他发现了农业起源的奥秘。他声称，农业不是人类的发明，而只不过是众多史前发现里的一个。最初播下种子、收割庄稼的其实是蚂蚁。"

大概四年前，达尔文发表了《物种起源》。就像林奈[1]是"植物之父"一样，达尔文也成为"动物之父"。《圣经 · 创世纪》曾记载了上帝将动物领到亚当面前，让他给动物命名的故事。而自从那天起，还没有人做过像达尔文这样的研究。

---

① 林奈，全名卡尔 · 冯 · 林奈（Carl von Linné，1707—1778），瑞典生物学家，动植物双名命名法的创立者，首先提出界、门、纲、目、属、种的物种分类法，并沿用至今。

达尔文向学会宣读了林克西姆关于蚂蚁的第一封信：

> 蚂蚁绕着土堆……清除了地面上的所有障碍，把距离蚁洞入口处方圆三四英尺内的地面弄得平整光洁，看起来就像是完美铺设的路面。这一点都不夸张。在这个平整的区域内，除了一种能结穗的草以外，什么植物都不许长。蚂蚁会把这种作物绕着土堆种上一圈，并精心地照料、培育，还会除掉作物区里，甚至是区外至少方圆一两英尺范围内的所有杂草。庄稼长势十分喜人，结出了坚硬的白色小种子。蚂蚁看着庄稼成熟，收割沉甸甸的庄稼，并去掉谷壳，扔到自己的院子外面。这种"蚁稻"在 11 月初开始生长。毫无疑问，上述这种能够结穗的作物是蚂蚁有意种植的。

达尔文表示，为了更深入地了解这个问题，他给林克西姆写了回信，审慎地表达了自己的怀疑。而林克西姆又回复了第二封信，坚称十分确信自己的观点。"我一年四季都在观察同一个蚂蚁洞群，都看了 12 年了。"他断言，蚂蚁种植庄稼是有意为之，而且是单种栽培，也就是只种植这一种作物。

> 在平整的作物区里，蚂蚁不会允许出现一丝的绿色，唯一的例外就是一种能够结穗的植物：三芒草……蚂蚁还会收集其他几种禾草的谷物，采集许多其他草本植物的种子，但却从来不会播种。它们精心培育的是一种两年生作物。它们会按时播种，好让作物赶上秋雨的润泽。这样，到了大约 11 月 1 日，绿色的"蚁稻"就会在作物区长成。这片环形的庄稼大约 4 英寸[①]宽，周长

---

① 1 英寸≈2.54 厘米。

有14—15英尺，十分美丽。在这一区域周围，任何杂草都不会逃过蚂蚁的眼睛。只要萌芽，一天之内就会被除掉。蚂蚁精心呵护“蚁稻”，直到次年6月庄稼成熟后，再采集种子运到自己的谷仓里……

这份林克西姆医生的详细记录在听众中引起了巨大反响。众人一片哗然，争相起身发言。这难道真的能揭开人类文明的一大谜团吗？所有科学家都突然回想起了一些儿时的迷信和经典作品的重要片段。几千年来，人们都知道南方的蚂蚁，尤其是地中海的蚂蚁都靠储存粮食特别是野草种子来过冬。在《圣经》中，所罗门曾训诫道：“懒惰人哪，你去察看蚂蚁！”[①]罗马诗人贺拉斯[②]则赞扬蚂蚁有远见卓识，“未雨绸缪”。一个学会成员还指出，维吉尔[③]在《埃涅阿斯纪》的第四卷也提到过蚂蚁，并引用了其中的一段：

……就像一群蚂蚁，
想到冬天快来了，
去抢一大堆谷物，
把它搬放在巢穴里那样。[④]

有人站起来进行反驳：“可那完全是两回事。引用的这些文字只能

① 《圣经·箴言》，第6:6节。本书所引《圣经》译文，均来自简体中文和合本，参见https://www.o-bile.com/gb/hgb.htl。

② 贺拉斯，全名昆图斯·贺拉斯·弗拉库斯（Quintus Horatius Flaccus，前65—前8），罗马帝国奥古斯都统治时期著名的诗人、批评家、翻译家，代表作有《诗艺》等。他是古罗马文学“黄金时代”的代表人之一。与维吉尔、奥维德并称为古罗马三大诗人。

③ 维吉尔，全名普布利乌斯·维吉利乌斯·马罗（Publius Vergilius Maro，前70—前19），被奉为罗马的国民诗人，被中古时代及后世广泛认为是古罗马最伟大的诗人之一。其《埃涅阿斯纪》影响了包括贺拉斯、但丁和莎士比亚等许多当时及后世的诗人与作家。《埃涅阿斯纪》在中世纪被当作占卜的圣书，由此衍生出“维吉尔卦”。

④ 译文摘自维吉尔：《埃涅阿斯纪》，杨周翰译，江苏：译林出版社1999年版，第94页。

说明蚂蚁会储存粮食，以备物资匮乏的时候食用。但林克西姆医生第一个提出，蚂蚁还会种粮食。”

达尔文点点头，说道：“确实如此。收集粮食与播种相去甚远，如将二者混淆，必定谬误百出！”

大家陷入了沉思。如果蚂蚁掌握了播种的技能，那就可以说这个物种已经具备了因果思维，而且其广度和深度是人类迄今为止在其他动物的目的性行为中尚未发现的。还是说，这种因果思维是不为人知的？林奈学会的科学家自然对动物界有着很高的评价。对他们来说，动物在人类踏足地球之前做出的发现当然非同小可。

无论是在数学、建筑还是物理领域，“不会说话的动物”都远远领先于人类。蜜蜂不需要任何量角工具的辅助，就能搭建出最纯粹的几何图形——六角形的蜂巢，这是多么巧夺天工。再想想燕子发明的灰泥筑窝。人类只需要分析一下燕窝的结构，就能学到怎么修建美术馆和阳台。还有最强大的啮齿动物——海狸，它们修建了半英里[①]长的水坝控制溪流，甚至改变了地貌。就海狸来说，它们修坝究竟用了多长时间是最大的谜团。要修建这样一个水坝，可能要花上两百年。那么它们是在为谁而修呢？

现在，又有人主张蚂蚁发明了农业。而人类则是在十万年前通过敏锐的观察，学会了蚂蚁的独门绝技。

但是要掌握这样一项技能，应该既需要很强的理解力，又透彻了解因果关系，而原始人只通过观察就能学会，这可能吗？直到近期，科学研究才证实，原始人并不具备理性，或者最多也只是具有一种他们独有的推理能力。比如，马克萨斯群岛上的人不肯相信婴儿出生是因为九个月前夫妻曾经同房。对他们来说，这么微小的一个行为竟然

① 1 英里≈ 1.61 千米。

会造成这么严重、这么可怕的后果，是不符合逻辑的。就像现在，科学家得认同这样一连串的观点：蚂蚁播种，是为了收割庄稼；它们能像农民一样等上八个月，等待庄稼成熟；与此同时还要尽心尽力给田地锄草。这难道不会要求太过分了吗？这些行为太像人了，太“拟人化”了。

于是，经过正反双方的大量讨论，学会众多成员都认为对于林克西姆的话，只能一笑而过。那么，达尔文和林奈学会是遭到愚弄了吗？

◇ 2 ◇

40 年过去了，再也没有人像马克 · 吐温那样，谈论或思考蚂蚁发明了农业这个让人尴尬的故事。[①] 直到美国昆虫学家 W. M. 惠勒又翻起了陈年往事，还猛烈地抨击了一番。他写道：

> 收获蚁为了收获谷物，会种下某种“蚁稻”，精心照料，并除掉所有杂草。人们之所以会有这种误解，林克西姆要对此负责。这个想法连得克萨斯的小学生都当作是笑话，却在各类文献中得到广泛引用，主要是因为伟大的达尔文支持发表这个观点……

从达尔文那个时代起，一门新的科学——“蚁学”，也就是研究蚂蚁的学问诞生了。蚁学的创立者都是一些伟大的科学家，比如瑞士医生福雷尔、英国的卢伯克和罗马尼斯，还有奥地利的埃里克 · 瓦斯曼。他们都观察了蚂蚁的行为，各自做出解读，并相互争辩，为蚂蚁行为背后的驱动力，也就是行为动机提出了各种各样的解释。整个蚁

① 马克 · 吐温在其著作《浪迹海外》（*A Tramp Abroad*）一书中有关于蚂蚁的描述。

学家团体得出的结论是，在所有动物中间，蚂蚁在智力水平上最接近于人类，比类人猿还要近。但这让一些人感到非常震惊。虔诚的瓦斯曼不愿相信，蚂蚁这样的生物竟然也能具备“人类从一个主张推断出另一个观点，根据前提得出结果的能力”，也就是推理能力。所有这些显而易见的奇迹，瓦斯曼都认为是源自本能。而贝特则认为蚂蚁既不能推理，也没有本能；所有无脊椎动物都只是条件反射的机器。

不过，尽管存在这样的争论，蚂蚁相关的信息还是越来越多，数量庞大。没过多久，人们对蚂蚁的了解基本上比人类早期历史还要深入。

无论是从生物学角度，还是社会学角度来说，蚂蚁都是非常优秀的物种。它们能够散发一种气味，相互辨认；他们有自己的语言，由触角的运动来传递并把这种语言打造成完美的沟通手段。为了便于劳动，蚂蚁放弃了性别。也就是说“新婚”过后，毫无用途的雄蚁会被活活饿死，而整个蚁群的生活要仰仗无性别的工蚁。它们会与邻居开战，却又草草收兵；刚刚还是宿敌，转眼又一派和平景象。而且它们还会持续维护这种和平局面。法国科学家描述过蚂蚁修路的技能；英国科学家研究它们建造的地道和桥梁；美国昆虫学家马克·库克研究了蚂蚁怎么睡觉、醒来以后怎么打哈欠、厕所是什么样的、如何锻炼，以及蚂蚁有哪些信手拈来的高难度动作；W. 法伦·怀特牧师仔细研究了蚂蚁如何举行葬礼，帮助患者。达尔文自己则描述了蚂蚁的蓄奴现象。

达尔文很早就认识到，不同国家的蚂蚁生活条件不同，也因此具备了不同的技能。英国蚂蚁和瑞士蚂蚁的行为就不一样。有些蚂蚁居住在游牧社会的环境中，它们会给甲虫喂食，然后再挤压甲虫，让甲虫分泌乳汁。蚂蚁甚至还知道怎么进行发酵。它们会将树叶进行分割，咀嚼成碎渣，其唾液（类似人类唾液）里的酶可将淀粉转化成糖。之后，它们会把这种树叶和唾液的混合物置于一旁，经过一段时间的等待后再一同分食。这不都是人类文明的奇迹吗？根据北欧神话记载，发酵啤酒最初是克瓦希尔把自己的唾液和谷物在大桶里搅拌之后酿成的。可是蚂蚁又怎么会知道有这样一位北欧英雄呢？

马克·库克指出，在宾夕法尼亚，这群神秘的昆虫建造了一个洞穴。如果按照蚂蚁的体积等比例计算的话，这个洞穴的体积相当于胡夫金字塔的 84 倍。这样伟大的一个物种，难道就不能像发现发酵的原理那样创造了农业吗？但林克西姆所说的“耕地”已经随着时间的流逝而消失不见。没有人知道这些耕地到底在什么位置，而且无论是得克萨斯的蚂蚁，还是其他蚂蚁，似乎都再也没有种过谷物。

实际情况正相反。科学家调查得越深入，就越确信蚂蚁是农业的死敌。这是非常自然而然的事。蚂蚁吃粮食，所以会竭尽全力阻止幼苗发芽：要么给作物都喷上蚁酸或者咬掉嫩芽再放到仓库里；要么就让种子在阳光下暴晒、干透，再也不能发芽。

那么林克西姆是在撒谎吗？还是在观察过程中出错了呢？最终，在 1937 年，费迪南德·戈奇回答了这个问题。他在欧洲和南美洲对蚂蚁进行了大量观察，发现林克西姆描述的蚂蚁行为并不是虚构的，而“实际上是无心插柳”。大多数蚁群都有两种相互矛盾的本能：一种是收集；一种是建造。收集的本能促使蚂蚁把谷物、木屑和其他材料带到蚁穴里；而建造的本能推动着蚂蚁再把这些材料搬到蚁穴外，建造自己的家园。建筑材料里就包括草籽和谷种。干旱期会激发蚂蚁去收集；而雨季则刺激蚂蚁进行建造。戈奇认为，林克西姆所说的耕地，就是因为蚂蚁在建造过程中漫无目的地把种子搬出了蚁穴（而没有吃掉），又无意间将其放在了湿润的土壤上，种子才萌芽生长的，而不是说蚂蚁有意播种。但如果在蚂蚁的发展史上，这个“错误”重复了数百万次，从而成为一种集体记忆，最后难道不能产生播种的本能吗？

或许林克西姆提到的那种蚂蚁就已经形成了这种本能，或许他终究没有错得特别离谱。

我们可以确定的是：石器时代的人发现农业时，并不是遵循了自己的意愿。那时，人们经常会吃生肉。为了减少生肉的刺激性味道，他们在洞穴里找到了一块干燥的地方储藏美味草籽。但最终，地面逐渐潮湿，草籽开始发芽，味道不再鲜美。他们只能将草籽弃于一旁，满心失望，抱怨这片土地难以生存，自己时运不济。但令他们目瞪口呆的是，八个月后，谷物竟然再次出现。

犁的发明

◇ 3 ◇

原始人没有显微镜。

法国社会学家加布里埃尔·塔尔德教导我们：文明来源于模仿。可是，原始人虽善于模仿，却也没法模仿蚂蚁，因为蚂蚁实在太小了。E. 迪布瓦·雷蒙曾这样赞美蚂蚁："蚂蚁有一颗勤劳的心，它在建筑方面如此有天赋，又这样井然有序、忠诚、勇敢。"可是，雷蒙生活在1886年，完全可以通过显微镜来观察蚂蚁这些崇高的品行。原始人却恰恰不具备这样的条件。

至于说羽翼丰满的鸟儿一飞冲天，其实又是另外一回事。鸟飞翔、起舞、交流——这些都是能够模仿的行为。鸟还有可能成为神（如印第安人后来就把鸟奉为神），成为部落的祖先。但是多么可惜！这么可爱的鸟儿，却既不播种，也不收割。

所以，人是不可能从任何动物身上学会如何种田的。这需要他自己去发现。又或者，需要他的妻子去发现。

如果没有女人，男人根本不可能掌握耕种的技巧。所以，我们可以大胆推测一下，最初耕作是如何起源的：

很久很久以前，男人负责捕猎。

如果今天运气不错，他就可以饱餐一顿；但如果石棍之下一无所获，他就只能忍饥挨饿。很快他就领悟到，如果把剩余的肉经火烤消毒，其保质期就能延长数日，他就无须担心无肉可吃了。

人发明了烤肉，解决了存储的问题。（真正的烹调是很久之后才发明的，因为在当时，人类没有任何容器能够经受得住火焰的灼烧。）但几天之后，饥饿感再次袭来。或许就在这时，儿子向他建议："爸爸，我们围一个大树篱怎么样？我们把动物抓起来但不吃掉，而是放在里面养着。再让公的和母的睡在一起，它们就能生小崽。这样，我们就一直有肉吃，不会饿死。"

就这样，猎人的儿子成了牧民。他注意到，他放牧的动物并不都是食肉动物，还有很多是吃草的，或者从树上摘果子吃。在他看来，这些都是聪明的动物。此外，他和家人都染上了怪病：他们的牙床会散发出恶臭，还感到头疼、呼吸困难。于是，儿子弄来一些草籽撒在烤肉上，他们还吃了树上结的果子，病就这样好了。

现在，这个家庭开始进行分工了。父亲年迈之后，接替儿子放牧；儿子健壮有力，就接替父亲打猎，把最好的猎物圈养起来，其余的宰掉吃肉。母亲则收集草籽和果子——没有人知道这些神秘的植物来自何处。不过，由于母亲经常独自在家，因此有很多时间来观察和思考。所有生物并非千篇一律。就像四处行走的动物一样，植物也有千姿百态，能够繁殖子孙后代。

渐渐地，母亲，也就是这家的女人，变得比男人更加强大了，因为她了解不同植物的特性，而植物中就蕴藏着能够改变男人心神的力量。有的植物能催眠，有的能让人快乐，在男人因为打猎放牧不顺利而发怒、感到沮丧的时候就能派上用场。而且，男人还总是会因为奇怪的天文现象感到害怕。比如，天上的月亮像生病了一样，会从一个圆盘变成牛角一样弯弯的形状，有时候还会彻底消失不见。看到这样的景象，男人会害怕得战栗。于是，他们会选出几头身上泛着银光、牛角弯得刚刚好的白牛献给月亮，而月亮接受了这样的献礼之后，会再一次变成满月。男人常常会哭着献祭，非常忧虑。但女人有方法安抚他。因为她曾经观察到，在炽热的阳光下，树干上会分泌出一种发酵的糖汁，颇受甲虫和蝴蝶喜爱。她由此学会了如何酿造让人迷醉的饮料。

男人喝了这饮料，在宿醉之后醒了过来，又开开心心地去放牧了。女人则留在家里琢磨那些植物。一方面，丈夫需要这些植物来保持良好的状态；另一方面，丈夫又鄙视种植植物这件事，因为这不像驯养动物，不需要用到肌肉的力量。

有一天，男人放牧归来，发现女人建了一个菜园。女人说只要在土地里撒满种子，土地就会像她的子宫一样，在九个月之后结出果实。男人听后大笑，表示怀疑。但不久之后，他便不再质疑。

为了方便播种，女人发明了一种工具：挖棒。她在地里挖了一些洞，然后把“米老哥”（Father Millet）——小米[①]的种子放了进去。比起其他作物，女人最偏爱小米，毫不吝啬地加以精心照料，因为小米能够滋养自己的孩子，助其长成强壮的男人。

日子一天天过去，女人开始感到用挖棒挖洞实在是太累了。她吩咐男人拿来一根长棍，用结实的草茎以适当的角度绑在一根短棍上，再借助这一工具用尽全力挖下去。挖开土地的“子宫”更容易了，女人就这样发明了锄头。在接下来的数千年中，女人一直用锄头锄地，

① Father Millet源自荷兰后印象派画家凡·高（Vincent van Gogh，1853—1890）对法国巴比松派画家让-弗朗索瓦·米勒（Jean-François Millet，1814—1875）的尊称，凡·高受米勒影响颇深，将米勒视为自己的人生导师。更多相关内容详见第三卷《扶锄的男子》一章。millet一词还有小米的含义，这是人类最早种植的粮食作物。

种植植物和蔬菜。

有一天，男人和一些朋友兴冲冲地冲进家，牛群跟在他们身后。多亏了太阳神，草场茂盛，水草丰美，牛群养得膘肥体壮。男人想要庆祝一番，感谢神的赐予。他们喝了发酵饮料，坐在菜园的树下。其中一人兴致勃勃，拿起锄头用力一锄，致使锄头杆的一半深深地没入土里，任谁也拔不出。就在大家笑着、叫喊着的时候，男人牵了一头牛过来，把牛和锄头用结实的草叶绑在了一起。牛开始向前迈步，努力拉动锄头，但并不是向上，而是以水平方向拖动锄头将菜地划开。突然，牛昂首朝着太阳吼叫起来，大地都随之颤动。锄头还在不断划开土地的“子宫”，人们眼睁睁地看着土地就像一块皮一样被划开，开始对牛和锄头感到恐惧。他们抽泣着、颤抖着，担心自己已经激怒了众神，就赶紧把牛卸了下来。

第二天，他们打算填满那些沟槽，掩盖昨天发生的事。但女人发话了：“让我们先给雌雄配对，把代表男人的草籽放进土地母亲的子宫里吧。”于是，男人就做了千百年来女人一直在负责的事——播种。但即便如此，他们也还是觉得不安心，又开始恳求土地原谅他们将她划开还给她塞进各种礼物的行为，还害怕土地会一怒之下自动裂开，把他们全都吞没。然而，这一切都没有发生。谁帮助土地繁衍，土地就给谁奖赏。所有作物都越长越高，郁郁葱葱，十分繁盛。于是，人们就继续帮助土地繁衍。至于那把犁地的锄头，他们不仅亲吻它，还把它看作是一件圣物。

◇ 4 ◇

大概就是通过类似这样的方式，人类又发明了犁。在整个人类历史上，再没有任何后续发明比犁更加重要。无论是电力、铁路，还是飞机，都没有像犁一样产生如此深远的影响，也没有对地球母亲的面貌造成如此重大的变化。我们可能永远不会知道犁地的技术最初是在哪里发现的，但无论是在爱尔兰、北非还是西欧、印度和中国，原始人都掌握了这项技能。

不过，我们知道的是，犁应该是在某个河谷地带发明的，因为只有土壤得到充分灌溉，初始那种简陋的犁才能发挥作用，耕出槽沟。在真实存在的文明当中，最为古老的文明必然是以绿洲为基础而发展壮大的。那么，犁最初是来自两河流域的美索不达米亚古文明吗？正是在这片土地上，公牛作为太阳的象征得到了无上的尊崇；还是说，犁起源于尼罗河流域呢？我们并不知道；又或者，是在印度，在那宽广的恒河两岸吗？我们也不能确定；再或者，是来源于中国，因为黄河流域的冲积平原十分肥沃吗？关于这一点，我们很确定：犁并不是在中国发明的。因为中国的犁实在是太先进了，相比之下，西亚亚述人与埃及人使用的犁完全倒退了一大截，看起来十分粗糙简陋。中国人意识到，拖着铲子犁地比拖着锄头的效率更高，于是就发明了现代犁，把铁片捶打到合适的弧度，制成犁铧，再固定在犁头上。在犁地时，这种犁扬土的方式和过去西亚人使用的犁不太一样。一项发明可能会过时，但其中蕴藏的基本原理却绝不会倒退。因此，犁的发明应该很难归功于东亚人民的智慧。

无论是在东方还是西方，只要人们学会了使用犁这种工具，就会有力地激发他们关于性的想象。犁就像是男性征服女性的工具，就像犁粗暴地在土地上留下垄沟一样，男性也对女性施以了同样粗暴的举动。后世的普鲁塔克[①]曾指出："爱，会带来伤害。这就是爱的准则。"犁地也是一种爱的举动。毫无疑问，土地是一位女性。她有优点，也

① 普鲁塔克（Plutarch，约46—120），罗马帝国时代的希腊作家、哲学家、历史学家，以《比较列传》（又称《希腊罗马名人传》或《希腊罗马英豪列传》）一书闻名后世。

有缺点，她会由着性子时而撒娇服软，时而拒不让步，就像是女性的行为方式一样。根据后来的希腊神话，土地，或者说是司掌农业的谷物女神[①]，嫁给了宙斯，也就是天空。宙斯当然妻妾成群，谷物女神为了报复，就与第一位把犁人伊阿西翁偷情。得知此事以后，宙斯在盛怒之下用闪电劈死了伊阿西翁。

但伊阿西翁的后人仍然深深地热爱着土地，以犁为工具为土地“受胎”。每一年，农民都会犁开某一块比较熟悉的土地，而不是今年在这里，明年换那里。只要土地持续回馈农民，农民就学着去继续热爱土地——这是一种前所未有的情感。因为在人类曾经放牛的时代，土地完全是一副冷漠的形象。有了犁，人类就有了财产，从而产生了占有土地的欲望。虽然这欲望后来滋生出了罪恶，但在最初，这可是了不起的进步。因为如果没有这种念头，人就不会继续耕地。在过去漫山遍野杂草丛生的时代，人类从来都只是过客；而如今，犁改变了一部分土壤，土地为把犁人和播种者所有，人类在历史上第一次反客为主，成为主人。

人类会事先挑选种子，再播撒在新开垦的土地上。只要土地已经犁过，任性吹拂的风就再也不能产生任何影响，这也是以前从未有过的现象。犁翻过哪里，各种作物杂乱的混交就会在哪里终止，而变成“一夫一妻制”。人在一块土地上只会种下一种作物。因此，在世界各地，农业之神也变成了婚姻之神，风神则象征着通奸与偷窃。

正直的把犁人在劳作时，表现得就像是丈夫对待妻子那样。在罗马，这种一夫一妻制的婚姻关系符合伦理道德要求，所以举行婚礼时，

① 即德墨忒尔（Demeter），古希腊神话中的农业、谷物和丰收的女神，奥林匹斯十二主神之一。她教会人类耕种，给予大地生机。

就会用一把犁作为象征。赫西俄德[1]还曾要求希腊的把犁人在把犁时应赤身裸体，因为人与土地之间神圣的联结不应因衣物而受到阻隔。在庄稼丰收、土地的恩赐被尽数收割之后，农民要按照教导，与妻子在裸露的土地上完成神圣的交合。他们要提醒土地必须重新开始孕育！

所以，在远古时代，耕作行为充满了宗教戒律的气息。因为人类能够让土地孕育是个伟大的奇迹，大家都深信这只能是因为天国无上的赐福。确实，祭司每天都坚定这一主张，不容置疑。

这些祭司又是从哪儿来的呢？最初，人人都是自己的祭司，做每一件事时都十分虔诚。后来，人类开始分工，就出现了祭司、猎人、牧民和农民。很快，祭司就声称，所有改变人类生活的伟大发明都是他们工作的成果：首先是火，然后是犁，接下来还有带轮马车、公牛阉割、驯马术，以及编织和打铁的技术。他们说，所有这些技术都是神指示他们赐予人类的，所以信徒应该照料他们、提供食物，回报他们的恩情。

当然，他们这是在歪曲真相。发明创造不太可能是神的旨意。宗教在技术方面历来都毫无创新，更不可能想要朝这个方向发展。实际情况恰恰相反：宗教从来都是亦步亦趋跟在发明后面，然后将其占为己有，迅速地把自己塑造成每一项技术创新的守护者。就人类的发展而言，这一步很有必要，也十分重要。我们不要忘记，早期的人类推理能力弱、记忆力差，行为举止总是轻浮愚蠢，还经常醉醺醺的。如果没有祭司通过宗教仪式再次进行强化巩固，偶然的发明很可能立刻就会被遗忘。

每一项发明的出现，都是因为人类满腔激情，想要改变生活方式。然后，宗教就会登场，说这项发明神圣不可侵犯，从而通过这种手段

---

① 赫西俄德（Hesiod，前 8 世纪），古希腊诗人，以长诗《工作与时日》、《神谱》闻名于后世，被称为“希腊训谕诗之父”。

保护发明，使其不至于遭到遗忘。在意识到公牛不情愿，母牛要产奶，让它们拉犁耕地不太可行之后，人类就创造了阉牛这种无性的牲畜。阉牛在证明了自己的价值之后，也得到了宗教的保护。

印度教教徒认为吃阉牛肉会亵渎神明，并不是因为阉牛是一种神圣的动物。更准确地说，他们的逻辑是因为阉牛在犁地时必不可少，所以才非常神圣。此外，为了犁地这项人类文明的伟大工程，阉牛还牺牲了自己的雄性特质，这也使它的形象更加神圣。由于阉牛被迫遭到阉割，它成了人们虔诚尊崇的对象；就像祭司一样，出于对精神层面的顾虑而不结婚生子。

不过，技术总是至高无上的，从不会向宗教臣服。无论在任何地方，只要宗教试图迫使技术屈服，就会爆发冲突。普罗米修斯的故事就能体现这一点。他从天庭偷来火种，教人类锻造金属，因此受到主神宙斯的惩罚，被缚在了一块山石上。但宙斯最终还是被迫释放了他，因为普罗米修斯掌握技术，能够预知宙斯的命运，所以更加强大……这个神话故事非常深奥，表明如果宗教和技术携手合作，就会比兵戎相见产生更好的结果。可以说技术利用了宗教（就像宗教也利用了技术）来保护发明创新。就像今天，发明得到了专利法的保护一样，在早期人类的历史进程中，是宗教法在保护技术。

禾草的竞争

至此，人获得了为土地表面注入生命的力量。通过双手的劳动，就能增加植物的数量和种类。获得了这样一种新的能力，让人类感到无比喜悦，沉浸其中不能自拔。很多原始人仍然像着魔一般感到欢欣鼓舞，仿佛自己才刚刚成为土地之主。在他们眼里，任何新事物都只能是“种”出来的。德国人类学家卡尔·冯·登·斯泰因来到巴西，拿出一盒火柴给当地的一名印第安酋长看过以后，酋长开心地大喊道:“这个我们一定得种上。”

到底人类最初种下的是哪种禾草，这个问题几百年来一直悬而未决。我们很可能永远也无法给出确切的答案。

在文字产生以前，人类文明的历史中最为引人遐想的一个篇章，就是不同的禾草之间的竞争。所有谷物原本都是草。而有些草能得到人类文明的垂青成为谷物，是因为原始人爱吃它的草籽。但是，原始人种的作物结出的草籽往往还没等到收获，就会失窃。除了昆虫会光顾，还有一股力量会让作物摇曳起来，传播种子——这就是风。风会猛烈地吹动野草开出的花，接下来只要再轻轻一碰，它们的种子就会传播开来。这对野生禾草的繁衍生息来说自然十分必要，但这样的话，人类又如何能收割到成熟的庄稼呢？因此，人的首要工作就是要让自己爱吃的禾草改掉这个坏习惯。几千年来，人类只挑选种穗能够长时间包裹种子的野生禾草来培育，并最终取得了成功。就这样，野生禾草经过人类的改造，变成了栽培小麦、栽培黑麦，以及各种各样滋养人类的重要谷物。这些新品种所结出的籽会牢牢地依附在茎上，只能通过踩踏、晃动或抽打才能取出——这个过程就是我们所说的脱粒。究竟是秸秆更坚韧，还是人类对面粉的渴望更强烈，打谷场上就能一决高下。

史前人如何实现了选择育种这一奇迹，至今仍是未解之谜。直到19世纪，专业植物学家以格雷戈尔·孟德尔（1822—1884）的遗传定律为基础进行了相关研究之后，才又一次引发了这种翻天覆地的转变，插手生命的源头。古人是如何了解大自然的运作方式呢？他们是以什么思路得出结论，要给这些知识贴上神秘科学的标签？有人可能会指出，孟德尔也是一名祭司。在远古时代，祭司没有其他事可做，所以非常善于观察万物的生长。很难想象他们会发明耙、犁或者其他改变人类生活的工具，但如果说他们干预并改变了植物的习性，这还是极有可能的。

一万五千年来，谷物的史诗就是一部人类发展的历史。我们可以说，是人类把野生谷物驯化成了“家禽”。人走到哪儿，谷物就跟到哪儿，因为谷物需要人类活动所产生的排泄物——粪肥、磷肥和氮；没有人类的照料，谷物很快就会枯死。它们比狗更需要得到主人的善待，因为它们的种子完全牢牢地依附在茎上，风力传播已再无可能，只能依靠人工播种来繁殖。

谷物养活了人类，如今却只能依赖人类的恩惠而继续生长。但即便如此，在过去的几千年间，农民的命运却还像是继子一样，饱受冷落与忽视。

◇ 6 ◇

数千年来，人类食用的几种谷物都是同胞兄弟。其中，除了水稻的历史与众不同之外，还有六种谷物是人类从原始时代起就开始种植的：小米、燕麦、大麦、小麦的历史最为悠久；黑麦要追溯到古希腊罗马时代晚期①；玉米，或者说是印第安玉米的种植则是在发现美洲之后。人类食用这“六兄弟”的历史已经有近一万年了。

兄弟中年纪最大的可能就是“米老哥”——小米了。早在犁出现之前，它就已经成为人类和众神的食粮。米老哥厌恶寒冷的气候，成熟以后颗粒饱满，会低下头来，看起来谦恭有礼。但它却十分忠诚而坚忍，总是会跟随着喜爱它的人。与“米老哥”相依相伴的人从来不会大富大贵，也从不尚武好战。蒙古牧民和中亚的吉尔吉斯斯坦牧民直到今天都喜食小米，中国培育小米的历史则要追溯到公元前 2800 年左右。在原始时期，印度人也以小米为主食。但雅利安人进入印度之后，带来了他们自己的谷物：大麦（djavas）。这是士兵和大力士的粮食。最终，经过在口味上的比拼，大麦打败小米，取得了胜利。

在埃及语中，大麦是 djot，和 djavas 实际上是一个词。虽然印度与埃及这两大古国之间并没有商业往来，也尚未通航，但两国却种植同样的作物，还叫一样的名称，真是令人称奇！

大麦不仅推翻了小米的王位，还对燕麦的统治地位形成制衡。燕麦的地位一直不算稳固，因为它有些特质不讨人喜欢。打个比方来说，

① 约公元前 400 年至前 323 年。

它就像是一条训练不到位的狗，总是轻易受到诱惑，跟着别的主人走。燕麦倾向于表现出返祖现象，模仿自己的表亲野燕麦，让种子随风飘散，而不是让人收割。而且它在外观上也向野燕麦看齐，麦芒更加粗糙，麦麸更加松散，麦粒也更小。实际上，如果燕麦没有得到精心照料，就会行事放荡，和野草没什么两样。

仅凭这一点，也许还不至于使燕麦不受欢迎。燕麦的运气不好，还因为它很适合做牲畜饲料。在原始时期，人类尚且喜爱牲畜，赞美牲畜；可到了后来，人类只把牲畜看作奴隶。有谁会愿意吃畜生吃的东西呢？荷马时期的希腊人会烘烤大麦，并撒在牛肉上吃；他们就非常鄙视斯基泰人①，竟然和马一样吃燕麦。同样地，罗马人也鄙视日耳曼人吃燕麦。罗马曾有一些粗通营养学的医生，他们比较明智，曾谨慎地提出燕麦可能对病患有好处，试图推广燕麦。但根据戴克里先皇帝②于 301 年颁布的《最高价格法》，燕麦只能是牲畜饲料，所以医生最终只是徒劳一场。加图③也早就发表了著名观点，表示应当把燕麦当作野草除掉。圣杰罗姆④则说："只有野兽才用燕麦喂。"

燕麦所受到的蔑视，从罗马帝国一直延续到中世纪。无论是法国骑士，还是英格兰骑士，没人会去碰"马食"。只有罗马帝国之外的爱尔兰人和苏格兰人喜欢燕麦。在塞缪尔·约翰逊著名的《约翰逊字典》中，"燕麦"这个词条的定义是：一种食物，在苏格兰给人吃，

---

① 斯基泰人，是前 8 世纪—前 3 世纪位于中亚和南俄草原上印欧语系东伊朗语族之游牧民族。

② 戴克里先，全名盖尤斯·奥勒留·瓦莱利乌斯·戴克里先（Gaius Aurelius Valerius Diocletianus，244—312），罗马帝国皇帝，于 284 年至 305 年在位。他结束了罗马帝国的第三世纪危机（235—284），建立了四帝共治制，使其成为罗马帝国后期的主要政体。

③ 加图，全名马尔库斯·波尔基乌斯·加图（Marcus Porcius Cato，前 234—前 149），通称为老加图或监察官加图，以与其曾孙小加图区别。他是罗马共和国时期的政治家、国务活动家、演说家，前 195 年的执政官。同时作为古罗马农学的鼻祖，他已经形成了比较系统的农学思想，并充分反映在前 160 年所著《农业志》（*De Agri Cultura*）一书之中。在该书中，加图不仅总结了自己多年来从事农业经营和管理的经验，而且对前人的实践经验进行了概括。

④ 圣杰罗姆（Saint Jerome，约 340—420），意大利东北部的一名神父，因将《新约》希腊文手稿的大部分翻译成拉丁文而闻名。

而在英格兰给马吃。对此，苏格兰人回应道："英格兰以优秀马匹著称，而苏格兰以优秀民族闻名。"

在印度、巴比伦尼亚及邻国，人们并没有种植燕麦，士兵和农民吃的都是味道浓烈、呈棕褐色的大麦。就连它在不同语种里的名字都比较突出辅音，能够反映出这种粗犷的质地：在希腊语中它叫 krithe；拉丁语为 hordeum；德语则是 Gerste。在不同的时期，不同的地区，人们还培育了不同品种的大麦。在瑞士的湖畔居民区，比较普遍的是六棱大麦；在埃及，考古学家施魏因富特在石棺中发现了四棱大麦；而二棱大麦直到公元前 3 世纪才在希腊和意大利被发现。不过这种大麦的耐寒性不是很好。

在河谷地区，大麦从来没享受到单种栽培的待遇，因为小麦开始出现在了田间地头。最初，小麦只是种植在肥沃的土壤中，但很快就全面普及开来。大麦和小麦长期以来和谐共处，相安无事，直到谷物发展史上的一个重大里程碑打破了这一局面：埃及人发明了面包。此前，人们都是烤面饼吃，所以大麦能够完美胜任；但面包问世之后，大麦的重要性就直线下降。因为它无法充分膨发，不适合做面包。就这样，大麦很快沦落为势利眼鄙视的对象。《圣经》中提起大麦时，也经常是一种贬低的口吻。

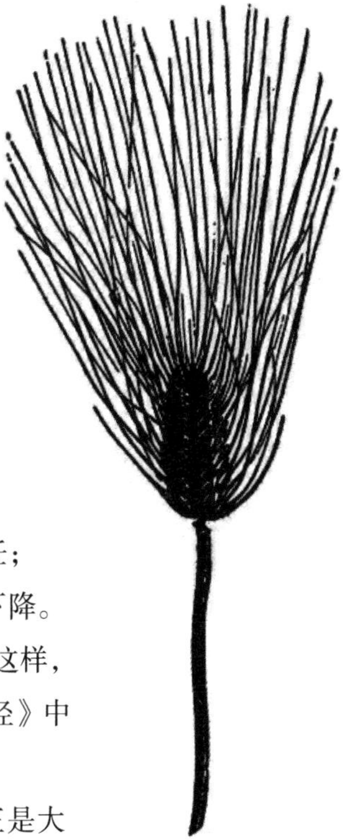

不过，象征着以色列人民力量的，正是大麦。在任何著作中，甚至是在《荷马史诗》里，

◆ 埃及二粒小麦

都从来没有任何文字像《士师记》[①]那样，对大麦抒发了如此强烈的赞美之情。其中写道，一名以色列士兵梦到一块大麦饼滚入了敌军米甸人的军营中，摧毁其帐幕，打败了全部的敌人。

即便如此，小麦还是成了谷物之王，自登基之后就从未遭到废黜，到了今天仍然地位稳固。施魏因富特和勒格兰在公元前6世纪至前5世纪新石器时代的墓穴中发现了小麦。奥地利科学家翁格尔在约公元前3000年修建的代赫舒尔金字塔中发现了嵌在塔砖里的小麦麸皮和麦粒。中国早在公元前2700年就开始培育小麦，还形成了非常复杂的祭祀仪式。而建于公元前3000年的泰罗城石制建筑的遗址中，人们还发现亚述人和巴比伦人曾提及小麦。是谁把小麦传给了这些民族，是谁“驯化”了野生小麦？有没有某个国家充当了交换种子的中介，比如叙利亚？这个国家的商人经常在埃及和巴比伦尼亚之间往来做生意。而且小麦在埃及语里叫做botet，在巴比伦尼亚语里是buttutu，都是一个词。这似乎能解释得通。可是，我们又该怎么解释小麦传入了中国呢？也许，在很久很久以前，近东和远东地区中间曾经有一座植物的桥梁。又或者，候鸟将小麦的种子存储在嗉囊或吃到了胃里，就这样起到了播种的作用。一切现象都是未解之谜，所有的解释都只是猜测。如果有人去发掘史前时期的土壤，必定还会挖到更为古老的岩层，这会令他充满困惑，就像易卜生笔下的培尔·金特[②]一样：

> 可真有不少层！
> 什么时候才剥出芯子来哪？

---

①《士师记》是《圣经》旧约的一卷，本卷书共21章。记载了鬼魔的宗教如何缠绕为害以色列人，以及耶和华怎样借着他所任命的士师怜悯悔改的百姓，拯救他们。大麦饼的故事在第七章。

②易卜生，全名亨利克·易卜生（Henrik Ibsen，1828—1906），挪威戏剧家，欧洲近代戏剧的创始人。《培尔·金特》（*Peer Gynt*）是易卜生创作的一部最具文学内涵和哲学底蕴的作品，也是一部中庸、利己主义者的讽刺戏剧。该书通过纨绔子弟培尔·金特放浪、历险、辗转的生命历程，探索了人生是为了什么，人应该怎样生活的重大哲学命题。

哎呀，它没有芯子，
一层一层地剥到头儿，
越剥越小。
老天真会跟人开玩笑！[①]

◇ 7 ◇

但到了今天，我们已经可以很肯定地说出小麦最早起源于哪里了。它来自阿比西尼亚[②]，从尼罗河源头的高原传入了炎热的尼罗河河谷地区。这个问题原本看似无解，但后来由俄罗斯科学家瓦维洛夫[③]在近年来巧妙地解决了。瓦维洛夫假定每一种生物都有一个“起源中心”，也就是这种生物第一个样本确定的来源地。更进一步而言，起源中心应当是该种生物密度最大的地方，或者说是在一块面积最小的区域内，该生物出现的数量最多。让我们假设有个火星人来到地球，想要努力查明英语的起源地。他可能会把搜索范围缩小到英格兰南部和中部地区，因为在这一块最为狭小的地区内说英语的人最多。瓦维洛夫的假设应用到语言和动物领域时是非常可靠的；对于植物就更是如此，因为植物无法移动，或者说行动能力比较弱。瓦维洛夫根据这一原则，以及孟德尔的许多遗传定律进行推理，最终得出结论：孕育小麦的摇篮就在阿比西尼亚。

如果用今天在美国、加拿大以及乌克兰广袤田地中种植的小麦来比照的话，埃及过去种植的小麦看起来与它完全不同。那是一个更为

① 译文选自易卜生：《易卜生戏剧集》，潘家洵、萧乾等译，北京：人民文学出版社 2006 年版，第 424 页。

② 阿比西尼亚为埃塞俄比亚旧称。

③ 瓦维洛夫，全名尼古拉・伊万诺维奇・瓦维洛夫（Nikolai Ivanovich Vavilov，1887—1943），苏联植物学家、遗传学家，他将一生都贡献给了有关小麦、玉米和其他支撑世界人口的谷物的研究。

古老的品种——二粒小麦。罗马人利用这一品种培育出了新的品种，并在埃及广泛种植，使这种改良小麦成为地中海地区的主要粮食作物。自此之后，小麦的历史发展脉络就非常清晰了，没有任何疑点。

我们再来说说黑麦。这种谷物可以说是从底层逆袭，突然闯入这个世界的。在黑海海岸的本都地区，四周都是肥沃的麦田。一天，人们正在为谷物船装船，将种子运送到俄罗斯南部。没有人注意到有几颗杂草草籽（黑麦种子）混了进去。但让我们看看接下来发生了什么！到了播种的季节，人们发现当地的土壤对小麦来说太贫瘠了，而这种“杂草”却能在这里蓬勃生长。就这样，黑麦突然变成了人工栽培作物。播种者巧妙地利用了这次意外，不到几百年的时间，就在长期种植小麦导致肥力耗尽的田地里都种上了黑麦，而且收成很好。黑麦发展迅速，作为有志气、有冲劲的新生物种，还向法国和英国扩张。只不过，这两个国家后来还是又改种小麦了。

在罗马帝国的领土内，从英格兰南下至埃及，再北上经乌克兰，至多瑙河与莱茵河流域，黑麦并没有取得持久性的胜利。但在东边，黑麦在德国和俄罗斯的种植范围极为广大，一直延伸到西伯利亚地区。西伯利亚农民心思巧妙，他们知道黑麦与小麦种子长久以来“相互敌对”，但在他们看来，这就是同族亲戚长期不睦，而不是说小麦和黑麦是完全不同的物种。他们还把黑麦叫作“黑色的小麦”。到了播种季节，农民会在种子包里把黑麦种子和白色小麦的种子混合起来（这种混合物叫 sweza），然后播种。如果当年潮湿而寒冷，那么农民就能收割黑麦；如果温和而温暖，就能收获小麦。农民可能会说：“你们两个傻瓜！还是我更聪明！”

无论是小米、燕麦、大麦还是玉米，都做不了发酵面包。因此，面包的历史主要还是围绕着小麦和黑麦展开，而且小麦的重要性远远胜过黑麦。严格说来，面包是人类的发明，是人类在化学领域最初取得的一项重大胜利。阿尔巴尼亚谚语说“面包比人类的历史还要长”，其实是对历史的一个美丽的误会。

制作面包，需要先揉制面团，用酵母或其他膨松剂起发面团，再放入合适的烤炉中进行烘烤。在这个过程中，膨松剂释放的部分气体会留在面团里。经过加热，面团内的气孔逐渐固化并保留下来。只有用小麦粉或黑麦粉揉制的面团才具备保留气体的能力，这是因为这两种谷物含有特殊的蛋白质。

很久以前，西方人就明显偏爱发酵面包，而不是煮熟的谷物和面饼。面包统治了古代世界，对人类达到了绝对的掌控，可以说是空前绝后。发明面包的埃及人，以面包为基础构建了整个行政体系；犹太人的宗教法和社会法都以面包开篇；希腊人为厄琉息斯秘仪[①]创作了寓意深刻而庄重的传奇故事；罗马人则把面包变成了一个政治因素：他们用面包统治国家，征服全世界，又因为面包而失去了一切。直到最终，耶稣基督对人类为面包赋予的一切精神意义进行了升华。他说道：“吃吧！我就是……粮。（Eat! I am the bread.）”[②]

① 古希腊祭祀谷物女神德墨忒尔的神秘仪式，在雅典西北郊的厄琉息斯举行，每年举行两次。

② 《圣经 · 约翰福音》，第 6:48 节。

第二卷

SIX THOUSAND YEARS OF BREAD

古代世界中的面包

潘达勒斯：要拿面粉做饼吃，必须等着磨麦子。
脱爱勒斯：我不是等着了吗?
潘达勒斯：是，磨麦子；但是你还要等着过筛。
脱爱勒斯：我不是等着了吗?
潘达勒斯：是，过筛；但是你还要等着发酵。
脱爱勒斯：我也等过了。
潘达勒斯：是的，等过发酵了；但是以后还要再等着揉面，做饼，烧炉，烘烤；这还不行，还要等着冷却，否则会烫着你的嘴唇。

莎士比亚：《脱爱勒斯与克莱西达》[1]

---

① 译文摘自莎士比亚：《脱爱勒斯与克莱西达》，梁实秋译，北京：中国广播电视出版社2001年版，第19页和第21页。

埃及：烘烤的发现

◇ 8 ◇

在所有早期文明中，人类都会向河流祈祷。河川水系庞大，何其令人惊叹；河流奔涌向前，没有什么能够阻挡。当然，人类或许可以模仿动物世界里最聪明的水利工程师——河狸，像它们一样挖沟、修建大坝，并似乎在一段时期内战胜了河流。但实质上，河流仍然十分广阔，不可战胜；只要兴之所至，河水仍然能够吞没人类，以及他们的家园和牲畜。所以向河流献祭，奉上礼物，抚慰汹涌河水的情绪，是非常合理的做法。

人类曾向莱茵河祈祷，向罗讷河祈祷，向幼发拉底河祈祷。但是没有一条河能像尼罗河那样，让人类如此狂热。因为对于住在尼罗河边的埃及人来说，尼罗河神并不可怕，而是像一位通情达理、让孩子吃饱穿暖的慈父。

尼罗河全长 4132 英里。从源头维多利亚湖一直到地中海，都没有重要的支流汇入。而且老天对尼罗河并不慷慨，几乎很少在埃及下雨。这片土地上唯一的水源就是尼罗河水。因此，埃及这片绿洲完全依河而建，不过几英里宽。

尼罗河两岸是连绵的村庄、花园和城市，埃及人就住在这片狭长的土地上——这样的地貌在全世界绝无仅有。也因此，埃及在政治生活上只能分为上游南方地区——上埃及，和下游北方地区——下埃及。无论是骑着骆驼向东走，还是向西走，很快就会进入沙漠地带。沙漠将埃及与外界隔绝开来，而沙漠之外有什么，则会让埃及人陷入抽象的思考：他们知道东边是太阳升起的地方，认为西边是亡灵居住的地带。但对于普通埃及人来说，有南北贯通的尼罗河为他们带来粮食、孕育生命，这就够了。

尼罗河神头脑非常理智。早在远古时期，尼罗河神就会固定在每年 6 月涨潮。最初，水位会缓慢上升；到了 7 月下旬水势逐渐迅猛；8 月时洪水泛滥，淹没尼罗河谷地；9 月形成一片汪洋，直到 11 月初再按部就班地退潮；到了 1 月，尼罗河神又回到了原本的河床，同时水位还会继续不断下降，直到来年 6 月又一次开始涨潮。就这样，一年到头，尼罗河神为了埃及人勤勤恳恳地劳作，而涨潮和退潮为何能够如此精准，对埃及人来说永远都是个谜。

不过，在这年复一年、潮涨潮落的过程中，冲上岸的不只是河水。最重要的是，尼罗河神还在水里携带了泥土：埃塞俄比亚高原的淤泥经过河流的冲刷，冲出了板岩、碳酸钡、片麻岩和大量氧化铁颗粒。每一年涨潮时，尼罗河神都为沿河两岸慷慨地施赠这种“黑土”。水位涨得越高，可用于耕种的冲积平原面积就越大。这样的恩惠，埃及已经接受了数千年，自然不会怀疑尼罗河是有意为之。然而，怀疑主义的鼻祖希腊人确实有所疑虑。米利都的赫卡泰奥斯[①]、泰奥彭波斯[②]、

① 赫卡泰奥斯（前 550—前 476），古希腊历史学家。

② 泰奥彭波斯（前 380—前 315），古希腊历史学家、雄辩家。

希罗多德[1]和泰勒斯[2]都探寻了尼罗河的源头。对于事情的真相，希罗多德有一种很强烈的预感：他认为是阿比西尼亚尼罗河源头附近每年3月至9月的赤道雨引发了洪水。这样一种超自然现象竟然用唯物论来解释，应该会令埃及人惊骇不已。那么，尼罗河到底有没有源头呢？在埃及人看来，寻找河流的源头就像是寻找神的产房一样，会亵渎神明……尼罗河涨潮应当是神的礼物。而开始涨潮的那一夜被人们称为"滴水之夜"，两千年后的今天，人们仍然在庆祝这个节日。时至今日，埃及仍然在象岛（也就是尼罗河第一瀑布的所在地）保留了尼罗河测量官。他会大声宣布令人欣喜的好消息："尼罗河水位开始上涨啦！"

在古埃及，人们会列队行进，庄严地纪念这个时节。他们唱道：

尼罗河，向你致敬！
隐藏着的黑暗的秘密，
是你揭示的！
你引来自己的水，
浇灌太阳神的草地！

你滋养了这世上万事万物，
你所到之处，大地都不再干涸：
你从天上奔腾而来——
向你致敬！

---

① 希罗多德（约前480—前425），古希腊作家、历史学家，他把旅行中的所闻所见，以及第一波斯帝国的历史记录下来，著成《历史》一书，成为西方文学史上第一部完整流传下来的散文作品，希罗多德也因此被尊称为"历史之父"。

② 泰勒斯（约前624—前547），古希腊思想家、科学家、哲学家，出生于爱奥尼亚的米利都城，创建了古希腊最早的哲学学派，是希腊最早的哲学学派——米利都学派（也称爱奥尼亚学派）的创始人。古希腊七贤之一，西方思想史上第一个有记载有名字留下来的思想家，被称为"科学和哲学之祖"。

埃及人自称为chemet，也就是黑土（chemi）[①] 的子孙。他们认为，尼罗河神赐予他们可以耕种的丰饶土地，就是本民族的起源，他们也因此得名。因而，埃及与粮食的联系比任何其他国家都要更加密切。

就像尼罗河神在缓慢涨潮之前似乎进行了精心安排一样，埃及人也煞费苦心，规划庄稼的种植。土地利用效率之高，可以说是一点都不会浪费。而水渠网络纵横交错，又可以确保即使是小幅度的涨潮，也能灌溉所有田地。如果说海狸在修坝高手榜上排名第一，那么埃及人就紧随其后。除了下埃及的尼罗河运河以外，他们还在上埃及修建了蓄水库，用于调蓄河水。如果部分田地地势较高，无法通过运河和湖泊灌溉，农民就会进行人工灌溉。人工灌溉主要借助起吊机械，其中最普遍的就是“沙杜夫”（schaduf），类似于从井里打水的水泵。这种装置是在地上装两根固定的杆，另有一根稍细的杆架在这两根杆上，一端连着水桶，另一端悬吊一大块黏土维持平衡，一桶又一桶珍贵的尼罗河水就这样被汲取出来，能够抬升到3码[②] 高的坡地上，浇灌干涸的土壤，这种装置直到今天仍在使用。

19世纪的科学家盖－吕萨克[③] 注意到，尼罗河的淤泥中缺少一种主要的肥料——磷肥。但是尼罗河能带来奇迹不仅得益于有机沉积物，还要同样归功于洪水所引发的物理和化学变化。在阳光的照射下，湿润的表层黏土就像是被犁过一样翻裂开来。尼罗河退潮之后，洪水淹没过的土地虽然没有经过耕作，但也能够像其他地方的耕地一样易于播种。

---

① chemi，英文中表示“化学”相关词语的前缀，后文第10节中提到的“chemia”也是同理。

② 1码≈0.91米。

③ 盖－吕萨克，全名约瑟夫·路易·盖－吕萨克（Joseph Louis Gay-Lussac，1778—1850），法国化学家、物理学家。盖－吕萨克定律是指在同温同压下，气体相互之间按照简单体积比例进行反应，并且生成的任一气体产物也与反应气体的体积成简单整数比。

◆ 埃及人犁地（古墓壁画）

从埃及人表现农耕劳作的作品中，我们能够感受到一种轻快、自在的氛围。自然馈赠的果实似乎漫山遍野，而人类的劳作不过是点缀其中。但很显然，这只是一种假象。因为在埃及的美学观念是决不允许刻画那种辛苦的劳作的，埃及的艺术象征着对物质领域的征服。但现实情况则截然不同：一旦洪水退去，田地再次显露出来，埃及农民就要在泥泞之中拼命犁地。

埃及人对犁做了一些改造。他们用的犁有一根长长的木质犁头，由两根微微弯曲的犁把进行操纵。犁头另一端是犁衡，缚在牛角上，称为角轭。由于牛的头颈部肌肉发达，通过犁衡就能很好地借助牛的力量进行牵引。

从图上我们可以看到，有两个人在犁地。一个人一边向前走，一边用尽全身的力气把犁；另一个人负责赶牛。每犁出一道沟，两个人就交换位置。由于翻过的土块很黏，太阳烤硬之后会黏在一起，所以犁过地之后还必须要用锄头狠狠地把土块凿开。

接下来就该播种了。这里要提到的是，在埃及这样一个以官僚体制为基础的国家里，任何事情都值得记录，所以书记官是非常重要的职位。相应地，“粮食书记官”就要负责检查并记录种子的数量。记录好之后，人们就会在地里播种，再把羊和猪赶到地里，借助它们的小尖蹄子踩地，好让种子深埋土中。待粮食成熟、丰收，庄稼长得又高又壮，埃及人就会用短镰刀进行收割。但与我们不同的是，埃及人只收获“小麦的子实”，而不会砍倒整株小麦，就像人们一串一串地采摘葡萄一样。考虑到所有谷物都是一年生植物，不收割麦秆应该没有什么科学原理。或许是埃及人内心认为除了磨粉、烘烤的需要外，不应该向庄稼过多索取。还是说，他们不去收割麦秆是因为这会让脱粒更难呢?

在埃及的打谷场上，我们不会看到在今天很常见的大捆大捆的麦子。埃及人会把麦子精心捆成小捆，让驴驮着送到打谷场，再让驴踩踏麦穗来脱粒。那时，他们还不知道连枷这种可以通过强大的杠杆作用力来脱粒的农具。

脱粒之后，人们会用一个大大的木叉把所有谷物和谷壳都扫成高高的一堆。再由妇女把麦子在小板上摊开，或者用四方形的大筛子筛掉谷壳，留下谷物。

收成里有一小部分会献给大地之灵，感谢他们保护这个地区；另有一部分归地主所有；人们还会举办简单的庆祝活动，纪念丰收之神——敏神，贵族会为活动提供啤酒。粮仓书记官和粮食统计员会继续工作一段时间，直到全部的收成都已经存放到粮仓内。古埃及的粮仓用泥筑成，呈圆柱状，约 5 码高，有两个出入口——一个在上面，供工人站在梯子上把谷物倒入粮仓；另一个在下面，供人搬运粮食。下方粮仓口始终保持关闭，以防老鼠进入。

这就是农民的生活：一年到头忙忙碌碌，但收成却基本不属于自己。他们常常会抱怨：

从种出粮食，到磨成面粉，
难道就不能让我们休息一下吗？
粮仓都这么满了，
谷物堆到溢出来了；
粮船吃水都这么深了，
船板都裂开，船要沉下去了……

◇ 9 ◇

那么谁对粮食拥有至高无上的霸权呢？他掌控的土地面积最大，他本人就象征着国家。根据美尼斯国王在约公元前3000年制定的制度，在埃及这个古老的帝国里，全国人民，从最高层的官员到底层的农民，都要无条件服从法老的统治。要生存，就必须从事强制性的劳动，并缴纳赋税。

当时还没有“征税”这个词，埃及人用的是“记账”，因为要了解收成的规模，就要“计算麦捆的数量”，而这又是计算税率的依据。收成统计工作由尼罗河测量官负责。他们奔走在田间地头，根据洪水的泛滥程度事先测定收成预计的规模。也就是说，征税多少不取决于所拥有的土地面积，而是看实际收成情况。考虑到大面积的土地都属于法老，也只能使用这种征税方法。

上缴的粮食流入法老的国库，再用于支付官员的俸禄，并维持皇室日常的用度。法老一方面掌控全国的土地，另一方面因为拥有全国的水渠，能够决定是否允许灌溉，故而可以十分严格地管控粮食的分配。由此，古埃及形成了庞大的农业，也可以称之为“史上面积最大的庄园”。在这个君主专制的国家，法老拥有无限权力。全国人民的收成填满国库粮仓，粮仓里的粮食又用来养活所有的人口。当然，粮食一进一出，中间可是存在着巨大的落差的。皇室粮仓里能有金灿灿的粮食，都要归功于田地里最为贫苦的农奴；但当法老重新分配时，大量的收成却落入“埃及重要人物”的囊中，也就是各省的官员和其他法老的亲信。

因此，埃及人要生存，都要依赖于法老。可以说法老确实是给每一个国民“赋予了生命”。平民都对此习以为常，没有人感受到精神上的压迫。他们还没有意识到需要个人自由；反倒是因为失去了个人自由，而不需要担心会忍饥挨饿。

不过，即使是富人，他们也最多只是“管理员”，或者说是监督员。为了约束这些官员，时刻提醒他们，国家是“法老的家”，法老需要组建自己的管理班子。古埃及的管理班子人员数量庞大，手握大权。事实上，后世的所有官僚体系都效法了埃及的制度。但是，这一官僚机器也可能对国王构成潜在的威胁。各大行政区官员纷纷自行修建了奢华的住所，力量也在不断增长。重振皇家雄风的重担就落在了伟大的塞索斯特里斯三世肩上。他罢免了各区的所有现任官员，并任命了新的官员，从而确立巩固了一点：在这个新的王朝，普天之下，莫非王土。至此，埃及取得了极为惊人的发展，撰写《创世纪》第47章的人甚至都认为是约瑟[1]为埃及地定下常例——除神庙所在田地之外，所有土地都归法老所有。法老会再把地租给农户，农户则要向法老交纳五分之一的收成，剩余五分之四可养家糊口，并用于来

---

① 约瑟（Joseph，约前1750—前1460年），是以色列民族祖先雅各与雅各的表妹拉结所生之子，雅各的第11个儿子，因天生聪颖得其父偏爱而遭众弟兄嫉恨，众兄便将其卖掉，而后被带到埃及一个官僚家当奴隶。后来因给埃及法老释梦得到重用，被任为宰相。任职期间组织生产力让埃及仓满粮足。因故乡迦南遇饥荒，与前来埃及买粮的弟兄相认而和解，并接其父前往埃及居住，与众兄弟被视为以色列十二列祖。

年播种。

在这个焕然一新的帝国，这个《圣经》里连犹太人都来避难的帝国中，法老的皇冠闪耀着新的光彩，群臣就像众星捧月一般环绕在法老周围，折射着法老的光芒。书记官的地位也越来越突出。“他一个人统治了世界；他引领全体人民劳作。”为了感谢书记官不可或缺的贡献，他可以免交赋税。

这个农业大国（古埃及的本质就是如此）本应该对农民大加赞誉，但事实上，却是官员获得了所有荣誉和勋章。在法老阿孟霍特普在位时期，“伟大的田地守护者”庄严觐见，向其呈交“南方与北方地区作物收成表”，并毕恭毕敬地汇报道：“尼罗河的馈赠比以往30年都更加丰厚。”这让法老颇为感动，下令当场为递交收成表的官员施涂油礼，并授予绶带。可这一切其实都取决于农民这一年的劳作。埃及的日历也基于此：一年12个月分为三个季度，每一季度是120天。这三季不是春天、夏天、冬天，而是“泛滥季”“生长季”和“收获季”。洪水开始涨潮的那天就是新年，也正是在这一天，天狼星再次偕日升起。

除了帮助子孙制定历法以外，尼罗河还让人们学会了测量的技艺。斯特拉波[①]曾在公元前25年游历非洲各地，并写道：“古埃及分为多个省，各省分为不同的地区，下辖各地方，最小的行政单位就是可耕地。由于尼罗河每年涨潮退潮时都会来回冲刷土地，导致土地面积不断发生变化，并冲走各家地界的界碑，所以必须对田地进行极为精确的测量和标注。于是，埃及人必须每年都重新进行测量。据说，就是为了满足这一需求，埃及人才掌握了测量的技艺，就像腓尼基人为了进行贸易而发明了算术一样。”

① 斯特拉波（Strabo，约前64或前63—23），古罗马地理学家、历史学家。

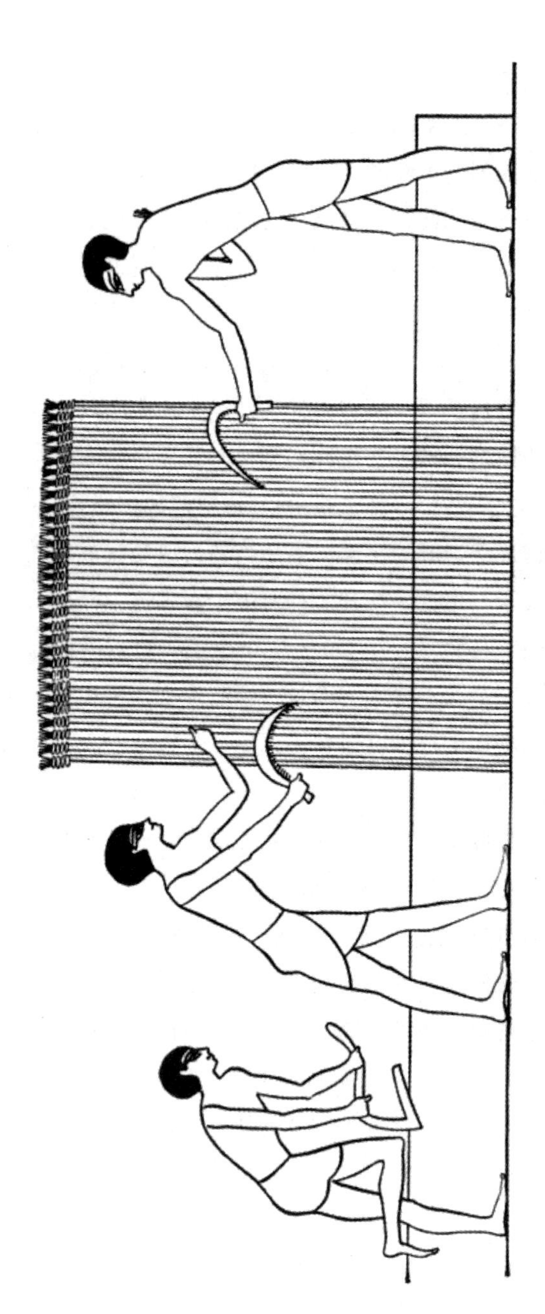

◆ 埃及人收割（古墓壁画）

就这样，尼罗河奠定了埃及科学的基础。从各个角度来说，埃及都是“尼罗河的礼物”。尼罗河赐予埃及肥沃的土壤，滋养了这个国家技术和艺术的发展，又在某一天，赐予了埃及人烘烤面包的技艺。在人人都吃粗碾谷物和面饼的古代，这使埃及人的地位一举跃升于其他民族之上。

◇ 10 ◇

在冰河期之后，居住在瑞士史前干栏建筑[①]中的人们在做饭时，会把谷物放在热石上烘烤，再加水搅拌成糊状。如果心情好，他们还会把粥悬在炭火上加热，或者把碗里的糊状物都摊在热石上，烤成一张坚硬的饼。这能在一定程度上延长食物的保存时间，但与此同时，饼也几乎没有什么味道了。

喝粥，吃饼；吃饼，喝粥。千百年来，人类一直就吃这两样东西。不光是史前人，就连古代的文明人也在相当长的时间内没有其他食物可吃。这简直令人震惊。如果不是埃及人做出了榜样，其他人永远也不会见识到真正的面包。普林尼[②]曾说：“很长时间以来，罗马人都靠喝粥度日，而不是吃面包。”公元6世纪的瓶画表明，希腊人吃的“面包”其实是用木炭烤过的饼，会像手稿一样卷起来存放。而日耳曼人在遇到罗马人的时候，只知道去壳的燕麦粒；又过了很长一段时期之后，斯拉夫人也只有一种叫作“卡沙”（kasha）的五谷粥。即使是和埃及人处于同一时期的黑胡子亚述人，他们的早饭也不过是热大麦饼

① 史前干栏建筑（Pile dwelling）又称史前木桩建筑，是建于公元前5000年至500年的原始人定居点，目前已发现100余处，分布于阿尔卑斯地区。

② 这里指的是老普林尼（Pliny the Elder，23—79），古罗马百科全书式的作家，以其所著《自然史》（*Naturalis Historia*）一书著称。

配椰枣糖浆。

但就像希罗多德所说，正是“事事都与众不同的”民族用不同的方式处理了谷物，才为人类文明做出了巨大的贡献。其他民族还在担心食物腐烂，埃及人则把面团放置一边，等到变质，并欣喜地观察着变质的过程。这，就是发酵的过程。

虽然人类早在千百年前就懂得进行发酵，但直到现代化学出现，才真正解开了发酵原理的谜团。简单来说，过程是这样的：空气中含有数不清的细菌，等待捕捉“猎物”，进行滋生……酵母菌的孢子注意到了谷物加水和成的面团里含糖，就向其发动猛烈攻击，把糖分解成了酒精和碳酸。由于面团韧性很强，碳酸的气泡难以逸出，从而滞留其中，起发面团，使其变得松软。在烘烤的过程中，面团里的碳酸和酒精的确会释放。其中,（对啤酒酿制非常重要的）酒精会完全逸出，但碳酸却留下了一些踪迹，也就是我们在面包内里看到的大量气孔。

当然，上述详细的化学过程直到 17 世纪，范・列文虎克通过他发明的显微镜观察到酵母细胞之后才得以发现。古埃及人并不知晓，自然也不会为其命名。他们只注意到了结果：酸面团（酸酵头）经过烘烤以后，形成了从来没人见过的成品。而且，这种新的食物不能用炭火来烤，从而又引导着埃及人发明了烤炉。他们用尼罗河冲积的黏土烧制成砖，用砖砌成圆柱状的烤炉，烤炉顶部逐渐收缩，呈圆锥状。烤炉内设隔层，底层是炉膛口，上层有一个更大的开口，方便拿取面包，并抽出气体。

在开始烘焙之前，埃及人会从碗里拿出酸酵头，加盐，再一次充分揉面。接下来，他们在烤盘底部铺上麸皮，防止面团粘在烤盘上。然后再用小铲把正在发酵的面团一个一个均匀地摆放在烤盘里，把烤盘推入烤炉，再关上烤炉门。

亲朋好友都怀着崇敬的心情围在烤炉周围观看。放入烤炉的，是自己的劳动成果，对他们来说非常熟悉；但进入烤炉之后，他们就把这劳动成果交给了无法控制的超自然力量。男主人过来警告大家不要提前打开烤炉，但没人听他的。大家不停地打开这个不可思议的烤炉，查看面包有没有做好。这时，有朋友提出了建议，说我们没必要等着面团在空气中发酵，我们可以保留一块发酵好的酸酵头（面起子），这样就能把酵母"移植"到新面团里，让它更快、更充分地发酵。这条建议非常宝贵——从那天起，埃及家家户户都把"能生出面包的酸酵头"当作宝贝一样保存起来，就像其他民族保留炉床里的火种一样。埃及人生怕遗失了这个能"起发"面包的至关重要的宝物。

在这一最初的重大发现之后又有多少发明，谁能全部数得清呢？比如，埃及人还学会了在和面时加入罂粟籽、芝麻、樟脑。没过多久，他们就制作出了50款不同的面包。但仅凭最初的那一项发明，就足以让埃及人感到自豪——他们放进烤炉里的东西和拿出烤炉的东西完全不是一回事。面粉、水、盐和酵母在烤炉的火焰上欢快舞蹈，最后摇身一变，成了香喷喷的面包。说实在的，面包的内里酥软蓬松，深色的表皮香味四溢，这和那些简单的物质到底有什么关系呢？一定是神灵的巧手在其中发挥了作用。这种魔法让埃及人感到十分开心。

普鲁塔克曾在他关于欧西里斯和伊西斯[①]的文章中写道："睿智的埃及牧师将黑土称为'chemia'。"就像尼罗河馈赠的黑土中含有不明物质，它们混合起来为埃及带来了极为肥沃的土地一样，烤炉里这几种已知的物质按照未知的法则相结合，使面包得以诞生。烤炉就是催生化学作用的"子宫"，对埃及人来说，烤炉还是他们的第一口"魔法锅"。说来也很不寻常，其他国家的神明还在禁止国民使用魔法，

---

① 欧西里斯（Osiris），埃及九柱神之一，冥王，也是农业之神。大地之神克卜和天空之神努特的长子。伊西斯（Isis），死者的守护神，也是生育之神。她是克卜和努特的长女，也是欧西里斯的妻子。人们相信是这对夫妻给古埃及带来了文明。

因为魔法“打破了因果律，是对神明的亵渎”，但埃及人施展魔法却明确得到了许可。埃及神话中以狒狒形象出现的托特神就曾写了一本魔法书，保存在偏僻的岛上，锁在六只结实的箱子里。尽管埃及人已经掌握了大量的神奇配方，但他们还是一直坚持不懈，想要找到这个岛。

几千年来，各国看到埃及人所获得的魔法的赠予，都感到无比震撼。直到公元 10 世纪，拜占庭辞书家苏伊达斯还写道，296 年，罗马皇帝戴克里先在镇压了一次埃及人暴动之后，下令将埃及所有的化学书烧掉。毫无疑问，这一举动戳中了暴动人员的痛点，也摧毁了他们力量的源泉。还是在 10 世纪，阿拉伯作家阿勒恩 – 埃丁写道，毋庸置疑，金字塔过去曾是“化学实验室，记载着关于炼金术的象形文字”。

所有这一切的源头就是无害的烤炉。不过，烤炉虽然看起来和孕妇隆起的腹部那么相像，但也许并不是多么无害。数千年后，人们还会这样进行比较。德国就有俗语说一个快要分娩的产妇“烤炉很快就要塌了”，而一个残疾人“需要回炉重造”。

不，在这一过程中，烤炉绝非毫无作用。发明烤炉的民族也并非毫不知情；这个国家的祭司都是化学师，整天都在混合调配各种物质和液体，不停地计算、思考着。

◇ 11 ◇

我们对埃及人日常生活的实际情况了解得非常清楚，熟知很多普通百姓生活的细节，但却对多个世纪之后英国宫廷普遍使用的烘焙技术知之甚少，实在令人感到奇怪。

这都要归功于埃及的墓穴及其壁画。史学家狄奥多罗斯指出，埃及人认为现世是短暂的，来世才是永恒的，所以他们把现世的住所修建得像暑期临时度假小屋一样，而坟墓却像是永久的家。在这些坟墓的防浪堤之后，时间已经完全静止。

虽然现代人只有在宗教节日时才会悼念故去的亲人，但埃及人却时刻挂念着亡灵的命运，因为他们和活人一样，也有自己的日常生活。关于亡灵在哪里生活，如何生活，一般有几种说法。也许他被带到了银河系之外光线暗淡的星球上；也许他已经化为一只天真的小鸟，站在墓碑上，看着送来供品的人；又或者他变成了一条蛇，钻到了洞里；或者太阳神收他做养子，让他帮忙打理天庭事务。具体情况到底如何，完全无从知晓。

不过上述情景只是过渡阶段。每一个亡灵最终的目标都是回到人间。因此，他的躯壳和遗体必须得到保护，防止腐烂。一般处理遗体会用到泡碱、沥青和树脂。遗体的四肢会用亚麻布包裹起来；面部会压上一层石膏作为面罩，以保留面部特征。接下来，人们会把木乃伊按照左侧卧的姿势摆好，就像是人在睡觉一样（似乎是为了保护心脏），再把棺材合上。棺材盖上甚至都还会画上一扇门！用香料保存尸体的目的是，当生命的本源——“卡”（ka）离开死亡的身体后，能再次找到可以接纳它的躯体。于是，虔诚的埃及人就既需要照看亡灵的遗体，又需要考虑到他的“卡”。据此再继续延伸，如果这种生命的精气（我们不想称其为“灵魂”）不会消散，那么就应当要给予其和活人同等的关照。首先，“卡”必须要获得营养。那么自然而然，面包这一伟大的新发明就必须供奉给“卡”，有钱人还会供奉酒和肉。

埃及人总是担心亡灵会挨饿。他们把天上一座黑暗的岛称为“粮食岛”，认为在这座岛上也会有像尼罗河运河一样的溪流，在涨潮时就会开放。岛上还生长着“亡灵麦”，可以像人间的麦子一样收割、脱粒、磨粉。

在他们的设想中，这块田地应该能够养活亡灵。但如果亡灵无法找到这块地，那该怎么办呢？可能比较保险的做法就是给他提供一些食物。考虑到种种可能性，活人永远都在焦虑，生怕犯错或者遗漏掉什么。正是由于这种焦虑，我们才得以深入了解埃及人的生活。

诚然，墓室墙壁上关于真实劳动场景的壁画看起来主要是为了给亡灵解闷的。这就像是给“卡”看的图画书，帮助他消磨时间，排解苦闷。但大多数人类活动都有各种各样的动机。如果埃及人确切地知道冥界在哪里，知道亡灵究竟去往何方，他们对亡灵的膜拜仪式可能也会更简单一些。但他们并不知道。所以，他们做的每一项关怀亡灵的举动，都没有什么明确的目的。墓室里的绘画并不仅仅是为了娱乐，而是还要为亡灵避开危险。如果亡灵（每天都要长途跋涉）运气不好，落入了邪恶神灵的掌控之中，就可能会被卷入其他人世中的战争，陷入围困，可能会被监禁起来或者撕成碎片。为了防止这样的遭遇，亡灵需要一个“护照”，记录着能够证明其身份的信息。墓室中的壁画就提供了这样一份记录，帮助他们恢复记忆。通过绘画，就能知道“我是制绳匠某某某，制绳技艺精湛，熟知各个步骤。我还可以讲制绳行业的笑话，比如我手下的学徒每到月底都会如何争吵。我自认为完全有资格要求在冥界也得到制绳匠应有的待遇……”

这些壁画还有一个作用，就是能够非常有效地保留死者的身份信息，就好像是要证明身份属实一样。出于这个动机，国王墓室里的绘画增加了一些资本的元素。绘制者统计了国王的全部财产，代表着他在另一个世界中应得的财物。国王的财富是永恒的，绝不会只因为在坟墓中短暂地停留就要放弃。就在国王众多的财产中，皇家面包房也作为其中之一，出现在墓室的墙壁上。

首先，我们在图里看到两个人拿着长杆，就像跳舞一样，或许还伴着节拍，有力地踩踏着面团。长杆一方面帮助他们在不断变形的面团上保持平衡，另一方面也能支撑他们跳得更高。（若干世纪以后，

◆ 拉美西斯国王的面包房（埃及古墓绘画）

希罗多德嘲笑埃及人“用脚踩面，却用手揉泥”。）接下来，我们看到几个人将水罐（双耳细颈瓶）搬到桌上，有一个学徒正在桌面上来回翻滚面团。桌旁有一个烤盘，底部正在加热，人们用大夹子把塑形好的面团放在烤盘上。然后另一名助手用类似铲子的工具重新调整面团，或者翻面。紧挨着烤盘，还有一个人正在给大烤炉里添加燃料。这个大烤炉主要用来烤制较小的、不像大面包那样进行了精心加工的面包。到了下一步，人们正在小心地调整小面包的形状，确保它们都是同样大小，以便进行均匀、充分的烘烤。

就这样，国王虽然已经逝去，但我们却通过这些绘画，详细地了解到了他最卑贱的臣民们的生活。至于那些贵族，他们在死后也必须要继续过上贵族的生活。所以皇家面包房也会与他们相伴。法老由于每天都会得到面包（根据一个神奇的计算公式得出每天有 1000 个面包），从而能够对最贫苦的人民有一定的联系。他同意给所有的穷人都至少发放面包、水和祭祀用的大麦。

埃及人担心他们给亡灵供奉的食物会被神灵偷走，或者遭到魔法的破坏。要是亡灵刚拿起面包，面包就因为被施了邪术而开始燃烧，那该怎么办呢？所以，应该告诉亡灵应对这种紧急情况的咒语。比如说，如果有敌人质疑亡灵是否有权获得面包，那他就必须按照著名的《亡灵书》①里的语句这样回答：

我是在赫利奥波利斯②拥有面包之人，
我的面包在天上由太阳神保管，
在地上由大地之神克卜保管。
夜船和日船，
会从太阳神处，
将我要吃的面包送来。

这样念诵一番之后，就不会有人拒绝给亡灵面包了。

◇ 12 ◇

在古代，人们都叫埃及人“吃面包的人”。这个称呼里既有几分羡慕，又有几分蔑视。当然，其中很大程度上还带着惊讶，因为面包并不是埃及人用来调剂补充的食物，而是所有埃及人的主食。埃及底层人民几乎完全以面包为生。直到今天，埃及人仍然会撕开圆圆的面包，在中间塞满真主安拉赐予他们的其他食物，比如蔬菜、碎肉或鱼肉。

面包这种“人工”食品还不仅仅是埃及人的主食，还是文化层面的衡量标准和计量单位。“面包个数”象征着财富；全国遍布的烤炉

① 《亡灵书》，古埃及祭司为死去的人们所作的宗教经文。
② 赫利奥波利斯，又称“太阳城”，是古埃及最重要的圣地之一。

实质上等同于铸币厂。烤炉里烘烤的面包，最终变成了现实世界中的货币。曾有数百年的时间，所有俸禄薪资都是以面包的形式发放的，普通农民每天能得到三个面包、两罐啤酒。（而传奇英雄德迪一天能领 500 个面包和 100 罐啤酒。）埃及学童的礼仪书上都会这样教导：“如果你吃面包时旁边还有别人，那就一定要和他分享。”拒绝给乞丐面包是最为恶劣的罪行。只要遵循这一善行，在死后来到冥界，神明用天平称量心脏判断善恶的时候，亡灵就可以说：“我活着的时候给所有人都分面包吃。”

面包由于具有货币功能，而成为几乎一切罪恶的根源。拖欠工资（面包）的行为自古有之。我们能够读到很多留传下来的文字，控诉大地主或是祭司“本来承诺过我们可以领到面包的”，却没有按时发放面包，或者彻底不再提供。拉美西斯九世国王在位期间（前 1129—前 1111），曾发生过这样一件非常具有现代色彩的事。有一群劳工被派到乡下干活，领到了肥肉、啤酒，但没有面包。于是，他们开始“在家里躺着”，就这样罢工了。一个月后，当同样的遭遇再次发生，他们又一次“躺下了”，并派请愿者去了都城底比斯[①]。这一次，他们取得了成功：私人雇主两次拒绝发放的面包由地方长官补发了。“工人代表团”负责人在薪资簿上记下了重要的一条信息：“今天我们终于领到了面包，但我们还要给持扇者献上两箱。”也许持扇者是地方长官手下的官员，长期以来都收受贿赂。

祭司的工资也有明确的记载。一般来说，一名神庙的官员每年能够领到 360 罐啤酒、900 个精制小麦粉面包，和 3.6 万个炭火烤制的面饼。即使如此，他们也还是感到失望，抱怨面包太少。在拉美西斯三世在位时，他给神庙发放了近 600 万袋谷物和 700 万条面包，出手最

① 指古埃及中王国和新王国时期的都城，后毁于战火，被诗人荷马称为“百门之都”。

为阔绰。而且除此之外，国王还给神庙提供了大量的鹅、鱼、牛和豆子，可以说是毫不吝啬。

埃及全国都像是一个长长的烤炉一样，既要负责养活生者，又要滋养亡灵。（酿酒厂也具有重要地位，因为俗语说，酵母是面包和啤酒的助产士。）

“面包是大自然慷慨的赠予，是无可替代的食物。我们生病时，只有病入膏肓才会失去对面包的食欲；而一旦食欲恢复，想吃面包了，就代表我们开始好转。面包随时可吃，老少皆宜，适合不同气质的人。它为其他食物增色，会让消化通畅，也会导致消化不良。与肉或其他食物搭配食用，也完全不会黯然失色。面包与人类完美契合，我们一生下来就倾心于它，直到临终也不会厌倦。”

上面这段话听起来就像从古埃及的医学莎草纸上摘录出来的段落。但实际上，这是法国人帕尔芒捷[①]在1772年写下的。这段文字所表达的情绪非常重要，因为如果埃及人没有在公元前4000年发明面包，法国人也必然会发明。这两个民族都对面包充满敬意，而且普遍也具备才华，敢于探索面包神秘的制作过程，并取得了成功。

就像法国人一样，埃及人也希望自己的面包不仅香味扑鼻，还能赏心悦目。在墓室的墙壁上，他们不仅开心地绘制了烘烤的技艺，还画出了许多不同的面包形状。那么，这些形状是遵循了一定的规律还是随心所欲制作的呢？我们看到有的面包是圆的；有的是方的，顶部微微隆起，就像小箱子；有的是高高的圆锥形，就像墨西哥农民的草编帽；有的像麻花辫；有的像鸟和鱼；还有的像小金字塔，也就是法老神秘墓穴的微缩版。

不过，也许这些形状背后并没有什么秘密。看到埃及人再普通不

① 帕尔芒捷，全名安托万·奥古斯丁·帕尔芒捷（Antoine Augustin Parmentier，1737—1813），法国农学家、营养学家及卫生学家。他促进了土豆在欧洲的推广。

过的举动，我们总是喜欢去挖掘、解读其中形而上学的深意，这可能会让我们误入歧途。我们可不可以把这种现象理解成埃及人只是单纯地为了追求乐趣呢？埃及的孩童可能会在尼罗河边玩泥，把泥捏成房子和动物，幻想自己是法老，拥有全世界。同样地，埃及的大人也可以把面包看作是制作天地万物的黏土，把它揉成各种形状，吃下去的时候就能体会到快乐，仿佛自己拥有了一切。就像中国人不停地在皂石和玉石上刻下自己在自然界看到的事物，却没有任何象征意义一样，古埃及人也可能以同样的方式用面包进行创作。在很多国家，经历了长期和平之后，洛可可风格和矫饰主义就会蓬勃兴起。这和我们所说的这种乐趣是一致的。在埃及面包的模子里看到神牛、哈托尔①、丰饶女神的形象，可能就像是巴黎珠宝店橱窗里摆放着小小的埃菲尔铁塔模型一样，并没有多么威严庄重的内涵。

此刻，让我们想象一下，假如我们的文明也会像古埃及文明一样消失，然后某个未来的考古学家找到了我们的一个面包模子，或者是表现面包的绘画。比如说他找到的是蜗牛壳形状的面包。那他可能会大吃一惊。这看起来是多么神秘啊。因为即使是在自然界，蜗牛壳的螺旋也足以引人深思。这个螺旋形状，或者说阿基米德研究的螺旋线，对蜗牛有什么用呢？无论是造船业还是汽车制造业，使用螺旋结构都非常合理，因为它可以减少阻力。但这世界上行动速度最慢的生物——蜗牛，却背着螺丝锥形状的壳，这实在是解释不通。再回到我们的假设场景中来。这名考古学家发现20世纪的人类制作了蜗牛壳形状的面包。我们借此能象征什么呢？对缓慢的热爱？还是对速度的热爱？难道螺旋是我们信仰的一个神？

但也许未来的考古学家会更聪明一些。他能够得出结论，知道我

① 哈托尔是古埃及神话中的爱与美的女神、富裕之神、舞蹈之神、音乐之神。她关怀苍生，同情死者，同时也是母亲和儿童的保护神。

们只是像小孩子一样，喜欢好看的形状……

曾经有一个面包师对我说："我们必须要特别努力地争取小顾客们的注意。他们来了，家长就会跟着来。每次一上新品，孩子们都能闻到。即使我们只是给小圆面包上加了几颗葡萄干，让它看起来像眼睛一样……"

以色列：你必汗流满面

我坚信希伯来人[①]在促进人类开化方面的贡献超越任何一个民族。

——约翰·亚当斯[②]

◇ 13 ◇

以色列人通过和埃及人打交道，了解了什么是面包。《圣经》里记述了牧羊人——希伯来人，和耕田者——埃及人第一次见面时的情景。约瑟当时已经当上了埃及法老的宰相，他请自己的牧民亲戚前来埃及觐见法老，并告诉亲戚在法老面前应该遵守哪些礼仪。如果法老问及他们的职业，就小心地回答是养牲畜的，而且从小就养牲畜，就好像从来没有从事过其他工作一样。约瑟说这是因为“凡牧羊的都被

---

① 希伯来人，属于古代北闪米特分支，是现代犹太人的祖先。闪米特人，又称闪族人，亦称塞姆人。相传闪米特人的始祖是挪亚的儿子闪。闪米特人起源于阿拉伯半岛，但却生活在撒哈拉以北的沙漠地带。而现今世界上他们的直系后裔即为阿拉伯人和犹太人，间接后裔广泛分布于北非、中东、阿拉伯半岛等地。古代闪米特人以畜牧业为主，是典型的游牧民族。

② 约翰·亚当斯（John Adams，1735—1826），美国第一任副总统（1789—1797），后接替乔治·华盛顿成为美国第二任总统（1797—1801）。他是《独立宣言》起草委员会的 5 个成员之一，被誉为“美国独立的巨人”。

埃及人所厌恶”。但他并没有解释埃及人为什么会憎恨牧民。

约瑟决定谨慎一些。作为一名政治家，他十分了解埃及人的看法，很可能担心和牧民做亲戚会让自己难堪。所以他小心翼翼，确保养牛的父亲和兄弟不要与吃面包的埃及人走得太近，并把家人都安置在了歌珊地，那里有大片的草场可供他们放牧。

希伯来人偶尔会种地，如今却发现竟然有这样一个民族成天都在做面包，必定感到十分惊讶。做面包需要长期保持专注，还需要有烤炉。而埃及的烤炉往往用砖砌成，只能固定在家里。当然也有一些烤炉可以移动，但这种烤炉一般都特别重—— 一般有三英尺高，由石头或金属制成。希伯来人作为游牧民族，都住在帐篷里或者匆忙搭建的小屋里。虽然他们会因为进行少量的耕作而有一些面粉储备，但不可能在游牧途中还携带沉重的烤炉。所以直到他们不再游牧，定居在自己的土地上之后，才在埃及学会了烘烤面包。

根据沙漠中贝都因人①的生活习惯，我们可以猜测出希伯来人以前是怎么吃谷物的。他们或者是像《路得记》②里的收割者一样，将谷物烘干；或者像《以斯拉记》③所记载的，将饼放在缓慢燃烧的骆驼粪里烘烤。如果他们有炉子，他们会在炉灰里烘烤面团。但最终，他们得到的还是一个饼，而不是面包。同样地，罗马军队在行军期间，会吃一种在煤火下烤制的“面包”，但这也不是真正的面包。军队行军速度很快，根本没有时间等待面团发酵。

希伯来人还处于游牧时期时，也是同样的情况。不过，当他们真

---

① 贝都因人，是以氏族部落为基本单位在沙漠旷野过游牧生活的阿拉伯人，“贝都因”在阿拉伯语中意指“居住在沙漠的人”。

② 《路得记》，《圣约 · 旧约》的一卷书，本卷书共四章。其内容主要是“外邦人”路得作为犹太人拿俄米的儿媳，随婆婆在困苦中回到犹大伯利恒，照顾婆婆，后来嫁给前夫族中的波阿斯的故事。

③ 《以斯拉记》，《圣约 · 旧约》的一卷书，由以斯拉在公元前 460 年左右完成。以斯拉在波斯帝国摧毁巴比伦帝国后重建耶路撒冷，带领一批犹太人返回应许之地，《以斯拉记》就记述了这名犹太人在这段时期的经历。

正开始烘烤面包以后，就表现得非常出色。最好的面包选用的是精筛小麦粉（“面粉的精华”），这是为耶和华制作祭品而准备的面粉，也用于为富人烘烤面包。还有一种使用斯佩耳特白麦粉制作的面包也很不错。而大麦只供穷人食用，同时还是马饲料。希伯来人历来歧视大麦，就像罗马人鄙视燕麦一样。他们有这种态度，是因为要想做出好吃的大麦面包，还必须添加小扁豆、豆子和小米磨成的粉。

在犹太历史早期，家家户户都是由主妇来负责照看烤炉，可能会有一个女儿来帮忙。《创世纪》中就有记载。但在《士师记》里，我们注意到大户人家会雇女佣。对于犹太民族而言，烘烤始终都是妇女的工作。以色列家家户户都有自己的烤炉，只有在饥荒时，两家人才共用一个烤炉。

随着犹太人逐渐定居下来，习惯了城市生活，男性就掌控了烘焙业。分工自然而然地发生，催生了新的行业：面包师。没过多久，面包师这个形象就声名狼藉。至少，先知何西阿就曾隐晦地责骂面包师欺骗顾客，说他“整夜睡卧”[①]，但到了早晨，面包“火气炎炎”[②]。进入基督时期[③]，面包师这一行当蓬勃发展，十分壮大。通过犹太历史学家约瑟夫斯[④]的著作，我们可以了解到，巴勒斯坦的每一座城市里都有面包师。而且，基督对烘焙具有广泛的了解，这着实令我们惊讶。但事实上，能掌握这样的专门知识并不困难，因为在东方世界，几乎各行各业都当街营业。而耶稣基督就像苏格拉底一样，喜欢观看工匠工作，学习他们精湛的技艺。耶路撒冷甚至还有饼铺街，聚集了所有的面包师傅。这在小乡镇里可不会出现。不过与其说这些师傅是

---

①《圣经·何西阿书》，第 7:6 节。

② 同上。

③ 基督时期，约前 4 年—1840 年，其基础是耶稣的死亡和复活。耶稣复活之后是基督时期的开始。《圣经》中共有三个时代：列族时期、摩西时期和基督时期。

④ 即弗拉维奥·约瑟夫斯（Titus Flavius Josephus，37—100）公元 1 世纪的犹太历史学家，著有《犹太古史》。

面包师，倒不如说他们更像是商人，因为先知耶利米说饼铺街上有“炉楼”[①]。显然，耶路撒冷有一个“面包厂”，面包师傅会把面粉运到这里进行烘烤制作，然后再将烤好的面包运到店里出售。

他们制作的面包是圆形的，就像一块扁扁的石头，中间微微凸起，还没有一根手指厚。面包还特别小，一个人一顿可能要至少吃三个才能吃饱。《圣经》里曾提到，亚比该恳求大卫和手下放过自己的丈夫拿八时，给了大卫二百个饼，两皮袋酒。[②]饼和酒的比例这样悬殊，并不是说大卫十分节制，饮酒很少，而是体现出了面包到底有多小。犹太人的面包从体积上说，大概就相当于现代的小圆面包。

另外，如果我们还记得犹太人的面包有多么扁平，我们就会理解，他们为什么要掰面包，而不是切面包。他们不愿意用刀切面包，并没有什么宗教上的重大意义。把面包看作生命体或是超自然的存在，是基督教的重大历史贡献；但犹太人从来没有这样的想法。他们认为面包只不过是众多食物中的一种，而且是他们比较喜爱的食物罢了。但人没有面包也能生存，“吗哪”[③]的故事就向他们明确强调了这一点。上帝让人能够播种、收割，已经对人非常仁慈了；而且在为他的子民选择食物供其在沙漠中生活 40 年时，他也没有选择面包……不过，沙漠中的犹太人实在太过渴望吃到面包，甚至还争论能否回到埃及，回到“为奴之家”。[④]这表明对犹太人而言，面包已经必不可少。

---

① 《圣经·尼希米记》，第 3:11 节。

② 亚比该，迦密人，《圣经》形容她为“聪明俊美的妇人”。曾为拿八妻子，拿八死后，成了大卫的第二任妻子。拿八“性情凶暴，无人敢与他说话”。他的牧人曾在大卫那里牧羊，得到大卫的保护。大卫落难后曾派人向拿八问安，但遭到拿八羞辱，于是大卫立即带 400 人前往迦密，打算杀清凡属拿八的男丁。亚比该得到消息后带了大量食物，暗中拦截大卫的部队，哀求大卫放过她的丈夫，又向神祈求赐福大卫。大卫被打动，又欣赏她的知识，于是看在神和她的份上，收了她的礼物，就打道回府。此后不久，拿八遭耶和华击打身亡。

③ 吗哪，《圣经》中的一种天降食物。这是古代以色列人出埃及时，在 40 年的旷野生活中，上帝赐给他们的神奇食物。

④ 《圣经·出埃及记》，第 13:3 节。

而在迦南地[①]，面包不仅供普通犹太人食用，还是上帝耶和华的食物。当然，上帝吃的是一种非常特殊的面包。因此，也有一个故事流传下来。

◇ 14 ◇

《圣经》中写道，以色列人离开埃及时十分匆忙，都没有时间按照埃及的方式完成面包制作的准备过程。

> 百姓就拿着没有酵的生面，把抟面盆包在衣服中，扛在肩头上。[②]
>
> 他们用埃及带出来的生面烤成无酵饼。这生面原没有发起，因为他们被催逼离开埃及，不能耽延，也没有为自己预备什么食物。[③]

然后，摩西吩咐百姓说：

> 你们要纪念从埃及为奴之家出来的这日，因为耶和华用大能的手将你们从这地方领出来。有酵的饼都不可吃。[④]

---

① 迦南地，也叫迦南美地。原意为“低”，指沿海低地，是一个古代地区名称，大致相当于今日以色列、西岸和加沙，加上邻近的黎巴嫩和叙利亚的临海部分。据说希伯来人的始祖亚伯拉罕得到上帝耶和华的指示，大致在公元前 1900 年至公元前 1500 年之间，他们逐渐由美索不达米亚的乌尔迁入当时地中海东岸一块叫做“迦南”的地区。据《圣经》记载，这是一块“流着奶和蜜”的土地。迦南原来的居民称这批从东边越河过来的人为“希伯来”，意即“越河者”。

②《圣经·出埃及记》，第 12:34 节。

③ 同上，第 12:39 节。

④ 同上，第 13:3 节。

而这一天要在每年逾越节[①]那一周进行庆祝：

> 你要吃无酵饼七日，到第七日要向耶和华守节。
>
> 这七日之久，要吃无酵饼，在你四境之内不可见有酵的饼，也不可见发酵的物。
>
> 当那日，你要告诉你的儿子说，这是因耶和华在我出埃及的时候为我所行的事。
>
> 这要在你手上作记号，在你额上作纪念，使耶和华的律法常在你口中，因为耶和华曾用大能的手将你从埃及领出来。
>
> 所以你每年要按着日期守这例。[②]

这样看来，禁止吃发酵面包似乎只是为了“纪念”，每年重新演绎出埃及时的一些情节。这个观点显而易见，但也大错特错。这个仪式实际不只是为了纪念。

宗教历史学家奥斯卡·戈尔德贝格宣称：“在《摩西五经》[③]当中，纪念仪式的概念是格格不入的。”而且，吃无酵饼的习俗由来已久，要早于摩西时期。在《圣经》中，天使来探望罗得[④]时，虽然罗得有自己的房子，也有时间烤面包，但还是用了无酵饼来招待客人。考虑到罗得所在的时代比出埃及要早上几百年，罗得也不太可能会纪念这样的节日。

因此，上帝和摩西强迫犹太人在 7 天内吃无酵饼，并不是为了纪

① 逾越节，是犹太人重要的节日，根据《出埃及记》的记载，摩西率以色列人出埃及前，上帝晓谕摩西命令会众宰杀羔羊，涂血于门。上帝在击杀埃及一切头生的孩子和牲畜时，见有血记之家即越门而过，犹太人遂立此节以志纪念。

② 《圣经·出埃及记》，第 13:6—10 节。

③ 《摩西五经》，犹太教称为《妥拉》，是《圣经》头 5 卷书的合称，它们分别是：《创世记》《出埃及记》《利未记》《民数记》《申命记》。这些书与摩西有关，并被称为“律法书”。它是犹太文明中最重要的文献之一，因为它代表了神所揭示的教导。

④ 罗得（Lot），摩押人和亚扪人的始祖，以色列人始祖亚伯拉罕兄弟哈兰的儿子，亚伯拉罕的侄子。

念逃出埃及。这种解释本质上只是强行建立了因果。那么，这到底是为了纪念什么呢？罗得的行为给我们提供了线索。一年当中无论什么时间、什么场合，他都可以吃用埃及烤炉制作的世俗的发酵面包；但在上帝及其使者面前，他只能吃圣饼，也就是没有使用酸酵头制作的饼。

上帝本人只吃这一种饼。耶和华在会幕[①]中接受子民献祭时，圣坛上只允许供奉无酵饼。我们能够一次又一次地听到上帝禁止发酵面包。先知阿摩司还曾鄙夷地大声说道："任你们献有酵的感谢祭。"[②]但为什么上帝如此坚持这一点呢？他是希望借此提醒自己什么吗？

要解答这个问题，我们就要注意到一点：犹太人的上帝——耶和华，是在会幕中接受献祭的。会幕，就是一个帐篷，而这个帐篷里并没有可供安歇的地方。耶和华作为游牧民族的上帝，不屑于去吃面包这种定居下来的农民要花一天去烘烤的食物；他更喜欢贝都因人和战士在匆忙中制作的饼，认为这样比较得体。上帝也不习惯定居下来，住在香柏木搭建的殿宇里。当大卫想要给上帝修建这样一座殿宇时，上帝叫来先知拿单，让拿单给大卫王传话：

> 说耶和华如此说，你岂可建造殿宇给我居住呢？
>
> 自从我领以色列人出埃及直到今日，我未曾住过殿宇，常在会幕和帐幕中行走。
>
> 凡我同以色列人所走的地方，我何曾向以色列一支派的士师，就是我吩咐牧养我民以色列的说，你们为何不给我建造香柏木的殿宇呢？[③]

---

① 会幕，以色列人在荒野流浪时便于移动的圣所。

② 《圣经·阿摩司书》，第 4:5 节。

③ 《圣经·撒母耳记下》，第 7:5—7 节。

上帝宣称，在遥远的未来，当以色列人“住自己的地方，不再迁移”①，他才会想要有人能够“为我的名建造殿宇”②。

到这时，犹太人已经完全定居于城市了；他们仍然坚持吃无酵饼，就像是上帝强迫犹太人去恭维他，凸显他实际上仍然是穷苦牧羊人的上帝一样。这种举动就像是有钱人内心有一种冲动，要时刻铭记自己卑贱的出身，并为此感到自豪。

不过，这种解释还是不对。比较宗教学揭示出，古罗马众神之王朱庇特的大祭司也不得碰触混合酵母的面粉。这就奇怪了。罗马人从来不放牧，一直以来都只有农民和城里人。罗马人的主神也没有理由让子民坚持按照游牧民族的传统来献祭。那么，两个不同的民族却有了相同的习俗，这其中必然存在某些共同的原因。

◇ 15 ◇

事实上，不得将发酵物带到上帝面前，是原始人文化中非常突出的一项禁忌。而一般来说，接触了禁忌物以后，通常不会有什么好结果。人类学家诺斯科特·W. 托马斯在《大英百科全书》中写道：“被视作禁忌的人与物就像是带电的物体，其本身携带巨大能量，可通过接触传递。而如果引发电能释放的生物太弱，无法抵挡电能，就会遭受毁灭性的后果。”如果有人把发酵物带到上帝的面前，就会引起这种能量的释放。

因为上帝是憎恨发酵物的。他拒绝接受发酵物，就像他拒绝接受人们在献祭仪式上供奉某些动物和动物部位一样。而当我们读到，耶

① 《圣经·撒母耳记下》，第 7:10 节。

② 同上，第 7:13 节。

和华下令对逾越节期间吃面包或发酵物的人处以死刑时，这就表明，禁止发酵物不仅仅是一种习俗或纪念。毕竟如果只是因为违背了习俗就要处死，未免也太过严苛。真正的原因是，在上帝近前吃发酵面包（无论是从空间角度来说，在会幕中献祭；还是从时间角度来说，在逾越节期间食用），都不只是违背了习俗，而且还违背了生命的原则，违背了自然宗法，而且这种行为会影响到整个民族。

这样一个禁忌的概念难道不是凭空想象出来的吗？弗雷泽在其著作《禁忌与灵魂的危险》中探究了这些问题的根源，并给出了最终答案："然而，危险并不会因为是想象出来的就缺乏真实性。想象会像重力一样真切地作用于人，也会像氢氰酸中毒一样让人丧命。"在信仰的世界中，检验信仰唯一的标准就是它有没有效验；而且信仰能够对真实世界的构成产生深远影响。宗教律法和物理定律十分相似。就像我们虽然了解重力和电力能发挥的作用，却不知道二者来自何处一样，我们面对许多禁忌，也无法给出合理的解释。但禁忌会对相信禁忌的人产生影响。

在化学领域，两种物质相遇后可能会产生剧烈的排斥反应。我们看到了爆炸，听到了巨响，却说不出为什么会这样。这是化学中的谜团。同样，许多禁忌至今仍然令人不解。但犹太人一整年都能够毫无顾虑地吃发酵面包，却不得将其带到上帝面前，这项禁忌是可以解释的。

因为献祭的面包是要给上帝吃的。给上帝献祭的肉，一般认为保质期只有两天，在第三天就必须烧掉。蔬菜也是如此。现在，酸味也等同于腐烂了。献祭发酵面包的罪孽就在于此。怎么能给上帝献上处于腐烂、发酵、分解状态的食物呢？尽管从科学角度来说，面团发酵和肉类腐烂不是一回事，但犹太人并不关心这一点。在他们眼里，细菌这种媒介引起的变化（假设犹太人那时就知道这一点）看起来绝不是什么好事，而且最重要的是，他们从来不认为发酵面团是“有生命的”。从前文我们知道，埃及人的想法是不同的：他们崇尚不断地变化，万事万物的变化，所以在看到变化中的酸酵头后会表示敬意。但犹太人十分注重洁净和纯洁，所以不会为上帝献上正在分解的食物，也不会将牛奶作为祭品（尽管其他闪米特族，如迦太基人和阿拉伯人，就没有这样的忌讳）。此外，真主安拉比耶和华的观念更加现代；安拉十分喜爱酵母菌，认为酵母非但没有破坏生命，反而还为面团赋予了生命。高加索的伊斯兰教徒也十分自豪，表示穆罕默德本人教他们学会了酸乳酒的制作方法。一千多年来，他们最喜爱的饮品就是这种发酵牛奶。可犹太人就是不喜欢酸味，不喜欢那些神秘的发酵物，也讨厌看到发酵分解的过程。相反，他们给予盐很高的地位，因为盐是保存食物的秘诀。他们认为盐具有治愈和净化的作用，所以会给所有祭品撒盐，甚至还给新生婴儿的身体涂抹盐。

但无论如何，最让人惊讶的还是这一点：犹太人不会给上帝献上发酵面包，自己却吃得津津有味。他们发现，把生活区分成两个层面其实特别简单。一个层面是神圣的面包（圣饼），另一个层面则是世俗的面包。二者同时存在，引人深思，也让他们在这样细微的差别之中感受到更加细腻的快乐。

◇ 16 ◇

面对自己吃的面包，犹太人有一种非常克制而冷静的态度。当然，他们看到发酵面包时会想起上帝。每天掰面包时，还会念诵对面包的祈福：“你是有福的，噢主，我们的上帝，你让地上长出了粮食，让我们能做面包……”新教神学家弗里德里希·海勒尔是研究祷文的历史学家。他表示，正是因为犹太人对面包表示感恩，才让这个民族的地

◆ 犹太人准备制作无酵饼（德国旧木版画，1726 年）

位高于其他文明。“他们认为自己通过献祭，已经迫使上帝满足了自己的愿望，所以他们就不再需要感激上帝了。”

一方面，犹太人感恩面包；而另一方面，中世纪的基督教徒则常常称呼面包为“亲爱的面包”，甚至是“圣饼”。这种情感对犹太人而言是非常陌生的。在犹太人的文字中，无论是宗教作品还是世俗著作，我们都找不到任何类似于埃及“烤炉崇拜”的文字。“烤炉就是母亲”这句谚语由东方传入拜占庭帝国，之后又传入至今仍在使用烤炉的俄罗斯。但犹太人无法理解这一点。罗马人会崇拜母神之中司炉灶的女神福耳纳克斯，也必定让犹太人感到非常荒谬。另外，希腊人相信人类在发现农业之前就如野兽一般，这种观点也一定会遭到犹太人的反对。（希腊人通过纪念德墨忒尔的厄琉息斯秘仪来表现这一传统：披着兽皮的人会来到舞台上，并相互投掷石头。）

犹太人也有自己庆祝丰收的仪式。但他们有什么必要去大肆庆祝呢？作为一个始终追求真理的民族，他们在看到邻近其他民族高声歌颂农业有多么重要以后，只能苦笑一声，因为他们知道这背后的真相。《圣经》第一卷就明确写道，农业是一个诅咒。原本亚当和夏娃住在伊甸园中，只需要伸出双手，就能从树上摘下果实，接受这慷慨的滋养，生活是多么快乐。但这之后，亚当犯罪了。很明显，他是因此受罚，才去耕地的。

再没有什么神话比这个更现实了，再没有什么人敢说人需要劳动是因为受到了诅咒。其他所有宗教都避免表达这样的观点，因为这必然会让人们感到深深的绝望。

那么犁地、播种都是诅咒吗？古代波斯帝国国教——琐罗亚斯德教的创始人琐罗亚斯德[①]向信徒灌输了截然相反的观点。根据该教教义，世界上第一个男人是玛什耶。而关于玛什耶，教义中这样写道：

> 造物主向他们展示了谷物如何播种，然后宣布：噢，玛什耶，这头牛是你的；这谷物也是你的；其他工具也是你的；所以你要仔细去了解。

于是，造物主阿胡拉·马兹达[②]让天使哈迪什去养活玛什耶；而哈迪什会成为玛什耶的守护者。

---

① 琐罗亚斯德，又称查拉图斯特拉（Zarathustra，前628—前551），琐罗亚斯德教创始人。琐罗亚斯德教是基督教诞生之前在中东最有影响力的宗教，是古代波斯帝国的国教，也是中亚等地的宗教。它还是摩尼教之源。

② 阿胡拉·马兹达（Ahura-Mazda），琐罗亚斯德教神话中的至高之神，意为“光明的主”。公元前1200年前后，琐罗亚斯德宣称他是创造一切的神，将他奉为“唯一真正的造物主”。琐罗亚斯德宣扬，是阿胡拉·马兹达使人们看到了光明，所以他常常被塑造成太阳的形象。

从这段文字中可以看到，波斯人所信奉的神——阿胡拉·马兹达，在面对玛什耶时，避而不谈耕种土地潜藏着怎样的折磨与痛苦。只有犹太教，依赖人类的勇气、坚忍和无穷理智的犹太教，才敢于讲出这些，耶和华曾向亚当这样说道：

> 地必为你的缘故受诅咒。你必终身劳苦，才能从地里得吃的。
>
> 地必给你长出荆棘和蒺藜来，你也要吃田间的菜蔬。
>
> 你必汗流满面才得糊口，直到你归了土，因为你是从土而出的。你本是尘土，仍要归于尘土。①

这在当时会多么让人害怕啊！难道这还不足以让人人都丢下犁头，否定一切生命的意义吗？但其实还有一种宗教的看法更加悲观。这就是佛教。佛教认为人还需要通过劳动来创造自己吃的食物，这就是最大的苦难。昙无谶翻译的《佛所行赞》②（约公元 420 年）介绍了佛陀行迹，其中写道：

> 出城游园林，修路广且平，树木花果茂，心乐遂忘归。
>
> 路傍见耕人，垦壤杀诸虫，其心生悲恻，痛踰刺贯心。
>
> 又见彼农夫，勤苦形枯悴，蓬发而流汗，尘土坌其身。
>
> 耕牛亦疲困，吐舌而急喘，太子性慈悲，极生怜愍心。
>
> 慨然兴长叹，降身委地坐，观察此众苦，思惟生灭法。
>
> 呜呼诸世间，愚痴莫能觉，安慰诸人众，各令随处坐。

---

①《圣经·创世纪》，第 3:17—19 节。

②《佛所行赞》，亦名《佛本行经》。这是佛教的一部特殊经文，实际上它是一部长诗，乃古印度诗人马鸣所著。昙无谶（385—433），中天竺人，佛教著名译经师。

自荫阎浮树，端坐正思惟，观察诸生死，起灭无常变。[1]

如果继续由此推论，文化也就走到了尽头。在某种意义上，文化就像耕种一样。如果从事农业，就要遭受如此辛酸的痛苦，那么人类就必须放弃农业，回到隐居的状态，靠着从树上轻轻松松摘几个果子来充饥。这就是佛教的教义。

但犹太人的回应是不同的。他们没有抛弃文化，而是为了文化的发展主动扛下了痛苦的重担。他们非但没有逃离耕种，反而勇敢地接纳，并将其融入生活与思想中。

这是因为苦涩的现实无法消散，也无法从脑海中驱除。犹太人看到在埃及绘画里，犁地和收割的人们劳动时就像在跳舞一样，他们会怎么想呢？难道是上帝喜欢耕田的人吗？当亚当的儿子给上帝献祭时，牧羊人亚伯献上了头生的羊，种田者该隐拿来了地里的出产，但上帝看中了头生的羊，“只是看不中该隐和他的供物”[2]。这是为什么呢？怎么会这样呢？我们并不知道答案。显然，耶和华不喜欢种地的人。直到洪水之后，耶和华才对他们心生怜悯，并与挪亚及其后代立约。

我不再因人的缘故诅咒地（人从小时心里怀着恶念），也不再按着我才行的，灭各种的活物了。

地还存留的时候，稼穑，寒暑，冬夏，昼夜就永不停息了。[3]

但即便立下了这样的誓言，上帝仍然没有过分偏爱种田的人。他改变了小麦穗。从前，麦穗大而饱满，都结在麦秆偏底部的地方；而

---

① 译文摘自马鸣：《佛所行赞》。《出城品第五》，第 7—13 行。

② 《圣经 · 创世纪》，第 4:5 节。

③ 同上，第 8:21—22 节。

如今，上帝不仅把麦穗变小了，还在洪水过后让麦穗都结在了麦秆顶部！犹太人并没有把这个古老的诅咒写入《妥拉》，但经过口口相传，这个故事最终收录在了《塔木德》[①]中，又由此流传到了波兰，成为当地的一个神话故事。但不管怎样，人都注定要耕地，这已经深深地烙印在了人的心里。这个差事并不甜美，而是充满了酸涩。从犁地、播种、收割、脱粒到碾成面粉，烤制成形，面包浸透了人的汗水。就让上帝远离这份酸涩吧，人自己从面包当中品尝汗水的味道就已经足够了。

正是基于这一点，希伯来人设计了一种有史以来最为稳固的制度，用以对抗“劳动的痛苦”。摩西的土地律法应运而生。如果说耕地是上帝的诅咒，那摩西律法就是为了不要让人类因为耕地而遭受更可怕的折磨。伟大的犹太领袖摩西早早就提出，禁止收取土地相关的利息——这比希腊政治家梭伦[②]早了900年，比罗马政治家格拉古[③]早了整整1300年。

◇ 17 ◇

犹太人的传奇英雄摩西在埃及宫廷里长大。他深知，法老治下的土地制度在道德层面存在严重缺陷。土地不属于人民，而属于法老一个人；三分之一的土地还归教会所有。这就会导致民众永久受到奴役。埃及人也许对此感到满足，因为这保证他们有事做、有饭吃；但犹太人不一样。他们是游牧民族，对自由的热爱胜过土地。即使他们同意

① 《塔木德》是犹太教中认为地位仅次于《塔纳赫》（或称《希伯来圣经》）的宗教文献。源于公元前2世纪至公元5世纪间，记录了犹太教的律法、条例和传统。

② 梭伦（Solon，约前639—约前559），生于雅典，古希腊时期雅典城邦著名的改革家、政治家。

③ 格拉古，全名提比略·格拉古（Tiberius Gracchus，前168—前133），古罗马政治家，平民派领袖。常与其弟盖约·格拉古（Gaius Gracchus）合称为格拉古兄弟。作为平民保民官，他发起了一场旨在将贵族及大地主多得的地产分给平民的改革。由于他的土地改革触动了贵族尤其是元老院的利益，再加上他剥夺元老院特权等行为，以及对同僚的倾轧，最终导致其死于元老院的保守势力支持者（贵族派）之手。

争取获得这种自由的资格，肯定也不想作为国王或祭司的奴隶去耕地，而是想要属于自己的田地。

但这并没有那么容易。摩西只需要环顾四周，看看周边国家，就能知道这有多么困难。他自己受过良好的教育，当然知道其他东方帝国是如何运作的。那么在埃及之外，有什么地方的情况要好一些吗？比如，巴比伦帝国自公元前 1914 年起就受《汉谟拉比法典》[1] 的规制，那里的情况怎么样呢？实际情况是，土地都归国王、教会，或是非常富裕的银行家所有，而这些人的原则就是让农民不得安生，常常会把欠债的农民囚禁起来。当然，颁布《汉谟拉比法典》，表面上是为了“使强者不凌弱，使孤儿寡妇得到慰藉”。但这只是写在序言里的轻飘飘的文字。实际上，这部法典对弱者来说非常严苛；全文 280 条中，有 60 条都与地主的权利相关。所以，它无法为犹太人在立法方面提供合适的借鉴。

摩西制定的律法完全称得上高明。假设在迦南地，每一名犹太人都得到了同等面积的土地，并能够自由处置（也就是说有权进行买卖），那么有钱的养牛人很快就会买走穷人的地。因此，摩西在律法中规定，不得永久出售土地。这是因为土地属于上帝，而犹太人只是佃户，只可转租。“因为他们是在耶和华之地寄居的外人。”

这样的话，就不存在私有财产了。土地既不专属于少数人，也不专属于多数人。祭司不得拥有土地；只有能够耕田的人才有资格获得土地，从而成为上帝的佃户。每名佃户都得到了同等面积的可耕地，用界碑进行标记。如果有人为了谋求私利而移动界碑，就会触怒上帝：

在耶和华你神所赐你承受为业之地，不可挪移你邻舍的地界，

---

①《汉谟拉比法典》是古巴比伦第六代国王汉谟拉比颁布的一部法律，被认为是世界上最早的一部完备的成立法典，一般认为约在公元前 1776 年颁布。作者所说的公元前 1914 年疑有误。

那是先人所定的。[1]

挪移邻舍地界的，必受诅咒。百姓都要说，阿门。[2]

贺拉斯也曾在颂诗里写到了针对土地收取利息的问题（在罗马文学中，这个主题算是触到了要害）。他曾以轻蔑的口吻发问：哎呀！反正人人都会很快死去，土地连成这一片片的，还有什么用呢？他的看法很悲观，但这只是向土地的继承人指出，人都会自然死亡，人生徒劳无益。而犹太人的正义感是要更强烈的。对他们来说，这种做法不仅愚蠢，还是社会性罪行里最为恶劣的一种。摩西的追随者先知阿摩司曾有如下诅咒，和贺拉斯委婉的嘲讽相比，语气截然不同：

你们践踏贫民，向他们勒索麦子。你们用凿过的石头建造房屋，却不得住在其内，栽种美好的葡萄园，却不得喝所出的酒。[3]

证明土地归属上帝，还有一个最根本的证据：法律规定每隔50年，土地债务就一笔勾销。这第50年就叫作禧年（jubilee，源自希伯来语yobel，意为吹响的号角），当全国响起号角声的时候，就标志着禧年的开端。所有欠债的人和佃户都得到了解放：

第五十年，你们要当作圣年，在遍地给一切的居民宣告自由。这年必为你们的禧年，各人要归自己的产业，各归本家。[4]

在你们所得为业的全地，也要准人将地赎回。

① 《圣经·申命记》，第19:14节。

② 同上，第27:17节。

③ 《圣经·阿摩司书》，第5:11节。

④ 《圣经·利未记》，第25:10节。

你的弟兄若渐渐穷乏，卖了几分地业，他至近的亲属就要来把弟兄所卖的赎回。

若没有能给他赎回的，他自己渐渐富足，能够赎回。

就要算出卖地的年数，把余剩年数的价值还那买主，自己便归回自己的地业。

倘若不能为自己得回所卖的，仍要存在买主的手里直到禧年，到了禧年，地业要出买主的手，自己便归回自己的地业。[1]

这条法令没有给土地投机活动留下任何余地。表面看起来是在卖地，但实际上卖的只是到下一次禧年之前地里的收成，而售价是根据距离禧年的时间长短来决定的。《利未记》第25:16节里这样写道："年岁若多，要照数加添价值，年岁若少，要照数减去价值，因为他照收成的数目卖给你。"第25:15节又写道："［因为］他也要按年数的收成卖给你。"也就是说，如果卖地时距离禧年还有40年，则地价就是距离禧年只剩10年时的四倍。以亨利·乔治[2]为代表的现代土地改革派研究了这一法则后进行了解释，认为这项规定的意思是每一次卖出土地，其实只是达成了一项租约；而租期就以地价的形式体现。19世纪的均田主义人士就遵守了摩西律法。

但犹太人也一样遵守吗？摩西土地律法的目标就是始终保护所有犹太人免受贫困之苦。每一位公民及其后代都享有土地使用权，且不可剥夺；任何人都不得让邻居来给自家犁地，使他更加"汗流满面"，也不能夺走他的土地，使他处境悲惨。但是富人总是有无穷无尽的手段，阻止禧年制度的执行。他们不会解除佃户的债务，而是让土地成

① 《圣经·利未记》，第25:24—28节。

② 亨利·乔治（Henry George），美国19世纪末期知名的社会活动家和经济学家，认为土地占有是不平等的主要根源，主张土地公有。

为赚钱的工具（好像土地并不属于上帝一样），完全按照自己的想法决定土地是用作耕地、草场，还是盖楼。

但无论如何，这部律法都是存在的（即便犹太人的日常生活里有大量违法现象），而且是维持良知的有力工具。没有其他任何民族制定了这样的律法。它像一束光，在东方朦胧的暮色中照耀而出。基督时期之前的所有先知书都要追溯到这部律法。它对平等土地权做出了规定，而罗马却从未制定类似的法律，并因此陷入了底层社会与贵族之间的纷争，长达几个世纪之久。

当然，这部律法曾遭人痛恨，也曾招致阴谋破坏。但它毕竟还是一部法律。由于从未被废止，所以仍然具有效力。它就像那些方体字母一样永恒，就像“你必汗流满面……”的庄严话语一样，仍在久久回响。

希腊：谷种受难

人［在脱粒的过程中］会重重击打养育生命的谷物。

——列奥纳多·达·芬奇：《预言》

◇ 18 ◇

如果我们相信了希腊历史学家和诗人的话，那这个世界上就可能没有任何国家在农业方面比希腊更有天赋了。但实际情况绝非如此。国家粮食生产的统计数据就能冷静客观地显示出，历史学家和诗人的热情其实只是表达了他们美好的希望。比如，雅典自称“农产品之乡”，但在最为繁盛的时期，还要每年进口100多万蒲式耳[①]的粮食来养活全国50万的人口。

希腊人无法复制埃及人的辉煌，因为希腊并不是埃及，而且希腊的土壤主要是在石灰岩上形成，土质很差。土壤表面的腐殖质层极为稀薄，黏质土壤含量非常低，因而无法锁住水分。由于土壤太过稀缺，地契中还明确规定不可带走一丁点珍贵的泥土。在这样的土地之上，

① 蒲式耳，计量谷物及水果的单位，在英国，1蒲式耳约等于36.4升。

庄稼长得稀稀拉拉。主要的谷物是大麦，而大部分小麦需要从意大利西西里岛进口。当然，希腊本土部分地区的土壤比其他地区要好。比如伯罗奔尼撒半岛的土壤就比雅典的好；科林斯的土壤又比斯巴达地区的强；土质最差的地区可能要数爱琴海沿岸的岩岛，这里粮食产量极低，和今天挪威的峭壁地区差不多。

于是，人口较多的城市就被迫从国外进口粮食。埃及当然一直都能买到粮食；而在西西里岛采购不到的话还可以去东海岸买，有时也可能从黑海北岸购买。如果有一天俄罗斯人在克里米亚东部发掘出了希腊城市的遗迹，他们的发现或许就能证实，阿尔戈英雄的故事不过就是为了寻找粮食而进行的探险，只因经过艺术加工而具有了传奇色彩。伊阿宋和手下的英雄都是粮商，配备了武器，希望能为饥饿的祖国人民带回“金羊毛”。金羊毛就象征闪烁着金色光芒的麦田，而只穿一只鞋的伊阿宋（在古代神话中，这象征着人赤身裸体，纪念与土地的亲密联结）可能和伊阿西翁的形象是一模一样的。伊阿西翁就是农业女神德墨忒尔的情人，也是史上的第一个把犁人。

为了改善土质，希腊人也做出了一些努力。但他们既没有埃及人的理性思维，也没有罗马人的务实思想，不适合计划并执行大型活动。他们做出了重大发明，却永远停留在实验室阶段，从来没有转化成实际推动文明发展的力量。就农业技术来说，希腊人基本没有创新：他们只是美化农具，但没有任何改进。犁头在希腊人手里，只是原封不动地代代相传。（根据赫西俄德《工作与时日》中的记载）直到公元前7世纪，希腊人都还没用上希伯来人在公元前1100年扫罗王[①]时期就已使用的铁犁头。

希腊人也完全不懂轮作的优势。其他民族都很清楚每一年要在地

---

① 扫罗王，是便雅悯支派后裔，父亲叫基士，是个颇有能力的勇者，在以色列很有声望，是以色列人进入王国时期的首任君主。

里种不同的作物，而希腊人则是每隔一年就会休耕。因此，他们可能是白白放弃掉了一半的收成。直到很久之后，他们才学会施粪肥，为土壤赋予新生。我们都知道荷马很熟悉施肥这项操作，但荷马之后的希腊地主却彻底忽视了这一点。罗马人历来非常善于观察，所以加图和农学家科卢梅拉都知道农业非常依赖畜牧业；但希腊人却对此浑然不知，还觉得赫拉克勒斯能想到引来河水清洗奥吉厄斯国王的牛圈，真是太聪明了①。他们并没有想到这些粪肥还能派上更好的用场，而不只是普通的污物，需要冲走。

希腊人曾经四处迁移，放羊、征战，在公元前2000年左右定居在了希腊半岛上。但即便游牧生活早已离他们远去，他们依然保留了游牧民族的荣誉观。荷马吟唱王公贵族的财富时，不会提及他们有多少小麦田、大麦田，而是以他们有多少头好牛作为衡量标准。在古代世界中，奥德修斯②拥有数量最庞大的猪群，而涅斯托耳③则饲养了好马。在荷马史诗里，所有英雄和宾客都吃“面包”（主要还是饼），而且荷马总是会提到面包是配着肉吃的。不过，这些英雄虽然有地，但没有人会把他们看作农民。

就这一点而言，还有一条可以补充的理由是希腊人历来热爱海洋。他们住在海边，想不挨饿是很容易的。温饱问题并没有那么严峻。海浪永远都在不停翻滚，让人蠢蠢欲动，没法安定下来种地。大海会引来海盗，海上会爆发战争，水路运输后来又促进贸易，这一切都和种田背道而驰。种田这项差事节奏更加缓慢，缺少新鲜的刺激。在荷马

① 奥吉厄斯是古希腊西部厄利斯的国王，他拥有一个极大的牛圈，30年来从未清扫过，十分肮脏。赫拉克勒斯是古希腊神话中的英雄人物，其事迹之一就是先在牛圈的一端挖了深沟，引来附近的阿尔裴斯河和珀涅俄斯河的河水灌入牛圈，而在另一端开一出口，使河水流经牛圈，借用水力冲洗积粪。

② 奥德修斯，古希腊神话中的英雄，对应罗马神话中的尤利西斯。他是希腊西部伊塔卡岛国王，史诗《奥德赛》的主角，曾参加特洛伊战争，献计攻克了顽抗10年的特洛伊。战争结束后，他在海上漂流10年，部下死伤殆尽，经历无数艰难险阻终于返回故乡，与妻儿团聚。

③ 涅斯托耳，古希腊神话中的皮罗斯国王，是希腊联军内最受人尊敬的老者。

看来，航海工具是最适合用人的双手来操作的工具。他曾经把那些没什么教养的人都叫作“旱鸭子”，说他们连桨都不认识，还以为是锄头！这就体现出了他的观点。

◇ 19 ◇

希腊人这样的民族真正发生转变，能够制作面包，还要从一场巨大的政治与社会变革说起。这场变革始于公元前 7 世纪，在雅典人梭伦颁布法案之后达到高潮。梭伦几乎是第一个具有社会良知的希腊人。他像伟大的诗人一样，既勇敢无畏又辞藻丰富，毫不留情地指出了富裕地主的罪过：他们将土地租给佃农，到了佃农再也无力负担租金时就将其当奴隶卖掉。梭伦成为执政官后，他引入了一种类似于“禧年”的制度，废除了债务奴隶制。这项律法十分激进，不仅免除了佃农的债契，还让地主自掏腰包赎回被卖作奴隶的农民。

最重要的是，梭伦的律法禁止一人庄园进一步扩张，并设定了一道土地面积的门槛，超出该门槛的土地一律没收。

梭伦铺平道路之后，以小地主为代表的新政党很快就在雅典城邦掌权。一个人的农业生产力如果能达到一定标准，就可以参选最高的官职。此前，势力最强的政党是大地主阶级，他们主要把土地用作牧场；而如今，“面包党”，即那些“地里大麦的收成至少能有 500 蒲式耳”的更富裕的农民，统治了雅典。

梭伦的宪法将雅典转变成了土地式民主政体，原本可以施行一个世纪，但却与希腊精英阶层的利益产生了冲突。贵族的仇视或许尚可承受，但工匠的愤怒就难以抵挡了。这个阶层的人，无论是雕塑匠人还是制陶匠人都不会有任何地里的收成。当他们意识到自己无法参政之后，就发起叛乱，要求修宪。梭伦时期之后不久，在城邦几乎完全由农民执政之后，很快就发生了一次反叛行动。最终，五个大地主、三个农民和两个工匠当选了最高委员会的委员。

梭伦的这场实验在雅典以失败告终，但他发起的变革还是促使整个希腊社会彻底重新评估农业劳动的价值。尽管土质很差，尽管他们确实心怀理想，但希腊人内心潜藏的文化底蕴还是在6世纪末逐渐显现出来。没有天赐的尼罗河，也不需要法老的命令，希腊人自己就适应了农民这一角色，因为他们认识到了种田的必要性。而且，他们非常聪明，想到了借用宗教的外衣来进行包装。希腊人生来自由，向来鄙视农耕、憎恨汗水，厌恶难以耕作的土地。千百年来，希腊社会都认为“弯腰流汗的劳动”是可耻的。而现在，他们无比信奉德墨忒尔教，始料未及的转变发生了。从犁地、磨粉到烘烤的一切农业劳作都得到了德墨忒尔的保护与支持。任何希腊人，只要参与了播种或制作面包的过程，都被视作履行神职工作，成为农业女神的信徒。这能够提升他们在社会中的地位，使他们更加高贵。

◇ 20 ◇

这种新的宗教信奉面包和土地，看起来是多么奇怪！不过，这也有助于击退入侵希腊的外敌。希波战争中有两个传奇故事就能够证明这一点。先给大家讲第一个：

保萨尼阿斯[①]曾说，假如不是因为发生了奇迹，马拉松战役[②]必败无疑。当时在战场上，一个农民样貌的人突然出现。他手无寸铁，衣

① 保萨尼阿斯（Pausanias），公元2世纪（罗马时代）的希腊史学家、地理学家、旅行家。

② 马拉松战役，是公元前490年强大的波斯帝国对雅典发动的战争。交战时正值雨季，马拉松平原只有中间地势较高，两边都是泥沼地，雅典将军米太亚得将一万余人的军队配置成中央弱、两翼强的长方阵。激战时，雅典军的两翼如钳子似地合拢，一举击溃了十万波斯大军。擅于长跑的费里皮德斯奉命返回雅典报捷，他一口气跑了42.195千米，抵城时只喊了一声：“我们胜利了！雅典得救了！”便力竭倒地而死。后人为纪念马拉松战役和费里皮德斯的壮举，设立了马拉松长跑这一运动项目。

衫褴褛，拿着一把犁头上下挥舞，就像在犁地一样，不断向强大的波斯军队逼近。就这样，他击溃了敌人，并迅速消失了。希腊人向德尔斐发问，想知道这人的身份。德尔斐给出了神谕："这是半神埃凯特洛斯，德墨忒尔女神的使者。你们应当纪念他。"

两千年后，罗伯特·勃朗宁[①]介绍了这个传奇故事，更加深入地描述了其中的情感。我们一起来读一读这些轻盈跃动的感人诗句：

> 这个故事定能令你心潮澎湃！起来，逝去的希腊人民，
> 你们冲向波斯蛮族，将其击溃，使其无法逼近，
> 你们的英雄壮举拯救了世界，因为马拉松战役之日已然降临！
>
> 全体将士保持阵形，踏上战场，英勇无畏，
> 行伍整齐：上挑、下压、进攻、回撤，长矛出击，针锋相对：
> 正如疾风抽打树枝一般，那日人人挥舞长矛，上下翻飞！
>
> 但有一人列于队外，独臂一条，未使长矛，
> 只见他迅如闪电，来去无踪，冲至前锋，又向后绕，
> 他一人照亮了整个战场，因为他处处发光照耀。
>
> 他没有头盔，也没有盾牌！浑身只穿山羊皮，
> 就像一个种田的糙汉，身强体壮，裸露四肢，
> 挥舞着犁头，不断向前进击。
>
> 是军阵中部战斗力弱，不堪一击，就像庞然巨物鲸鱼猛然摔

① 罗伯特·勃朗宁（Robert Browning，1812—1889），英国诗人，剧作家，主要作品有《戏剧抒情诗》（*Dramatic Lyrics*）、《环与书》（*The Ring and the Book*）、诗剧《巴拉塞尔士》（*Paracelsus*）。

落在一群金枪鱼之上吗？是右翼不敢前去，

因为看到文官卡利马库斯[①]赫然陈尸于尸体堆之上，落得悲惨境遇？

是牢固的方阵开始溃散了吗？就在此时，糙汉出手相救，
挥舞犁头进攻波斯，为希腊的土地清除稂莠，
在塞族[②]军阵披荆斩棘，又将米底人[③]连根拔走。

但大功告成，战斗胜利——那人却不见踪影，
草地上、小溪边、沼泽上——四处寻找，却杳无音信，
从山脚处就遍寻不见，直到最后浴血的海滨——

…………

神谕怎么说呢？"不要关心那人的名字！

而只是说：'我们赞扬帮助我们的人，他就是把犁人。'伟大的功绩绝不会销声匿迹。"

不需要那些伟大的名字！让我们——哀悼
伟大的小米太亚得[④]，在帕罗斯岛终其一生！哀悼
萨迪斯的总督地米斯托克利[⑤]！而至于那人，不要像这样叫！

---

① 卡利马库斯（Callimachus，？—前490），雅典将领及军事指挥官，马拉松战役中的希腊联军最高指挥官，亡于是役。

② 塞族，即塞迦人，起源自伊朗高原的斯基泰人部落，是古代著名的游牧战士，在大草原中漫游，其领土约在今天的哈萨克斯坦地区。

③ 米底人，古代亚洲西部（今伊朗西北部）的人。印欧人种之一，与波斯人有血缘关系。

④ 小米太亚得（Míltiadés，约前550—前489），生于雅典一个最古老的家族。他的祖父曾经取得了一个色雷斯小国切索尼的宗主权，因而米太亚得既是雅典公民又是切索尼的王子。他回到雅典后，取得了著名的马拉松战役的胜利。

⑤ 地米斯托克利（Themistocles，前524—前459），古希腊杰出的政治家、军事家。雅典人。公元前493—前492年任执政官，为民主派重要人物。他力主扩建海军，并着手兴建比雷埃夫斯港及其连接雅典城的"长墙"，旨在抵御（希波战争中）波斯的侵略。公元前480年在萨拉米斯海战中大败波斯舰队，后被人民流放。辗转逃亡，终死于小亚细亚。

面对波斯汹涌的攻击，拯救了文明的，并不是头盔上羽饰飘飘、身着钢铁铠甲的英雄，而是“无名的把犁神”。十年之后，当波斯大军再度来势汹汹攻打希腊时，同样的怪事又一次上演，使希腊舰队最终在萨拉米斯海湾击退了波斯舰队[①]。这一次，局面甚至更加凶险：世界的中心雅典遭到占领，所有居民全部逃离。希腊人几乎都认为这一次在劫难逃。

根据第二个传奇故事的记载，开战前一天，有两名希腊人站在波斯军营中，神色忧郁，眺望着远处笼罩在暮色中的平原。这两人都是因政治原因迁移波斯的，其中一人是斯巴达人，另一人是雅典人。这时，他们忽然看到从厄琉息斯地区扬起了漫天黄沙，就像是3000名步兵在行军一样，不断向他们的方向迅速逼近。弥漫的黄沙中，还响起了神秘的尖声呼号。雅典人开始感到害怕，吓得浑身发抖，向斯巴达人哭诉起来：“噢，德马拉托斯，我们伟大国王的军队要迎来可怕的厄运了！今天是9月20日，本来所有希腊人都要齐聚厄琉息斯，纪念谷物女神德墨忒尔的。可现在那里升腾起了这样可怕的沙尘，说明女神要求照常献祭。谁毁了她的节日，她就会狠狠地复仇！”听到这话，德马拉托斯脸色惨白，抓住了雅典人的胳膊：“别说了，迪凯奥斯，这件事你不能告诉任何人。否则，波斯国王肯定会砍掉我们的头！”与此同时，沙尘暴继续移动，席卷了萨拉米斯湾。按照希罗多德的记述，两天后，希腊人大败波斯海军，波斯从此一蹶不振。

---

① 萨拉米斯海战，是希波战争中双方舰队在萨拉米斯海湾进行的一次决定性战斗。公元前480年，波斯国王薛西斯一世率100个民族组成的10万大军、战舰800艘，渡过恰纳卡莱海峡，分水陆两路远征希腊。希腊联军只有陆军数万，战舰400艘，且被封在萨拉米斯海湾内。希腊舰队成两线队形突然发起攻击，发挥其船小灵活、在狭窄海湾运转自如的优势，以接舷战和撞击战反复突击波斯舰队。经过一天激战，波斯舰队遭到重创，被迫撤退。萨拉米斯海战奠定了雅典海上帝国的基础，强大无比的波斯帝国却从此走向衰落。

◇ 21 ◇

那么，这个全能女神德墨忒尔到底是谁呢？她甚至都不是战神，却在最危急的时刻拯救了希腊人。尽管她有一个希腊名字（Demeter，即 Demo-Meter，意为“人类耕种之母”，或 Ge-Meter，“地母”），但她并非源自希腊本国，而是从亚洲传入，并自远古时期起就在希腊人中间树立起了自己的地位。可以说，她是埃及女神伊西斯和腓尼基众神之母库柏勒的表亲。德墨忒尔不愿看到流血厮杀，她的教派也主张行事温和，但这个教派还有一些奇怪之处。

◆ 德墨忒尔让特里普托勒摩斯在飞行马车上坐好

要说从东方传入希腊的神，也不止一个，但德墨忒尔的形象从本质上说还是要更加具有异域色彩。因为在希腊文明中男性绝对是至高无上的，而教人类学会耕种的，竟然是一名女神，这就已经很奇怪了。更神奇的是，她不仅掌管地里的收成，还司掌所有的农具和农活。她手下有许多助手和能够隐身的英雄，“三重耕田人”特里普托勒摩斯就是其中之一。德墨忒尔把他以使者的身份派遣下凡，乘着有翅膀的马车飞落人间，“教全世界的人类学会耕田”。

农活本来是男性的重体力活，而女性能对此产生这样重大的影响，也是非常新奇的现象。正如前文所说，德墨忒尔来自希腊之外。在那个远古时期，天下太平，决定民族命运的，不是好战的男性，而是能够让地里结出累累果实的女性。这个时期，就是传说中的母权制时代，在 19 世纪时由伟大的瑞士学者巴霍芬首次提出。不过，这个时代也并非完全虚构，因为人们在克里特、小亚细亚和伊特鲁里亚都发现了相关的历史遗迹。女性在执掌国事方面竟然会胜过男性，似乎让希腊人感到很荒谬，但到了宗教领域，他们又完全能理解为什么主管农业和粮食的德墨忒尔是一名女性。

无论德墨忒尔降临在希腊的任何地方，她都能赢得人们的尊敬。种下第一粒种子，是文明发展历程中的大事，具有深远的意义。人们能够理解一粒种子还能生出 10 粒种子，这就像一个人有 10 个孩子一样。可是种子的繁育能力实在是令人吃惊：1 棵秆上能结 100 穗，100 穗又能再生 1 万棵秆。这种几何式的增长简直就是个奇迹，必定深深地震撼了每一个希腊人的心灵。不仅如此，人类逐渐定居之后，土地上所产生的变化也让他们心生敬畏。希腊人认为，在德墨忒尔降临之前，人类都靠打猎、放牛为生。希腊人原本的生活也的确如此。而直到女神出现之后，家庭和财产的概念才固定下来，即使它们具体的定义至今还没有定论。无论在什么地方，只要出现了耕地，被风吹得左摇右晃的帐篷都会消失，取而代之的是稳定而牢固的城市，城市又会逐渐演变为国家。柏拉图曾经把土地上城市的崛起比作地里庄稼的生长，令人印象深刻。于是，谷物女神又有了另一个称号：立法女神忒斯摩福罗斯，能够为定居的人们提供保护。

在大陆上，在希腊的岛屿上，纪念德墨忒尔的圣堂大量涌现。无数的城市都在当地供奉德墨忒尔，所以给她起了各种各样的名字，还赋予其不同的称号。在维奥蒂亚，人们称她为梅加洛玛佐斯和梅加拉尔蒂奥斯（即好面包女神）；在锡拉库萨，她是希玛莉斯（面包师）。若干世纪以后，西塞罗[①]曾说："整个西西里岛都属于谷物女神德墨忒尔。"就像前文所述，她能够在防御战中保护农民，但大体上，在信奉谷物女神的地方，人们普遍所秉承的精神都体现在了《圣经》的一句话里：人"要将刀打成犁头"[②]。

◇ 22 ◇

就具体的农活来说，播种、收割一般都由男人负责；脱粒是让公牛踩踏谷物来完成的。而到了磨粉环节，我们就来到了女性的天下。最初，古希腊的磨坊里没有男工，只有女工。无论是在爱琴海的岛屿上，在天气晴好、地势平坦的西西里岛上，在伯罗奔尼撒半岛陡峭的海岸边，还是在小亚细亚的希腊城市里，只要是说希腊语的地方，推手磨的就是年轻的女孩子。

推磨的工作又乏味，又辛苦。在最古老的磨坊里，一般都有一块固定的石头，石头顶部有一个凹槽，凹槽里再放上第二块石头，由工

① 西塞罗，全名马尔库斯·图利乌斯·西塞罗（Marcus Tullius Cicero，前 106—前 43），古罗马著名政治家、哲人、演说家和法学家。

②《圣经·以赛亚书》，第 2:4 节。

人前后推拉。后来，上面的这块石头经过打磨，又安装了把手，可以进行旋转。碾磨工作会让人精疲力竭。手磨在使用时也非常困难，普鲁塔克记录的这首磨坊工人号子就能体现出这一点：

> 磨啊，碾啊，磨啊，
> 就连庇塔库斯也要磨粉，
> 他可还是伟大的米蒂利尼的统治者呢。

如果阅读希腊语原文，就能够感受到诗句里的重音不断前后变化，并不流畅，而是有一种粗粝的研磨感，直到石磨终于把谷粒磨碎。

荷马直言不讳，在制作面包的各个环节里，无人喜爱磨粉。《奥德赛》里就有这样一段，写的是奥德修斯假扮成乞丐，走进了屋子里，愤愤不平地冷眼旁观那些无礼的求婚者。他对取得成功感到厌倦和绝望，于是恳求众神显灵，为他加油鼓劲。因此，黎明前不久，宙斯打了个响雷，问候奥德修斯，又立刻把一名女奴的话送到了他的耳边。这名女奴正在他假扮乞丐时用的睡椅旁边磨粉，没有人看管。书中这样写道：

> ……那屋里安放着人民的牧者常用的石磨，共有 12 个女奴围绕着它们奔忙，研磨小麦和大麦，人们精力的根源。其他女奴们都在睡觉，她们已磨完，只有一女奴尚未完工，因为她力薄。这时她停住磨说话，给她的主人作预言：“父宙斯啊，你统治所有的神明和凡人，你在繁星密布的天空打了个响雷，可天上并无云翳，显然是某人把兆显。现在请让我这个可怜人的祈求能实现：但愿求婚人今天是最后、最末一次在奥德修斯的厅堂上享用如意的饮宴，他们派我干磨面的重活，把我累得肢节瘫软，愿这是最后一

次设筵。”[1]

塞缪尔·巴特勒在1897年读过这些诗句后，认为《奥德赛》也许有部分内容出自女性的笔下。这一段的确体现出了非常卓越的思想价值。显然，古代社会对底层民众怀有悲悯之情，并且超出了后世估计的水平。此外，可以肯定的是，希腊文明秉承的基本价值观就是要夺得胜利；无论是国家还是个体，无论是神明还是部落酋长，都是如此。希腊的艺术也服务于此，着力宣扬求胜的价值观。然而，艺术家也同样能够感知到社会中有暗潮涌动，能够听到底层民众的低声私语。即使在希腊社会中，经济发展需要奴隶制，而且只有强壮健美的人才配为人，艺术家也仍然能够表达这样一种情感，一种在本质上与基督教的同情密切相关的情感。

对，就是同情！虽然希腊人不信基督，但他们仍然能够对他人的苦难感同身受。不过，还是不能达到像印度教、犹太教和基督教那样深入而持久的感受。佛陀曾说自己的前世是一头在森林里被火烧死的大象（Tat tvamasi——那就是你！）[2]，希勒尔[3]和基督还提出了“爱人如己”的教义——这些行为在希腊人眼里都太极端了，会让他们感到冒犯。但是在另一个层面上，希腊人又能强烈地感受到生命本身是有尊严的，是不可推翻的。这是因为无论希腊文明取得了何等辉煌的成就，希腊人首要的身份仍然是艺术家，相信艺术能为没有生命的物体注入生命。对希腊人来说，无论是一支桨、一个花瓶、一个洞穴还是一棵树，万物都有生气。而万物有生气，是因为他们本身还活在这

① 译文摘自荷马：《奥德赛》，王焕生译，北京：人民文学出版社1997年版，第376—377页。

② 印度古代哲学家有时候用tat（等于英文的that）这个字来表示“梵”。“梵”即是印度语中的天，又引申为世界的主宰。Tat tvamasi，表面上的意思是“那就是你”，真正的含义是“你即是梵”“你就是宇宙”（你与宇宙合一）。

③ 希勒尔，全名希勒尔·哈－扎肯（Hillel Ha-Zaken，约前70—10）。公元前后巴勒斯坦犹太人族长，犹太教公会领袖和拉比。

世上；而只要他们还活着，还能运用双手去创造，还能发挥自己的想象力，他们就想要为万物赋予生命，而不会让周围出现了无生气的事物。在这种冲动里，艺术的成分要大于宗教。他们完全没有狂热的激情，而是抱以非常客观的态度，内心毫无波澜。按照有个学者的话说，就是“精致而虚伪的冷漠”。

关于希腊人，有一点我们必须要理解！他们从来不会探讨有序的宗教体系，比如埃及人、犹太人或者基督徒的宗教。因为在希腊文化的巅峰时代，每一名艺术家只要头脑理智，不过分，不逾矩，就有权根据自己的想法来修改神话。希腊的真理不在于传播宗教教义，也不

◆ 6000 年前的手磨，流传至今

在于明白无误的教义，而在于传播所采取的形式。这种“形式”，或者说是“理型”，和我们当下不断变幻的时代里所说的“形式”没有任何关系。就像萧伯纳把它叫作“奥林匹克环”一样，在古代世界，理型是神的恩典最为崇高的体现。

对希腊人来说，一切真实的东西都有这样一个奥林匹克环：无论任何事物，只要经过他的双手进行艺术加工塑形，将其具体化，那么这个事物就会为他而活，为他受苦，为他高兴。这事物并不是“他本人”，而是像他一样，有自己的生命。

正是因为希腊人有这样独一无二的卓越能力，在看待问题时能够客观化、能够移情，他们才可以将心比心，站在磨坊女奴的角度去思考问题，尽管奴隶与他们对胜利和美丽的向往背道而驰。而且，这种对友好关系的接纳还可以更进一步，扩展到了谷种身上。他们注意到磨坊里不仅是女奴在受苦，谷物也一样。

◇ 23 ◇

谷物被人们碾碎，备受折磨。为什么要这样呢？小麦毕竟还是“人们精力的根源”，是人类的好朋友。可这好朋友还是遭到了虐待，就像葡萄在酿成酒之前也受到了虐待一样。谷物只有先饱受折磨，遭到杀害，才能最终变成面包，而杀害谷物的凶手和面包喂养的对象，却都是人类。这个矛盾实在是很奇怪。最先“注意到”这一点的正是希腊人，所以也很难说希腊人冷漠又虚伪……接着，这个想法又引领希腊人进入了一个宗教领域：这里没有冰冷的东西，一切都在熊熊燃烧。这里，就是愧疚感的王国。

人类为了生存，为了维持文明的延续，需要不停地杀戮。即使佛教徒吃素，不杀生，他们也在不停地杀死植物。如果追溯到人类历史更古老的时期，人类几乎是没有对动物和植物做任何区分的。大树和小草的知觉难道就比牛羊要少吗？全体希腊人都不会同意这一点。所有生物都有同等的灵魂，都在精神上同样敏感，这中间并没有宗教的作用。谷物在磨坊里遭到碾磨的时候会痛苦；亚麻断掉的时候会痛苦；葡萄受到挤压流出酒时，就像动物一样在流血。人需要吃面包、穿衣服、喝酒。因此，人必须去折磨、去杀戮。但与此同时（无论人对宗教多么漠不关心），他们必须注意要让杀害对象的灵魂得到安息。比如，人必须纪念小麦活着的灵魂，用歌唱和雕塑的形式来体现。

宗教史学家罗伯特·艾斯勒从很多民族的信仰里选取了几个实例，显示人在为了获得食物和衣物而需要夺取动植物生命时，普遍会感到愧疚。出于这种愧疚，人就会把动植物世界中的生物转化成神、半神和英雄人物——具体情况还要看不同民族在宗教方面的天赋。而像希腊人，或者条顿人[①]这样不擅长发展宗教的民族，就充分施展自己的艺术才华，创作了关于忏悔的神话。不过在这些故事里，赎罪的主题几乎已经完全不见，令读者陶醉其中的艺术光辉反而至今依然熠熠闪烁。就像葡萄被人压榨一样，酒神巴克斯也遭到践踏、撕扯，在不朽的诗句里永恒流传。或多或少，各个民族都有安抚灵魂的想法。在立陶宛，少女会这样恳求："噢，亚麻，请原谅我们吧！"而对于斯堪的纳维亚人来说，"黑麦的悲伤"是童话里常见的主题：

> 他们最初把我埋了起来，
> 然后我长成了麦秆，结出了麦穗，
> 他们就把我砍倒，把我碾碎，

① 条顿人，古代日耳曼人中的一个分支，公元前 4 世纪时大致分布在易北河下游的沿海地带，后来逐步和日耳曼其他部落融合。后世常以条顿人泛指日耳曼人及其后裔，或是直接以此称呼德国人。

把我放到烤炉里烤，
最后我变成了面包，他们还要把我吃掉。

中世纪诗人约翰·冯克罗莱维茨也用了几乎同样的语句，说基督“被播撒到地里，又发芽、开花、生长，接着被割倒，绑成捆，送到打谷场脱粒，又用扫帚扫成堆，碾磨成粉，扔进烤炉，过三天之后取出，最后变成面包，被人吃掉”。从这一段里，我们可以看到诗人用“面包的受难”来解释基督受难。埃及人发明了面包，却不曾想为中世纪遗留下了这样的神秘故事！

不过，即便没有最后一道残忍的“火炉”考验，谷物的受难也已经十分悲壮了。如果万物都有灵魂，那么在土地里“活埋”种子就是人必须忏悔的罪过。甚至在《圣经》里，尽管耶和华允许犹太人吃动植物，犹太人也感觉到自己在犯罪，在谋杀植物。因此，约瑟在被坏哥哥们扔到坑里，卖到埃及，又在埃及华丽复活的过程中，就表现出了殉道的粮神的特点。“约瑟”这个名字的含义是增添。所以，就像《圣经》所说，他“积蓄五谷甚多，如同海边的沙，无法计算，因为谷不可胜数”[①]，也是符合他作为粮神的形象的。而这样一位供养人类的人、给人类带来快乐的人，却受到了冒犯。他的那些哥哥感到了万分懊悔！

是的，人要活下去，就必须杀生。苏格兰农民诗人罗伯特·伯恩斯对希腊人知之甚少，但却想尽办法活得像他们一样。他根据著名民谣《约翰·巴利科恩》[②]写下了自己的歌曲，用欢乐的口吻描述了残酷的“谷种受难”。透过大麦酿成的粮食酒，我们能清楚地看到可怕的

① 《圣经·创世纪》，第 41:49 节。

② 《约翰·巴利科恩》（*John Barleycorn*）是英国民谣，其中巴利科恩的英文 Barleycorn 又指大麦粒。约翰·巴利科恩是大麦以及大麦制成的啤酒和威士忌的拟人化形象。

农具闪烁着寒光：

有三个国王打东边来，
想要试试运气如何；
他们庄严发誓，
约翰·巴利科恩非死不可。

他们拿起犁头将他打倒，
铲起土块埋他的头；
他们庄严发誓，
约翰·巴利科恩已经死透。

他长眠于地下，
直到露水滴落在他身上；
然后他冒出了地面，
令众人万分惊慌。

他一直在土中待到仲夏，
看起来苍白无光；
接着他长出了胡须，
变得像男人一样。

然后他们又派人拿着锋利大镰，
将他齐膝砍倒。
哎呀，可怜的约翰·巴利科恩！
他们待他是这样残暴。

他们接着派人拿干草叉用力挥舞，
将他从心脏剖开；
就像可怕的悲剧一般，
又把他在大车上绑缚起来。

他们再派人手拿冬青枝，
把巴利科恩打得皮开肉绽；
磨坊工人虐待更甚，
将他碾碎成粉，就放在两块石头之间。

噢，巴利科恩是最优选的谷物，
没有庄稼能够胜过。
就在转眼之间，
它就能比其他谷物长得更多。

一大包谷物浓缩到一杯，
红红葡萄酒流入了罐内；
人喝起来一杯接一杯，
最后走不了也站不住，深深沉醉。

唱过这首伟大的歌谣，心情就像是喝了威士忌一样，而其中隐藏的主题是残忍的暴动。理解了这首歌，就也能理解希腊人的狂欢作乐。最初，他们会为酒神因挤压身亡而感到悲伤，但立刻又会因为酒神复活而开始狂欢作乐。

此外，为了纪念谷物女神德墨忒尔和她失而复得的女儿，希腊人还有一个相似的节日，同样是既会深切哀悼，又会欣喜若狂。希腊人因为必须要把活着的小麦种子踩到土里才能收割收成，感到特别忧伤，所以创作了珀耳塞福涅[①]的神话。她是德墨忒尔的女儿，象征着种子，每年都有四个月被困在冥界，而母亲德墨忒尔会进行哀悼。最终，希腊全国都把自己塑造成了悼女之母的形象。

① 珀耳塞福涅，希腊神话中冥界的王后。德墨忒尔和宙斯的女儿，被冥王哈迪斯绑架到冥界与其结婚，成为冥后。

希腊：厄琉息斯的面包教会

这个故事定能令你心潮澎湃！起来，逝去的希腊人民。

——罗伯特·勃朗宁

◇ 24 ◇

冥界出于嫉妒，企图“强奸面包”，这样的行径让人伤心绝望。公元前 7 世纪，就有一首庄严的圣歌，向希腊人讲述了这个故事：

珀耳塞福涅是德墨忒尔与宙斯的女儿，生得十分美丽。一年夏天，在西西里岛中部的恩纳地区，她正在草地上采花。这时，埃特纳火山忽然震动，冥界之门张开了血盆大口。一个陌生的神乘着马车冲了出来，抓走了她。她大喊向父亲求救。宙斯虽然知情，却已前往一个遥远的地方参加祭祀活动，故而未加阻止。珀耳塞福涅在哈迪斯的怀里拼命挣扎，又是抓，又是咬，趁着还在阳界，大声尖叫，叫喊声在山谷里、海面上四处回响。可最后，她还是被带到了冥界。

德墨忒尔听到了女儿的哭喊。她穿上黑色的丧服，并在埃特纳山上点燃了一个火把，到凡间去寻找女儿。路上，她遇到了黑暗女神赫卡忒，但赫卡忒什么都没看见；而太阳神赫利俄斯[①]能够明察一切，看到了绑架的整个过程。他一贯吐露实情。正是从赫利俄斯的口中，德墨忒尔得知冥王掳走了女儿。女儿被迫嫁作哈迪斯的妻子，成了冥后，而且婚约也无法撤销。赫利俄斯建议德墨忒尔消消气，因为她也许再也找不到“比不朽冥王哈迪斯更好的女婿了”……

这番话并没有起到安抚的作用。宙斯袖手旁观，也是帮凶，所以德墨忒尔发誓再也不会登上宙斯居住的奥林匹斯山。她假扮成了一个驼背的老妇人，继续沉浸在失去女儿的悲痛中，四处游荡。在厄琉息斯王国，国王刻琉斯的几个女儿遇到了这个疲倦的老妇人，让她给她们几个算命。德墨忒尔非常谨慎，闪烁其词，并请求去王室做女佣。王后墨塔涅拉收留了这个自称德奥的老妇，还让她照看自己幼小的儿子得摩丰·特里普托勒摩斯。但这个奇怪的老妇不怒自威，干枯的身体里似乎会不时冲出一股强大的力量，让王后心生疑虑，感到恐惧。一连好多天，德奥都坐在火堆边，不说话，也不吃饭，直到有个叫伊阿姆柏的女佣大着胆子给她讲了个粗俗的笑话，这才让她笑了起来……给她酒，她也不喝，而是要面糊……小婴儿特里普托勒摩斯在她的精心养育下，也生得体格强壮。她会给婴儿用琼浆擦身，而且很明显对魔法了如指掌。有一天夜里，王后起身，暗中观察德奥，却看到德奥举着自己的儿子，将其赤身裸体放在熊熊的炉火里烧。王后尖叫着冲进房间想要救下儿子，德奥却说：“我这么做是为了让他永生！”这时，王后看到德奥的头顶环绕着美丽的光环；脸上的皱纹也消失了，重新变成了美丽的女神。她向王室亮明了自己的身份，还承诺会为国

① 赫利俄斯，古希腊神话中的太阳神。传说他每日乘着四匹火马所拉的日辇在天空中驰骋，从东至西，晨出晚没，令光明普照世界。在后世神话中，他与阿波罗被逐渐混为一体。

王的后代赐予殊荣。而至于她自己，她请求在公主们第一次见到她的泉水上游为她修建一座神庙。

于是，国王下令修建了厄琉息斯神庙，供德墨忒尔居住。这里远离奥林匹斯的众神，也远离人类的生活，德墨忒尔闭门不出，终日与王室生活在一起，施展魔法，踏上了可怕的复仇之路：她让所有田地颗粒无收，大地寸草不生。这下，人类和鸟兽都面临严重的生命危险，众神的生活也受到了影响。因为万物生存要依赖草木，而众神存活要依赖人类献祭。为了避免万物灭绝，宙斯派出了众神的使者伊丽丝，命令德墨忒尔来奥林匹斯山谈话，但遭到了德墨忒尔的拒绝。于是，赫利俄斯率领众神来探望痛失女儿的德墨忒尔，并送上了最珍贵的礼物。可这并没有排解她的忧愁，也没有平息她的怒火。她再一次发誓：

> 我绝不会上奥林匹斯山，也绝不会让大地恢复生机，
> 除非我能再次亲眼见到女儿。

最终，为了避免世界万物都化为尘埃，宙斯只好屈服，派“灵魂的指引者”赫尔墨斯作为使者去冥界谈判。赫尔墨斯脚蹬一双插有翅膀的飞行鞋，来到冥界，请冥王放了珀耳塞福涅，因为珀耳塞福涅的母亲“不让大地孕育种子，众神就快要没有祭品了”。出乎意料的是，冥王同意了这一请求。他扬起眉毛，一脸阴森，笑着说道：

> 去吧，珀耳塞福涅，去找你那悲伤的母亲吧！

在赫尔墨斯的陪伴下，珀耳塞福涅再度回到了阳间，来到母亲住的神庙门前。德墨忒尔正在向外眺望，认出是女儿回来了，她欣喜若狂，又喜极而泣，就像酒神的女祭司在森林发狂一样。她把女儿迎进

门之后，忽然一阵焦虑又袭上心头，忙问女儿是否吃了冥界的东西……女儿承认了。这让德墨忒尔再一次陷入绝望。她知道只要吃了冥界的东西，每年就至少要有三分之一的时间留在冥界。不过很快，她又振作了起来。一年有 12 个月，三分之一就是 4 个月，所以女儿可以和她在一起，种子可以生长，供人类耕作的时间还剩下 8 个月。她这样想着，又流下了喜悦的泪水。当宙斯再度派使者来邀请母女二人回奥利匹斯山的时候，德墨忒尔再无二话，接受了邀请。不过在返回之前，她先收回了令大地荒芜的诅咒，又教厄琉息斯国王如何在她住的神庙里纪念谷种遭到绑架又失而复得的受难过程。她还教人们举办特定的秘密仪式，且不得违犯，也不得对此有所质疑。同时，她还许诺，只要在这座神庙里虔诚地为她和女儿祈祷的人，来世就能得到幸福。

◇ 25 ◇

古人认为是荷马写了这首圣歌，但实际情况并非如此。不过，作者有可能是某个吟唱荷马诗作的职业诗人，也就是所谓的“荷马子孙”。他借用了荷马的思想观念框架，体现了荷马在内心对权威、家庭冲突以及众神对立的看法。

这首无名诗人写下的圣歌在希腊人中间产生了教法一样的效力。就宗教信仰来说，德墨忒尔的故事之于希腊人的地位，就像圣母玛利亚受难之于基督徒一样。虽然希腊人一般都很讨厌宗教教条（因为希腊诸神就像风起云涌的天空之上壮丽的云朵一样，永远都在不断变化），但珀耳塞福涅的故事绝对是个例外。对他们来说，这个故事意义重大，甚至成了宗教信仰里的核心理念。

打动希腊人，让他们感到同情的，并不是珀耳塞福涅这样一个年轻女孩子遭到绑架和强奸的悲惨经历，也不是因为谷种遭到了囚禁。

更触动他们的，是德墨忒尔作为母亲的受难经历。她为寻找女儿近乎癫狂，最终又得以解脱，才让希腊人热烈拥护这个故事。这非常符合希腊人的性格特点。

在这个故事里，德墨忒尔不太像是农业女神（公元前 7 世纪的那首圣歌里体现得更加明显），而更像是代表着从大地中喷涌而出的一股力量。在希腊人看来，大地显然是盲目的。大地别无选择，只能放任万物生长又凋零。但农业女神可以行使选择权。是她，救赎了人类；但人类也要像《圣经·旧约》那样，必须遵守与女神定下的约。要想获得神的恩赐，人就必须犁地、播种，制作面包。

因此，诗人着重描写厄琉息斯国王夫妇热情接待德墨忒尔，也就完全顺理成章了。刻琉斯国王帮助德墨忒尔避难，得到了永恒的荣耀。后来，他的子孙世世代代都能够在厄琉息斯教会担任大祭司的职位（等同于日后彼得在基督教教会担任的职位）。能够从街头收留陌生的老妇人，并让她做女佣，这体现了高度的信任。这样的善举历来都是宗教里根深蒂固的主题。而且《奥德赛》也同样赞美对乞丐行善的举动，因为众神可能就隐藏其中，以此来试探人类。在《希伯来书》第 13:2 节，我们也读到了一句话，完整地体现了这一古典箴言："不可忘记用爱心接待客旅。因为曾有接待客旅的，不知不觉就接待了天使。"

在德墨忒尔暂住王室期间，还有一些其他细节，乍一看好像有传奇色彩，但实际上经过了精心安排，在宗教上具有重要意义。比如，德墨忒尔为了让小婴儿特里普托勒摩斯永生，而举着他在火里烤，就很容易理解。因为希腊人认为特里普托勒摩斯是犁的使者，而制成犁铧的铁，正是经过了火焰的炙烤和锻造，才变得牢不可破。面对地广人稀、各自为政的希腊，特里普托勒摩斯的后代，也就是厄琉息斯的大祭司，在公元前 7 世纪也获得了至高无上的统治权，超越了其他众神的祭司。人们信奉德墨忒尔，为她举办各种纪念活动，风头也完全胜过了其他众神。或许，只有宙斯和阿波罗除外。

这是怎么实现的呢？这完全是因为德墨忒尔除了司掌农业和谷物、制定法律，创建家庭和国家以外，还肩负另一项更加重大的职责：她能够影响冥界。一个亡灵是复活还是毁灭，都要取决于她。

厄琉息斯的祭司为德墨忒尔赋予这样一个特性，是非常精明的。但从情感层面来说，其背后的逻辑十分简单明了：看起来毫无生气的种子是埋在土里的，而人死了以后，遗体也埋在土里。那么，决定一粒种子是发芽还是枯萎的旨意，是不是也同样决定了亡灵是重返阳间还是永世不得超生？厄琉息斯的祭司都非常熟悉埃及的《亡灵书》。书中，亡灵在来世回答道："神在我的体内，我在神的心中。我就在谷物之中，与谷物一同生长。我，就是大麦。"所以，允许亡灵复活以及谷物生长的，实际上是同一个人的意志。

要把这种信念里所蕴藏的力量完整地传达给现代人，是很困难的。因为现代人至多认为这是一种比喻、一种类比，也就是说，控制种子生长的力量类似于掌控亡灵命运的力量。但古典时期的希腊人理解不了相似、类比这样的思维方式，他不知道什么是"比喻"，而只能看到现实。一个东西要么存在，要么不存在，只有这两种状态。所以当德墨忒尔教的祭司告诉希腊人，农业女神、文明的创始人、冥界亡灵的救赎者都是同一个神之后，他们就不会分别看待这三种角色，而会认为这是三位一体，自然不能分割，而且无须解释。所有希腊人都坚信这一点。

◇ 26 ◇

长期以来，有人认为希腊人只关心现世。这可大错特错。希腊人可是会在死者棺材里放上小牌子的，牌子上信息丰富，堪比冥界地图。

同时，还会告诫死者进入冥界以后不要向左转，而是向右转，因为天堂在右边。柏拉图的很多对话也表明，与他同时代的人们非常关心来世能否得到赐福。秘传教派俄耳甫斯教还专门为信徒出版了一本小册子，叫《堕入冥界》。所以，希腊人一边嘲笑埃及人的神竟然还有鸟头人身的，一边又在关于来世的各种问题上完全相信埃及人的看法，迫切想要了解其中的奥秘。

那么在厄琉息斯秘仪中，到底是什么让信徒如此追捧，流传千年而不衰败呢？答案并不是对谷种堕入冥界又返回阳间的演绎，而是祭司承诺入会的人（按照基督教说法是受洗礼的人）能够复活。这正是希腊人所关心的，希腊诗人所说的，也正是这种死后的幸福状态。也因此，德墨忒尔圣歌的结尾这样写道：

能够看到人类在大地上生活的，是幸福的人！
而如果没有参与这些仪式，没有为神供奉，
命运就会大不相同，注定在阴暗的冥界了此残生。

这其实是个诅咒，不过是带有伪装的诅咒。它的意思是：未参加仪式之人必将受罚。伟大的雅典剧作家索福克勒斯[①]更是坦率直言：

噢，能得到三重赐福的，
是在堕入冥界之前参与了仪式的人！
他们才有资格在冥界过上真正的生活；
而其他人只配遭受痛苦和磨难。

① 索福克勒斯（前496—前406），雅典三大悲剧作家之一，他既相信神和命运的无上威力，又要求人们具有独立自主的精神，并对自己的行为负责，这是雅典民主政治繁荣时期思想意识的特征。

伟大的抒情诗人和圣歌诗人品达[1]坚持认为只有加入厄琉息斯教会的成员才“知道自己生命的终点，以及神为其来世赐予的开端”。这进一步证明，不断掩埋又复活的种子和人的亡灵之间是一致的。厄琉息斯教义认为谷物女神也在冥界充当调解人，这一观点在后来使基督教徒对厄琉息斯产生了强烈的仇恨。即使在基督教成为国教之前，伟大的亚历山大的克雷芒（约公元 200 年）、阿斯忒里俄斯和尤利乌斯·费尔米库斯·马特尔努斯（约公元 347 年）等基督教作家就强烈抨击“厄琉息斯教的暴行”。因为能够实现永恒救赎的调解人自然只有基督一个！虽然希腊人还会膜拜阿波罗、宙斯和阿佛洛狄忒[2]，但这些都不会对基督教构成威胁；而德墨忒尔教仅凭自身，就为入会人许诺来世，这对基督教来说非常危险。因此，德墨忒尔教也成了基督教唯一的劲敌。

◇ 27 ◇

虔诚的伊萨克·卡索邦（1559—1614）首次发现基督复活和德墨忒尔使谷种重返大地的经历非常相似之后，感到震惊不已。他举起了双手，大喊道：“也许上帝才知道为什么要给那些异教徒赐予这种仪式，竟然和我们隐藏最深的秘密何其相似！”

确实，卡索邦那个时代的人很难想象，东正教徒那般欣喜狂热，高喊：“基督从死里复活！”竟然和德墨忒尔看到女儿复活之后的欣喜一样，有着同一种神圣的渊源。而至于罗马教会的种种形制，无论是教皇、祭司的设置，还是各种宗教节日和仪式，都早在基督教、

① 品达（Pindar，前 522—前 442），古希腊抒情诗人，被后世学者认为是九大抒情诗人之首。

② 阿佛洛狄忒，古希腊神话中爱情与美丽的女神，也是性欲女神，奥林匹斯十二主神之一。由于诞生于海洋，所以有时还被奉为航海的庇护神。

犹太教和伊斯兰教尚未诞生的时期，就出现在了厄琉息斯的面包教会里……

从来没有哪一个宗教团体的命运如此不同寻常。由于内部争执，厄琉息斯这个宗教国家在政体上很快就从王国变成了共和国，政府落入了六大贵族的手中。从这六大家族中，又选出了四大官员，终身任职。其中职位最高的是教皇（hierophant），负责展示圣徒遗物，并进行解说；接下来是持火炬者（daduchos）；传令官（keryx），负责召唤信徒做礼拜；以及祭坛祭司（epibomios），在献祭活动期间担任祭司的职务。此外，这四名官员还要参与神秘剧[①]《谷种受难》的演出。在希腊全国，这四人享受极高的待遇，今天只有教皇和大主教才能享受到同等待遇。就连给他们清洗神像的仆人也人人艳羡，能在剧院里坐上贵宾席。

当然，能够代表德墨忒尔和珀耳塞福涅的大祭司中也有女性，同样来自贵族家族，但她们的职能严重受限。根据希腊礼法，女性不得在公开场合行使职务，所以女祭司主要是在教会内部行使权力。

除了不同等级的神职之外，厄琉息斯还有大量半世俗官职。其中，侍臣负责管理神庙区以及该区域内负责接待访客的旅舍；而最重要的官员是神庙国库的卫队，看管国库粮仓里存放的全国人民自愿贡献的粮食、售卖粮食获得的收入、教会成员的入会费，以及世界各国赠送的金银珠宝。财务管理委员会由十个精明的粮商组成，会在市场行情较好时卖出谷物，为国库创收，利润用于大型庆典活动开销。在这些神职人员和世俗官员之上，设有一个三人指导委员会，行使治安权、司法权。只要有希腊人破坏了神的安宁，该委员会就可加以惩罚。

---

① 神秘剧，即宗教剧。宗教剧是以圣经教义为题材的中世纪戏剧的统称。9 世纪前后，在法国出现了以耶稣受难、天使向圣母及使徒显灵、耶稣升天为内容的瞻礼式戏剧。10 世纪前后，以圣经故事和天主教教义为题材的戏剧形式逐渐形成。13 世纪开始出现有情节的故事表演，并出现先以歌颂圣母为主、后以讴歌使徒的奇迹剧。到 14 世纪，一切宗教题材的戏剧都被称为神秘剧。

厄琉息斯是一个政治独立的宗教国家。在这片还不足布鲁克林[1]四分之一的土地上（如今，这里变成了一片沼泽平原，住着贫困的阿尔巴尼亚人），居住着一万人，庙宇林立，灿烂辉煌。一方面，宗教机构统治全国；另一方面，该国国土面积虽小，但政治力量不容小觑，可与1870年之前的教宗国[2]相提并论，真正做到了将世俗的主权与宗教统治相结合。

就这样，千百年来，希腊人为谷物女神德墨忒尔和厄琉息斯祭司供奉收成，不断提供滋养。但就在此之后，大约在波斯战争时期，教会不再那么受欢迎了，收入也开始下降了。为了阻止这种趋势，祭司灵机一动，想到可以把厄琉息斯秘仪和邻城雅典的命运结合在一起。于是，他们向雅典献上了部分神庙的收入，又提出可以由世俗机构对厄琉息斯城邦进行监督。雅典跃跃欲试，想要与厄琉息斯竞争已经有一段时间了。雅典人竭尽全力，想让女神雅典娜成为农业女神，还想把他们本土的一个英雄厄瑞克透斯塑造成传播犁的使者和教农民种地的教师。但不知道出于什么原因，这一番操作都失败了。也许雅典娜作为智慧女神和手工艺女神不是那么接地气，也不太适合农作物缓慢的生长过程。虽然橄榄树是她赐予的，但她本人仍然贞洁无瑕，不会想要背上繁殖的重担，因而也不能作为生育力的代表。另一方面，德墨忒尔早就不再是贞洁的处子了：她是宙斯的一个妻子，除了丈夫宙斯之外还有许多情人，其中还包括被宙斯用闪电劈死的伊阿西翁（正如克里特神话所述，“这是因为和女神偷情的人非死不可”）。

就这样，雅典和厄琉息斯在政治上结盟之后，雅典娜和德墨忒尔

---

① 布鲁克林区位于美国东北部，纽约曼哈顿岛的东南边，面积约为251平方千米。

② 教宗国，是南欧一个已经不存在的国家，为教宗统治的世俗领地，建立于8世纪，位于亚平宁半岛中部，以罗马为中心。1861年，教宗国的绝大部分领土被并入领导意大利统一进程的撒丁尼亚王国，即后来的意大利王国；至1870年，罗马城也被并入意大利王国，教宗国领土退缩至仅剩梵蒂冈城，等同名存实亡。

也不再嫉妒彼此了。德墨忒尔教成了雅典城邦的宗教，而雅典又反过来利用自身在世俗领域庞大的影响力以及宣传工具，来推广厄琉息斯秘仪。

◇ 28 ◇

厄琉息斯秘仪是一场盛大的“面包庆典”，是古代世界最值得骄傲的盛宴。庆典活动之壮丽绚烂、美轮美奂，我们敢说此后三千年，再也没有任何流行的纪念活动能够与之相提并论。仪式每年在 9 月 20 日左右开始，也就是谷种再次被迫回到冥界的时间；活动会持续 9 天，代表德墨忒尔在大地上四处游荡，为女儿哀悼的时间。只要是希腊人，不论阶层，不论地位，都可以参与进来。这其中的重要意义在于，奴隶还有妇女和儿童都可以参加仪式。不过妇女和儿童只能参加公开的活动，在神庙内室举办的仪式仅向“入会人”开放。庆典活动首先会在政治中心雅典启动，而非宗教中心厄琉息斯。在活动筹备方面，德墨忒尔和珀耳塞福涅的神像会被提前运送到雅典。距离活动开始一个月时，贵族青年会作为信使前往希腊各个城市，宣告神的安宁，并宣布庆典将在下次满月之时举行。所有希腊人都听从他们的指示，参加庆典的人会在雅典的小旅馆中集合。庆典第一天，雅典最高长官宣布，所有犯谋杀之罪者不得参与庆典游行。接下来，从厄琉息斯赶到雅典出席庆典活动的教皇致辞，发言结束时，教皇会高喊著名的口号：“入会候选人都去海里！”一声令下，所有将在当年入会的人都争先恐后奔向大海，想要第一个得到海水的净化；第二天，人们会在雅典举办第一场正式献祭活动；到了第三天，考虑到还有人住在偏远地区，路途遥远，所以还会为他们举办一场同样的献祭活动；第四天，成千上万名信徒就要开始游行，向厄琉息斯进发了。他们口中念念有词，除了德墨忒尔母女二人的神像外，还抬着一尊“大哭的酒神”。因为酒神巴克斯的祭司力图确保秋天葡萄丰收后，人们能够在为最喜爱的谷物女神献祭的同时一道供奉酒神。这种做法非常聪明。（我们从上帝的圣餐里就能看到）饼和酒天然不分家。除此之外，还有另一个原因：在接下来的四个月，珀耳塞福涅就必须要再次回到冥王的怀抱了。而有了酒神的加入，就能为浩浩荡荡的游行队伍在迷醉中营造一种欢乐而虔诚的氛围，不至于非常阴沉肃杀。比如，在队伍的领头人中，就会有一个人男扮女装，假扮成“酒神的保姆”，捧着一个垫子，上面放着酒神小时候的玩具：骰子、一个球、一条鞭子和一个塞子。在她后面的是拿箱子的人，箱子是德墨忒尔的圣箱，里面装有用饼制成的圣物，包括用小麦粉烤制的犁形状的饼，饼上抹了蜂蜜，还有其他精心制作的面点。接下来是圣持扇者，拿着一个只有篮子大小，形似簸箕的扇形器具，酒神小的时候就躺在里面。它类似于基督教里耶稣诞生的马槽。圣器上盖着叶子，没有人知道里面有什么。也许就像簸箕筛掉谷壳留下小麦一样，这个器具象征着厄琉息斯秘仪能够净化人的罪恶。

持扇者后面第四个人是持篮者，手捧丰收的篮子，象征着要为德墨忒尔收获大地上第一批结出的果实。在这四名官员之后，才是厄琉息斯祭司、雅典政府全体官员、入会候选人，以及普通民众。

游行队伍由警察[①]陪同护送，道路两边还有年轻人站岗。不过这种保护完全多余，因为一千年以来，游行队伍从未遭到袭击。没有哪一伙强盗敢于以身犯险，犯下这样难以形容的渎神之罪。

朝圣的人们都衣着朴素：因为穷人和奴隶也在游行队伍之中，所以出于礼仪要求，富人不可炫富。负担不起祭品的，也至少会带几捆

① 古希腊时便有早期警察，一般由异邦人或奴隶担任，负责维持社会治安。

谷物，带上农具、碾磨工具、特别大的饼，或者举火把。除了残疾人之外，人人都得步行，骑马者会受到严厉的处罚。这是因为德墨忒尔举着火把寻找女儿的时候，也是步行的。

从雅典到厄琉息斯，实际上需要走 4 个小时。但游行队伍到处走走停停，在途中还要进行一些小型仪式，所以会花 10 个小时。比如，在某个地点，入会候选人会在手腕和脚腕上缠绕红丝带，就像犹太人会披上祈祷披巾一样。在另一个地点，大家穿过小溪，会用粗俗脏话来交流。这是为了纪念女佣伊阿姆柏，是她在国王刻琉斯宫殿的炉火旁，逗笑了伤心的德墨忒尔。一路上大家热热闹闹，一番休息、祈祷之后，在满月的光辉之下，举着火把照亮道路，抵达了厄琉息斯。大家风尘仆仆，十分疲惫，在神庙区的小旅馆里歇脚。

接下来这一天的重头戏是献祭。为了避免在众神之间引发嫉妒，不光是农业女神，人们为所有的神祇都献上了丰盛的祭品。到了第六天，人们开始跳舞纪念酒神巴克斯，并举办骑马比赛、竞走比赛，还开设市集。入会候选人会在圣堂内观看“谷种受难”的表演。庆典活动的这个环节是高度保密的。有一次，两个年轻人只是为了好玩儿而潜入了神庙里，就被逮住处死了。

神庙里究竟发生了什么，我们只能猜测。因为从公元前 7 世纪到公元 4 世纪入会的数百万信徒都坚守誓言，对此三缄其口。即使是能准确刻画希腊每一块石头的保萨尼阿斯，在说起神庙内室，说起厄琉息斯秘仪的时候，都马上表示他必须保持沉默，因为他曾经做过一个梦，警告他不能泄露天机。我们能够知道秘仪的大量细节，完全是因为早年的基督教作家非常憎恨德墨忒尔这样一位代表谷物、象征不朽的女神。他们有可能为了暗中查探这个教派的秘密，而专门加入了教会。

和共济会一样，厄琉息斯教会里也有三个等级，分别是学徒、同伴和师傅。在距离庆典还有半年的时候，教会便召集学徒来到一座雅典的神庙，请他们脱掉外衣和鞋，并摘掉所有金属饰物。然后，教会人员给他们分发桃金娘的花环，并蒙住他们的双眼，以便令其专注地聆听对珀耳塞福涅命运的讲解。讲解结束之后，眼罩被摘下，祭司向他们传授了一段接头暗号，方便他们在下一次庆典活动之前能够辨明彼此的身份。这段暗号本来是严格保密的，如今也流传了下来。一个人先问："你吃面包了吗？"听到这个问题，就要这样回答："我禁食了，喝了一杯面糊；我从箱子里取出面包，尝了尝，把它放在篮子里，又从篮子里拿出，放回箱子里。"这段话有点莫名其妙。要理解其含义，我们必须把它看作是德墨忒尔在刻琉斯国王宫中生活的一次经历，被用慢动作一样精准的语句重新描述了一遍。

入会候选人需要两次前往厄琉息斯进行朝圣。第一次完成小仪式之后，才能成为有资格参与第二年大仪式的预入会者。到了来年正式入会仪式时，他们走入神庙的庭院，会给自己的身上洒圣水。进入到神庙之后，他们就正式入会了，成为观看者。首先，他们会被蒙上眼睛，然后通过一个非常巧妙的升降装置，进入石头砌成的地下室。他们抓着祭司的手，仿佛蹚过了激流，躲开了饥饿野兽的血盆大口，穿过了轰隆隆滚落下来的巨石雨，在想象中经历了冥界所有的恐怖场景。有时，这里忽然喷出一股热的泥浆，那里又冒出一个贪婪的食人怪。在黑暗中摸索了数小时以后，他们都感到十分恐惧。然后有人带他们到神秘的床榻上休息。突然，一道极强的光线刺入眼帘，有人一把摘掉了眼罩。门砰地一下开了，在火把的亮光中，这群筋疲力尽的入会者看到了一群入会较早的"教友"，十分欣喜地向他们致以问候："各位新郎[①]，欢迎来到圣地！"接下来，入会者一一落座，每人拿到了一杯面糊。王后墨塔涅拉也曾给德墨忒尔喝这种饮料，帮助她在多日流

① 指的是珀耳塞福涅的丈夫，冥王哈迪斯。

浪之后重新振奋起来。神庙里，人人都身穿白衣。入会人抬起头之后，看到德墨忒尔圣坛前站着一个小女孩，冲他们微笑。原来刚才那些祭司的事奉，都是一个孩子完成的！小女孩还有些生疏，由教皇站在她身后进行指引。然后，他们二人降入地下，神秘剧的演出就开始了。关于这部剧，我们如今无从得知表演了什么场景，说了哪些台词，只知道落幕时的场景：舞台完全被照亮，正是丰收时节的正午，万物都沐浴在温暖的阳光下。接下来场景变成了翠绿的草地，整个房间弥漫着让人心醉神迷的芬芳。神性的安宁充盈着“观看者”的心间。他们知道自己此刻身在天堂。德墨忒尔从哈迪斯手中救回了女儿，让她复活，同时也挽救了信徒的灵魂，使他们免于坠入可怕的地狱。

◇ 29 ◇

如今，厄琉息斯的谷物女神教对我们来说几乎不再有什么秘密了。无论是教会采用一些手段，激发信徒心中崇高的情感，还是用了一些莎士比亚式的表现手法，在悲剧里插科打诨，我们都能理解。但还剩下一点，让人困惑——为什么仪式最重要的部分要保密呢？如果德墨忒尔是谷物女神，而她提携的“三重耕田人”特里普托勒摩斯还乘着带翅膀的马车，被派到凡间教人类耕田，那为什么偏偏要对那些教义保密呢？

这种对秘密的热爱，实际上源自埃及。根据普鲁塔克的记述，在埃及的绘画中，大地之母的儿子的形象就是“一根手指放在自己的嘴边，这象征着我们应该在这些事情上谦虚谨慎，保持沉默”[①]。这是多

---

① 大地之母指伊西斯。她的儿子是荷鲁斯，古埃及神话中法老的守护神，王权的象征，同时也是复仇之神。其形象是一位鹰（隼）头人身，头戴埃及王冠，腰围亚麻短裙，手持沃斯（能量）手杖与安卡（生命）符号的神祇。文中的儿子指的是幼童荷鲁斯，在古埃及雕塑中通常为裸体男孩的形象，手放在下巴处，手指尖恰好在嘴唇下方，在象形文字中代表“儿童”。希腊人误认为这个手势代表沉默和保密。

么奇怪。一方面，祭司想向全世界布道，颂扬德墨忒尔的事迹；可另一方面，每个希腊人都在听到德墨忒尔的名字时，又因为迷信观念而有所顾忌，害怕亵渎神明。在我们看来，这两点是自相矛盾的。

而且，这个观点也不是到今天才出现。在那个时期，就有很多人认为厄琉息斯和这种神秘的仪式有点让人恼火。伟大的底比斯将军伊巴密浓达（前 418？—前 362）就拒绝加入厄琉息斯教会。哲学家泽莫纳克斯则问道："我为什么要让自己入会呢？我怎么能发誓保密呢？要是教会的教义大有裨益，我会觉得有责任向国外传播知识；要是教义可能对我有害，我就会告诫众人不要加入。"他是从道德角度来看待这个问题的。不过，厄琉息斯的势力极为强大，很少有人敢这样直言不讳。在希腊陷落，沦为罗马帝国的一个行省之后，厄琉息斯秘仪反而变得更加重要。泱泱罗马帝国里，教养良好的罗马人、会说希腊语的官员、军官和哲学家都蜂拥到厄琉息斯，加入教会。出于发自内心的虔诚，出于看不起非信徒的势利心，他们满腔热情，捍卫着教会的原则。所有罗马皇帝，从奥古斯都①到马可·奥勒留②，都是德墨忒尔教的信徒。虽然就像曾经在雅典一样，德墨忒尔教绝非罗马帝国的国教，但罗马人认为他们自己的谷物女神刻瑞斯就等同于德墨忒尔，而且厄琉息斯的教会圣所和圣物就是母教堂的所在地。所以，当克劳狄皇帝（41—54）提出要将厄琉息斯的庆典活动转移到罗马时，人们普遍感到惊恐，就像今天有人提出要将教皇的圣座所在地从罗马移至纽约一样。这是因为，厄琉息斯才是四处游荡的德墨忒尔第一次显露人形的地方啊！最后，皇帝只好被迫放弃了这个计划。

---

① 奥古斯都，全名盖乌斯·屋大维·奥古斯都（Gaius Octavius Augustus，前 63—公元 14），罗马帝国的第一位元首，元首政制的创始人，统治罗马长达 40 年，是世界历史上最为重要的人物之一。

② 马可·奥勒留，全名为马可·奥勒留·安敦宁·奥古斯都（Marcus Aurelius Antoninus Augustus，121—180），是罗马帝国五贤帝时代最后一个皇帝，于 161 年至 180 年在位，有"哲学家皇帝"的美誉。马可·奥勒留是罗马帝国最伟大的皇帝之一，同时也是著名的斯多葛派哲学家，其统治时期被认为是罗马黄金时代的标志。

然而，有时候人们会因为一些更加微不足道的事情而犯下渎神罪。苏格拉底的朋友亚西比德[①]是个充满活力的年轻人，他就被控犯下渎神罪。事情的起因是一天夜里，他在雅典一个私人住所的宴会里，穿上了祭司的白袖长袍，戴上了饰有缎带的冠冕，又在喧闹的宾客面前模仿了厄琉息斯大祭司进行的一些仪式。这件事传出去之后，当时在场的所有宾客都被逮捕。正在西西里岛率军战斗的亚西比德也被削去了将军一职，剥夺了统帅权，并押到战舰上返回雅典。途中，亚西比德逃了出来，审判就在他缺席的状态下继续进行。那时，要审判渎神罪的犯人，法官必须是教会信徒。审判实际上都是秘密进行的，所以法官基本上会想尽一切办法做出有罪判决。最终，等待亚西比德的并非监禁，而是死刑。幸亏他逃了出来，救了自己一命。

秘密这种东西很奇怪。在宗教领域是这样，在社会生活里也是如此。德墨忒尔教的祭司深知创立厄琉息斯秘仪是为了达到怎样的目的。在民众衣食无忧、得到关爱之后，社会发展最为强大的驱动力可能就是他们的好奇心。于是，祭司就利用了这种好奇心来推动自己的事业。人类社会也是这样，邻居可以有万两黄金，但就是不能有任何小秘密。人们憎恨自己还有不知道的事情，就像自然憎恨真空一样。好奇心的力量非常强大，会驱使着人们去挖掘个体和群体想要隐藏起来的秘密。而压力又往往来自方方面面，就像潜水钟四面都受到水的施压一样。整个社会或者强迫自己接纳这个秘密，或者会反过来报复隐藏秘密的人，把这些人逐出社会，让他们成为亡命之徒。对于任何隐藏起来的事情，人们普遍的反应就是："瞒着我的事情肯定不是好事。"

祭司利用这个原理，故意激发人们的好奇心，但又注意不让这种秘密所产生的压力给厄琉息斯带来疾风骤雨。只要不是谋杀犯，不是

① 亚西比德（Alcibiades，前450—前404），古雅典杰出的政治家、演说家和将军。

文盲，人人都可以缴纳会费，成为厄琉息斯教会的一名正式成员，与其他人分享秘密，分享死后获得生命的承诺。

不过，如果我们指责祭司的这些举动，认为他们纯粹是出于贪婪，那就错了。人做的大多数事情，都是既掺杂了私利，又融入了崇高的理想。想要把宗教变得神秘也是如此。秘密能够更加彰显宗教的重大意义。歌德就曾经指出，秘密能够增强一个理念的影响力：

> 如果人总是马上就得知了事物的本质，他们就会认为这背后什么都没有。所以有一些秘密，即使是公开的秘密，也最好对其保持沉默，不要揭晓真相，因为这会让人感到羞耻和罪恶……

就这一点而言，睿智的麦科伊在其著作《共济会的历史》里也为保密的必要性进行了辩护：

> 让大地果实累累、鲜花遍地的伟大劳动就是“在黑暗中完成的”。自然母亲的乳房就是一个巨大的实验室，神秘的物质衍变永远都在不断向前发展。宇宙万事万物无不触及静谧的黑暗。上帝本身就处于阴影之中，宝座周围阴云密布；但即便如此，他的善行仍然能够让人感知，他的慈爱仍然处处可见。

所以，众神有权保持神秘。可虽然如此，我们还是看到，人类恰恰是因为太想努力保持神秘了，因而几乎对所有秘密都进行了粗暴的打击。尽管在公元前 7 世纪至公元 4 世纪，加入厄琉息斯教会的教徒有几百万人，但没有入会的人数还是远高于此，无法计数。好奇心不断折磨着没有入会的人，他们的内心必然会因此而酝酿仇恨——好奇，却得不到答案，结果就会是这样。之后几百年间，只要秘密社团（比如圣殿骑士团、玫瑰十字会、共济会）想要保守自己的秘密，他们就会遭到可怕的迫害，因为好奇的人想要将保守秘密的人彻底摧毁。

厄琉息斯也同样遭到了毁灭。仇恨驱使着反对势力对厄琉息斯进行诽谤和中伤，推倒了它的城墙。早期的基督教作家，比如尤利乌斯·费尔米库斯·马特尔努斯，就把最恐怖的暴行都归咎于厄琉息斯秘仪。他坚信“瞒着我的事情肯定不是好事”，又据此推论，声称在厄琉息斯神秘剧的舞台上，为了表现德墨忒尔和小特里普托勒摩斯睡觉的场景，分别扮演二人的女祭司和教皇会在观众面前公然交欢……当时，这样的污蔑对厄琉息斯还不构成直接的威胁。仇恨日渐累积，直到以君士坦丁堡为首都的东罗马帝国发生了一件具有重大意义的事件，才得以宣泄。这就是公元394年哥特人的入侵。

◇ 30 ◇

哥特人是日耳曼人的一个分支部族。最初，他们并不是来打仗的，而是罗马霍诺留皇帝[①]的正规辅助军。可当他们踏上了希腊的土地之后，就开始大肆掠夺。西哥特国王阿拉里克以曾遭到希腊北部山地民族的攻击为借口，开始南下复仇。

作为蛮族的首领，阿拉里克身穿红色皮衣，有一头金色短发，和长发飘飘的战士区分开来。他禁止士兵叫他的本名“Ala-reiks”，而是坚持让他们按照罗马字的拼写，叫他“Alaricus”。和许多日耳曼血统的罗马官员一样，阿拉里克能说一口流利的拉丁语。此外，他还学习了希腊语，非常崇拜希腊哲学家。

哥特大军向南行进，车队浩浩荡荡。到了夜晚，火把通明；但阿

① 霍诺留皇帝（Honorius，384—423），罗马帝国正式分裂为东西两部分后首任西罗马帝国皇帝，于公元395年至423年在位。

拉里克威名赫赫，让人闻风丧胆。面对大军，雅典市长准备防御。可是怎么防？没有任何皇家军队在这里驻扎。雅典市民唉声叹气，商人、老师和学生都只好纷纷拿出了破旧的武器，戴上古老的头盔，穿上了陈年胫甲，组成了一个兵团。面对这样一支队伍，哥特骑兵的铁骑自然不用费吹灰之力……忽然，从阿拉里克那里传来了令人震惊的好消息：只要支付一笔赎金（数额不算太大），他就放过雅典。哥特人不会踏足雅典一步，而且整个军队都会穿过雅典，在比雷埃夫斯港驻扎。他提出的唯一条件，就是准许他以个人的身份在雅典以自己的方式度过一天。按照消息里所说，这是因为他对这个艺术与人类的摇篮之城怀有无限的敬仰之情。

雅典人欣然同意了这个条件。令他们吃惊的是，第二天，路上出现了一个孤独的人，身穿近 1000 年前伯里克利[①]时期的白衣。这个人就是阿拉里克。面对目瞪口呆的人们，阿拉里克向他们用希腊语问好："喜乐！"而雅典人也的确有理由感到喜乐。城墙上的卫兵向阿拉里克鞠躬，放下了武器，市长则带着这位奇怪的客人走进了雅典。阿拉里克用流利的希腊语，表示虽然公元 375 年那场大地震毁掉了很多城市，但他很开心看到雅典幸存了下来。他认为这要归功于雅典娜女神的保护。这话从一个基督徒嘴里说出来，听起来有点奇怪。不过阿拉里克是经过了冷静思考，才故意这样说的。

那是一个美丽的秋日清晨。阿拉里克首先要求带他去雅典卫城，参观那里的神庙和纪念碑。接着，他又去市政厅参加了宴会，席间笛声袅袅，歌声绕梁。应他的请求，朗诵者朗诵了柏拉图的《蒂迈欧篇》。最后，他又要求在剧院为他表演埃斯库罗斯[②]的《波斯人》。天色渐晚。

---

① 伯里克利（Pericles，约前 495—前 429），古希腊奴隶制民主政治的杰出代表者，古代世界著名的政治家之一。

② 埃斯库罗斯（Aeschylus，前 525—前 456），古希腊悲剧诗人，与索福克勒斯和欧里庇得斯并列为古希腊最伟大的悲剧作家，有"悲剧之父"的美誉。

阿拉里克又聆听了纪念希腊精神战胜蛮族的不朽诗篇，泪流满面。表演者面具背后传来的，是仿佛天籁一般的声音，讲述着古典世界是多么牢不可破。负责接待的人希望他看过戏之后就乏了，可他还不满足。看完了戏，他又要听《伊利亚特》和《奥德赛》选段。对市长来说古典时期就是一段枯燥乏味的历史，简直无聊至极，听着听着就睡着了。而阿拉里克却在黎明时分从椅子上站了起来，容光焕发地回到了军队。

将士们迎接了这名“雅典一日游”的游客。看着国王披着希腊短斗篷，头上戴着花环，暗暗憋笑。有人甚至差点大笑出来。这让阿拉里克很生气。他想：自己都做了些什么呢？于是，他走进帐篷，开始沉思；再次走出帐篷时，他意识到，希腊实力不可小觑，再没有多少城市是可以放过的了。

雅典逃过一劫，就意味着厄琉息斯大难临头。垂头丧气的哥特士兵刚刚离开比雷埃夫斯，就看到在道路和大片森林之后是装满宝藏的神庙。那时，基督教已经成为罗马的国教，希腊人都不敢公开给德墨忒尔献祭了，但新旧两个时代在文化领域实现了和平共处。德墨忒尔的祭司获准继续隐居，不过所有祭祀仪式和活动早就勒令叫停了。

阿拉里克定定地站着，凝神注视曙光中的厄琉息斯。但士兵们已经骑着马，嘶喊着，从他身旁跑过。他们下马之后冲进城里，冲向了神庙的密室。金的圣器、银的杯子、铜的碑，多年来的种种祭品，很快就填满了抢掠者的口袋，又装满了马饲料袋。拿不走的，他们就毁掉；精美铺设的地板变得脏乱不堪，圣器也遭到了亵渎。在这一片混乱之中，最后一名大祭司向他们走来。他就是年迈的聂斯脱利。聂斯脱利已经很久没有履行神职了。他头脑灵敏，信奉新柏拉图主义，以一个哲学家的身份斥责蛮族的掠夺行为。他试图告诉这些不停喧闹的野蛮人，德墨忒尔如何守护了农业，她是人类的挚友。但这无济于事。哥特军队里有一些基督教僧人，他们看到半裸的神像，勃然大怒，就怂恿还在犹豫的士兵把这里的一切都砍倒、毁掉。身中数十剑之后，聂斯脱利倒下了。临死前，他看到哥特人的祭司鼓励士兵冲到神庙里面。他听到他们大喊：基督是粮！基督是粮！然后，他就这样死去了，内心知道比圣母德墨忒尔力量更为强大的谷物之神已经降临到了这世上。

罗马：面包介入政治

很快你就会经过每一块买来的好地；
经过家乡，经过奔流的黄色台伯河川，经过这一切；
所有你视若珍宝的家产，都将交给你的后代承继。

——贺拉斯

◇ 31 ◇

公元 79 年，维苏威火山喷发，庞贝古城埋在了火山灰之中。喷发接近尾声时，伊西斯的祭司仍在圣堂里为女神献祭，所以没有立即遇难。直到一名祭司拿起斧头，想要劈开障碍离开圣堂时，厚厚的火山灰令他窒息而亡。

伊西斯教和德墨忒尔教相似，都与大地相连。也许祭司期待的是伊西斯和冥界有交情，这就能够挽救人类。但地下的熔岩来势汹涌，闪耀着火光，堆积得越来越厚，掩埋了庙宇、房屋和市场。掩埋其实也是一种保护。1800 年后，考古人员一铲下去，发现了这座保存完好的古城，仿佛就在前一天刚刚陷入沉睡。

1923年11月，我和一对年轻夫妇一起走在庞贝古城里。夫妻两人是来度蜜月的，丈夫是比利时制造商，妻子则是非常时髦的巴黎人。在那不勒斯的博物馆里，妻子曾经看见过在庞贝古城发掘出来的戒指、盘子、瓶子，还有其他日常生活用品，她十分向往那段历史。看到眼前古城的景象和博物馆里大相径庭，不免有些失落。

而丈夫看起来更加兴致勃勃。他摸一摸残垣断壁，对房门、浴室、排污系统都评论一番，似乎是想找到机器的痕迹。他还提出要去看看织布坊。显然，他很关心古城的制造业。

我们在一个庭院前停下了脚步。院子已经坍塌了一半，院里能看到一个巨大的烤炉。烤炉一侧有几个石塔，大概两码[①]高，上下宽，中间窄，看起来像沙漏。

那个丈夫马上说道："这是磨。"

我问："你是怎么知道的呢？"然后扫了一眼旅行指南，上面说我们来到了萨卢斯蒂奥宫，而面包房旧址的确就在这里。

"所以他们是有机械磨的！古罗马时代之前，面粉都是用手磨碾磨的。那希腊人的面粉得有多难吃啊！肯定有很多小石子。"

石塔现在看起来不那么像沙漏了，而是更像娃娃，上身穿一件长外套，下身穿大摆裙。他绕着石塔来回走，最初有些胆怯，后来又像熟悉的朋友一样，把手放在了细腰塔的臀部位置。这个消失的文明留下了看不见的文字，我看着他细细阅读。

"这机器太妙了，就像是上帝造的！以前，肯定是有三个人在这里配合工作。但愿转动磨盘的是骡子，而不是奴隶。看它的原理多巧妙啊。这个细腰塔不是一体的，而是有两个部分。底下是固定的磨石，磨石上是中空的倒锥体，也是石制的，可以活动。这里是把手。这里

---

① 长度单位，1码约为0.9144米。

是拴牲畜的。人从上面把谷物倒进去，牲畜拉着杆，使锥体绕着下面固定的磨石旋转，谷粒就碾碎了。面粉会从‘外套’下面像涓涓细流一样流出来。你们明白它的原理了吧？它拉起来甚至都不是很费劲。制作材料是凝灰岩，一种火山质的岩石，牲畜很容易就能转动它。”

我向他走近。“你说很容易？我不太确定。我记得在《希腊诗选》里读到过《老马的抱怨》：

> 我拉着尼西罗斯的沉重磨石，
> 绕啊绕啊绕……

他看着我，有点触动，也有点尴尬。“可是人们得吃面包啊。要吃面包就得磨粉。我关心你那老马做什么！这机械磨特别棒，这才是主要的。”说到这儿，他好像有点紧张，用食指敲了敲那石头。“你看，下面的锥体和上面的多么契合，这样磨才能稳定地旋转。这个磨又能碾磨，又体现了细腻的手艺。希腊人干什么都只是学了皮毛，从来做不到这一点。伟大的罗马人啊！”他忽然感叹道，“他们就是那个时期的美国人。”

这时，他的妻子也发出了惊叹。她去看了那个烤炉，又精致，又现代，体现了两千年前古人的聪明才智。虽然她不懂机械，但作为法国人，又喜欢白面包和糕点，她对烤炉还是有些了解的。这些罗马的能工巧匠是多么细心，还知道要在拱形烤炉的内部四周留出方形空间来隔绝热空气。烤炉既有排烟口，又有盛灰盒，还有一个装水的容器，能够为半成品面包的外皮增加湿度，使其光泽诱人。烤炉旁边有两间屋子供面包师用，屋里放着石桌，可以揉面，给面包塑形。这让她很开心。然后她抬起头，又看到墙上的画，画的是司炉灶的女神福尔纳克斯。福尔纳克斯当然不是伟大的女神，而更像是众神的好帮手，但在罗马，仍然有专门纪念她的节日——炉神节。炉神节最初由努马·蓬皮利乌斯国王设立。节日期间，人们会在火上烘烤谷穗。后来，埃及烘烤面包的习俗传入罗马以后，炉神节就变成了非常重要的全国大众性节日。因为即使罗马人跟那个时期的美国人一样审慎而实际，对他们来说，面包在烤炉里的成长和变化也是十分神秘的，就像孩子在母亲子宫里的生长一样。

◇ 32 ◇

讲求实际的罗马人建造了磨坊，无论推动磨坊的是罪犯、牲畜还是流水，面粉都悄无声息地涓涓流出。面粉滋养生命，不分贵贱；它能填饱肚子，凝聚一个民族；它由罗马士兵装在袋里，挑在矛上，助力他们征服世界。

罗马人生来就不是美食家，他们花了很长时间才认识到面包比烤谷物和粥更好吃。不过一旦开始学习烘烤，他们就学得十分透彻。就面包制作而言，如果没有绘画，也会有人通过文字进行介绍。根据作家阿忒那奥斯的记载，许多面包师都让学徒在工作时戴上手套和纱布口罩，以防汗水或口气对面团产生影响。而对于已经形成高雅品位的罗马人来说，面团需要进行精心加工。除了形似炸弹一样的普通面包，还有穿在扦子上烤的面包和在陶器里烤的面包。还有一种美味是安息地区的面包。这种面包需要先在水里膨胀，再进行烘烤。而且和普通面包不同的是，这种面包重量极轻，轻到可以漂浮在水面上。

而至于罗马人面包的形状，甚至要比埃及人的更具艺术性、更加任性一些。有钱人总是想要标新立异。有诗人来拜访了，他们就要求制作里尔琴[①]形状的面包；如果是婚礼晚宴，就要配上交缠戒指形状的面包。

除了面包师，罗马还有甜点师、奶制品师傅和糕点师。通过老加图和波吕克斯的记载，我们详细地了解到了这些各式各样的蛋糕里都添加了什么。里面有从希腊和小亚细亚进口的蜂蜜，看起来比意大利蜂蜜要好；还有北非的油；以及大米、牛奶、奶酪、芝麻、坚果、杏仁、胡椒、茴香和月桂叶。就配料的数量来说，罗马的面包似乎已经超过了我们目前的面包。

起初，罗马对面包师没有专门的阶层划分。面包作为所有其他食物的基础，都是由主妇用一种叫“锡利戈”的小麦来制作的。这种小麦营养丰富，在当时就远近闻名。但后来，罗马妇女开始转变了。长期以来，她们嫁给农民和士兵，对自己所做的家务非常自豪。可当罗马男人开始征服东方世界之后，罗马妇女很快从东方女性那里了解到，对镜化妆能永葆青春，而发酵烘烤会加速衰老；女性最好避开炎热的天气。就这样，罗马妇女变成了淑女。直到公元前 172 年，埃米利乌斯·保罗斯[②]征服马其顿时，罗马还没有专业面包师。但大约在这一时期，罗马人开始给主妇减负，在商店里出售烘烤好的面包。而烘烤这些面包的人同时也要磨面。

在人们眼里，面包师的工作对技术水平要求很高，所以面包师的阶层地位和如今不同，当时面包师的地位有可能和裁缝不相上下。人们认为烘烤的技艺非常独特，很考验面包师个人的水平，还把面包师的工作称为烘烤的艺术。面包店主大多是解放了的奴隶，他们在社会中备受尊敬，能够公平竞争，跃升为富人。比如，维吉利乌斯·尤里

---

① 里尔琴，古希腊乐器，形状像缩小版竖琴。琴身由龟壳或木头制成，两端有角，以横木相连，琴弦数 3—12 根。

② 埃米利乌斯·保罗斯，全名卢基乌斯·埃米利乌斯·保罗斯·马其顿尼库斯（Lucius Aemilius Paulus Macedonicus，前 229—前 160），古罗马国务活动家和统帅。他是罗马共和国时期的一位杰出将领，也是当时最具影响力的人之一。

塞西斯这位面包师的墓碑至今仍在罗马矗立。墓碑上有一幅画，是他正在指导揉面的年轻人，学徒们看起来都十分聪明伶俐。叙利亚人和腓尼基人都是非常优秀的学徒。罗马人也知道，东方民族的品位更好，在烘焙方面技艺也更加精湛。

很快，面包师的自我意识显现了出来。他们成立了行业协会，由罗马帝国保障其权利。协会章程规定了面包师与奴隶以及自由学徒之间的关系。这些机构对罗马的宗教生活具有重大意义。协会将炉神节定在了6月9日。节日当天，烤炉和烘烤工具周围都花团锦簇，大家尽情享受美食，开怀畅饮。作为一个统一的组织，面包师协会是意大利各个城市在市政选举时都必须加以考虑的。如果说某个面包师“能够烤出好面包”，就等同于说他有理由参选市政厅的某个职位。于是，面包师常常当选。面包师协会的帕奎乌斯·普罗库鲁斯就当选了庞贝的第二任市长。

皇帝巩固了上述权利，还为面包师授予特权，因为他们是“对国家福祉非常重要的人士”。这种偏袒是有目的的，达成目的的那一天也最终到来——面包师成了文职官员。形势发展到这一步，负面影响开始出现了，无论是对于面包师还是罗马都绝无益处。这个现象表明，罗马人只是彻头彻尾务实的民族。他们并不清楚自己真正的问题在哪里，或者即使知道，也无力解决。面包使罗马帝国走向强盛，却也使其走向毁灭。

◇ 33 ◇

罗马帝国进入漫长的衰落时期，从普林尼的话里就可以初见端倪：大地主毁了意大利。而任何历史学家，无论是英国的吉本、德国的蒙森、意大利的费雷罗、法国的格洛茨，还是俄罗斯的罗斯托夫采夫，只要研究罗马的衰落，都避不开普林尼的后半句话：后来又毁了整个帝国。仅凭阿拉里克式的蛮族入侵，不可能一举毁灭罗马。戴克里先皇帝推行四帝共治，也不至于使泱泱帝国走向没落。真正摧毁罗马的，是统治者推行了史上最差的土地政策。如果罗马没有把面包变成政治足球，成为政治博弈的工具，它本来是可以继续绵延的！

在最为古老的时期，罗马人曾经制定了优秀的律法，能够保护农民。所有征战取得的土地都属于国家，最初为国王所有，后来为罗马共和国所有。因此，罗马几乎没有私有财产。国家则有权将土地分配给穷人。于是，如果士兵立下战功，返回家乡，国家就会给他分地。这样，士兵就成了农民，地也归他所有。其他土地则通过出租的形式分发，当然要出租给富人，因为国家需要取得收入。那时，富人的财富并不在于田产，而是牛群、其他畜群和奴隶。

那么，究竟为什么穷人得到土地之后却没有好收成呢？穷人一穷二白，只有自己的双手、一把犁头、几头牛、一个老婆和半大不小的儿子。想施粪肥，都没有足够的肥料。而富人什么都有：他们养着一群奴隶，犁也是好犁，牲畜要多少有多少，从而既能够提高农产品质量，又能降低成本。意大利小农赶着车，从自家地里去市场卖粮食，或许再卖些鸡和奶的时候，却发现村镇里已经让大庄园主的销售组织给占领了。那些百万富翁级别的富绅，或者说是所谓“农民”的生产成本低廉，所以卖的价格也便宜。穷苦农民根本无力竞争，挣不到钱。他就这样回到了家里，没有足够的本钱继续种地。而在这时，富人假借关心之名，找到了农民，以极低的价格买下了农民的地。农民后来就进了城，成了庶民，在广场上、酒馆里四处闲逛，将憎恨的目光投向这个欺骗了他的国家。他向苍天发问，如果罗马不能保护农民的生计，为什么还要把士兵变成农民呢？

当然，有政治家及时地觉察到了危险，并制定了法律加以抵御。

普鲁塔克有如下记载：

> 富人开始提高地租把穷人赶走之后，法律就规定任何人所拥有的土地面积都不得超过五百英亩[①]。这在一段时间内能够遏制富人的贪婪，而且极大地帮助了穷人，能够保住自己的田地。但富人还是设法冒用他人姓名取得了这些土地。到了最后，干脆毫不避讳，直接公开就以自己的名义攫取了大部分土地。于是，穷人失去了自己的农场，再也无法像从前那样服兵役，也不能精心教育孩子了。因为在短时间之内，意大利全国都没有多少自由人了。劳动救济所随处可见，都是外国奴隶。富人雇了他们来耕种从市民手里夺走的田地。

富人通过这种方式钻了法律的漏洞，农民的生活就更加悲惨了，越来越多的人抛弃田地进了城。一直以来，都有人注意到了祖国所面临的危险。甚至是罗马最古老的贵族都认为局面不堪忍受。比如，曾经征服了迦太基人的伟大将军小西庇阿的子孙，就发起了一项改革运动，旨在帮助农民。其中主要的两个人物就是提比略·格拉古和盖约·格拉古兄弟。

有一天，在一场公共会议上，提比略·格拉古起身发言。拉丁语系地区从来没有人听过这样一番话："在意大利，野兽都有巢穴容身，可随时准备为祖国献身，征战沙场的士兵却最多只能在这片土地上呼吸空气，沐浴阳光，带着妻儿四处流浪。人们称这些士兵为征服世界的人，可他们却上无片瓦遮身、下无立锥之地！"

这番话在我们听来，甚至比罗马人还要振聋发聩。因为提比略·格

① 1 英亩≈0.004047 平方千米。

拉古在演讲的开篇，说了几乎和基督一样的话："狐狸有洞，天空的飞鸟有窝，只是人子没有枕头的地方。"[1]提比略·格拉古是怎么知道150年后耶稣会说什么呢？或者说，耶稣（受教育程度不高，应该对罗马历史也一无所知）怎么会知道保民官格拉古曾经说过什么呢？……是同样的局势，促使人说出了同样的话。

一场议会冲突就这样拉开了序幕。格拉古力图恢复古法，将个人土地所有面积控制在500英亩之内。他赢得了这场战斗，还格外开恩，为富人的儿子又额外给予了250英亩地。但大地主还是雇用杀手在提比略将要在公共集会发言时刺杀了他。非常奇怪的是，虽然提比略与宗教界毫无瓜葛，罗马人还是感到自己犯下了渎神之罪，还说："必须安抚古老的农业女神。"因为他们认为土地改革者和德墨忒尔的关系非常密切，就像在神话时代，犁的使者特里普托勒摩斯和德墨忒尔的关系那样亲密。

公元前496年，一场旱灾过后，记载神谕的《西卜林书》向罗马推荐了德墨忒尔教（罗马人为德墨忒尔起名刻瑞斯，意为"创造者"）。刻瑞斯一直都与罗马的民主派并肩战斗。她的信徒几乎全部是平民。值得一提的是，就在"罗马平民"在七丘[2]之一上修建刻瑞斯神庙的那一年，也就是公元前490年，德墨忒尔帮助希腊农民取得了马拉松战役的胜利，打败了波斯军队。她这么做，并不是因为波斯人鄙视农业；波斯人反而比希腊人还要更擅长耕地。（希罗多德酸溜溜地写道："他们的土壤特别适合耕种谷物，产量向来都至少是我们的二百倍。如果年景好，有时还能达到三百倍，小麦穗大小都能达到四指宽……"）但波斯人都是专制统治下的农奴，而不是自由人。正因如此，德墨忒

① 《圣经·路加福音》，第9:58节。

② 七丘，指的是罗马神话中位于罗马心脏地带台伯河东侧的7座山，包括凯马路斯、契斯庇乌斯等。根据罗马神话，七丘是罗马建城之初的重要宗教与政治中心。

◆ 刻瑞斯坐上宝座（庞贝壁画）

尔才在马拉松战役和萨拉米海战时帮助了希腊人……

提比略遭到暗杀后，人民党进行悼念，称他为“刻瑞斯的使者”。葬礼队伍十分浩荡，令元老院感到必须要批准他的土地法。于是，提比略从富人那里夺回的地被分配给了 8 万个农民。他的弟弟盖约弟承兄业，但也遭到了暗杀，又或许是被迫自杀。大地主继续复仇之路，不仅摧毁了格拉古兄弟的功绩，还扫除了一切旧有传统，国家也不再是土地的主人。到了这一步，意大利所有的土地全部归属几百个家族，他们在庄园里悠闲地坐着，让奴隶去劳作。多数党的马略和恺撒都没能遏制这样的恶行。整个国家抛弃了农民，而向富人卑躬屈膝。

在这种局面下，首先导致的后果就是地主逐渐停止种粮。他们发现将土地用作大牧场，利润更高，因为牛羊比粮食卖得更好。当然，他们也会卖粮食，但不是意大利出产的，而是以极低的运费从罗马的海外殖民地经水路进口过来的。

◇ 34 ◇

罗马政策造成了恶劣影响，意大利也不再生产粮食之后，很快就必须开始从国外进口粮食了。不过这并不困难，因为国外的土地也都属于罗马。

在不断扩张的过程中，罗马帝国在不经意间就形成了最利于粮食进口的形状。按照欧几里得提出的“圆心到圆周上各点距离都相等”的定理，法律与军事首都罗马就地处这一帝国网络的中心位置。但这并不是出于理性的安排，而是出于本能，就像是蜘蛛所具有的那种构建几何图形的本能一样。蜘蛛结网时，会计算风力，考虑自身的重量，再从体内分泌黏液，黏液遇空气结成细丝，从而在树枝之间形成蛛网。蛛网结好后，蜘蛛会静待猎物上门。那么，它在什么位置等呢？早在欧几里得之前，蜘蛛就得出了自己的定理——距离和时间成正比。如果一只苍蝇撞了进来，在黏黏的蛛丝里挣扎，蜘蛛就必须在最短时间内降服苍蝇，否则不仅错失猎物，还要修补破损的蛛网。而时间越短，就代表距离也要越短。所以，蜘蛛会在蛛网的中央等待。

罗马帝国就模仿了蜘蛛的做法，始终将权力、驱动力和爆发力的源泉布局在中央地区，也就是几何中心，同时没有重蹈亚历山大大帝的覆辙。亚历山大大帝试图在核心地区之外构建帝国，并统一从马其顿直到印度的广大土地。在这种情况下，驱动力并非来自国家机器的中心。无论是马其顿大军，还是希腊哲学，都不能长久地挽救这一结构上的缺陷。不久之后，马其顿王国就分崩离析。

除此之外，我们看罗马帝国的地图就能发现，其扩张的步伐从最开始就一直是以中心地区为圆心，不断向外等距扩张的。要想在军事上有能力迅速向各个方向出击抵御外敌，就只能以这种方式来扩大国土面积。所以，马其顿和西班牙几乎是同时被征服的，因为这两个国家与罗马距离相等；同样，攻陷达尔马提亚之后，针对法国南部地区的袭击也开始发动。恺撒大帝不仅征服了英格兰，还在六年之后征服了同一条直径线上另一端的埃及。从军事的直觉上来讲，国土边界扩张过远是大忌。罗马帝国的统治者都非常英明，从来没有北上远征，而是通过城墙和河流来作为抵御日耳曼人和萨尔马提亚人的屏障；同时，出于同样的原因，也没有大举挥师南下或东进。所有罗马皇帝，从恺撒到戴克里先，都始终奉行一句谚语：“墙有表，就有里。”

意大利的粮食生产逐渐衰败之后，就需要有充足的来源，确保能够安全进口粮食，而且维持成百上千年。那么意大利到底主要从哪些国家进口，这可能会让大家感到吃惊。其中当然会有埃及。另外，还有西班牙、北非；这之后是西西里岛、撒丁岛；最后，还有英国！

出于战略考虑，只要迦太基帝国仍然存在，罗马就有必要占领伊比利亚半岛，因为西班牙是非洲人进入意大利的必经之地。除战略价值之外，西班牙还有丰富的矿藏。但在帝国时期，罗马忽然抛弃了矿产。因为该国农业萎缩，已经无法再养活国民，所以粮食变得比矿产更加重要。虽然西班牙的土壤腐殖质含量很低，但河谷里还是很奢侈地种上了小麦。卡塔赫纳和塔拉戈纳成了重要出口中心，不过最有钱的出口商都聚集在加的斯。根据地理学家斯特拉波的记载，罗马帝国大部分富翁就住在加的斯。但即便如此，早在尼禄[①]的时代，欣欣向荣的商业就遭到了威胁。撒哈拉沙漠的野蛮部落看到西班牙海岸沿岸花园绿意葱茏，田地里种满庄稼，受到了极大的诱惑。于是，他们穿过了直布罗陀海峡，从而切断了罗马的粮食进口通路。

罗马当然不能没有西班牙进口的粮食。在奥古斯都统治时期，撒丁岛、西西里岛，再加上西班牙，才能供给三分之一罗马所需的粮食；还有三分之一来自当时的阿非利加行省[②]，主要产地是阿尔及利亚和突尼斯这两个地方。别看这里如今是一片沙漠，但在当时可是另一番面貌。最初，罗马人对阿尔及利亚和突尼斯满怀怨恨，因为迦太基人就是借助这块跳板才得以攻打罗马。所以他们征服了这一地区之后，并没有打算让其再度繁荣起来。但恺撒更加慷慨大度，也更有雄心壮志。他在这里建立了城市，并对田地进行充分的灌溉。由此，不仅罗马移民的生活欣欣向荣，当地也很快恢复了昔日的辉煌。

在北非地区，从突尼斯到摩洛哥北部的丹吉尔，人们信仰伊斯兰教已经有 1200 年了。很难想象公元 2 世纪的时候，这里竟是一大片罗马的小麦田。罗马人的伟大功绩不在于引入了罗马法和警察，而在于让数十万柏柏尔牧民下马，又把种子和犁头递到了他们的手里，把他们改造成了农民。

这些部族没有像埃及的农夫那样遭到严重的剥削，所以仍然忠于罗马帝国。如果有仍然居住在沙漠地区的同族来犯罗马，他们还会勇敢地奋起反击。在摩洛哥入侵西班牙，阻碍罗马海上交通的时期，阿非利加行省开始发展壮大。地主和佃户住过的乡村豪宅遗迹、大量的

---

① 尼禄，全名尼禄·克劳狄乌斯·恺撒·奥古斯都·日耳曼尼库斯（Nero Claudius Caesar Augustus Germanicus，37—68），罗马帝国第 5 位皇帝，朱里亚·克劳狄王朝第 5 位亦是最后一位皇帝，公元 54 年至 68 年在位。

② 阿非利加行省（拉丁语：Africa），是罗马共和国及其继承者罗马帝国在今北非的一个行省，范围约在今日的突尼斯北部及利比亚西部靠地中海沿岸的地区。如今非洲大陆的名称就源于该省。

小型罗马式庭院，还有很多罗马地名，都能证明罗马人一度渗透到了北非的各个角落。在这片如今干热、荒凉的平原上，罗马人仅通过一个世纪的辛勤劳作，就让土地结出累累硕果，长出茂盛的庄稼。能实现这样的奇迹，并不是因为他们找到了什么隐藏的泉眼，而是因为他们修建了引水沟渠以及最重要的蓄水池。罗马人非常珍惜雨水。在许多考古学家挖掘出来的村落遗址中，家家户户都有蓄水池。有可能当时实行了强制蓄水的制度。得益于这种人工灌溉，该地区人口密度很高。仅在600平方英里[①]的土地上就出现了六座城市。有权威人士指出，北非地区的城市密度有可能达到了如今巴黎周边乡村的密度。

阿非利加行省这一块产粮区是用古罗马的方式征服的，也是以同样的方式失去的。这里完全依赖农业为生，向罗马帝国用粮食交税，于是就会效仿意大利，歧视省内的农民阶层。被征服之后不久，罗马就宣布新占领的土地是公共土地，并将其中的大部分租给了有功的老兵和市民，或者进行赠予。不久之后，富人就把穷苦农民的地全部买下，开始对农民进行大肆剥削。熟悉的大庄园经济模式再次介入。到了公元前 50 年左右，北非有一半地区都属于六大罗马贵族，普通农民只剩下大约 2000 人。（西塞罗在《论责任》一文中提到了这一点。顺便要提的是，千万不要以为古代学者看不到这些剥削行为。他们只是在纠正这种行为方面比当今学者的力量更加弱小。）最后，农民只能在自家地里当佃农，小佃农还要受大佃农的欺压；大佃农之上，又还有罗马元老，或者是坐拥亿万资本的罗马皇帝。

阿非利加小农的日子过得实在是太苦了，到了无法忍受的地步，于是就开始想要发起武装暴动。但他们还没等行动，就被另一场革命打倒了——外敌汪达尔人从天而降。汪达尔人是一个日耳曼部族，从

---

① 1 平方英里≈ 2.59 平方千米。

匈牙利到西班牙南部所向披靡，以迅雷不及掩耳之势占领了欧洲地区，又在公元 429 年穿过海峡，占领了阿非利加。他们的盟友是“南方地区难以驯服的”黑人。这些黑人是罗马文明的死敌，而且因为总是遭到袭击，绑走奴隶，洗劫村庄，所以复仇的理由也非常充分。就这样，痛恨农业的日耳曼士兵和黑人牧民一拍即合，不仅摧毁了大佃农和有钱的地主势力，还打垮了本来希望造反的小农阶层。北非的小麦田就这样消失了，北非文化也随之终结，再也没有复兴。

罗马帝国虽然是同心圆结构，但不幸的是产粮区全都位于边缘，所以也是最先会丧失的领土。可是为什么意大利要从海外进口粮食，而不依赖欧洲的出产呢？毕竟，法国也是欧洲的小麦主产国。这是因为恺撒虽然攻下了高卢，但这里根本不种小麦，后来也没有变成小麦产地。法国只有南部出产无花果和葡萄酒，中部地区和北部则是森林和牧场。而至于高卢人，他们主要靠养牛为生。千百年来，高卢贵族只喜爱骑马、狩猎和捕鱼。面包用的面粉都是橡子碾磨的，非常苦涩。

可即便如此，罗马还有大量士兵驻扎在法国。那他们用什么来烤面包呢？这个问题的答案，可以说完全推翻了现代欧洲的农业版图。无论是在法国、荷兰、比利时还是莱茵河下游地区，罗马人吃的粮食都来自英国，由粮船从萨塞克斯和肯特运输到各个地区。根据阿米亚诺斯·马尔塞利诺斯（330—395）的记载，“对于高卢和莱茵兰地区的乡镇，人们通常是依赖于英国进口的粮食的（也就是小麦）”。同样，对于罗马来说不幸的是，英国这个粮仓也位于边缘地区，所以很难保住。

不过，只要埃及还在，罗马就不会出现粮荒。争夺埃及，就是为了争夺最好的田地。罗马人历来清醒，他们关心埃及尼罗河流域，就是看上了这里的良田。为此，亚历山大大帝去埃及加冕为神圣之王，还取得了“太阳之子”的称号。但恺撒和安东尼[①]去埃及的时候就没有这种追求荣耀的痛苦。除了粮食以外，他们别无所求。这也正是奥古斯都的目标。在埃及艳后克莱奥帕特拉死后（公元前 30 年），奥古斯都没有登上埃及的王位，而是占有了埃及。这在历史上产生了重大影响。埃及王国这片最为富饶的土地从此处于奥古斯都的个人管制之下。用我们今天的话来说，埃及成了他的地盘。从那时起，罗马皇帝对国家的掌控，就与他们对埃及的占有密不可分。因为埃及与其他行省不同，不属于国家的行政区划，所以从埃及取得的收入也不属于国家，而属于皇帝个人。他可以在埃及随心所欲。于是，罗马帝国最大的地主、亿万富翁——罗马皇帝就能够从贫苦的无业游民身上牟取利益。埃及就像一根魔杖，把恺撒与无产阶级相连，也把无产阶级与恺撒联系了起来。恺撒给他们食物，他们则反过来打击恺撒。

奥古斯都皇帝精心捍卫着自己对埃及的统治，不容置疑。罗马骑士和元老都不得进入埃及。如此小心防范，是非常有必要的，因为以往在安东尼与奥古斯都争夺王位期间，埃及总是站在安东尼那边。这种苗头在日后必须杜绝。所以，作为开国皇帝，奥古斯都始终确保埃及是由他的亲信来管理的。如果有反对党掌控了埃及这座粮仓，罗马皇帝就会垮台，因为他再也养活不了国内的无产阶级和皇家卫队了。

奥古斯都管理得还不错。埃及仍然像四千年前一样，有富饶的黑土地，不愧为尼罗河神的馈赠。一些旧的风俗习惯无可指摘，所以也保留了下来。通过清除原本的宫廷，行政管理费用也得以大幅削减。以往每年 6 月尼罗河涨潮时，法老会在埃及人最重要的节日上把一只金杯扔进河里。如今，罗马总督代替了法老的角色，并同样会喊出“感

---

① 安东尼，全名马克·安东尼（Marcus Antonius，约前 83—前 30），是一位古罗马政治家和军事家。他是恺撒最重要的军队指挥官和管理人员之一。恺撒被刺后，他与屋大维和雷必达一起组成了后三头同盟。公元前 33 年后三头同盟分裂，公元前 30 年马克·安东尼与埃及女王克莱奥帕特拉先后自杀身亡。

谢卜塔[①]和伊西斯的恩典”。尼罗河日夜奔流不息，灌溉两岸土地，能够为罗马还有意大利全国供给整整三分之一的粮食。小麦的价格十分便宜，几乎就像是赠送的。

埃及就代表粮食。谁掌控了粮食，谁就能当上皇帝。这是非常现实的考量。也正是因此，帝国时期中期大多数革命都在埃及爆发。比如，公元69年韦斯巴芗[②]的叛乱就是这样。他对罗马国情有非常透彻的理解，制订的计划完美地体现出统治权、无产阶级和粮食三者之间密不可分的关系。所以，他决定扣押定期向首都运送粮食的粮船，让罗马暴发粮荒，以此来逼迫罗马人就范，承认他是皇帝。弗拉维家族就是通过这样的逻辑夺取了罗马的政权。

◇ 35 ◇

正是在弗拉维王朝，面包师变成了公务员。他们不再是自由的工匠了，而是成立了行业协会，并保留了一些特权：任何人要想成为面包师，必须得到协会的确认。不过，在协会之上，还有粮食供应总长对其进行管理。同时，全罗马258家面包房不再为私人所有，但也并非明确遭到征用，而是成了“政府单位”，面包师和学徒都成了国家的官员。面包房禁止出售，面包师也不得注销执照，而是必须子承父业。面包房的收入归协会所有。

当然，国家会用粮食供应总长的经费为面包师支付报酬。但面对这样一项新法令，很多面包师都不开心。因为其中有些人已经赚得盆

① 卜塔（Ptah），是古埃及孟斐斯地区所信仰的造物神，而后演变成工匠与艺术家的保护者。

② 韦斯巴芗，全名提图斯·弗拉维乌斯·恺撒·维斯帕西安努斯·奥古斯都（Titus Flavius Caesar Vespasianus Augustus，9—79），罗马帝国第9位皇帝，“四帝之年”（四帝内乱期）时期第四位皇帝，弗拉维王朝第一位皇帝，公元69年至79年在位。

满钵满，产业规模十分庞大。比如拉蒂尼兄弟，他们的面包房每天碾磨、烘烤的面粉都要将近1000蒲式耳。罗马绝非社会主义国家，但这样的大企业家如今却成了国家的雇员，心里自然很不痛快，但又无可奈何。在地下墓窟里有一幅画，就画着一个罗马面包师站在桌上，左手拿着协会的象征——量斗（可用于量算粮食），但右手却拿着一篮面包，给那些领取国家失业救济金的人（而不是顾客）分发。

这群城市失业人口是国库的噩梦。由于大地主冷酷无情，压迫贫民，造成国内人口减少，大量无业游民涌入城市。公元前72年，领救济粮的人口就已经达到4万人。但这一人数仍在不断增长。很快，历史学家萨卢斯特（前86—前34）就指出，这种慷慨的施赠正在将国家撕裂。到了恺撒统治时期，等待领取救济粮的人口已经至少有20万。奥古斯都试图向“伪造需求”的人拒发失业救济，从而减少无产阶级的人数，但这项改革计划很快就放弃了。要想巩固统治地位，他必须满足三项需求：给失业人口按照原有方式提供粮食；养活皇家卫队；并时刻准备大量余粮，投放市场，以防搞粮食投机的粮商哄抬粮价。

在罗马，粮食投机现象非常严重。除了皇家领地埃及禁止粮食投机以外，在所有其他行省，粮商都可以采购粮食做投机生意。历史学家苏埃尼托乌斯（70—140）就提到，奥古斯都的一大功绩就在于能够“调和首都人民的利益和粮商的利益”。做到这一点显然并不容易，因为粮商总在极力抱怨他们这一行的各种风险。他们又要考虑运费、躲避海盗，还要提防船难、担心庄稼歉收，所以不能降低粮价。这些诉苦的声音听起来很耳熟。所以有一次，几名非洲粮商遭到暗杀以后，警察甚至都没有出动警力去调查行凶者。

在罗马，维稳是放在第一位的。粮食供应总长和他负责管理的面包师都要确保这一点。为了失业救济能够有序发放，他们开始使用一种叫“粮符”的铜制粮票。印章上刻有当时在位的皇帝和分粮器。谁能出示粮票，谁就能领取政府每月发放的失业救济。后来，救济改成每周发放，还会提供铅币。公元270年至275年，奥勒良皇帝在位期间，发放粮食改为发放面包，失业人员每人每天可以领取两个面包。30万无业游民蜂拥来到面包房门前，塞满了狭窄的街道，堵塞了交通。同时，皇帝还宣布失业救济可以世代相传。这个政策就等于鼓励无业游民多生孩子，因为国家能永远帮他们养活后代。而政府为了养活全国人民，还需要为部署在各沿岸港口和偏远行省地区的大量官员发放俸禄。

这样慷慨的福利，在最初其实只是一项经济举措。但后来，人们逐渐认为这是粮食女神“安诺纳”的恩典，于是很快就对她顶礼膜拜。在各种钱币上，安诺纳通常都以年轻女性的形象出现，类似德墨忒尔和刻瑞斯，左手拿着丰饶角，右手拿着一捆谷物。钱币上往往还画着航船，表示谷物并非意大利本土出产。

实际情况也确实如此。在罗马帝国边缘地带的那些粮食产区，很少有人供奉“安诺纳”。他们把自己的收成都贡献给了意大利，本土却有很多人在忍饥挨饿。

第三卷

SIX THOUSAND YEARS OF BREAD

中世纪的面包

你相信食物有这力量?

弥尔顿

没有什么比面包更加积极正面。

陀思妥耶夫斯基

古老土地上的新民族

◇ 36 ◇

泱泱罗马帝国，组织管理一流，是什么让它走向了毁灭呢？

亥姆霍兹[①]曾经注意到，史前时期的大蜥蜴只有一个神经器官，会因为难以指挥自己庞大的身躯而最终死亡。神经脉冲要传到四肢远端花费的时间太长，这使蜥蜴很难调整身体适应生存的需要。

罗马帝国也是因为相似的原因而灭亡。到了公元300年，也就是戴克里先皇帝统治时期，人们的生活条件远比300年前奥古斯都皇帝统治时期要更加恶劣。庞大的罗马帝国虽然没有继续扩张，但其周边地区已经发生了质变，产生了新的“国家气候”，暴风雨更为猛烈。无论是日耳曼人和萨尔马提亚人、北部的高卢人和苏格兰人，还是亚美尼亚人和波斯人，都发生了重大变化。但这只是答案的一半。另一半在于，罗马人自身也与从前不同了。

---

① 亥姆霍兹，全名赫尔曼·冯·亥姆霍兹（Hermann von Helmholtz，1821—1894），德国物理学家、生理学家、发明家，曾担任过军医。1847年，亥姆霍兹出版了《力量的保存》（*Erhaltung der Kraft*）一书，阐明了能量守恒的原理，亥姆霍兹自由能即以他来命名。另有亥姆霍兹偏微分方程。

这个帝国开始感到疲累了。在这个时代的精英——罗马人的脑海里，出现了从未有过的想法。他们自问："既然我们必须四面出击，同时抵御各个方向来犯的蛮族；既然管理各个行省的费用越来越高，难度也越来越大，那为什么各省不自己产粮、自己养兵呢？用亚美尼亚雇佣兵保护西班牙，又把西班牙士兵派遣到尼罗河谷，这实际吗？第聂伯河河口又是饥荒，又有叛乱，我们还应该继续从克里米亚进口俄罗斯南部的粮食来供养罗马吗？"当罗马精英开始产生了这种想法之后，罗马帝国实行联邦制的时机就成熟了。

戴克里先皇帝有意识地根据这些想法制定了规定。他历来强烈反对把罗马作为首都，不只是出于理性。也许，他还记得自奥古斯都统治时期开始罗马元老院给历任皇帝带来的耻辱，所以他肯定这样推论过："要是罗马不存在了，元老院也就会跟着倒台。"除了个人观点以外，他还将罗马视为一个不断吸血且不切实际的行政中心，享受着特别荒唐的特权，让全世界其他国家都给它提供粮食和保护。

于是，戴克里先结束了长期以来罗马实行的中央集权制，开始实行联邦制管理。他不再选择于首都治理国家，而是改用"行宫"，时而在达尔马提亚，时而在小亚细亚。由警察总长代替皇帝管理罗马。皇帝本人仍然保留对东罗马帝国的管理和国防事务，而西罗马帝国则交由他的朋友和追随者马克西米安来打理。

这种联邦制的"新秩序"首先强化了罗马各省的自我意识。他们在抵御蛮族入侵时，就不再是为了守护罗马，而是为了保卫他们之前从罗马承袭的文化。可此时已经为时太晚。一旦帝国开始分裂，就不会只分裂一次。在公元 324—337 年君士坦丁大帝（Constantine the Great）[1] 统治期间，历史上出现了四个罗马帝国，而非两个：除了东

[1] 君士坦丁大帝，即君士坦丁一世（274—337），是罗马转换到基督教的第一个皇帝，于公元 306 年至 337 年在位。

西罗马帝国之外，北部地区和阿非利加行省还各出现了一个独立的政区。罗马帝国进行这样的划分，并不是像有人猜测的为了防止篡位，而是因为害怕暴发饥荒，从而在省内引发暴动。统治者认为各省一旦独立，就没有必要出口粮食；而不出口粮食，就表示各省可以自给自足。罗马长期以来争夺产粮区，最后的结局却是还它们以自由。不过在很多情况下，自由来得还是太晚了。曾经蓬勃发展的省份已经因为蛮族汹涌来袭而饱受苦难，如今再也无法自给自足，更不用说给全国供粮。

在罗马帝国衰落的过程中，各省与其分离的方式令人触动。它们并不是为了与蛮族作战，形成独立国家才主动脱离罗马，而是在违背它们意愿的情况下被动割离的。比如，英格兰就不想与罗马失去联系，还恳求罗马帮助对抗撒克逊人。而霍诺留皇帝却对英国人说："你等需自力更生。我再也无力相助。"此后，庞大的罗马帝国走向末路。

◇ 37 ◇

现在让我们来看看，入侵罗马帝国的民族有怎样的文化水平。恺撒曾对日耳曼人有这样的评价："他们对农业毫无兴趣。"同时，他指出这是因为农业会削弱各个部落的战斗力。如果人们开始种地，就会定居下来，适应只操心一亩三分地的生活，再也不好战。可发动战争，就是日耳曼人的首要理想。

斯特拉波也表达过相同的观点。他曾经这样描述那个时代的日耳曼部落："这些人的共同点就是，他们都带着家当四处迁徙，因为他们不耕田，也没有储备粮食，而是日复一日住在破烂的茅草屋里。他们主要吃自己养的牛，所以能够轻轻松松把一点家当装在牛车上，四处游牧。"

300 年后，在大迁徙期间，这些住在罗马帝国偏远地区的野蛮部落已经了解到了小规模耕田的好处。他们每迁移到一个新的定居地，就在牧场附近留出几英亩地来种燕麦，一直住满一年，等到收割完之后再继续迁徙。根据普林尼的记述，他们非常喜爱燕麦片。不仅如此，燕麦片还成为一种民族的象征和里程碑式的作物。因为这象征着一种新的生活方式。如果说之前他们以为农业会削弱自己的战斗力，现在他们才认识到，实际情况正相反：粮食能够帮助他们增强战斗力。游牧只能养活很少的人口，一个民族要想不断壮大，光靠养牛是不现实的。

俄罗斯科学家研究发现，在中亚游牧民族里，一个六口之家要想过上中等水平的生活，需要养 300 头牛。他们用牛皮做成衣服和鞋，还可以把皮革和牛角卖掉，换取面粉、白兰地酒和毛织品。但如果只养 100 头牛的话，一家人生活就非常艰难了。

所以，按照上面的数据推算的话，这帮蛮族涌入罗马之后，人口又不断壮大，要想不在夺取胜利之后出现饥饿的局面，他们可能就得养上几十亿头牛（可并没有这么大面积的土地供他们放牧）。面对这种情况，他们转变经济模式，弃牧从耕，就很合乎逻辑了。

可这样做也并非毫无代价。一千年来，日耳曼人、凯尔特人和斯拉夫人的天性就排斥这种转变。这就表示他们再也不能长久地四处游荡，以天为盖、以地为庐，为自己饱经风雨的品性而感到骄傲，仿佛进入了失乐园一般。日耳曼国王阿里奥维斯图斯曾经对恺撒说："战士们 14 年都居无定所，你后面就会见识到他们会做出什么样的事来。"这也预示着在中世纪和现代，这些战士永远在内心斗争，是顺从征战的本能还是服从种田的天性，是四处游牧还是定居城里。

◇ 38 ◇

北方好斗的游牧民族在极不情愿的情况下被迫要开始种田之后，他们在罗马偏远地区占领的土地归整个部落共同管理。这类似于土地共产主义，但却没有得到彻底的执行，因为将领管理的土地面积要大于普通士兵。最初可能没人拥有土地，小块田地只是一年一次根据各个家庭的人口数抽签分配。然后分到地的人种田，全部收成又分给各家各户。当然，和可耕地配套的，还有使用牧场、水资源和林地的权利。在任何情况下，只有一个人的剑、盾牌，或许还有农具，属于不可侵犯的个人财产。

日耳曼人本就厌恶耕地，再加上不同的田地肥力有高有低，收成也有多有少，很快在劳动力分配方面就造成了严重的不公。各个部落意识到，普通士兵之间分配的粮食不是均等的。这种现象首先导致的结果可能就是促使政府颁布法令，规定人人必须自给自足。也就是说，土地成了耕地人的私产。谁辛勤耕地，谁就有饭吃；谁整天喝酒，消磨时间，谁就可能很快要挨饿。于是，后者就会开始变卖农具，直到把田地也卖给种田技术更好或者更勤快的人。最后，也许几代人这样过下去，到了孙辈就沦落到了要靠向邻居出卖体力为生。他放弃了自由，但换来的是顿顿饱餐，而且不用担心陷入贫困。

不过，这只是奴役制度的根源之一，并不是最重要的原因。在日耳曼部落占领罗马之前，他们根本不知道奴隶制的存在。通过精明的算计，他们抓到战俘之后倾向于杀掉，而不是让他们帮忙养牛。但在罗马帝国内，奴役这种经济形式已经流传了千百年，奴隶“完全被束缚在土地上”。所以，日耳曼人本来就厌恶“弯腰流汗的劳作”，奴隶制正好提供了现成的解决方案：他们可以让这些曾经的罗马殖民者作为奴隶，世世代代为他们耕田。

但要这样做的话，还得考虑一下基督教的问题。基督徒对奴役问题采取什么立场呢？作为“受压迫者的宗教”，基督教理应禁止这种行为。可当基督教在君士坦丁大帝在位期间成为国教之后（公元 313 年），为了得体，它就再也不能谴责罗马的经济制度了，而是把劳动当作上帝对亚当的诅咒。与此同时，基督教还做了一件事：它使奴隶制的概念变得崇高起来。经过千百年的不断渗透，这对奴隶制构成了危险。在《圣经》里，不仅所有基督徒都是“上帝的奴仆”，甚至耶稣自己还成了奴仆，供上帝奴役，就像以色列人在埃及时那样。这其中暗藏的意思是，奴隶有权对自己的身份感到荣耀和骄傲。它不仅是一种慰藉，还表达出了真实的情况。罗马奴隶只是一件物品，而中世纪的农奴虽然只有很少的权利，却被当作人来看待。

◆ 在英国领地犁地

另外在早期，农奴的待遇并不算是很差。为了让他们卖力耕地，就得让他们吃饱。根据盎格鲁－撒克逊人的观点，拥有土地的人就是领主（hlaford），也就是“提供面包的人”。后来，这个词被缩写为lord。而领主的妻子就是hlaefdigge，意为“揉面的人”，后来缩写为夫人（lady）。所以，语言发展的历史能够表明，这些领主并不是像工厂主一样，给工人发了工资以后就没有进一步的关心；他们本人就是工头，对农奴家庭行使大家长的权利，而所有领主又都受国王的管控。

在这一时期，经济领域普遍流行的是互惠的理念。很多人都对此表示赞成。“保护领主”不是一句空话；很多农民仍然自愿“加入保护领主的队伍”。西撒克逊国王阿尔弗雷德大帝（871—899年在位）认为，所有农民都是“法外之人”，没有人保护他们，保证他们有饭吃并得到公正的待遇。所以用自由来换取安全还是一笔非常划算的买卖。自由人需要提供马匹，使用武器，来提供军事保障服务；而交出自由的农民可以免掉这项开支，同时还能衣食无忧。

如果领主从战场凯旋，在疯狂杀敌之后沉浸在胜利的喜悦中时，农奴就能感受到领主对他们有些粗暴。不过尽管如此，传统和语言仍然能够约束人与人之间的关系。这种大家长式的奴隶制并无复杂关系，还带有淳朴的温暖，所以不会造成对农奴的严重剥削。直到公元1000年左右，年轻的日耳曼帝国攻城略地，不断壮大，变成了像罗马一样的庞大帝国，农奴数量也随之大幅增长之后，农奴的处境才开始逐渐恶化。

修士、魔鬼、农民

要想对曾祖父那一辈人以往的想法形成判断，你就得先了解他们。然后你才能判断他们到底有多愚蠢，或者是有多聪明……

——狄德罗

◇ 39 ◇

基督教神父把北部的日耳曼民族转变成了耕田地、吃面包的人，实在是一大功绩。毫无疑问，日耳曼人最初觉得这些神父可能是有点精神不正常。为什么到处都能看到神父的身影，又是清理林地又是把牧场改为耕田，扛下了大部分的农活，还穿着女式衣服，撸起袖子，卷起裤腿，赶牛犁地呢？大家不是很快就要继续迁徙了吗？他们为什么还要这么费劲呢？

但是，人们并没有迁徙。这就是原因所在！

确实，这些修士或许也曾经扪心自问，教这些人怎么犁地到底值不值得。毕竟，修士也没有发明犁头。他们肯定更乐意坐在修道院里读读书，研究农学理论。比如，贵族老加图就精确地描述了实现丰收需要具备的全部条件；伟大的泰伦蒂乌斯·瓦罗[①]则写了600本著作。其中，关于农业的著作是他在80岁高龄时写就的，告诉后人什么是农业，以及土质、水质、气候和人力会给农业带来怎样的影响。这些修士能向从来没有交流的人传授上述知识吗，哪怕只是一点点?

这个问题其实并不是关于文化人和文盲之间天然存在的差距，而是中世纪早期的北欧日耳曼民族和希腊罗马民族之间的差异。希腊罗马人居住在地中海地区，血液中已经融入了埃及人、波斯人和腓尼基人的特质，而基督教牧师从很多方面来说都承袭了他们的精神思想。但日耳曼民族就像来自另一个星球一样，无论是体格还是思维都截然不同。他们让人难以理解，首先是出于一个又奇怪又重要的原因：他们崇拜风。他们的主神是风神奥丁，骑八足神马，还有乌鸦相伴。而一个民族的先人竟然会相信世界是由风神创造的，只能是因为他们从来没见过房屋。古时，希腊人和罗马人也崇拜过风，但赫尔墨斯和墨丘利在众神之中并不占据主要地位。地中海地区很少出现北欧肆虐的风暴。只有日耳曼人认为风暴创造并改变了世界。希波克拉底[②]曾说："风就是流动和倾泻的空气。"要是听到这种来自文明世界的理性解释，日耳曼人肯定会摇摇头。风那么强大，森林和岩石都不能阻挡，又在北海掀起大浪——这怎么可能只是"空气"呢!

他们的认知还不止于此。在他们眼里，那些地中海的民族就像井底之蛙一样生活在那一小片地区，禁锢在自己的"文化"里，好像世界就这么大，而世界的核心就是房子、炉火和农田。这些民族不再青睐混乱的国度，而那里正是风神奥丁、雷神托尔和云朵女神芙蕾雅的

① 泰伦蒂乌斯·瓦罗（Terentius Varro，前116—前28），罗马时代的政治家，著名学者。他是罗马最博学的人之一、诗人、讽刺作家、博古学者、法学家、地理学家、文法家及科学家，精通语言学、历史学、诗歌、农学、数学等，他还著有关于教育和哲学的作品。《论农业》是研究古罗马农业生产的重要著述。

② 希波克拉底（Hippocrates，前460—前370），为古希腊伯里克利时代的医师，被西方尊为"医学之父"，西方医学奠基人。

天下。

如今，这些漂泊的日耳曼人迫不得已，需要永远在一个地方定居下来，耕地、收割、吃面包了。长久以来，他们一直抗拒这种生活方式。因为他们最基本的一个信念就是无拘无束的大自然比凡人更加重要，而强行对土地施加改变是有罪的。可大规模犁地、播种，搞农业，不正是人能对自然施加的最严重的胁迫和最可怕的控制吗？在北欧宗教里，自然的权利始终高于人的权利。对这些蛮族来说，农业就是“偷窃”，而且他们真的相信到了冬天，魔鬼就会“进入人类的仓库，夺回人们从他那里偷走的粮食或面粉”。耕地的时候，他们也觉得良心不安。犁地、播种、收割、烘烤，这每一项劳动所要遵循的成千上万条习俗都像是咒语一样，为的是抵挡大地之灵在遭到冒犯以后实施打击报复。不过与此同时，他们还对天国感到恐惧。于是，他们还让天上的那些敌人，也就是风神奥丁、云朵女神芙蕾雅和雷神托尔，来保护农业。因为周四对雷神来说非常神圣，所以日耳曼人所有的农业劳作都是在雷神日开始的。

他们认为，田地是有生命的，需要在开始耕种之前通过施用魔咒将其驯服。有些部落会骑着马猛烈地踩踏土地，模仿风暴的场景，把田地托付给奥丁，希望获得恩典。因为马是风神的坐骑，所以人们还会在田地的四角放置马的头骨。同样的，野猪的牙齿和猪鬃也会在犁地时埋进土里，因为猪整日拱土觅食、利用土地的历史由来已久，远远早于篡夺田地的人类。

无论是凯尔特人、日耳曼人还是斯拉夫人，犁地都让他们感到十分恐惧。为了避免惹大地发怒，他们就假装犁头不是一个农具，而是一只动物，有自己的意志。比如，盎格鲁－撒克逊人把犁叫作“猪鼻”，列特人起的名字是“熊”，莱茵兰人则称其为“狼”。这样就好像能够把挖开土地这件事怪罪到动物头上。他们的恐惧从未停止。如果制犁的木头遭过雷劈，那就不能再用同一块木头做新的犁头，否则雷神就会迁怒于新犁。同样，为了防止犁地的牛遭到雷劈，烧掉几缕牛毛也是非常合理的。第一下犁地时，人们会在犁头前放一颗蛋；蛋碎了，就代表大地愿意接受这份献祭。而要是有人在犁地时漏了一道垄沟，他家里就会有人去世。梦到犁则代表死亡，因为犁地时犁头会把土扬起来，就像人们在墓地用铲子挖坑埋人一样。

犁地之后就是播种环节。风总是会把种子吹走，而要想成功播种，就需要安抚风的情绪。《圣经》明令禁止人们在播种时关注风的情况，因为得到上帝恩典的人能够拥有战胜自然的力量。但日耳曼人的想法正好相反：他们觉得人不是风的对手。

幼小的种子开始发芽后，就需要施展更多魔法，迫使阳光雨露助力种子的成长。同时，为了保证土壤的健康，人们还要遵守一些禁忌。比如，刚刚生产的妇女和肺病患者不得靠近农田。运送遗体前往墓地时，丧葬队伍不得穿过农田。

茎秆上终于长出谷物之后，人们就开始了夏日的辛苦劳作。风吹过农田，吹出了什么形状，必须要细细观察。这是农作物的神灵知道死期将至，下定决心要淘气一番。

到了丰收时节，田地里一片金黄，谷物随风轻轻摇摆，这在现代人看来完全是一派平和景象，但对当时的人来说则暗藏恐怖。麦穗摇摆，一丛丛，一簇簇，发出“嘶嘶”的响声，这就是受到冒犯的神灵在表达不满。人们曾做出了这样的描述：谷物“蓬勃迸发，飘散阵阵清香，相互交织，寻找自己的路”；或是“谷穗渐渐饱满，在风中颤动，在太阳的炙烤下冒出阵阵烟气，气喘吁吁，相互摩擦”。日耳曼人仿佛能听到“骑手骑着马穿过田地”，或者有“女巫在打滚”。但最重要的是，所有动物在田地里似乎都怡然自得，仿佛戴着隐形帽一样。动物的一举一动，人们都能感受到。比如有时大风吹过，就像大猪走过，或者狐狸的足迹一样；不停刮来的阵阵强风叫“雄鹿”；风俯冲而下，又急冲直上，人们就说“兔子从这儿跑过去了”。如果谷穗成群结队地匍匐在地上喘着粗气，看起来就像有金黄色的腹部和两条后腿，人们就说“狼群跑过去了”。

但相比起动态的谷物而言，人们更害怕的是午时死一般的沉寂：这是“黑麦祖母”或“正午幽灵”现身的时间。还在两三百年前，这里仍然是神圣的森林，十分凉爽，灌溉充足。森林一直是日耳曼人的朋友，他们很熟悉林中嫩枝窸窸窣窣、窃窃私语的声音；只有在条顿堡战役期间日耳曼人屠杀罗马人时，森林才与罗马人为敌。而如今，这里种上了来自亚洲和非洲的谷物。正午时分，灼热的空气就像烤炉一样炙烤着谷穗，田地里没有了熟悉的声音，而是静得出奇。面对这种陌生的自然现象，日耳曼人感到深深的恐惧。明亮的正午阳光照射着农田，就像是“谷母”一样，在地里四处游走，用炽热的气焰灼烧着日耳曼人的心，令他们感到痛苦。

尽管有“邪恶的谷母”，还要对付看不见的动物，但每一年，迷信的日耳曼人终究还是会开始磨刀霍霍。他们大喊着，在农田里奔跑，用镰刀收割谷穗，将其屠杀。这件事在他们看来根本与和平无关，而是向农田发起了一场战争。一丛丛黑麦纷纷倒在他们的镰刀之下，“敌人”也越来越少。最终，整个谷物军队全部落败，被绑缚起来，直到“最后一捆”。很多仪式都以最后一捆收成为主题，其中夹杂着人们的恐惧，又表现出他们取得胜利的喜悦。在有些部落里，谷物谈不上被收割，而是“被俘”。人们把这最后一捆谷物放在车上，给它穿上衣服，女人会在四周跳舞，进行嘲弄。其他部落则会加以纪念：他们把最后一捆谷物送到粮仓，但却不会进行脱粒，而是有可能送给长途跋涉的陌生人，让他带走（或许这人会是奥丁呢？）；也有可能会解开绑绳，将其撒落在田地各处，安抚大地。一旦所有收成都安全送入粮仓，各地的人们就开始举办安抚仪式。秋风越猛烈，农民就越会在奥丁的盛怒之下瑟瑟发抖。风卷起一股股沙尘，表示他也想要自己的那一份面粉。

风，面粉拿去！
给你的孩子做饭吧！

在狂风中，人们边说边站在屋顶上倒下一袋面粉。到了12月底的夜晚，狂风大作，阵阵呼啸之时，人们会在门口放上面粉和盐，或者是湿润的大麦饭。如果风卷走了面粉和盐，或者吹干了大麦饭，就表示神听到了人们的祈祷。

所有这些，都是人为了保住自己的日粮而必须做的！凯尔特人、日耳曼人和斯拉夫人采取了一整套行动，对魔鬼又是威胁又是贿赂，他们道德败坏却又痛苦而焦虑。要想疗愈他们的心理问题，对基督教传教士而言是个非常严重的问题。这些教士最初表示，如果一项活动最终得到的是耶稣化身而成的饼，那么这项活动肯定不会是邪恶的。可日耳曼人听不懂。于是，神父又换了一种迂回的方式，教他们用犹太人的观点来看问题。也就是说，大地是人的奴隶，而人是上帝派到凡间的长官，所以不需要对犁地、播种、收割、烘烤有任何担忧。他们并没有从大地中带走什么。

有些农田里的魔鬼会夺走人们的收成，纯粹让人厌烦，神父就会马上把这些魔鬼转化为撒旦。而至于其他各种各样的神，神父将其用农业使徒来代替。这些使徒受洗礼后就会开始帮助人们，著名的图尔的圣马丁就是其中之一。

圣马丁最初是一名军官。有一天，他在亚眠的城门口看到一个冻僵的乞丐，就把自己骑马穿的斗篷撕成两半，给乞丐分了一半。由此，他树立起了在风雪之中帮助穷人的圣徒形象。面对大自然恶劣的天气，他凭借十字架的魔力得以抵御。不可避免的是，圣马丁为了对抗风神，他本人也沾染了一些风神的习性。为了遏制10月份邪恶而肆虐的二分点风暴[①]，他要求为自己在这个月设立一个宗教节日。到了这一天，所有基督徒都会吃圣马丁的面包。神父对此感到震惊不已。可当他们询问人们为什么要把这个面包的碎块保留一整年时，农民回答道："这样，雷神就不会劈开我家的屋子了！"所以，新的教义不过是对旧有信仰的虚饰。在异教和基督教联姻的基础上，人们创造出了自己的过渡世界，他们在其中既能感到深深的慰藉，又有可能十分焦虑。

在基督教教士的改造工程里，最大的成功就是他们去除了云朵女神、田地女神芙蕾雅，用圣母玛利亚取而代之。玛利亚"走在田地里"，身着一袭天蓝色连衣裙，绣着田地里收获的作物，成为基督教中大地之温和与慷慨的象征。在收割时节中旬的8月15日，是圣母升天日。这就好像这位真正的"谷母"已经把一切都给予了人类，如今能够毫无挂念地离开人间一样。在罗马帝国各地，亲近乡土的圣母都取代了德墨忒尔和刻瑞斯。替换的过程往往非常迅速，大部分古老的仪式就这样在纪念圣母的仪式中保留了下来。不过教士还急着要在古老的南欧和北欧土地上传播这一新的教义。在3月25日，圣母领报日，农民会在土地里挖开第一道垄沟，打开大地的"子宫"，使其受种，就像圣洁无罪的圣母玛利亚接受了"天国赐予的基督之种"。到了9月8日，圣母圣诞，人们会在对种子祝圣之后进行冬播。以往，厄琉息斯的庆典活动大约也是在这个时候开始的，届时会哀悼珀耳塞福涅回到冥界。

所以，从犁地开始，到收成结束，异教和基督教为了争夺对土地

① 二分点风暴，指春分或秋分前后出现的暴风雨。

◆ 中世纪的锄草场景（《勒特雷尔圣诗集》，1340 年）

的统治，展开了一场脑力的搏斗。日耳曼人和斯拉夫人希望把土地交由宇宙，交由变幻莫测的大自然；而基督教神父则百般阻挠。他们认为，人作为上帝的代表，必须掌控创造的力量。而他们也的确做出了一番伟大的功绩，值得盛赞。否则，四分五裂的罗马将会遭到彻底的摧毁。

不过，这场脑力搏斗还是产生了负面影响。在这场西方人内心世界的世纪大战里，粮神耶稣为了田地和耕种而与风神、水神对抗，导致罗马全部的农业技术都在这过程中遗失了。伟大的罗马农学家科卢梅拉留下了大量农业著作。可日耳曼人既没有学习的能力，也没有研究的意愿。英国历史学家哈勒姆就曾经提出一个很中肯的观点：当人们不再说拉丁语，当拉丁语沦落成文化人的专门语言之后，中世纪粗鄙野蛮的氛围就形成了。普通大众再也无法领略古代世界的知识宝藏了。

文化代表传统，是一种对风俗惯例的纪念。不成文的习俗只有部分能够流传后世，而完全没有记载的纪念也不值一提。知识很快就会蒸发。在信仰和迷信之间进行拉锯战，明辨教义，驱除魔鬼，决定到底是由耶稣还是过去的神明掌管耕种，是很有必要的。因为日耳曼人信奉的风神奥丁还有他的那些小伙伴，最终只会让犁头生锈。可是在这一过程中，人们耕作的技能却越来越生疏了。拉锯战扰乱了他们的推理能力，使得他们在技术层面也一无所知。所以，面对中世纪初可怕的卫生危机，他们完全手足无措。原来，魔鬼真的会污染粮食。但这不是神话里的魔鬼，而完全是另一种恶魔。

◇ 40 ◇

曾经，在法兰克王国的利摩日城，谣言四起。有人在中午看到田地里出现了“谷物巫婆”，头发凌乱，手臂瘦削，胸部乌黑（所有描述里都提到了胸部发黑这一点）。她诱惑孩子们走进地里，给他们吃沾了焦油的面包。一旦孩子们表示拒绝，她就用铁夹紧紧地钳住他们。孩子们都因恐惧或窒息而死。

利摩日是高卢的一个小镇。“利摩”在凯尔特语里意为牡鹿，利摩日的居民也像牡鹿一样，曾经住在森林里，吃着橡子饭，无拘无束，直到恺撒带着罗马人出现。之后，森林不复存在，城镇建立了起来，市场、露天剧场、供奉谷物女神刻瑞斯和炉灶女神维丝塔的神庙也陆续修建完工。后来，基督教的圣马夏尔来到利摩日，在剧场传教，改变大众的信仰，推崇新的粮神耶稣基督。他们戴着十字架，拿着犁头，向废弃的石地进发。那里的土地粗糙不平、土质恶劣，布满荆棘。土壤才刚刚改良可以耕种，野蛮的条顿人就抢在匈奴人前面，把原本的居民赶进了山洞。接下来千百年间，这里战争不断，不是暴乱就是造反。所以地里的收成自然很差，面包也难以下咽。在如此悲惨的法国，甚至连谷物巫婆把几个孩子变黑或者闷死，都不再是什么重大事件了。

可是，到了公元943年的初秋，更可怕的事情发生了。这是非常艰辛的一年。街头上开始有人尖叫、痛哭，疼得满地打滚。很多人忽然从桌边起身，像个轮子一样在屋里打滚；有人突然栽倒，口吐白沫，像癫痫发作一样抽搐不止；还有人不停地呕吐，突然间表现出精神错乱的症状。很多人大叫道："着火了！我身上着火了！"

当时的情况就是这样。没能立即痊愈的人似乎都被活活烧死了。编年史家写道，这就好像"体内燃起了看不见的火焰，使人骨肉分离，并将其吞噬"。这种剧痛令人难以忍受，男女老少纷纷病亡。利摩日的家家户户都堆起了火葬柴堆。日日夜夜，都能听到人们在哭喊，看到他们四肢扭曲，可就是看不到火。起初，患者的脚趾会变黑，然后手指裂开，四肢抽搐、断裂。编年史家雨果·法尔西蒂写道："可是，对于那些一心求死的人，没有人给他们最后的安慰，直到他们体内熊熊的火焰将生命吞噬。值得注意的是，这隐形的火焰让可怜的患者浑身冰冷。无论采取什么手段，都不能让他们暖和起来"。患者身受剧痛，痛苦的号叫几英里之外都能听到；难以描述的恶臭弥漫在街道上，数周都不曾散去。

自然的秩序遭到了破坏。在大地深处，地狱之门大开，用看不见的烈火吞噬着本来体内如冰一般的人类。那时有一些人们已知的传染性瘟疫，可这种病却没人见过。一方面，负责把成千上万具腐烂扭曲的尸体扔进大坑的人员仍然身体健康；另一方面，在一些从未出现患者的村庄，全体村民却在一天之内悉数死亡。与此同时，人们吃的面包发生了变化。切开之后，里面是发潮的，还会流出黑色的黏稠物质。

那么这场瘟疫是来源于面包吗？绝望的人们跪在圣坛前，请求圣母玛利亚和基督给予帮助，又恳求主保圣人也就是圣女热纳维耶芙赐予他们好的谷物。热纳维耶芙过世不过几百年，他们的曾祖辈都见过这位圣女本人。她身材高挑，一头金发，非常乐于助人。她就像奥丁派往战场，选择有资格进入英灵殿阵亡者的瓦尔基里少女一样，划着粮船，由塞纳河北上，给受到围困的巴黎人送来了粮食。自那时起，法兰克的农民就把她奉为抵挡暴风雨和饥荒的守护神。

可热纳维耶芙无力扑灭人们体内的隐形之火。尼韦勒的圣格特鲁德也对此无能为力。她是著名的老鼠圣徒，能说服老鼠不要啃食黑麦的根。直到主教们取来圣马夏尔的遗骨，这场瘟疫才得以结束。但一年之内，这已经造成了四万人死亡。

如今，我们已经知道了这场瘟疫的来龙去脉。中世纪那些不幸的人们没有想到让谷物发黑、变甜的，是麦角病。他们在地里漫不经心地咀嚼了受到感染的谷穗，后来还把它们磨成面粉。麦角病非常危险，是一种黑麦的真菌性疾病，由麦角菌引起。实际上，这其中含有两种毒素，一种会让人和动物四肢抽搐；另一种会让肢体腐烂。这种病在历史上最早有记载时，两种症状是同时出现的。

黑麦穗受感染后，会散发甜味，从而吸引了昆虫来吸食分泌出来的“蜜液”。真菌的孢子就这样得以迅速传播，雨水也参与其中。可是，这些黑蜡样的谷物是肉眼可以看到的。要是在罗马，没有农民会把这种谷物脱粒，磨坊也不会进行碾磨，面包师也不可能用它来烘烤面包。科卢梅拉早就告诉了罗马人这种疾病有什么危害，该如何防治。即使罗马人没有现代化学家用来从面粉中分离麦角菌的盐酸、碘仿、显微镜，他们也知道在制作面包的过程中保持洁净非常重要。只有在十分紧急的情况下，比如恺撒围攻马赛，军粮没有进行充分脱粒时，罗马人才会患上麦角病。这是十分偶然的情况。像中世纪这样大规模的疫情从未在罗马人中间爆发过。

不幸的是，日耳曼人丧失了古人对耕种与烘烤技艺的认真态度，相关的农业技术知识水平也大幅退化。医学和自然科学则牢牢地把控在教会手里。不过，教会十分慷慨，修建了多所医院，救治麦角病患者（教会把患者交由圣安东尼守护，这种病后来也叫“圣安东尼之火”）。但与此同时，教会又禁止医学研究，认为这是魔法。直到文艺复兴末期，德国植物学家罗尼克尔和医生卡什帕·施文克费尔德才分别在1582年和1600年发现了这种可怕疾病真正的病因，并开始了与它的斗争。

磨坊主是坏人

◇ 41 ◇

我们已经看到，日耳曼人并不赞成也不信任突然出现在他们面前的文化和技术遗产。他们在罗马帝国发现的诸多物件中，最引人注目的是水磨。无论是在阿尔卑斯山还是西班牙，无论是在希腊还是小亚细亚，只要有溪流的地方，就能看到这种高度复杂的机器在快速地转动着、忙碌着。所有的水磨都是根据奥古斯都时期著名工程师维特鲁威[①]制订的方案修建而成的。这一方案十分精妙，其中的基本原理到今天几乎都没有多少改变。维特鲁威这样写道：

> （水磨的轮子）受水流的推力（而转动）……水磨上……在轴的一端嵌装有齿形的圆盘……圆盘垂直地装设在端部，和轮子一起作同样的旋转。与其相接装设着同样有齿形的更大的水平圆盘

① 维特鲁威，全名马尔库斯·维特鲁威·波利奥（Marcus Vitruvius Pollio，约前 80 或前 70—约前 25），古罗马的作家、建筑师和工程师。其著作《建筑十书》在建筑和历史上具有重要地位。达·芬奇还依照书中描述绘制了完美比例的人体。

和它联系着。这样，因为嵌装在轴端的圆盘的齿推动了水平圆盘的齿，所以碾磨也就不得不旋转起来了。在这种机械上悬挂着漏斗，以小麦供给碾磨，碾磨一旋转，就可以碾出来面粉。①

维特鲁威发明了如此巧妙的装置，成千上万人在各地据此建造，可是日耳曼人却无法理解。他们反而痛恨这样的机械，因为自由奔流的溪水被迫成为磨坊的奴隶，这就是在亵渎神明。于是，他们把水磨弃置一旁，任其生锈腐烂。如果在有些地方水磨仍在使用，水轮还在吱吱呀呀地旋转，那人们就会往河里扔面粉或面包，试图通过这样的献祭来安抚大自然。毕竟，人不用自己转磨盘了，也不用让牲畜拉磨，还是很方便的。

就像人们曾经认为所有埃及人都在私下施展魔法一样，如今人们也把罗马磨坊工看作术士，而折磨溪水的磨坊也成了可怕的地方。自然遭到如此虐待，十分愤怒，住在磨坊里的人都有理由对此感到恐惧。而且，水神和火神是盟友，这就导致磨坊还会常常发生爆炸。如今，打开任何一本碾磨相关的手册，我们都能知道一旦每平方码（约 0.84 平方米）空气中的面粉粉尘超过约 20 克，研磨时摩擦生热，就可能随时引发爆炸。但在中世纪，没人知道这一点，也没人知道要净化充满粉尘的空气。也许罗马人是知道的，可是在迁徙期间，所有技术知识水平都在不断下降，人们就忘记了要采取预防措施。无论如何，在 5 世纪时，磨坊总是起火，这让迷信的人感到十分恐惧。他们觉得这是人犯下了强迫水流为人劳作的罪行之后应有的惩罚。近 1200 年之后，也就是 1671 年，爱沙尼亚的农民还故意烧毁了一个水磨，“因为它冒犯了溪流，导致连年干旱”。

① 译文摘自维特鲁威：《建筑十书》，高履泰译，北京：知识产权出版社 2001 年版，第 272—273 页。

所以，这些蛮族虽然霸占了水磨，使用着水磨，但内心是很不情愿的。即便如此，罗马水磨仍然是文明的里程碑，象征着人类发展的道路：机器替代奴隶，自然取代人力。在这种局势下，神父又出来进行干预，告诉感到害怕的人们，让自然为人类服务并不是罪行，而确实是值得骄傲的事。

基督教最终取得胜利，经历了漫长的过程。为了让异教徒明白“磨坊磨出面粉制成饼，而饼就代表耶稣”，可以说是吸取了深刻的教训。据此，俄罗斯人长期以来都认为磨盘上掉下来的小碎片能够治好孩子的病。另一个斯拉夫民族塞尔维亚人，则相信从水磨轮子上扬起的水能够治好“病情发展迅速的疾病”，比如溃疡和麻疹。神父本来是反对这些观点的，但最终还是被迫屈服，表示同意。磨盘虽然产出的是面粉，但毕竟与基督有着密切的联系。所以，它的零部件也是神圣的。

在零部件中，磨石是个大问题。比如很多日耳曼人就不肯相信磨石没有魔力，因为磨石能发出雷鸣般的声音，这让他们想起了雷神托尔。基督教神父为了反驳这个观点，小心谨慎地引入了磨坊这一行当的圣女韦雷娜。她一声令下，再沉重的石头也能轻盈起来，任人指挥。韦雷娜来自古老的瑞士，在一片荒凉的林谷里，人们会在磨坊里供奉一些小神像。她把神像扔进磨坊水槽里之后，起初水位有所上涨，但后来，水磨用起来就比以往都要更加顺畅。当她想要离开这里时，魔鬼砸了她的车和船。于是，她搬了一块磨石，放入河水中，就这样坐在石头上漂流，离开了山谷……由于这项功绩，直到今天，瑞士人描绘韦雷娜的形象时，仍然会在她手臂下夹一块磨石……通过这个传说，我们能看到基督教教士付出了大量努力，才把过去异教徒的恐惧转变为中规中矩的基督教信仰。

但还有一项迷信，是神父无论如何努力都始终无法转变的：人们相信水磨轮会说话。毕竟，事实就摆在眼前。人们只要去仔细聆听水磨轮发出的声音，听上几个小时，就会感受到这并不是单纯的机械噪音，而是水磨轮在根据自己的想法变换节奏和音调。日耳曼人本来听觉就十分敏锐。这一次，他们似乎是听到了神谕，而且是异教的神谕！

这噪声又是怎么回事呢？
也许这并不是噪声！
它也许在唱美人鱼，
而美人鱼又在水下翩翩起舞。

19世纪时，弗朗茨·舒伯特这样吟唱道。那时，水磨发出的声音不再是宗教问题，而是一种情感的抒发……但在大迁徙时期，这可是非常严肃认真的问题。磨面粉的磨坊到底属于耶稣还是魔鬼？圣加仑修道院的伟大修士口吃者诺特克（卒于912年）曾告诉众人："水磨轮当然可以说话了。但它今天说的话，我听得明明白白——愿圣灵与我们同在。"他还在这一主题的基础上创作了一支序曲，让其他修士吟唱。

◇ 42 ◇

18世纪科学家约翰·贝克曼在其著作《发明与发现史》中写道："把宝贵的磨盘交由汹涌的河水，任凭其处置，需要不小的勇气。但要想利用风来转动磨盘，可是需要冒更大的风险，因为风与河流一样非常猛烈，而且更加难以控制，总是变幻莫测。虽然风力和风速无论如何也无法改变，但人们已经设计出了一种装置，无论风来自什么方向，都能将其捕捉，还能移动一座建筑，而且风力既不大也不小，既不多也不少。"

罗马人没发明这样一个机器，似乎有点奇怪。风车和水磨难道不是运用了同样的机械原理，只不过是把动力从河水换成了风吗？况且罗马人在航海方面也十分出色，能够敏锐地捕捉风向，娴熟地扬帆收帆，“无论风来自什么方向”。但他们还是把风车这项伟大发明留给了无甚建树的后世。中世纪时，风车发明以后，人们都感到无比骄傲。一名中世纪学者欣喜若狂：

> 在我看到之前，我不相信有这样的伟大发明存在，也不能进行讲述。因为虽然总有人提及，但我不希望招致怀疑。可如今我看到了这样伟大的功绩，绝不可能闭口不谈。对科学的渴求已经战胜了缄默不语。我要说的是，在意大利许多地方，还有在法国，出现了用风力推动的磨盘！

长期以来，学者认为是十字军从东方国家带回了风力机的知识。但这个观点是错误的。无论是叙利亚还是巴勒斯坦（在罗马帝国时期有很多牛拉磨和水磨），都没有风车。但或许，是十字军最初告诉人们东方国家有风车，之后消息又在各国传播开来。因为十字军东征也是一种游历，能够为从来没离开过家乡小镇和庄园的西方人“开阔”视野。在漫长的行军途中，法国骑士与英国及日耳曼骑士相识，基督徒也看到了邻国所具备的实践经验。于是，关于风车的消息得以四处扩散。

在地势平坦、瀑布流速缓慢的地区，尤其是英国，对面包制作来说最为重要的发明就是风车。在英国修建水磨要面临重重困难：人们需要挖掘水槽，修建人工瀑布，而且水磨必须修建在低处，这样水流才有足够的落差。而如今，这些问题都迎刃而解。北欧地区多风且风力强，只要在合适的高处安装好风车，它就可以不停地旋转。

不过，中世纪人最开始修建风车时非常犹豫不决。在德国施派尔市，第一个风车于1393年修建，而该市还需要派人去荷兰寻找工程师。我们注意一下荷兰这个地方，这非常关键。在荷兰，河流大多十分平缓，无法使用水磨，所以人们很快意识到风车在国家层面的重要意义，工程师也纷纷涌现，加入这项工程。可以说，他们对这些新型机械了如指掌，知识水平无出其右。荷兰人建造的风车顶部可以旋转，从而使其叶片能够捕捉到每一阵微风。而日耳曼人长期以来都在修建不可移动的固定磨盘，很晚才意识到风车的必要性。所以，荷兰很快成为欧洲的风车制造中心，风车也成了该国的象征，所有荷兰的风光照片里都少不了风车的身影。

修建风车的问题引发了一些奇怪的法律纠纷。1391年，荷兰上艾瑟尔省圣奥古斯丁修道院的修士想要修建一座风车，但相邻地区的伯爵却表示反对，因为风也从他的领地上吹过。乌得勒支主教勃然大怒，明确表示全省的风都归他所有，修士可以修建自己的风车。而弗里斯兰伯爵每年要向磨坊工收取风力税。1651年，一名纽伦堡的法学家卡什帕·克洛克曾经冷冰冰地指出：“把风卖给磨坊是政府的特权。”

哪里有风车，哪里的人们就显然都是基督徒，因为古高卢人和日耳曼人绝对不敢驱遣宇宙中最重要的风神，让风转动磨盘。不过，即使是在基督徒中间，磨仍然保留了一些异乎寻常的色彩，风车在这方面也毫不逊于水磨。诗人这个群体常常会捕捉人们没有察觉到的想法，他们力图确保古老的信念不会彻底消失。在《神曲》第34篇，但丁进入了地狱最底层的一圈后，他看到暮色中，风车叶片在转动，而风车看起来就像是一只凶恶的鸟。

> 每个面孔以下生了两只大翅膀，适合于大鸟的飞扬，我在海上也没有看见过这样大的帆。不过翅膀上面并不长着羽毛，只是

和蝙蝠的一样质地。[1]

然而，他看到的并不是风车，而是魔鬼本人化身成风车，正在碾压罪人的灵魂。罪人都被绑缚在风车叶片上，然后又被扔进魔鬼的血盆大口。但丁能够想出这样可怕的场景（意大利画家奥尔卡尼亚在《最后的审判》这幅画作中进行了描绘），说明他必定也像我们一样，在11月，看到一架风车在迷雾中隐隐显现出来，像蝙蝠一样的巨大翅膀转动着，呻吟着的时候，会偶然因为害怕而战栗。罗曼语里并没有形容这种哀叹的拟声词，但在瑞典语和挪威语里，人们根据风车的声音，叫它 qvärn[2]。塞万提斯也有同样的感受。他生活在中世纪与文艺复兴之交，生性平和，历来抱有怀疑的态度，并不愿意说起风车令他感到害怕。不过，他把这种恐惧植入到了自己笔下堂吉诃德的头脑里。堂吉诃德疯疯癫癫，决定做一名骑士。他看到风车的叶片以后，还觉得是巨人的臂膀，所以必须要由自己这名基督徒用长矛来攻击。而认为磨坊里有恶魔的，不止堂吉诃德一个人。

◇ 43 ◇

在中世纪，所有民族都痛恨磨坊主。无论是英国人、日耳曼人，还是西班牙人、法国人，每个民族都没说过磨坊主一句好话。前面我说过，人们都觉得磨坊这个地方很奇怪，但这只是一半原因。而至于另一半原因，就没这么简单了。首先，人们可能会因为磨坊主和“城镇”格格不入而鄙视他们，就像农民也因为不是城里人而遭到鄙视一样。可除了鄙视，人们还特别惧怕、憎恨磨坊主，仿佛他们就是魔鬼

---

① 译文摘自但丁:《神曲》，王维克译，北京：人民文学出版社 1997 年版，第 152 页。

② qvärn，发音：[kva:rn] 。

本人。磨坊主卷入到了经济丑闻当中。

那么，他们到底做了什么呢?

水磨从罗马落入日耳曼人手中之后，曾有一段时间仍然是私有财产。但很快，日耳曼人就意识到，这些绝妙的机器具有重大价值，不只局限于一家一户。整个村庄都往往因水磨而建，或在其周边设立。于是，法律开始为水磨提供特殊的保护：损害水磨会遭到重罚；偷走转动水磨的铁把手将处以普通盗窃罪三倍的罚金。与此同时，修建水磨花费高昂。全村都需要为修建水坝、水闸，以及铁质部件的保护而集资。维护费用也往往不是磨坊主所能负担的水平。所以，随着水磨的价值越来越高，磨坊主所享有的财产权就逐渐缩水。到了最后，他相当于只是从大家手里租来了水磨。

最重要的是，当日耳曼领土上开始施行罗马法之后，磨坊主彻底失去了水磨的财产权。根据罗马法规定,“谁拥有土地，谁就拥有磨坊”。所以，由于土地已经落入了贵族之手，曾经独立的磨坊主如今就成了贵族的雇工。这些贵族地主为了保护自己和租户，依其地方司法管辖权提出了两条限制性规定：一、一地如已有磨坊，则此地不得再建其他磨坊；二、地主的租户只能在地主的磨坊里磨面。第 2 条规定排除了一切竞争，让村民倍感压迫。数个世纪以来，许多地方叛乱都因此爆发。地主还会闯入村民家中，没收他们的碾磨工具，这尤其会招致反叛。

从推动水磨的溪流，到磨盘磨出的所有面粉，整个磨坊如今都属于某个地主、伯爵或公爵了。而运转水磨的磨坊主或者变成了地主手下的官员，由地主发放工钱；或者在大多数情况下，变成了地主的租户，还要为了保住水磨而支付租金。要想有钱付租金，磨坊主就需要另谋生路，赚取额外的收入。那么这生路从哪里来呢？解开了这个问题的答案，我们就能知道为什么大家都恨磨坊主了。

磨坊主为了生存，不得不偷窃谷物。中世纪的人们深信，每一个磨坊主都是小偷。每一个，绝无例外。而要想通过制定法律来阻止磨坊主偷窃，根本无济于事。慕尼黑就规定，磨坊主必须允许顾客在谷物碾磨之前进行二次称重，并亲手从水磨引水渠里拿取谷物。但 13 世纪的磨坊主根本不管法律如何规定，而是直接给农民和面包师吃个闭门羹。日耳曼谚语这样哀叹道："每座磨坊旁边都有沙堆。"在水磨磨面，分离麦麸和面粉的这个环节，磨坊主并不会对谷物的重量动什么手脚。但关起门来之后，磨坊主会偷走一部分面粉，再给原有的面粉里掺进细沙。诺曼底就有这样一句谚语："磨坊主都上不了天堂。"当磨坊主来到天国大门前，"只是想要拿一顶被风吹来的帽子"时，圣彼得轰走了他："在凡间做过磨坊主的人只知道说谎。"

不过归根结底，想要彻底清除磨坊主，也并不是那么容易。运转水磨又不对其造成损坏，是一门难度很高的技艺。格林兄弟之一的雅各布·格林就给我们介绍了检查水磨运转是多么的困难。水磨外轮中心有一根橡木轴，轴上又固定了两层辐条（或者说"连接臂"），连接于外轮的"圆周曲线"之上，通过钢板加固后形成了巨大的双轮。在外层边缘之间，还有一系列长勺一样的排水槽，为的是能够接住水流。如果外部部件出了故障，还是可以修复的；但如果内部机械损坏，或是对水磨转动最为重要的立轴出了问题，修复起来就会更加困难。这是因为上层石磨的重量完全压在这根软铁制成的把手上，同时长年累月的摩擦也会使底部的黄铜支点老化。

中世纪人普遍对技术一窍不通，于是磨坊主就成了少有的工程师。无论是对自己还是他人，他的责任都非常重大。而他能否盈利，是走运还是倒霉，都要取决于能否对运转中的水磨的各个部件进行精准的调节。日复一日，磨坊主都在专注聆听水磨转动的声音；他还总是会把手放在面粉流出的地方，抓一把面粉，用大拇指将其在掌心捻开，感受面粉的特性及质量。这大拇指就是衡量农作物价值的工具。“值一根磨坊主的大拇指”这句俗语也许就来源于此。

除了扮演技工的角色以外，磨坊主还行使警察的权力。作为官方的间谍，他要确保所在片区的所有农民都没有违背地主的地方司法管辖权。他会偷偷摸摸，四处走动，从墙缝里偷看农民是不是在自家偷偷用手磨磨面。因为按照规定，农民必须去磨坊主那儿磨面。在此过程中，磨坊主作为地主的手下，不仅能够拿走属于他的工钱（即一部分面粉），还会再多偷一部分。而这，就是农民战争的一根导火索。

◇ 44 ◇

在欧洲各地，最痛恨磨坊主的国家要数英国。布里斯托尔的编年史就表扬国王爱德华一世[①]对磨坊主施以苛政。然而，对磨坊主最为尖锐的批判，还是出自乔叟的《坎特伯雷故事》。这部著作绘声绘色地表现出了当时的文化。

在离剑桥不远的特鲁平顿，矗立着一座磨坊。磨坊主被人称作神气活现的西姆金，想要用“金手指来偷谷物”。他娶的是一位教士的女儿，和他一样高傲自大：

> 这一对夫妻，倒也真值得看看：
> 圣日里，那男的走在女的前面，
> 披巾的下垂部分缠着他的头；
> 女的穿着红裙子跟在他身后——

---

① 爱德华一世（1239—1307），金雀花王朝的第5位英格兰国王（1272年至1307年在位），亨利三世之子。又称“长腿爱德华”“苏格兰之锤”（因他对苏格兰人民的镇压）或“残忍的爱德华”，金雀花王朝最重要的代表人物之一。他奉行的内外政策都十分积极，使英格兰成为当时欧洲的重要大国。

> 配她丈夫的红长袜倒也正好。
> 任谁见了她，“夫人”称呼不可少……[①]

这对夫妻并不讨喜，两人有个女儿，年纪已经不小，还有一个小婴儿。拥有磨坊的一个好处在于，剑桥一所大学院也在其地方司法管辖权之下。也就是说，剑桥大学院必须在特鲁平顿磨面。有一天，院长病得很厉害，没法亲自把谷物送到磨坊了。

> 这下，磨坊主又偷面粉又偷麦——
> 比起往常来，偷得一百倍利害；
> 如果说从前还算偷得很客气，
> 那现在他连偷带抢毫无顾忌。
> 院长为此训了人，闹得很紧张，
> 但是，磨坊主丝毫不放在心上，
> 咆哮着发誓说道：没这种事情。
> 且说当时那里有两个穷学生……[②]

这两个年轻学生叫阿伦和约翰。他们打赌如果他们两个亲手把几袋谷物送到磨坊，磨坊主一盎司[③]都偷不走。院长觉得这不可能，但最后还是同意让他们尝试一下，又借给他们一匹马驮着谷物。两人来到磨坊，西姆金答应马上磨面，问他们在等待的时候打算怎么消磨时间。

> “老天在上，俺要站在那料斗旁，”

---

① 本节有关《坎特伯雷故事》的译文摘自乔叟：《坎特伯雷故事》，黄杲炘译，上海：上海译文出版社 2013 年版。

② 同上。

③ 1 盎司≈28.35 克。

约翰回答道，“看麦子怎样进去——
看料斗究竟怎样摆来又摆去——
凭俺家声誉发誓，俺还没见过。”
阿伦说：“约翰，你若准备这样做，
俺就用脑袋担保，待在那下面；
看着粗磨的麦粉
筛落在槽里……”

但磨坊主比他们俩聪明多了。开始磨面以后，他悄悄地来到门外，解开了拴着马的缰绳。马跑了，磨坊主的妻子与丈夫是同谋，她大喊大叫，让两个学生听到。于是，两个学生就跑出去追马，忘记了面粉的事。到了夜里很晚的时候，天早就黑了，他们才终于找到了马，汗流浃背地回到了磨坊，却发现院长的大部分谷物都被偷去做成了饼。可他们空口无凭，还得礼貌地请求磨坊主让他们在夜里住下。奸诈的磨坊主看着两个蠢学生，觉得好笑，回嘴道：

“……但我屋子小得很，你们有学问——
读书人自能讲出一堆大道理，
能把几尺大的地方说成几里。
那就看看这里是不是住得下，
要不，用你们的办法叫它变大。”

尽管阿伦和约翰怒火中烧，想要报仇，却不知道该怎么办。他们只得给磨坊主付钱，让他招待饱餐一顿。酒足饭饱之后，磨坊主酩酊大醉，倒在床上。全家人，包括两个学生，都睡在一间房里。灯也熄灭了。房间里鼾声如雷，夹杂着磨盘发出的噪声。阿伦还没有睡着。

他想到面粉被偷，打赌要输，就十分生气。这愤怒又变成了另一种情绪。他快步来到了磨坊主女儿的床前，女儿睡得正熟。

> 当然不知道有人爬到她身边——
> 待到想叫喊却已经为时太晚。

约翰嫉妒阿伦的好运气，嫉妒到睡不着觉，狡猾的他很快就想到妙招。他提起了装着磨坊主小儿子的摇篮，放在了自己的床边。磨坊主的妻子一心想让孩子安静下来，却没有注意到篮子的位置已经发生了变化，迷迷糊糊地就爬上了约翰的床。拂晓时分，磨坊主醒来，看到了妻子和女儿的遭遇。紧接着，几个人激烈地打了起来，妻子也参与其中。她想要给丈夫帮忙，却不小心用扫帚把打到了丈夫的秃头。磨坊主昏迷不醒，倒在地上，阿伦和约翰则牵着马，驮着面粉回到了剑桥，还带走了磨坊主妻子用偷来的面粉烤成的饼。就这样，他们赌赢了。

这个笑话传遍了全英格兰，这一笑就笑了几百年。城里人也笑，庄园主也笑，商贩在笑，修士也在笑，贵族小姐也在自己的闺房里笑。莎士比亚和本·琼森在小酒馆里喝啤酒的时候，也会为乔叟举杯。这是一个关于磨坊主的故事，而其中渲染的环境氛围，也就是说磨坊是一个会有艳遇的秘密场所，至今仍让人浮想联翩。早在乔叟出现之前，以及乔叟的时代过去之后，磨坊仍然会在男人的心中激发起关于男女禁忌之事的回忆。在第一部诗集《安内特》中，16 岁的歌德就证明了这一点。磨盘辘辘作响，声音在其他房间里回荡；面粉无声地流动，空气中弥漫着水汽和粉尘，气氛氤氲——这一切都让磨坊变得香艳起来。有鉴于此，6 世纪肯特王埃塞尔伯特的法典规定：“如有人猥亵国王的女佣，需交 50 先令的罚金；如猥亵磨坊女佣，则仅交 25 先令。”

面包师让我们饿肚子

去和工匠交谈吧——他们能把这行当给你讲得更清楚！

——苏格拉底

◇ 45 ◇

要说对磨坊主抗议最激烈的群体，也许非磨坊主的同行——面包师莫属了。面包师的社会地位就远高于磨坊主。首先，面包师至少是城里人。中世纪有句俗语：“呼吸城里的空气，会让人自由。”这是因为，住在城里狭小屋舍的人们不受任何地主的管制。城里的面包房就属于面包师自己，磨坊主却不能说拥有自己的磨坊。

中世纪的面包师和其他城里人到底为什么这样自豪，可能不容易理解。如果有一个公元200年的罗马人在公元1000年左右魂回大地，可能会发现一切都变了模样。古希腊罗马在鼎盛时期市场宽阔，城镇开放，公路畅通，为大地增色。中世纪则是另外一番景象：地面崎岖不平，布满石头，各个城镇都由城墙包围。直到大约公元1400年，城镇面貌都透着丑陋的气息。镇与镇之间是大片没有耕种的泥泞田地。

再没有什么建筑比中世纪的城镇建筑更丑了。这些建筑基于人的兽性，基本建筑理念源于人们普遍存在的恐惧，那种让人脊背发凉、害怕邻居攻击自己的恐惧。在每一个镇上，每一座房屋里，没有能让人感受关爱、获得自由的一方天地，反而一切都服务于防卫的目的。家家户户外墙都有防护板，抵挡石弹和铁弹，只有窄小的缝隙里会透出一丝光线。所谓的窗户也只是小洞，可用于射击，还能挡开射来的箭，也有利于防火。同样的道理适用于城镇的建设，城门正门往往又矮又窄，这样一个人就能防守。

洞穴其实就是这样一套原理。可中世纪的人虽然明明住在地面上，却仿佛还像先祖一样身在洞穴。恐惧迫使他们如此。罗马打造的太平时代早已不复存在，谁要是没有城墙或者碉堡的庇护，就会终日惶恐不安。商人在街上遇袭，农民在田里遭到伤害。千百年来，只有城镇和城堡才能保人活命。

要想了解城堡里的生活，最好不要去读沃尔特·斯科特[①]的作品，也不要读其他浪漫主义作家的作品。我们还是一起来看看现代初期乌尔里希·冯·胡滕[②]的描写吧：

> 城堡无论是矗立在山上，还是平地上，其目的绝不是为了舒适，而是防御。城堡四周环绕着护城河，再由城墙围起来，内部空间非常狭窄，令人压抑。牛棚和储藏武器的暗室也在这拥挤的空间里占有一席之地。空气中到处弥漫着沥青和硫黄的恶臭，狗和狗粪的味道我看也没好多少……而且这里真是太吵了！这边羊叫，牛也叫，那边还有狗叫。而我们住在森林边上，甚至还能听到狼嚎。每一天，人们都在为明天发愁，总是行色匆匆，坐立不

① 沃尔特·斯科特（Walter Scott，1771—1832），苏格兰著名历史小说家和诗人。

② 乌尔里希·冯·胡滕（Ulrich von Hutten，1488—1523），德国的人文主义者、诗人，曾领导宗教改革初期的骑士暴动。

安……收成不好，在我们这里是常事。人们一般就会因此陷入可怕的困境，生活在贫困之中。在这种情况下，时时刻刻都总有事情让人为难、气馁，让人急躁、恼怒……

而至于城镇，充其量也就是住着市民的城堡。这种环境对人的心理，还有环境卫生确实造成了非常严重的负面影响。犹太人区的恶劣条件就让人不寒而栗。而在现实中，中世纪的每一个城镇都是条件同样恶劣的基督徒区。人们是不能随意离开的。城门处有守卫，记录所有外出人员，且不允许陌生人进入。城外 500 码的地方就是其他城镇的地界了。到了别的城镇，人们的钱买不到任何东西，因为每个城镇都会铸造自己的钱币。这种做法毫无意义，还切断了一切贸易关系；可与做生意赚钱相比，各个城镇都更想与世隔绝。

于是，千百年来，人们都觉得自己的家就像“监狱”一样，可他们仍然自愿待在里面。他们就是撒克逊人等民族的伤心后代，就像古罗马历史学家塔西佗描述的那样，认为城镇“捍卫了奴隶制，埋葬了自由。他们想住在开阔的田野上”。“那好啊，可是我们在哪儿洗澡呢？”夸德人曾这样向马可·奥勒留皇帝发问。因为奥勒留为了惩罚夸德人部落，曾强迫他们住在城里，以便于监督。可我们不要忘记，罗马城镇已经比中世纪城镇的条件要好得多了！

就在这些中世纪城镇的围墙之内，在人为局限于封闭式“小镇经济”的市民当中，产生出一种奇怪的地方自豪感，一种对小镇狭隘的热爱。这种情感还不断发展壮大，开出了奇怪而又美妙的花。在罗马时期，无论一个人生在西班牙的加的斯，还是黑海海岸的敖德萨，只要他是罗马市民，就都没有什么关系。但到了中世纪，即使同在意大利，两个相邻城市的市民权利也有天壤之别。当然，这种疯狂的地方主义也催生了远大抱负，带动了艺术的复兴。在城镇分布密集的地区之中，哥特式教堂拔地而起，试图企及星辰；而在封闭的修道院里，经院哲学不断壮大。所以，无论是在生活上还是文化领域，狭窄的空间、狭隘的思想，都造成了矛盾的后果。歌德深知中世纪的悲惨与骄傲，城镇是那样逼仄，而在这种封闭环境中又产生了神秘的热爱。于是，他借浮士德的口，写下了这样的话：

> 唉，难道我还要困守在这地穴里吗？
> 这该死的潮湿的洞眼……①

但在另一段文字中，他又坦承：

> 咳！我们狭隘的斗室重新燃起了友好的灯光，
> 于是在我们胸中，
> 在富于自知之明的心里，
> 便一下子豁然开朗。②

◇ 46 ◇

就这样，集体生活四分五裂，人们都待在自己家里；同样，民族团结的情感也消失了。英国的每一个小镇上，人们都有一种嫉妒的排外心理，无论走进镇里的陌生人是邻镇的英国人，还是漂洋过海而来的外国人。

所有城镇都觉得他们对外界无情，就能保证本镇人民的幸福。但这恰恰适得其反。在镇里的“基督徒区”，镇民和商人相互敌视。有

① 译文摘自歌德：《浮士德》，绿原译，北京：人民文学出版社 1994 年版，第 16 页。

② 同上，第 37 页。

人心怀怨恨，有人暗中窥探，折磨着邻居。很少有人能做自己热爱又擅长的事，因为要想成为行业协会会员，条件是非常严苛的。而为了确保每个人生产的东西都有人买，镇上又规定了一系列禁令。比如，“黑铸匠”不得与“黄铸匠”同时出现，也就是说，打铁的不能和打黄铜的一起工作。“制革工人不得做鞋，反之亦然。”这种分工方式太过极端，导致出现了尴尬又荒唐的规则。有一条规定说：“有酿酒厂的地方不得设立面包房。”可恰恰反过来才是正常的。面包师和酿酒工都需要用谷物进行发酵，面包房和酿酒厂毗邻而建才能共用同样的设施，发挥优势。在古埃及（就像埃及绘画中所表现的），面包师和酿酒工始终都是在相邻的工作室劳作的。

受这种强制性的劳动分工打击最严重的，就是做面包的人。在史上第一次，面包师和磨坊工分离了。此前，在整个古希腊罗马时期，面包师都有自己的奴隶，有牲畜，或者还有水磨能磨面。即使是到了古典时期末期（至公元364年），瓦伦提尼安一世和瓦伦斯皇帝还通过了一部法律，规定退休的面包师必须将整个面包房，包括牲畜、奴隶以及水磨交给继任者。所有罗马经济学家都必定会认为，把面包师和磨坊工分离是非常不切实际的。面粉这么宝贵，为什么要冒风险在磨坊和面包房之间进行运输呢？他们觉得谷物就应该直接变成面包。

然而到了中世纪，磨坊却被驱逐出城。这也是别无选择的事。城墙阻挡在了两个行当之间：面包师被迫留在城内；而由于所有谷物如今都用风车或者水磨来研磨，磨坊主和磨坊就必须设在水流旁边，所以必须留在城外。就算是要用风车，城里也几乎没有风。

就这样，尽管当时的文化生活也乏善可陈，但磨坊主还是遭到了文化生活中心的排斥。磨坊主还因此远离了自己的顾客，因为顾客都是城里人。面包师和磨坊主之间日益相互怀疑，渐生敌意，贬低彼此的能力。

◇ 47 ◇

在镇上的行业协会里，面包师协会一般历史最长，所以独立性也很强。我们从前文得知，把工匠纳入行业协会并不是中世纪的发明，而是罗马帝国末期形成的制度。在大迁徙和蛮族入侵的过程中，行业协会制度曾经失传，直到中世纪末期才再度复兴，并不断壮大。面包师在罗马帝国享有国家官员的地位，这在日耳曼普通法法律书籍《萨克森明镜》中就有记载。面包师作为对社区而言是非常重要的人，如果遭到谋杀，杀人犯所需缴纳的罚金是杀害普通人的 3 倍。法国国王路易十一（1461 年至 1483 年在位）曾规定不得命令面包师站岗放哨。这样安排，如果面包烤得不好，他们就没有什么借口了。可是在其他国家，面包师却急切地想要服兵役。1322 年，在著名的米尔多夫战役中，正是面包师团挽救了巴伐利亚的路易四世皇帝，也保住了他的皇位。

那么这些面包师，这些在地下室里制作“滋养生命之物”的面包师，过着怎样的生活呢？他们用的工具和古埃及人的工具别无二致。烘烤技术并没有发生变化。面包模具看起来历史久远，揉面的桌板也是一样。烤炉的火光照亮了整个房间，照亮了一袋袋面粉和抹刀。面包师在围裙上擦手，红润的脸上流下了汗水。在不工作的时间里，他们是镇上的自由人，作为普通人，享有优于贵族的优势。他们能够成为议员，用面包师的双手来影响、改变同胞们的政治命运。

成为面包师一点都不容易。想要从事这一行的学徒必须为合法婚生子女。短暂的试用期之后，学徒签署合约，就开始了两至三年的学徒生涯。期满之后再签署契约，即成为熟练工。熟练工需要至少游历三年，通常游历五年，从而熟悉其他地区的情况，以及新的烘烤技术。不过这是表面上给出的理由。真实原因则截然不同。让熟练工出门游历，是镇上的面包师傅对这些继任者强制采取的经济措施。其目的在于尽量拖延竞争，越久越好。毫无疑问，师傅希望有些熟练工在四处游历的时候逐渐生出异心，流连异乡，不再回来。确实，这种背叛的情况还是很频繁的，不过对于大多数不可靠的熟练工，我们并没有深入的了解。其中最著名的，是克劳德·洛兰。他从法国洛林的家乡以面包师熟练工的身份来到罗马，就一直留在了罗马，并成了伟大的画家。

但大多数熟练工还是回来了。他们能出示契约，也能出示手册里记录的各个游历的地方，可还需要继续等待，等到享有“烘烤特权”的某些房间空出来。空位必须腾出来，也就是说，必须有某个面包师去世了才行。而新人需要接替死者生前所做的工作，可能要烘烤白面包，也可能是黑面包、甜面包或者酸面包。在为整个协会举办了一场宴会之后，年轻的面包师傅要去市政厅，“宣誓遵守本镇面包行业的行规”。誓言非常庄重，他必须发誓“会始终烘烤足够的面包”（这项保证当然极其重要，因为镇里已经阻止了自由竞争），而且他会认真保证面包的质量和重量。在有些镇上，人们可以把东西拿给面包师“典当”换成面包，而面包师必须满足这样的要求。这给面包师造成了大麻烦，因为无论在什么地方，人们都憎恨当铺老板。可穷人永远都理解不了，他们当掉的东西，可能再也赎不回来了。

除了保护生产者防范不公平竞争以外，各个城镇还试图保护消费者的权利。协会推选出面包过秤员和面包检查员，负责检查面包的重量和质量是否合格。根据1375年的汉堡面包师法，如面包味道差或重量过轻，过秤员有权立刻没收。而面包师会被当即拉到镇议会，要求必须在当日上午支付罚金。如果这名面包师日后又发生类似事故，镇上就会让其游街示众。人们有的愤怒地大喊着，有的鄙夷地嘲笑着，把面包师送上“刑台”——一个巨大的篮子里，篮子下方就是泥水坑。他不会被扔进坑里，而是被迫跳入坑中，再满身是泥地跑回家。1280 年，苏黎世有个叫瓦克尔博尔德的面包师就接受了这种刑罚，最后烧了半个镇。清晨，他在外逃路上遇到了镇里的一个妇女，大喊道："你告诉人们，我进了泥水坑，衣服全都湿淋淋的，我只是想把衣服烤干……"

面包师的生活并不快乐。烤面包严重损害了他们的健康。当然，面粉并没有矿工每天面对的矿石那么沉重，但在整个中世纪，关于面包师总是生病的抱怨始终不绝于耳。首先，面包师需要长时间地站在火热的烤炉前。中世纪时禁止夜间工作，但面包师是个例外，因为人们都想清早就吃上面包。晨光熹微，人们打着哈欠醒来的时候，面包师往往才刚刚熄了他们的灯。因为师傅手下并没有太多学徒和熟练工，所以一连工作 14 ～ 18 小时也是家常便饭（甚至到了 1894 年，还有一名英国面包师在连续工作 21 小时之后因为心脏病突发而身亡）。这就导致他们工作时经常犯困。面包师往往又累又穷，吃得非常少，饮食也不规律。另外，由于中世纪的一大特点就是住处缺乏，面包师通常就住在面包房，在睡觉时都会吸入粉尘，又因此患上了哮喘和支气管炎。在法国，人们把面包师叫作呻吟者。"他们揉面时发出叹息，是想防止面粉进入肺部。"

比哮喘更可怕的疾病是一种皮肤病——湿疹。千百年来，湿疹的病因一直扑朔迷离，直到 1817 年才由威廉医生揭开谜底。湿疹是因为粉尘或酵母的孢子（可能还有磨坊主为了让面粉显白而偷偷加入的化学物质）堵塞了皮脂腺，大部分长在面包师裸露的胸膛和二头肌上。可即使面包师能够通过通风、保持极度清洁（这在中世纪也无法实现）来避免这些疾病，他们也会因为长年累月的站立而有了一对"面包师膝盖"。他们的腿部会变短，又畸形又僵直。在协会的游行队伍中，许多面包师走起路来都一瘸一拐，他们是在抗击饥饿这场战役中久经考验的老兵。

面包师如此痛苦，但编年史里从来没有对他们流露出一丝感激。他们常常遭人厌恶，只是不像磨坊主那样令人深恶痛绝。西班牙谚语说："穷人哭的时候，面包师会笑。"英国编年史里对无数诚实的面包师长期以来承受痛苦、为市民服务的事迹只字未提。但赖利[1]在其著作《13、14 和 15 世纪伦敦和伦敦生活编年史》里却说："面包师确实熟练而巧妙地在其烘烤房的桌子上开了一个洞。邻居和其他人带着面团，想在他的烤炉里烤面包时，他就会把面团放在桌面的洞上，制作大面包。与此同时，面包师的一个亲戚会藏在桌底，小心翼翼地从下面打开那个洞，一点一点、一块一块地，巧妙地偷走部分面团。这对所有邻居都造成了重大损失……也损害了其他来烤面包的人。这样的丑闻令整座城市蒙羞。"

就像每个磨坊主都会偷面粉和谷物一样，中世纪的市民也相信每个面包师说的重量都是假的，而且烤面包的费用是在漫天要价。一名英国历史学家表示："很难确定这些指责里有多少是真的，而且严苛的法规到底在多大程度上迫使面包师无可避免地走上逃避和欺诈的道路，也难以判断。市场供应情况千变万化，市政法令必然常常滞后；普通消费者可能也无法分辨，供应不足是因为市场的自然调控还是人为所致，或者他们也不想去加以辨别。"

事实上，大众永远都无法理解的是，面包的价格是会变化的。因为粮价并不固定。约翰一世（1199 年至 1216 年在位）颁布的根据粮价固定面包价格的法令是英国历史上最早的价格法。1266 年，亨利三世颁布《面包和啤酒法令》，取代了约翰一世的律法，并执行了五百多年。根据该法，面包师的净利润固定在 13% 的水平上。这样的利润

① 即亨利·托马斯·赖利（Henry Thomas Riley，1816—1878），英国翻译家、词典编纂者。

◆ 面包师和魔鬼的故事

水平并不算太高，但面包师仍要为此付出艰辛的努力。

在伦敦，人们很喜欢给“不诚实的面包师”上颈手枷，要是面包分量严重不足，人们就会把这些面包挂在面包师的脖子上，让其游街示众。面包师可能还会因此失去作为师傅的特权。不过，他们想出了一个办法，“给当局行贿，让当局允许他们随心所欲，烘烤比正常分量轻三分之一至四分之一的面包”。所以在中世纪，违反《面包和啤酒法令》的行为是最常见的违法行为。

面包师进入市政办公室之后，人们对这一群体就更加怀疑了。他们如今手握大权，就更加便于钻法律漏洞，而不是遵纪守法。为了防止地方法官对此纵容，《约克法》（1318 年）规定负责捍卫面包法令的官员在其任期内不得从事烘烤工作。正如丹麦谚语所说：“只要市长也是面包师，面包就总是小小一只。”德国还有这样的一组对句：

> 只要议会里面包师蜂拥而来，
> 整个地区就会受到伤害。

但面包师没有必要为了在议会里占据一席之地而招致普通人的仇视。在多次饥荒期间，灾民全都涌入面包店，很多面包师还遭到杀害，因为中世纪的人们认为磨坊主和面包师是饥饿的根源（甚至到了法国大革命时期，这一观点依然存在）。

数个世纪的饥饿

假使你对于这个不哭，试问还有什么可以叫你哭呢？

——但丁[1]

◇ 48 ◇

饥饿历来存在。

就像人们会因衰老或疾病而死一样，食物匮乏也会造成死亡。粮食发霉，或者由于战争而无法耕种，都是导致粮食匮乏的原因。在以往，饥荒通常局限于某个地区，并且只是持续一段时间。可到了中世纪，情况发生了变化。史上首次出现了波及范围极广的饥饿现象，而且始终没有尽头。饥荒戴着它瘦削的面具，时而出现在英国，时而又来到了德国和法国。东欧地区的饥荒几乎从未停止。饥荒在一地似乎刚刚结束，又在相邻地区再度暴发，就像地狱之火短暂酝酿以后，又再一次回到人间大地。

---

① 译文摘自但丁：《神曲》，王维克译，北京：人民文学出版社 1997 年版，第 147 页。

12世纪时，德国暴发了五次长时间的严重饥荒；到了13世纪，英国经历了真正的百年“饥饿”战争，其间短暂的和平都无人注意。整个欧洲就像是一个病人，在连续经历可怕的打击之后出现回光返照，却不曾想旧疾还是复发。德墨忒尔的威胁成真了，大地上真的不再结出果实。很难想象欧洲人在这千百年间到底是如何存活下来的。

没有多少人会真的相信，只靠磨坊主、面包师这样几个贫穷的恶魔，就能酿成这滔天灾难。不过，他们的技术水平也难辞其咎。中世纪的磨坊主已经丧失了筛面粉的技术，导致市民每人年均都要吃下大约四磅的石子。这样难吃的面粉经过面包师加入酵母之后膨胀过度，最后导致人们“不是在吃面包，而是在吃空气”。尽管老加图早就知道要应对饥荒问题，首先应该从犁地开始，但中世纪的人们并没有想过这一点（犁地时再向下深挖2英尺，人类历史就能改写）。而且他们根本不知道地球也有自己的生物化学循环，并可能会受到影响。虽然科卢梅拉对此有所预感，但这一伟大思想始终无人关注。直到1840年，李比希[①]才重新发现，并在科学层面上将其发扬光大。

对中世纪的人而言，饥荒暴发主要是由于超自然原因，而非实际问题。通常，饥荒之前都会有预兆，催促人们及时忏悔。每次饥荒时都会出现令人恐惧的天文现象：日食、月食发生次数较多，最重要的是，人们会看到彗星。在当时的编年史里，“彗星——痛苦的饥荒”字样频频出现。人们觉得这是上帝从天上扔下来了掰断的棍子，目的是为了警告人类。

在天兆之后，又会暴发洪水；冰雹毁了庄稼；牛瘟肆虐，牲畜再也不能劳作了；西欧各国战火不断，英法百年战争也是其中之一，导

① 李比希，全名贾斯特斯·冯·李比希（Justus von Liebig，1803—1873），德国化学家。其最重要的贡献在于农业和生物化学，他创立了有机化学，因此被称为“有机化学之父”。他发现了氮对于植物营养的重要性，因此也被称为“肥料工业之父”。

致人们都忘记了要去耕种土地。甚至是古老的敌人——风，也常常被人认为是造成饥荒的原因。编年史家维泰博的戈特弗里德是多么聪明的人，都把 1224 年的大饥荒归咎于肆虐全球的一场风暴，说它“把谷物都从麦穗上摇下去了”。可见基督徒还在信奉着古老的风神奥丁。

在大自然的种种异动面前，中世纪的经济十分敏感。人们基本上完全依赖地里的收成过活。农民要交税，还要努力确保交完税之后能够维持生存。盈余从来不会有，即使有，农民也不知道如何变现。大庄园，尤其是修道院的情况可能要好一些，但其繁荣仍然基于土地，而非钱财。穷人比富人更加饥饿，这当然不用解释，但受苦的并不只有底层人民。在让布卢编年史中，我们读到这样一处明喻，把饥饿比作了古罗马人的攻城器。这个比喻大概率所言不虚：“就像攻城钟如雷鸣般撞击城墙一样，饥饿也袭击了家家户户，无论是穷人还是富人。”

国家在这中间没有发挥任何作用。在中世纪，具有远见卓识、操控局势、构思并执行应急政策的统治者非常罕见。最早涌现的这样一位伟人是查理曼（Charlemagne）。他颁布了一项看似普通的法令，即本国粮食不得出口（但如果我们看到中世纪末期，英国国王因为能够获利就无耻地支持粮食出口之后，查理曼的法令似乎就不是那么理所当然了）。此外，他还禁止粮价过高，并设置了价格上限：一蒲式耳燕麦定价一第纳尔[①]，大麦两第纳尔，黑麦三第纳尔，小麦四第纳尔。与此同时，他还规定皇家庄园在上述价格的基础上，半价销售燕麦和大麦，以三分之二的价格销售黑麦，四分之三的价格销售小麦。他要求臣子“严格保证人民不因饥饿而死”。另有一项法规是：“应再次将因饥饿饱受折磨而离家之穷人聚集一处，按照外国使臣的待遇享受同等的皇家保护；不得对其实施犯罪，也不得进行奴役；必须将其带至

① 中世纪时流通于伊斯兰帝国的一种金币，现已成为部分国家的货币单位。

可享受皇帝庇护之地。”根据这项法令，查理曼建设了穷人能够得到关怀的福利国家。他还规定了穷人税：也就是说每一个修道院院长伯爵都必须为有需要的人提供价值一英镑的施舍物。

神职人员并没有等到此类规定颁布之后才开始行动。修道院不仅会施舍自己的物品，还把院里的珍宝卖到国外，为饥饿的民众提供食物。在法国一些修道院，民众出于无上的感激，宣称耶稣分饼的奇迹又显灵了，五个饼变成了三百个饼。多年来，这些修道院的穷“客人”总是在食堂出没，能够吃上一日三餐。在莱茵兰和比利时，由于饥荒十分严峻，很多修道院里的修士发起抗议，反对这种举动。因为他们害怕如果施舍太多，不加节制，他们自己就会挨饿。

◇ 49 ◇

埃兹拉·帕马利·普伦蒂斯在其关于饥饿对人类历史所产生影响的著作中，提出了一个正确的观点：无论在任何时期，即使是最为悲惨的时期，特定群体能够享受的奢华都没有完全消失。因为奢侈绝不仅仅是一种习惯：而是人会为之付出牺牲的完美境界。当然，付出牺牲的都是别人。所以我们看到，在中世纪，献祭仪式的火焰闪烁着别样的光芒。在几乎人人都经历物质匮乏的时代，有些人却十分富足。

比如，法国宫廷就不假思索地坚持认为，既然君主是由神任命的，那么皇族就必须享受无比奢华的生活。通过研究手稿，我们知道，在95% 的人最多只有一条裤子和一件亚麻外套的时期，绅士和小姐的华服却在大肆浪费材料，简直到了难以想象的地步。他们身穿绫罗绸缎和皮草，脚踩摩洛哥皮革制成的带有饰扣的皮鞋，还戴着宝石饰物和金链。举办宴会时，宴会厅布置得赏心悦目。孔雀肉通常是必备菜肴，其他肉菜也会精雕细琢，雕刻成楼宇和花园的形状。通常，宴席上会进行模型艺术的展示，厨师和食品雕刻师齐上阵。所以，在与英国打仗期间，宴会上就推出了“冬季围城”这样一道菜品：厨师用饼做成冰冻的战壕，用糖塑造攻城的装置，又用肉冻做成鱼塘的样子。这为宴会增色不少。就在这样的宴会中，骑士与朋友一道大快朵颐，下定决心，要毫不留情地勇敢吃下皇帝让他们吃掉的这座城市。

普通民众渴求面包而不得，而宴会的餐篮里却摆着成堆的面包。语言学家杜·孔日在其著作《底层拉丁世界辞典》中指出，12 世纪和 13 世纪有不下 20 种面包。其中包括皇家面包、教皇面包、骑士面包、见习骑士面包、大臣面包，都在宴会厅内享用；另外还有男仆面包，仅能在仆人的房间吃，但也比普通人吃的面包好得多。至于普通人，如果能吃上面包的话，他们只能吃像罗马面包那样的球形圆面包（pain de boulanger）。在法语里，boule 意为球，由此产生了现代法语中的面包师（boulanger）一词。

在皇宫门口，无数穷人蜂拥而来，他们都在等待宫里有人给他们发放桌布，用面团制成的桌布。这是中世纪最让人无法理解的一项习俗，人们常常认为这是愤世嫉俗的表现，为的是故意降低基督教圣饼的地位。但真实情况绝非如此。这种错误的观点只能再一次证明，理解历史是多么困难。用面团做桌布，是因为当时缺亚麻布。宫里的人就在这种“桌布”上切肉，所以法国宫廷称其为“砧板”。而这面团也浸满了肉汁和酒，会在一餐饭结束后吃掉，或是拿给门外等候的穷人（这看起来更符合基督教的做法）。不过，这张“桌布”是非常珍贵的馈赠了，因为“桌布”的尺寸可一点也不小。通过法国作家傅华萨的记述，我们知道，“桌布”有“半英尺宽，有四根手指那么厚”。

皇宫的生活始终奢华。但即便是其他远称不上大富大贵的阶层，也有挥霍无度的疯狂行为。1493 年在德国奥格斯堡，有个工匠叫法伊特·金德林格尔。他也许是在投机活动中赚了一笔，或者是通过其他方式突然暴富，就在女儿的婚礼上大肆挥霍了一番。根据编年史的记载，他邀请了720人。所有人在一周之内，吃掉了20头牛、49只羊、500只母鸡、30头牡鹿、15只野鸡、46头小肥牛、900根香肠、95只猪、1006只鹅、1.5万条鱼和贝。此外，还有各式沙拉。史官记录道："于是，这对年轻人结婚了。上帝为他们赐予这一切物事。"但他并没有指出，在这样一场盛会期间，一定出现了罗马作家佩特洛尼乌斯·阿比特笔下特里马尔奇奥的宴会场景：人们吃到呕吐，躺在地上，有点发噎，直到消化下去了，就再起身吃饭。千百年来，这一直都是人们的八卦谈资。在黑暗的中世纪背景下，这种无度挥霍看起来极为艳丽而夸耀。

◇ 50 ◇

这个时期尽管野蛮可怕，但却对面包展现出了柔软的一面，令人动容。格林兄弟在《格林童话》里，讲述了这样一个故事：

> 镇上有个女人的孩子死了。孩子一直是她的掌上明珠，如今就要入土，以后再也见不到了，她不知道该怎样在这最后的时刻向孩子表达自己的爱。就在她尽力擦拭棺材、装点棺材的时候，她忽然觉得孩子穿的小鞋子看起来不够好。于是她取出了最白的面粉，揉了面团，烤制了鞋子形状的面包。孩子就穿着这双鞋下葬了，但这却让女人不得安宁。亡灵常常出现在女人面前进行抱怨。女人只得重新将棺材挖出来，从两只脚上拿走面包做的鞋，再穿上正常的鞋。此后，亡灵再无异动。

格林兄弟认为这是一个民间传说。但这就是历史上的逸闻，很有可能发生在14世纪。因为要陪伴亡灵下葬的话，没有什么比面包更珍贵了。可另一方面，给亡灵的脚穿上面包，就是犯下了“面包罪”，因为亡灵要在来世穿着面包行走。

许多故事都以这一面包罪为主题。在奥地利的蒂罗尔，有个希特夫人，她因为用面包擦孩子的衣服而被变成了石头。在波罗的海地区，维内塔市沉入海底，因为这里的居民不敬奉上帝，给老鼠洞里塞满了面包。莎士比亚在《哈姆雷特》第四幕里写道，面包师的女儿因为拒绝为救世主耶稣提供面包，而被变成了猫头鹰。在很久以前的日耳曼各省，所有面包师都不会背对烤炉，因为仅仅这一举动就非常无礼。而在罗马尼亚，直到今天，如果有人掉了面包在地上，他还会在捡面包的时候亲吻它。

面包为何如此神圣？是因为面包稀缺，才有了这些寓言故事吗？这种经济角度的解释也太过肤浅了。面包非常神圣，不是因为面包太少，而是因为耶稣在主祷文中向上帝求取面包，还因为在最后的晚餐时，耶稣说道：“吃！这是我的身体。”当然，《圣经》是用拉丁文写就的，且有很大一部分内容已经失传。可上面这些是我们知道的。每个村子里的神父都会在弥撒时说自己把面包变成了耶稣的身体。

在为了制作面包而准备的面团中，每一部分里都潜藏着主的身体。所有面团都能变成圣饼。出于这一原因，即使在烤制普通面包的时候，面包师也会在其背面划上三个“十”字，而且摆放面包时不得反面朝上。同时，面包也不能直接放在桌面上。只要能买得起布，人们就都会把面包放在桌布上，“这样这个人类的朋友就不会睡在硬床板上”。就像下面这首瑞士民谣所称赞的：

天上赐予我们三件东西，
第一件是太阳，第二件是月亮，
第三件就是我们的圣饼，

能够打败一切疾病。

可是如今，这个人类的朋友去了哪里呢？面包，这一人类最为热爱的食物在哪儿呢？

面包似乎已经离开，也许回到了天国。

◇ 51 ◇

如今，只有极端不可靠的教育者才会认为，痛苦对人类有益。而事实上，文明只能在有一定物质剩余的地方得到发展。经常处于匮乏状态，会让人无力思考。佩尔西乌斯（34—62）在其著作《讽刺诗集》中曾有一句名言："胃让人学会艺术，并给人赐予灵感。"但这句话绝不能理解成：胃里空空，就会创造艺术，激发创造力。如果总是挨饿就能让人灵感迸发，那中世纪的人肯定能想到如何增加可耕地，或者如何改善犁头。可实际情况是他们只是把面包越做越糟。他们模仿前人，只是学到了皮毛，却在很长时间之后还认为自己吃的是面包。

沦落到这种地步，也是完全可以理解的。在饥荒时期，人们心想："我的面包为什么一定要用小麦或者黑麦做呢？我的肠胃是习惯了这些谷物，可我完全可以打破这种习惯。"但他忘了，他做出这样的选择，是经过了成千上万年的试错，是因为小麦和黑麦的麦胶蛋白含量高于所有其他粮食作物，而且这两种作物磨成的面粉也是"最适合烘烤"的。同时，人们千百年来都习惯吃某种食物，这种生物因素也是要考虑到的。

退一步来说，即使中世纪的人成功地找到了某种营养丰富的食物，能够完美替代现有谷物，他们的粮食问题还是无法解决。况且他们并没有找到。土豆（根本不能完全替代谷物）生长在地球的另一边，可那片大陆尚未发现。然而饥荒暴发之时，法国人想起了人类与橡子的古老缘分。在人类知道谷物之前，都靠着树上的果实过活（连《圣经》都确认了这一点），而橡树的果实是这其中最好的。此外，橡子还有益健康，否则古代的高卢人也不能靠它生存。罗素·史密斯曾指出，在各个时期，人类吃的橡子比小麦要多。这一点是没错。可原始人知道去除橡子苦味的绝妙方法。比如，北美的印第安人就会小心地砸开每一颗橡子，并在阳光下晒干。接下来，他们就鼓足精神，拿出敲击石将橡子敲碎，研磨成橡子粉，装在藤条盘里，再用木筛和刷子细细筛过。然后，他们在沙地上挖一个坑，在陡直的坑壁上撒上橡子粉，再将细的雪松枝搭在坑上，通过树枝的孔隙，连续数天向坑里滴注热水。

在这一整套操作过程中，耐心必不可少。但这种耐心在后来就遗失了。因此，中世纪饥饿的法国人想要用橡子来烤面包，并不是那么简单。他们烤出来的成品不及高卢先祖的成果，味道不好，也不能满足身体的需要。勒芒的大主教勒内·迪贝莱看到自己主教管区的人民要被迫以这种食物为食，就曾十分愤怒地向弗朗索瓦一世（1546 年）表示抗议。他这样愤怒，也是非常合理的。几千年来，人们习惯吃谷物，并不是什么错觉。也许，大主教是想起了维吉尔在《农事诗》中的诗句。书中写道，人值得过上更好的生活：

刻瑞斯首先教会人们，要将谷种在大地播撒，
又为他们配上弯弯的犁和铁犁铧；
如今多多那的橡树不再结出橡子，
他们再也吃不到森林里的果子。

维吉尔指出，橡树林正在不断消减。而且橡子长期以来都是猪食，

人觉得吃猪食是一种侮辱。

可即便如此，橡子粉烤制的面包还是要比日耳曼人用杂草做成的饼好一些。这些杂草也和谷物相似，但它们就像猿和人一样，仍然存在着巨大的差距。比如，在北欧地区，人们把当地生长的各种滨草和黄棕色野燕麦的种子和根茎进行了碾磨，相信其中蕴藏着营养价值。就连芦苇和灯芯草也拿来加工成了食物。不知不觉间，人类无限倒退，退回到了千万年前原始人的阶段，遇到什么植物就吃什么。可芦苇蓬头、灯芯草穗是和麦穗截然不同的。希腊人知道这一点，希腊神话里还通过卡拉莫斯和卡尔珀斯之间的争斗，讲述了野草和经人类培育的谷物之间的竞争。但中世纪的人迫于生存，就没有理会这一区别。

他们至多也只能在面包里加入大量菜籽。就这一点来说，他们可以从《圣经》里找到渊源。上帝曾向以西结展示了各种各样的面包，并对他说："你要取小麦、大麦、豆子、红豆、小米、粗麦，装在一个器皿中，用以为自己做饼，要按你侧卧的三百九十日吃这饼。"[①] 这种面包的营养价值当然是不错的。而最糟糕的情况是，人们开始自欺欺人，不顾自己看到了什么，吃下了什么，给面包里增加了对肠胃毫无益处的东西。最骇人听闻的面包就来自瑞典，至今仍然保存在博物馆内。瑞典人在饥荒时期竟然给面包中加入了 90% 的松树皮和稻草。北欧地区粮食产量历来不足，所以即使在正常情况下，人们也认为加入适量松树皮非常有益健康。可它是用来防止坏血病的，绝不能用来烤面包！

欧洲民众已经到了饥不择食的地步。他们对一切可以想象得到的植物，对任何看起来像谷物的植物都来者不拒。在匈牙利、图林根和丹麦，农民会从屋顶上拔草，扔进烤炉里烤。还有人因为太过饥饿，等不到把草烤干就直接跑到草地上，像牛一样啃食未经烹饪的野草，

---

① 《以西结书》4:9。

最终死于痢疾。

在法国，公元 843 年时，人们曾把土和一点面粉混合起来烤成面包吃。他们想的是：谷物带给我们力量，可它们难道不是从土里长出来的吗？泥土难道不是万物的母亲吗？编年史家家特拉波的马丁声称匈牙利人就吃某座山上的一种细黏土，还很长时间都以此为食。

不过人类出于本能，还是会寻找更好的食物，保证面包的营养。在面粉中掺入干血的原始习俗又死灰复燃了。在瑞典北部，人们把驯鹿血和一点大麦混合起来，再加大量的水揉面，把面团在石板上进行烘烤，直至变硬。然后人们把这些饼切成圆形，中间穿孔，悬挂起来风干。在爱沙尼亚，人们会用黑麦和猪血制作类似的面包。这些面饼很难吃，但也吃了几十年。德国各地，人们都在吃这种“血饼”。人类堕落至此，甚至到了会让早期的犹太人和希腊人不屑一顾的地步。

◇ 52 ◇

大众的福祉和健康水平稳步下降数个世纪之后，到了 1300 年，人类又迎来了新的危机。只是这一次，人类似乎无法凭借自身力量渡过难关了。那个时候，农民再也不知道如何合理耕种土地，国家也没有采取任何行动帮助分配这微薄的收成。还有什么灾难能使欧洲走向灭亡的边缘呢？这灾难是如此恐怖，已经超出了人类的认知范围。它比饥荒还要更加严重，但它和饥荒联手统治了世界。

鼠疫来了。

鼠疫初露端倪时，没有任何人知道。当然，很多人类学者知道古希腊罗马时期曾暴发瘟疫。比如，在被围困的城市里，或是庄稼歉收之后，无论是城里人还是农民，都会死于神秘的疾病。但这些瘟疫通常都像饥荒一样，只是出现在局部地区，而且很快就会结束。

但这一次，情况不同了。在遥远的印度，潘多拉魔盒已经开启，疫情向西方世界扩散。鼠疫最初出现在西西里岛，很快就开始蔓延到意大利北部、法国南部、西班牙和英国，德国和俄罗斯也相继成为疫区。第一波鼠疫持续了四年，短暂喘息之后又卷土重来。它带给西方国家的震动，不亚于一场猛烈的地震。

美国细菌学家汉斯·辛瑟尔著有《老鼠、虱子和历史》一书，引人入胜。他在书中提出，如果人类当时知道真正的敌人是谁，人类历史就会改写。而这敌人就是老鼠。难以想象的铺天盖地的老鼠正在向西部迁移，但没人看得到它们。这在今天也是一样。每一座百万人口级别的大城市地下，都有100万只老鼠过着自己的生活。

它们啃噬着地基和废弃管道，在其中四处爬行。就是它们，引发了中世纪的鼠疫。那时的人们逐渐意识到瘟疫是从地里生出来的，但他们认为是土壤本身有毒。信奉（伊西斯/德墨忒尔/刻瑞斯和耶稣）的伟大农业信仰教导人们，他们的健康依赖于土地的健康。所以，人们推断，这种动物传动物、人传人的传染病是土地呼出的“毒气”。

医生和科学家都一致认为，病原在感染人之前，先是污染了土地，又污染了水，最后污染了空气。所以，人们已经完全被病菌包围，没有逃离的希望，也不能防御。在地方上，人们可以采取一些措施：拥有毒药并给水井下毒的罪人（比如犹太人）可能会被杀死。大规模的屠杀最初就在法国阿维尼翁开始，之后蔓延到了整个欧洲。此外，人们还可以安排鞭笞者[①]和忏悔者进行大规模的朝圣，让他们在欧洲大陆四处游历并大声号叫，以转移天国的怒气。可这两种方法都无济于事。即使是在烧死犹太人的地方，在鞭笞者的鲜血洒下的地方，瘟疫也并没有停止步伐。

---

① 鞭笞原为早期基督教徒的一种苦修行为，后受到“千禧年主义”的影响发展成“鞭笞者运动”，在黑死病（即鼠疫）时期在西欧兴盛一时。

瘟疫还在不断扩散，来势汹汹，势不可挡。中世纪的人民可谓饱经磨难。他们曾经遭遇了被称为“圣安东尼之火”的麦角病，致使黑麦产地数十万人死亡。他们还遭遇了麻风病。这在今天只是一种热带疾病，但在当时的欧洲却频繁暴发。仅在北欧地区，麻风病之家就有2万个。人人都会避开这些可怜的患者居住的地方。麻风病患者还会随身佩戴铃铛，让他人警惕自己正在靠近。只要想一想当时欧洲的总人口数量有多少，我们就能知道2万是多么庞大的数字。斑疹伤寒、痢疾、白喉、疟疾、佝偻病在当时的传播范围远比今天更广。欧洲的人口也因此不断减少。但这些疾病无论是严重程度还是恐怖程度，都不及瘟疫。只需几小时，瘟疫就能毁灭整个城镇。瘟疫让人道德败坏，不仅在于其症状的外在表现：患者呼吸困难，尸体发黑，他人却无能为力。同样恐怖的是，瘟疫还摧毁了人类所有的情感纽带。

法国人德·穆西斯[1]曾经写道：“病人一个人躺在自己家里。没有亲属敢走上近前，没有医生敢为他诊治，甚至连牧师也带着恐惧，只敢远远地施予圣餐。孩子们撕心裂肺地哭喊着，叫着爸爸妈妈，父母喊着孩子，妻子喊着丈夫。可毫无用处！只有花钱都雇不到人帮忙下葬时，人们才敢亲自搬抬亲人的遗体……”一切的虔诚孝顺在此刻化为乌有，所有人与人之间的纽带土崩瓦解。14世纪的一名俄罗斯作家在提到诺夫哥罗德的饥荒时，曾写道：“我们都情绪激动，十分愤怒；兄弟反目成仇，父亲不怜惜儿子，母亲不可怜女儿，一点面包碎屑也不愿给邻居。人与人之间完全丧失了仁爱，住处内外常常只是弥漫着悲伤、阴郁和哀痛的氛围。确实，看着孩子们哭着讨要面包却什么也没讨到，最后就像苍蝇一样倒在地上死去，实在是惨不忍睹。”这段话原本是描写饥荒的，而不是瘟疫。但这两者就像兄弟一样，产生的

---

①作者此处有误，德·穆西斯为意大利人。

影响也是相同的。

关于这场鼠疫到底造成了多少人死亡，有种种估计。在北欧的许多城镇，比如吕贝克，似乎死了 90% 的人。根据 19 世纪历史学家赫克[①]的计算，欧洲 1 亿人当中，有 2500 万人，也就是约四分之一的人口死于鼠疫。在英国，800 万人中有一半的人口，也就是 400 万人死于鼠疫。人员大规模死亡，对英国经济史产生了巨大的影响。该国的社会状况，或者说是幸存者的状况，在一夜之间发生了变化。那时有人说："牧羊人都不放羊了，丰收的时候也看不到收割的人。"

在鼠疫期间，与上层阶级相比，英国国内底层阶级人民死亡速度更快、死亡人数更多。封建社会原本无上尊崇地主贵族阶级，对穷人不屑一顾，如今却突然发现需要对劳动力的价值另眼看待。曾经十分充足的劳动力如今陡然蒸发殆尽。在大地主的许多庄园里，农民全都死了，无一例外。如果贵族想要找帮手，还得四处寻觅，花钱雇佣。劳动力的地位上升了，薪资也上涨了。

① 全名为贾斯图斯·赫克（Justus Hecker），被认为是疾病史写作的开创者。

扶锄的男子

◇ 53 ◇

1350 年的鼠疫迫使各封建国家政府重新审视经济关系，但各国仍然不想得出完全符合逻辑的结论。劳动力极度匮乏，首先就导致薪资上涨、劳动力增值。但与农民相比，无产市民从中受益更多。城镇男性薪资上涨了 50%，女性薪资增加了 100%；可在农村地区，薪资是以物品而非货币的形式发放的，所以尽管发生了这样重大的变化，农民仍然只能获得最基本的生活必需品。即使鼠疫之后，对劳动力的需求空前高涨，中世纪的人们还是任性地鄙视农民。

千百年来，西方国家典型的思维模式就是憎恨农民、诋毁农民。尽管英国人、法国人、意大利人、日耳曼人和波兰人在公共生活上多姿多彩，但他们都对农民阶级充满鄙夷。这其中有一些微小的变化。有时，“万主之主”，亦即最高统治者，可能会剥夺贵族的庄园，随心所欲地赐予新的领地（比如法国就是这样）；有时，贵族地主得以限制国王的权力，使其只能进行名义上的统治（例如英国）；或者国王削弱了贵族的权力后，贵族会和小农形成无足轻重的联盟；再或者，曾经的浪潮再度兴起。在斯拉夫人的土地上，土地共产主义重新出现，经历了短暂的繁荣，却又因为人类的贪婪，或是某些人对农业的厌恶而失败。这些人如果不是在经济和法律受到强迫，根本不会去务农。

在这里，强迫是一个关键点。根据德国政治家里夏德·希尔德布兰特的悲观论调，人们从来没有自愿从事过农业；农民会存在，只是出于经济需要，或因为遭到强迫。他坚称，如果基于自由意志的话，无论是国家还是个体，都不会去务农。德国经济学家卡尔·毕歇尔认为，人类创作了有节奏的音乐，就是为了让劳动不那么难以忍受。从希腊陶俑群我们可以看到，女人在揉面时会让人在旁边吹笛子。一切劳作都得跟着节奏走，否则就做不完。在人们看来，放牛不是劳作，打仗也不是。但耕地就是劳作，而且是人们想尽一切办法想要避开的劳作。骑士精神在中世纪文化中占据统治地位长达半个世纪，而其本质就是逃离农活。

在我们这个时代，无论是美国农民还是俄罗斯农民，都很难理解务农为什么可憎。但不要忘记，我们生活在一系列最伟大的工业革命之中，其中一次革命的开创者就是伟大的麦考密克[①]，我们迎来了农业机械化的时代。《圣经》的诅咒已经破解，汗水再也不会从农民脸上滴落。可在中世纪时，情况截然不同：务农又辛苦，又不稳定，使得“富裕阶层”想要完全远离，把生产粮食的工作交给他人。

◇ 54 ◇

所有其他阶层都对农民有这种神秘的蔑视，其源头到底是什么呢？

---

① 麦考密克，全名塞勒斯·霍尔·麦考密克（Cyrus Hall McCormick，1809—1884），美国企业家、发明家，机械收割机的发明者，建立了麦考密克收割机公司。

耶稣经常发表自己对农民的看法。在播种者的寓言中（《马太福音》，第 13 节），农民几乎有神一样的智慧，能够选择最适合种子生长的地方进行播撒。在《约翰福音》第 15：1 节里，耶稣称其父上帝为栽培的人，并命令信徒听从传道者的话（《德训篇》，第 7：16 节）："不要厌恶劳力的工作，和至高者制定的农业。"在《提摩太后书》第 2：6 节里，保罗要求为农民保障社会公平："劳力的农夫，理当先得粮食。"所以，很显然，唱诵精神诗篇，宣传宗教思想的人都知道农民享有"神圣的权利"。雷根斯堡的贝特霍尔德修士（1220—1272）认为，服务他人之人与享受服务之人同样高贵。德国神秘主义作家约翰内斯·陶勒则更进一步，宣称"汗流满面挣得面包之人与参加弥撒之人都同样尽职"。

正如上文所见，在中世纪早期，通常只有修士在撰写著述。可到了后来，骑士和市民就越来越多地参与了进来。尽管神父仍然感到穷人身上笼罩着恩典的光辉，但"贵族闲人"——骑士，则有着截然不同的态度。他们对农民问心有愧。即使是最虔诚的骑士也坚信，上帝给农民阶级下了诅咒，让他们汗流满面，才能挣得自己的口粮。要为亚当在天国犯下的罪行赎罪的，是农民阶级，而不是其他阶级。

远在其他阶级之下的，叫"村民"（villanus），后来这个词有了现代所说的"坏人"（villain）的含义。在许多地区，村民不得进入城镇。他们要像犹太人一样，需要有中间人才能进行交易。圆桌骑士帕西瓦尔想要骑马去亚瑟王的宫殿，向农民问路，农民一路带着他来到了南特城。但到了城门口，农民向导却只得返回，因为正如伟大的德国诗人沃尔弗拉姆·冯·埃申巴赫（约 1165—约 1220）所说：

在这城墙之后，

处处洋溢着欢乐，人人举止优雅。
若是坏人进来，
一切都将无法常在。

这就是骑士的观点。那么城里人又怎么想呢？他们可以随心所欲地鄙视农民。由于大多数城里人从来没走出城墙之外，他们对农民一无所知，就在脑海里勾勒出了夸张的农民形象：长发，随身带着棍棒，住在茅草屋里，很少用正常的语言沟通（在中世纪的挂毯上，农民是一副野人形象）。其他城里人同样对农民毫无了解，却相信很多农民藏着珍宝，每天狂欢作乐，还囤积粮食，就等着城里人出高价。在文学作品里，农民不是穷困潦倒最后饿死，就是变成了与人们为敌、口出狂言的恶棍。两个阶层互相没有任何了解。如果城里聪明的工匠能屈尊来到农村地区，解决当地的工具短缺问题，那么城里人也不会挨饿。古罗马曾有一条“镰刀街”，聚集了成百上千名镰刀匠为村民服务。可在中世纪，根本不存在这样的地方。城里的修车匠和铁匠从来不会下乡，没过多久，农民就只能徒手耕田了。

农民都不识字。但即便如此，他们还是能感受到大家的鄙视。如果在马路上遇到了骑士，骑士会远远地躲开他们，怕被农民的口气熏臭；狂欢节的表演节目里，城里人会把农民和魔鬼、傻瓜并列。所以，农民很清楚别人都是怎么看待自己的。在别人看来，他们所从事的农活，就像英国历史学家库尔顿在《中世纪的农村》里所说，“是与可敬、自重之人不相称的”。

那么农民到底是如何看待自己的呢？对于这些轻蔑的看法，他们同意吗？

◇ 55 ◇

他们不同意。他们绝不同意！

农民劳作时都会弯腰看着大地。他们看到的是土块（gleba），是耕种过的土壤。土地犁过之后，翻出一道道垄沟，接受雨水的洗礼和太阳的炙烤，变得松软透气。肥沃的土地散发着浓烈的气味，是许多微小生物的家园，是大地真正的“子宫”。农民筛选出谷物的“精子”，播撒到“子宫”之内。就算是再愚钝的农民，也很难想象会有人感受不到农业劳动中所蕴含的尊严。他不需要信奉基督教，懂得耶稣的寓言，而只需要知道没有任何一种谷物能够独立生长。没有了人的帮助，所有谷物都会枯死；而人没有了食物，也会很快死亡。

拉丁词汇 gleba 是人类语汇中的一个古老词根。其中 glb 这一辅音组合，就体现出了经过耕种的潮湿土壤的触感。Gleba 又引申出了“球体”（globe）一词，它并非指代任意球体，而是指用耕土团成的球。在犹太教的天体演化学，也就是创世神话中，上帝用土捏了人形，又吹了一口气，从而创造了人类。而在希腊的创世神话里，是卡德摩斯将人类之种播撒到了土壤里。

◆ 中世纪的收割场景（《勒特雷尔圣诗集》，1340 年）

除了最初的播种，“glb”这一柔和丰厚的辅音组合还出现在了农业活动的最终成果中。盎格鲁－撒克逊人所说的“大面包”（hlâf，也就是现代英语中的 loaf）一词看似神秘，但只要我们仔细研究，就能解开其词源的奥秘：根据辅音演变的法则，glb 就等于 hlf。“bread”（面包）一词则直到 11 世纪才出现，意为“经过酿造的东西”。从这里，我们又能看到烘烤面包和酿造啤酒之间历来关系紧密。同时，这个词也许还和“break”（弄断）有关，因为吃面包的时候需要把它掰开。

不过，hlâf 才是 bread 的前身。这种面包与肥沃黑土地的亲密关系在俄罗斯人看来，依然没有改变。他们只用 chleb 一个词来统称面包，而这个词和酿造、烘烤都没有什么关系，其词根和 gleba 相同，所以面包就是土壤。所有斯拉夫民族都用这个词。在波兰和捷克，面包同样是 chleb。列特人则使用了变体 kleipä。

日耳曼人在使用 Brot 之前，也同样使用 Laib 一词指代面包。但雅各布·格林作为一名伟大而一丝不苟的词源学家，却对 Laib 的词源产生了重大误解。他没有想到这个词源于触觉，其主要含义是“黏稠的块状物”，还以为它来自“身体”（Leib），代表面包的形状。（在阿尔卑斯山地区，如果牛奶凝结，人们就会称凝乳为 Laab。）因此，他并没有意识到农业活动的最终成果——面包，仍然忠实于 gleba 这个的词源。

这样看来，面包从词源上说就是土地的孩子。那么让土壤丰饶多产的阶级难道不应该比其他阶级享有更多权利吗？难道农民不比他的敌对势力（比如市民和贵族）更有权利获得面包吗？

◇ 56 ◇

这两大势力对农民充满敌意，和农民究竟是处于自由状态还是受到奴役并没有什么关系。在整个欧洲，自由农民和农奴的数量在很长一段时间内都没有变化。“农民遭到迫害”，是因为世俗的地主认识到，他们憎恨的农业竟然如此有利可图（最大的地主——教会，也很快开始效仿）。接着，地主就开始鼓足干劲，用尽一切手段剥夺自由农民的土地。曾经在罗马帝国发生的进程如今再次上演——毕竟，大庄园要比小农各自耕种更有效率。

中世纪农民实行的是所谓的“三田制”，也就是把土地分成三条，其中一块种冬粮，一块种夏粮，一块休耕。这种轮作制度对保持土壤肥力很有必要，但无法盈利。小农、散农的收成永远都只够自己吃。但大庄园可以在满足需求之外取得更多收成，还可以通过精心安排，向镇上的集市销售庄园出产的农产品。（后来，大庄园变得生产率低下，是因为其规模过于庞大。）当地主认识到土地在自己手里比在小农手里的生产力水平要更高时，小农的命运就已经注定。地主会挑选负责任、能力强的农民当管家，管理手下的农民。由此，管家就差不多成了乡绅贵族，从农民身上榨取还没有生产出来的微薄价值。

就这样，由于律法反常，还有人伪造文书并使用暴力和武力手段，自由的农民都被赶走了。这一过程持续了数百年，但最终还是贵族取得了胜利。到了这一时期，贵族早就和自己的“手下”失去了联系，因为贵族不再与家臣同住，而是住到了城堡以及王公贵族的宫殿里。

尽管根据各村的古法规定，全体村民都享有森林、水体和牧场的使用权，也就是农民必须赖以生存的公地，但如今，地主攫取了公地。同时，由于无权使用森林，村民也不能捕猎、砍柴了。这确实很糟糕，因为从每年 10 月到第二年 4 月，农民要在家里取暖，就必须烧柴。而木柴在人的记忆里本来就是自己的，如今却要花钱从地主手里买。

可这还不是最糟糕的状况。庄园主开垦了大片从未开垦的土地，这一点值得赞扬。但除此之外，他们还为曾经自由的农民提出了一项新的义务，要求农民为他们耕地。也就是说，农民不仅要耕种自己的地，还要白白花时间和力气给别人干活，且没有丝毫回报。为了保证不失去农奴，地主还规定农民只能与其领地之内的人结婚。这样，农奴就无法搬离这一地区，子子孙孙都得给地主干活。

地主如此剥削农奴又不加回报，不仅丧失人性，也完全不符合基本经济原理。反过来，农民还要给地主上缴什一税，也就是收成的十分之一。但这十分之一又从哪儿来呢？农民因为要进行大量强制性劳动，都没有时间耕种自己的地。此外，由于狩猎这种荒唐而有害的活动，还有些地永远都处于荒废的状态。在中世纪时，狩猎是一项运动、一种锻炼，还是一种仪式。为了保护田地不受野生动物的踩踏和破坏，农民曾经会在自己耕地周围设置树篱并挖沟。但如今，这种行为遭到了禁止。甚至连马克西米利安一世皇帝（1493 年至 1519 年在位）那样公正的人，都愿意发布禁令，确保为射击留出一块空旷的场地。于是，牡鹿、野猪、马、猎犬都在耕田里肆意奔跑。

> 野猪在金灿灿的田地里拱土觅食而一无所获，
> 我们举着长矛将其追寻，却发现了嗜血之狼，
> 这样高贵的运动令我们无比欢乐，
> 它能增强男子气概，令我们更加尊贵。

《自由射手》中的猎人们这样齐声唱道。贵族对出于自卫或生活需要而进行的狩猎毫无耐性。如果有农民试图自行捕猎，就会受到严厉的惩罚。比如，符腾堡公爵乌尔里希（1503 年至 1550 年在位）就十分残暴，会将偷猎农民的双眼挖出作为惩罚。

但贵族无须诉诸暴行，只需通过主动加诸自身的权利，就能摧毁自由农民，消灭这个阶层。比如，有一项奇怪的律法，名为“土地复

归”，即农民如死后无子，其所有动产都要复归于享有可继承地产权的地主。也就是说，在一切都基于继承的时代里，农民却基本上没有财产，一生都只是“被赠予”财产。最初，这种继承税令许多正直之人义愤填膺。林肯的圣休骑士看到管家从哭哭啼啼的寡妇那里牵走了两头牛作为“贡赋”时，就拦下了管家，说道：“这个女人只有两个劳力，丈夫已经死了，难道我们还要抢走她仅剩的劳力吗？上帝不允许这样做！”这时，他的一个厨子大胆地回道：“先生，要是这样的话，您就不应该保留您的权利，也不应该保留您的财产！”

难道农民的日子就这样生不如死吗？我们后面就会看到，他连自己微薄的收成都不能自由支配。同时，磨坊和面包房也归地主所有。英国文学史家H. S. 本内特在其著作《英国庄园生活》里这样写道：“农民来到磨坊，却发现不是磨坊工劳累不堪，就是磨盘年久失修，不是水高差太低，就是风力弱、风向不稳。即便遇上了心肠最好的磨坊主（而他们通常臭名昭著，从来不会多么善良），大部分粮食要想磨好，也需要等很多天。可家里人是等不及的……”一旦农民收到了面粉，下一步又要面临烘烤的问题。农民都住在茅草屋，如果屋里设置了烤炉，必然会着火。可地主为了安全起见，也不会在自己的庄园里设立烤炉；要想在地主的烤炉里烤面包，就要额外交税（此前农民才刚给磨坊主交了税），然后地主的面包师会进行烘烤。面包师和磨坊主一样，都让农民十分痛恨。钱皮恩在描述法国封建社会状况时，愤怒地写道：“这些垄断措施如此令人憎恨，并不完全是因为固定的税费，也不是由于禁止人们在家用手磨或两块石头自己磨面，而是农民必须带着粮食长途跋涉，一路颠簸，然后再在磨坊门口等上两三天，而磨坊的水池都已经干涸；再者，他们的面粉可能研磨得很粗糙，面包不是过火了，就是半生不熟，还要与磨坊工或面包师斗智斗勇，忍受种种令人烦躁的事。”

烦躁上火，并不会造成致命打击。压垮自由农民阶层的最后一根稻草是工具危机的爆发。缺乏工具对各个阶层都有害无益，但贫苦阶层受到的打击最为严重。毫无疑问，中世纪千百年来都有能工巧匠，可这只局限在城镇范围。而且即使是在城镇里，和战争、装饰无关的手工艺也基本会遭到漠视。只有最贫困的工匠，才会前往农村地区。于是，维护磨盘的问题就变得非常棘手；很快，犁头的铁部件也开始腐烂生锈。我们研究中世纪展现农民生活的小型艺术品和手稿时，惊奇地发现犁头很少出现，而更原始的工具几乎都有描绘。是人们开始遗忘犁头了吗？还是说，只有能拥有自己的铁匠铺，买得起铁的富裕地主才拥有犁头，而农民却像石器时代的人一样在用锄头锄地？

1862 年，伟大的法国画家米勒绘制了一幅画作，题为《扶锄的男子》。画作一经展出，在当时的巴黎立刻好评如潮。凡・高对米勒尊称为“米老哥”（Father Millet），而这又一语双关，象征着最古老的农业作物小米。如今，米勒的这幅画就像是无声的控诉：画中的男子年龄不详，服饰特征模糊，他倚着锄头，流露出难以慰藉的绝望。作为农民的儿子，米勒是否意在使这画中人成为古往今来所有农民的象征呢？

流血的面包

谬误！放过我蒙蔽的双眼吧！

——歌德

◇ 57 ◇

绝望！如果人们能在社会层面解决，或至少在技术层面解决土地和日粮的问题，那么中世纪的文化本有可能恢复。可人们却开始争论面包的神圣性质，然后又为此付出了巨大的代价。

在这个无政府主义的时代，面包除了引发世俗层面的忧虑，还带来了精神层面的磨难和忧患，其痛苦程度不亚于饥饿。无论是普通人还是神职人员，这不仅令他们感到极为苦恼、气馁，甚至还为整个社会患上重度心理疾病奠定了基础。

教会的一项职能就是要向信徒解释，耶稣说“我就是粮”这句话时想表达什么意思。他一方面是在解释，一方面也是在安抚。但这两个目的都不容易达到。耶稣在给门徒掰饼时，到底是一种象征性的行为，还是实际上要告诉门徒，他们吃的饼里真的有他的身体？这个问题并不是什么趣味猜谜，反而非常非常重要。无论在精神上还是身体上，它都是非常现实的问题，是我们在如今的唯物主义时代几乎难以想象的。这个问题就像一把火一样，缓慢燃烧了千年，却从未熄灭。最终，教会在 1204 年，这人类历史上决定性的一年，通过拉特兰法令对这一问题做出了判定。

是什么事件促成了这样一项法令，而不让人们得出自己的结论呢？最伟大的神学家德尔图良、圣奥古斯丁和欧利根都表示，饼代表耶稣的身体，而非饼就是耶稣的身体。这种“代表”是通过“回忆”耶稣受难这样一项精神活动来实现的。他们指出，在最后的晚餐时，耶稣向门徒提供饼和酒，只是提供了他身体和血液的形式。也就是说，耶稣的话只是一种修辞、一种比喻，或者说是暗喻。

耶稣说这句话时，他所想要表达的意思不可能是饼发生了变体，融入了他的肉体，因为在另一处，他又说道：“肉体是无益的。”[①] 他既然说过这样的话，又怎么可能要求门徒吃掉饼里面转化的肉体呢？

◇ 58 ◇

拉特兰法令实际上只是构建了虚幻的和平。反对派被迫转入地下，开展秘密行动，但变体的教条却变成了埋在教会之下的一颗定时炸弹，并在 300 年后炸断了大部分北欧国家及英美两国与教皇之间的联系。

不过，这场爆炸并非持续了 300 年。在 13 世纪，变体还造成了其他困扰。由于法令为人们强加了新的信仰，面包的价值也在宗教层面得以重新评估，这当即就为神职人员提出了非常困难的技术问题：在饥荒的年月，该用什么谷物来制作圣饼呢？早先，没有人担忧这个问

① 《圣经 · 约翰福音》，第 6:63 节。

题，但大约 1250 年时，圣托马斯·阿奎那坚持认为，无论在什么情况下，圣饼都必须要用小麦制作，因为在《圣经》里，耶稣将自己比作了小麦："一粒麦子不落在地里死了，仍旧是一粒。"[1]

这不太符合实际情况。因为在巴勒斯坦，只有富人才吃小麦，穷人吃的是大麦，所以耶稣想吃小麦基本是不太可信的。在五饼的奇迹中，人们吃的饼肯定是大麦饼。但圣托马斯·阿奎那从小在那不勒斯附近长大，那里小麦饼的地位最高，是大地主阶层的食物，所以他觉得如果设想耶稣吃了其他饼而不是小麦饼的话，简直是渎神。不过，考虑到自身所处时期的痛苦，他还是出于礼貌，犹豫地补充道："适量掺杂其他种类的面粉并不会影响圣饼的本质，因为少量的其他面粉很快就会被小麦粉同化，只要混合的比例不是对半。"显然，这纯粹是理论层面的要求。因为如果有些国家只出产黑麦，那该怎么制作圣饼呢？西班牙的耶稣会神父苏亚雷斯就提出，几百年来，在北欧国家，也许耶稣的身体从来就没有分给过众人。这样的怀疑令人感到十分痛苦。

公元最初几百年，圣餐上的圣饼大得出奇，就像花环一样，中间有一个洞。也许大多数会众都同吃一个饼。到了 11 世纪，祭司就开始烤制扁平的小饼，最多只有大硬币那么大。从历史角度来看，这要更精确一些，因为犹太人的面包就比我们的小圆面包要小。但最重要的革新始于公元 1000 年之后：圣餐时只吃无酵饼。希腊和罗马基督徒就这一条教义争执不下，从未达成定论。希腊正教会坚定认为，饼必须发酵（也就是说和普通人每天吃的饼一样）；而罗马教皇表示反对，并提出了很充分的理由：在逾越节期间，犹太人如果做发酵饼是会判处死刑的。耶稣又怎么可能吃得到呢？所以他一定是吃了无酵饼。在

① 《圣经·约翰福音》，第 12:24 节。

这一问题上，人们大费笔墨，争得面红耳赤。数个世纪过去了，罗马和莫斯科从未达成和解，主要就是因为他们在争辩，最后的晚餐时耶稣给门徒掰的饼到底是哪种饼。

罗马正教会规定，圣饼不能在普通烤炉里烤制（这显而易见），否则很有可能会发酵；烤制圣饼，应当用铁制的圣饼模具。所有神父都能烤饼，但这通常是在女修道院进行的。小圆饼上会刻三个“十”字或是跪着的羊羔，还有字母 α 和 Ω，表示基督通晓人类所有的知识。饼烤制好后会放入圣体盘；如果某个教会资金充裕，盘上还会撒金粉、银粉。

此时，这些小圆饼还只是普通的饼，必须在神父进行奉献之后才能成为圣饼。但由于它们日后会成为主的肉体之象征，人们就将其看作了“面粉到圣餐之间的过渡”。难怪神父要严加看守这些小圆饼。不过，饼总有丢失的情况，在农村地区尤其严重。

中世纪针对偷吃圣饼罪进行了无数审判，从中我们可以了解到，大部分圣饼都是农民偷来喂牛的。他们这样做，完全是出于一片赤诚，因为他们爱圣饼，也同样爱自己的牲畜。我们一定还记得，《圣经》提出上帝造人，统治动物，是较晚才出现的观点。而通过观察原始部落可以知道，原始人类社会是人与动物混居的社会，人认为自己最多算是动物的大家长，或是有智慧的大哥。除此以外，人是非常崇拜和自己同住一穴的动物的，觉得动物又能飞又能爬，还能下蛋，真是技能多多，令人惊叹。在广大农村地区，这种观念从来没有彻底消亡。耶稣在马槽里诞生时，牛和驴都非常聪明，凑近去闻嗅这位未来的救世主。因此，纯真的农民去偷圣饼加入牛饲料当中，就没那么奇怪了。（当时更流行的是）农民还会将圣饼铺在自家的蜂巢里，这样蜂蜜肯定会更加甜美。

农民无知，这样做尚可理解。但千百年来，圣饼还遭到了更加恶劣的待遇，令人怨恨。这是因为魔法师和巫师对圣饼产生了日益浓厚的兴趣，想要利用圣饼中所潜藏的巨大能量达到自己的目的。可以肯定的是，所有基督徒都禁止施展魔法。同样，这对犹太人来说是死罪，因为魔法干预了大自然的运行。可是数十万人所渴望的，恰恰就是施展魔法。至于这种渴望的来源，基督教本身要负主要责任。中世纪时期，天主教向基督教引入了“每日奇迹”。神父每天都给会众和亡灵念诵弥撒经文，同时在每一场弥撒期间，神父在教皇的许可下，都会将世俗的饼和酒转变为耶稣的血肉。那么难道只有受命神父才有这种变体的能力吗？天主教这样每天重复奇迹，自然会激发普通人施展魔法的渴望。数百万人都觉得他们或许也能获得力量，变出财宝，飞上天空，无坚不摧。就这样，基督教极端恪守教条，却又正式宣称自己能够显示神迹，反而给了自己致命一击，亲手创造了自己的敌人：人们开始相信魔法和魔法师。相比之下，埃及宗教也相信奇迹，但却因此不会迫害魔法师，而是允许所有埃及人按照自己的意愿尽力施展魔法。可基督徒和犹太人却不这么想。

在席勒的叙事曲《哈布斯堡伯爵》中，哈布斯堡伯爵把最好的马借给了一个神父，让他用马带着垂死之人去领取圣餐。第二天，神父来还马时，伯爵表示要把马送给他。神父很惊讶，问为什么：

> “无论是打猎还是战斗，上帝都禁止那样，”伯爵低声回答，带着谦虚的态度，
>
> “今后这马我怎敢骑乘，
> 它载过了我那神圣的造物主！
> 而如果他无法成为你的奖赏，
> 他的奉献应该为那礼拜式献上，
> 彰显他的无限功绩，

◆ 帕绍的犹太人被控犯偷吃圣饼罪并殉教

passaw Von den Juden als hernach volgt.

Hye tragen die iudē vñ schulklopffer. die sacrament yn ir synagog. vnd vber antwurtden dye den Juden.

Hye stycht pfeyl Jud das sacrament auff irem altar. ist plut darauß gangen das er vñ ander iuden gesehen haben.

Hye vecht man all Juden zu Passaw die dy sacramēt gekaufft verschickt ge stolen vnd verprant haben.

Hye furt mā sy fur gericht. verurtaylt die vier getaufft. fackel mand. kolman vnd walich. sein gekopft worden.

Hye wirt der Cristoff des sacraments verkauffer. auff einem wagē zeryssen mit gluenden zangen.

Hye hebt man an zw pawen. vnserm herren zu lob eyn gotzhauß. Auß der juden synagog rc.

◆ 帕绍的犹太人被控犯偷吃圣饼罪并殉教（接上）

我从主那里继承了所有荣耀和世俗利益，

得到我的血肉之躯、我的呼吸、我的生命和我的心气。”

这里的推断是很明显的。如果虔诚信徒认为圣饼具有如此重大的意义，那魔鬼也一定认为很有必要拿到一块圣饼。出于这一原因，巫师和魔法师会偷圣饼，在黑弥撒时献给地狱之主撒旦；撒旦接受了献祭，就会满足他们的愿望。于是富人的钱永远也花不完，小偷总能偷到东西，猎人则百发百中。

然而有时候，圣饼能自发防盗。它会紧紧地粘在圣体盘上，小偷手指破了都取不下来；它还会从盗贼的包里逃出来，迅速回到教堂。另外，如果圣饼遭到了玷污，或者差点遭人玷污，它还有向世人揭发丑行的能力——它会流血！圣饼的血呈红色或褐色，会凝结在饼上。在欧洲各地，无论是德国、法国、西班牙、意大利，还是其他地方，都出现过这种现象，有成千上万人目睹。出现在哪里，就会让哪里的人感到极为恐慌。世俗政府和宗教机构都展开调查，寻找罪人。

◇ 59 ◇

在中世纪各民族中，犹太人自然嫌疑最小，因为犹太教对于“模仿上帝”，也就是施展魔法的行为有着最严厉的惩罚。但还有一件事确实会让人怀疑犹太人——他们痛恨耶稣。他们当然痛恨耶稣了，把耶稣钉死在十字架上的，不正是他们吗？他们出于无法化解的仇恨，难道不会一次又一次地钉死耶稣吗？不，他们做不到这一点。可耶稣的化身——圣饼，不就摆在眼前，可以让他们攻击吗？在无数人看来，这一套残忍的逻辑似乎可以说得通，所以他们立刻控诉犹太人，要他们为流血的圣饼负责。既然犹太人都不是基督徒，他们肯定是雇了窃贼，而窃贼在严刑拷打之下也全都招供了。毕竟，在拷问台上，人还有什么不能承认呢？

受过教育的基督徒竟然会有人相信这些供词，这让人很难理解。因为基督教和犹太教的根本差异就在于，犹太人从来就不相信耶稣能化为一个面包。所以，他们怎么会去亵渎圣饼呢？我们只通过这么简单的推理，就知道人们控诉犹太人偷吃圣饼，是基于错误的假设，认为犹太人像基督徒一样，把圣饼看作了耶稣的真身。所以，既然犹太人根本没有这种想法，他们去戳刺圣饼，能有什么好处呢？中世纪的犹太教神秘哲学家喜好思辨，常常会秉承极端的泛神论观点，而即使是他们，也从没有想过“面包的神圣性”这种问题。他们不能理解这种观点，就永远也不会去“刺伤”圣饼。可面对群情激昂的基督徒，这番推理没有起到说服作用。犹太人成了被告，就像莱辛用苦涩而诙谐的笔触写道：“别的都不重要！他是犹太人，那就得烧死他！”

现在还剩下一个问题：犹太人为什么没有毁尸灭迹？他们为什么不彻底毁灭圣饼呢？这样它不就不会流血了吗？答复是圣饼可以受伤，但无法毁灭。比如，要是犹太人带着圣饼来到遥远的田野，想要把饼弄碎的话，饼的碎片就会变成蝴蝶的形状飞走，照亮盲人的眼睛，让他们重见光明。不是还有故事说，有些渎神者想要在烤炉里烧掉圣饼，却有天使和鸽子飞出吗？在有些地方，人们还听说圣饼会像小孩子一样哭泣。

一种可怕的精神流行病在全世界蔓延开来。1253 年，在柏林附近的贝利茨镇，整个犹太团体都被烧死了。1290 年，同样的情景在巴黎上演；八年后，维也纳郊区的科尔新堡发生了同样的事。之后，雷根斯堡、克拉科夫、居斯特罗、代根多夫、波森、布拉格、布雷斯劳和塞戈维亚都相继遭遇了同样的惨剧。当这恐怖的“疾病”蔓延到波兰时，波兰国王卡西米尔愤而大笑，说不相信会有什么“流血的圣饼”这种东西……可他的怀疑无济于事。神职人员和普通人都要求上酷刑，处火刑。处罚这样残酷，不过是因为人们都感到害怕。证词无可指摘的人都亲眼见到了圣饼流血。而最让人害怕的是，血迹并非一成不变，而是每天都在不断扩散。一种反常的罪行就这样被一个骇人听闻的奇迹做了明确而清晰的解释。犯罪者必须清除，否则世界就会灭亡。

1370 年，在比利时昂吉安，一个富裕的犹太银行家遭到了一伙窃贼的谋杀。银行家的妻儿搬到了邻近的布鲁塞尔。但窃贼还是不放心，就很快散布谣言说布鲁塞尔圣古都勒的教堂里，圣饼流血了。人们很快就抓住了银行家的家属，并在夜里秘密开会，要求他们坦白是在哪儿用匕首刺伤了圣饼，还带他们回到了教堂。可尽管经过了严刑拷打，他们还是没有招供！因此，在 5 月 22 日，该市成百上千的犹太人被处以火刑，其他犹太人则都遭到驱逐。圣古都勒教堂展出了一系列 18 幅画作，表现圣饼遇刺和惩罚罪人的场景，体现出了骇人的细节。

整整 500 年之后，也就是 1870 年，比利时教会准备庆祝这一奇迹的周年庆典。5 月，教会在布鲁塞尔街头举行了游行，向人们展示饰有金子和宝石的 12 块圣饼。11 点时，比利时大主教收到了教皇庇护九世发来的一封电报，提出禁止游行，禁止展示圣饼。这一举动令人们大为惊奇，引发了骚动；有谣言说在检查档案文件时，有人发现其中存在伪造现象。一名编年史记录者本应该写“由于圣饼被偷”，却写成了“由于圣饼被刺”，这才出现了整个传说故事。传言里还说，既然圣饼终究并没有遇刺，那它就不会流血，奇迹也就完全没有发生。圣饼确实没有流血。但庆典活动取消，并不是因为编年史里记载错误，而是因为两名同时代的科学家克里斯汀·埃伦伯格[①]和费迪南德·科恩[②]证明了圣饼从来没有流过血。

◇ 60 ◇

解开人类历史上最怪异之谜的重担落在了自然史教授埃伦伯格身上。他性格沉静，一辈子都在看显微镜，观察故乡柏林的土壤或水体，终其一生都在寻找钟形虫和纤毛虫。然而，他虽然经常和杆菌打交道，却并不知道什么是杆菌。他最重要的一个特征就是，作为歌德和洪堡[③]的研究者，他认识到万物都相互联系；而那些研究只有一个目的，就是为总体的文化现象提供了一个答案。

1848 年 10 月 26 日，埃伦伯格来到柏林科学院，向同行讲述了这样一个科学故事：

大约六周以前，一个朋友拿给他一块土豆皮，皮上长满了霉，略呈红色，而不是灰色。朋友知道埃伦伯格会对此感兴趣，是因为 30 年前，23 岁的埃伦伯格就撰写了关于霉菌的博士论文。埃伦伯格仔细查看了这块皮，发现上面确实长了一层厚厚的霉菌，但这种红色令他十分困惑。没人见过什么红色的霉菌。他在思索的时候，想起了年轻时曾读过帕多瓦的医生温琴佐·塞特的故事。

1819 年，帕多瓦附近莱尼亚戈的一个农民发现，自己碗里的黄色玉米粥里出现了红色斑点，而且会快速扩散。他觉得有点恶心，就把

---

① 克里斯汀·埃伦伯格，全名克里斯汀·戈特弗里德·埃伦伯格（Christian Gottfried Ehrenberg，1795—1876），著名博物学家、动物学家、比较解剖学家、地理学家、微生物学家。

② 费迪南德·科恩，全名费迪南德·尤利乌斯·科恩（Ferdinand Julius Cohn，1828—1898），德国博物学家和植物学家，以研究藻类、细菌和蕈类著称，被视为细菌学的创始者之一。

③ 洪堡，全名弗里德里希·威廉·海因里希·亚历山大·冯·洪堡（Friedrich Wilhelm Heinrich Alexander von Humboldt，1769—1859），著名的德国自然科学家、自然地理学家，近代气候学、植物地理学、地球物理学的创始人之一。洪堡涉猎科目很广，特别是生物学与地质学。

坏了的玉米粥扔掉了。但第二天，新的一碗玉米粥里又出现了斑点。然后在关着门的橱柜里，半只熟鸡也覆盖了一层薄薄的、呈血色的胶状物质。农民把这件事告诉了邻居，整个莱尼亚戈轰动了。这个农民历来吝啬，爱欺瞒，还在1817年饥荒期间故意隐瞒了自己的粮食，可谓臭名昭著。村里的神父教训了他一番。于是，农民又到帕多瓦大学寻求帮助，学院老师给温琴佐·塞特详细介绍了情况，让他调查这件事。他就在警察调查团的陪同下，来到了动荡的莱尼亚戈，并将食物密封了起来。他说这种现象是蔬菜中一种无害着色物质的影响，需要进一步加以研究，或许大有作用。自由思考的塞特医生说出了这一番话，却激怒了神父。神父怒喊道，只有不敬奉上帝的人家里，食物才会流血！于是，塞特让一名警察在神父家里偷偷放了一碗没有变质的玉米粥。第二天，玉米粥也变红了。猎巫行动立即就停止了。

在学生时代，埃伦伯格就对这个故事很有兴趣。如今，他在仔细审视这块“带血的”土豆皮，进行沉思的时候，又回想起了这个故事。那天晚上，他正好在给年幼的儿子读古罗马作家康奈利乌斯·奈波斯的故事，其中一段文字是他之前从来没有注意到的。故事里写道，亚历山大大帝在围攻提尔时（公元前331年）受到了不小的惊吓，因为士兵吃的面包里出现了血迹。大军本来快要放弃围攻了，但德墨忒尔教的祭司亚里斯坦德鼓励士兵继续进攻，因为血是在面包里面的，这个诅咒就表示提尔人会被关在城里。士兵听到以后欢欣鼓舞，就攻占并夺下了这座城池。

埃伦伯格心想：“我手里的土豆皮、帕多瓦的故事，还有康奈利乌斯·奈波斯的故事，这三者之间会不会有什么联系？也许这其中就隐藏着中世纪最可怕的神秘事件——圣饼流血的答案？”他克制住自己越来越兴奋的心情，开始努力研究，并成功地培养出了那种红色着色物质，还将菌落移植到了未受感染的土豆上。他发现这种物质并不是真菌，而是由极小的细菌组成，只有放大300倍后才能为肉眼所见。放大千倍之后，他看到细菌非常活跃。至此，这一发现再无疑问。埃伦伯格为这种新细菌命名“灵单胞菌”，意思是创造奇迹的单胞菌，其中也包含了他暗暗的嘲讽。

埃伦伯格对科学院的成员大声说道：“你们看，就是这个单胞菌在亚历山大大帝围攻提尔时令他感到恐惧，还是神父一番花言巧语，激励了士兵发动攻击。另外在1510年，就在我们的家乡柏林，还是一番辩词，导致38个犹太人被烧成灰烬。他们遭受这样的惩罚，是因为他们折磨圣饼，让圣饼流血……”埃伦伯格边说，边在讲台上揭开了一块布。布下面盖着的是三个白面包，全都有灵单胞菌的血样斑点，是埃伦伯格把菌落移植上去的。

此次演讲立刻引发轰动。讲台下聚集了各个领域的著名学者，有语言学家雅各布·格林，还有数学家、天文学家、哲学家、化学家，等等，所有人都来与埃伦伯格握手。而在柏林，民众才刚刚和国王卫兵在街头发生争斗，科学院原本也很少得到重视，但这次会议之后，埃伦伯格的发现就势如燎原，迅速传播开来。

千百年来，人们因为面包流血而战栗，这是多么奇怪。就是这样一个想象不到的微小生物把全人类都愚弄了！

科学家如今开始努力研究，这种无害的微球菌（“流血的”面包和其他任何面包一样，都可以消化）在何种条件下适宜生长，产生了让人害怕的血样斑点。科恩发现这种细菌只在温暖的环境中，在一定的湿度条件下释放红色着色物质。难道以前人们就没发现，冬天的时候，从来没发生过圣饼流血的奇迹吗？

至于红色快速扩散，就像不断流血一样的可怕现象，科恩也找到了答案——这是因为这种细菌的繁殖能力很强。在1立方厘米的水中，原有的470亿个细菌很快就会增殖到8840亿个。而且就像塞特曾经猜想的，这种细菌在面粉里出现的次数并不是最多的，而是更多地出现在凝固的蛋清上、牛奶表面，以及小牛肉上。要是中世纪的人能够亲眼看到这些就好了……但他们喜欢抽象概括，而不是直接观察，就像普林尼时期的伟大科学家一样。直到18、19世纪，多年以来的视而不见才终于结束。

面包起发了——农民造反了

◇ 61 ◇

中世纪的一大特征就是恐惧，即使是如今未开化的人也不会害怕的事物，都会令那时的人们极度恐惧。而在另一个层面上，中世纪又是一个非常傲慢的时期——上层阶级有着令人无法理解的狂妄，想要力图驱除这种恐惧。

所以，在那个人人自危的年代，犹太人或者巫师遭受审判时，并没有人会冲上前去提供帮助，这是完全可以理解的。可无论是政治家还是思想家，都没有人尝试解决农民阶层的担忧的问题，这就不那么容易理解了。傲慢，就能解释这一切。中世纪的社会准则深受盖尔人的故事和亚瑟王传奇的影响。人们心中的理想形象都是公正而大度的青年男子，他们骑马探险，对抗敌人或怪物。农民则远在其下。有句谚语说：哭泣的农民耕田最好，欢笑的农民犁地最差。这样充满恶意的谚语在当时有很多人相信。伟大的英国诗人威廉·兰格伦（约1330—约1400）在《农夫皮尔斯》中塑造了积极而又喜欢默想的农民形象。而他的追随者，德国诗人约翰内斯·冯·萨茨（1360—1414）

◆ 麦子打捆（《勒特雷尔圣诗集》，1340 年）

也延续了兰格伦的思想，可我们不能过分高估这样的个例。他们两个人很有可能从来没跟真正的农民交谈过，他们对农民的爱也只是象征性的。不过，莎士比亚对农民阶级的恨意却是非常真切的。我们痛心地看到，在决定性的时代斗争中，莎士比亚站错了队。

是的，农民并不快乐。他们就像所有受到迫害和压迫的人一样，想要模仿其他阶层，假装自己不是农民。中世纪时，农民只允许穿深灰色或深蓝色的衣服。在这样的限制下，如果有的村民还拥有独立小农场，他们当然有理由去借高利贷买红色弗兰德斯布料的衣服和天鹅绒帽子。然后，他们会坐在村里的小酒馆大吃大喝，仿佛自己是地主一样。酒足饭饱之后他们又大吐一番，吸引了很多狗来吃。贝海姆、勃鲁盖尔、松高尔和其他城镇画家都描绘过这样的场景。镇里的工匠住在自己选择的贫民区里，常常忍饥挨饿，看到这样暴饮暴食的场景，往往都会感到赤裸裸的嫉妒和憎恨。

封建社会假定，每个人所拥有的地位和财产都是上帝赐予个人的封地——皇帝拥有其帝国，而骑士、市民和农民拥有各自的财产。圣奥古斯丁认为，不同阶层的职业都是自愿选择的。在神圣眷顾之下，人选择自己的工作，比如务农；其他人则选择其他行业。如果试图脱离自己的阶层，就是罪过。基督教诗人尤其因为这一点而指责农民。德国诗人韦恩赫尔·德·格特纳就写过著名史诗《佃户黑尔姆布雷希特》（约 1250 年），主人公是个乡巴佬，又懒，又一无是处，最终成了强盗，不得善终。人们还普遍认为这首诗对农民阶层很友好，这是不公平的。年轻人只要懒散，即使他最初是骑士、学生、商人或修士，最终都会是同样的下场。诗人这个群体道德感极强，他们本人也许就是修道院的园丁。在他们看来，所有佃户其他罪过的根源，就是他们犯下了心怀大志、想要脱离农民阶层的罪行。农民无论命运如何，都必须坚守在土地上。甚至是早在 15 世纪新的经院律法判定农民本人是“土地的一部分”之前，人们就一致认为农民属于大地。不仅是在法律层面上，在道德层面上也是如此。就这一点而言，所有基督教学者都和世俗思想家一样坚定。

莎士比亚就是秉持这种观念的世俗思想家。他通过杰克·凯德这一人物形象表现出了他对反叛农民的全部观点。（1923 年版《钱伯斯百科全书》中评论道：“可悲的是，这个形象似乎遭到了莎士比亚的诽谤。”）凯德是工匠的儿子，又十分骁勇善战，在 1450 年领导肯特的农民起义，对抗英国贵族。他成功攻入伦敦，占领了几天的时间。在《亨利六世》的第二部分，莎士比亚通过这样的方式向观众介绍了凯德和他的粮食计划：

> ……以后在英格兰卖三个半便士的面包只卖一便士；三道箍的酒杯将有十道箍；并且我将规定喝淡啤酒为有罪。全国领土为大众所共用，我的坐骑要到买卖街去吃草……国内将不使用钱币；大家吃喝全都记在我的账上；我要以同样的服装给大家穿；

使大家和平相处犹如兄弟，供奉我为他们的主人。[1]

只有在凯德死去的时候，莎士比亚才对他流露出了一点仁慈之心。国王假意承诺施以恩典，戏弄了农民，致使大军溃散。凯德在树林里藏了五天，然后爬进了一个花园，想找到“沙拉”[2]来充饥。他看到园主走了过来，挑衅着要打斗一番，最终落败。临死前，他自豪地说，杀死他的不是别的，正是饥饿。“只消令我补足我所损失的十顿饭，我就不怕他们。”

在这里，莎士比亚道出了悲惨的真相。在农民战争中，要取得胜利，不仅要有更好的装备，还要吃得更好。他本人经历过这样的时期。显然，他知道 75 年前，德国才刚刚爆发过大型农民战争。《亨利六世》中部分内容似乎就来源于德语记述，而非英文资料。凯德命令手下检查人们的鞋时，就说道：

我们不留下一个贵族，一个绅士：
除了鞋掌加钉子的之外一个也不饶，
因为他们才是勤俭老实的人……

这就清楚地显示出，莎士比亚听说过“可怜的孔茨”和鞋会起义[3]。

◇ 62 ◇

千百年来人们害怕的事，最终还是发生了。扶锄的男子站起来了。

---

① 译文选自 莎士比亚：《亨利六世（中）》，梁实秋译，北京：中国广播电视出版社 2001 年版，下同。

② sallet 为双关语，既指生菜，又指轻便的头盔。

③ 15 世纪末在德国西南部爆发的农民起义，农民组成的同盟以一只草鞋作为旗帜标志，因此得名“鞋会”。

起义早在13世纪下半叶就爆发了，爆发地点则是“欧洲最崇尚和平的国家”：荷兰。那里没有设立封建制度，但农民认为贵族受到了法国政策的影响，会试图没收所有公地。于是，他们发动叛乱，引发了长达几十年的内战。

在法国国内，由于贵族阶层和国王几乎都让英国人毁了，他们就到村里放火掳掠，以此补偿自己。1358年春，农民为反抗这种恐怖统治，发动叛乱，这就是著名的扎克雷起义[①]。虽然他们得到了巴黎市民的支持，其中巴黎的商人也受封建制度的压迫，但最终，农民领袖因叛变而被俘，起义还是以失败告终。英国人原本还在隔岸观火，直到起义的火焰开始蔓延至英伦岛上才开始惶恐。

“面包起发了”（Le pain se lève）是法国农民的口号。到了英语里，就变成了：“面包要起发！”（The bread will raise！）地主、主教、国王和城里人“就像魔鬼的耙一样割开了农民的心”，这四座大山的压迫令英国农民心怀不满，他们奋起反抗，想要赢取“为自己揉面，烤制面包”的权利。农民运动的领袖是泥瓦匠沃尔特，大家都叫他瓦特·泰勒。根据著名编年史家傅华萨的记载，泰勒曾是一名法国士兵。由于这段经历，他对兵法有一定的理解。1381年6月10日，农民大军占领了坎特伯雷，俘虏了大主教；13日，大军开进伦敦，打开监狱大门，之后又洗劫了财政大臣黑尔的家，并将他与坎特伯雷大主教一起关入伦敦塔里。黑尔遭到嫉恨，是因为前不久他刚刚设立了针对农民的人头税。14日，年仅14岁的国王理查二世骑马来到郊外，与农民军谈判，问泰勒想要什么。泰勒要求立即废除农奴制，为所有农民赋予碾磨谷物、烘烤面包和酿造啤酒的权利，当然，还要赦免所有反

---

① 扎克雷起义是1358年法国的一次反封建农民起义。扎克雷是法国封建主对农民的称呼，意即“乡下佬”，是贵族对农民的蔑称，起义由此得名。此次起义虽然很快被封建地主通过血腥的手段镇压下来，但反映出了被压迫人民彻底的反抗精神。

叛人员。国王都同意了。但当泰勒又要求对压迫人民之人，尤其是令人憎恨的黑尔进行审判和惩罚时，国王中断了谈判。农民觉得自己遭到了背叛，于是又开始洗劫伦敦。有人闯进国王的城堡，进入了他的卧室，在床榻上翻找，声称他们想找出“是否有叛徒藏匿在那里”。还有几个浑身散发着臭味的好色之徒猥亵了太后。太后晕倒在地，后来让男侍扶起来逃离了。所有这些都还是半开玩笑的性质，但到了伦敦塔里，农民军就动了真格。他们告知大主教西蒙，他必死无疑。西蒙就请求死前最后做一次弥撒。当他说到“所有圣人，为我等祈”时，农民一拥而上，将他和黑尔拖走了。黑尔当场死亡；而西蒙则由于刽子手太过笨拙，足足被砍了八刀才人头落地。

就在那一夜，遭受恐怖暴行的伦敦苏醒了。民防队成立了。第二天，农民再次要求与国王对话。理查二世就率领大部队浩浩荡荡来到了一片田地，进行会见。泰勒让手下在原地等待，独自一人骑马来到国王近前。他抓住国王的手，非常亲切地握住，双方都对此留下了深刻印象。之后，他要求削去教会和皇室的庄园，实现普遍的社会平等。人人财产平均分配。理查二世表示会加以考虑，但皇家庄园不会均分。这让泰勒大失所望，开始大喊大叫，说天太热了，想要一大杯啤酒。啤酒拿上来之后，泰勒捧着杯子就仰头喝了起来。这时，国王的随员中有一个男爵叫道：“我认识他。他是个强盗，我的邻居一直想诅咒他死的！”话音刚落，泰勒就把啤酒杯扔到一边，拔出剑来，迅速刺向这个诽谤者。伦敦市长威廉·沃尔沃思爵士见状，大喊一声“保护国王”，就策马飞奔，挡在了国王的马前。泰勒掉头刺向沃尔沃思的胸膛，但没能刺穿盔甲，反而被沃尔沃思和另一名骑士刺中两剑。泰勒坐在马上摇摇欲坠，就这样走到了生命的尽头。领袖身亡，农民军箭如雨下射向国王，但骑士们顺利逃脱了。接下来的几天里，叛军群龙无首，四下奔逃，社会秩序于是再度恢复。

不过，泰勒死后，还剩下一位真正的领袖：神父约翰·鲍尔。鲍尔擅长雄辩，几十年来一直在猛烈抨击英国主教，认为他们太过热爱虚饰，生活方式上也没有恪守基督教的教义。他宣称，农民是正当合法的统治者和传道士，因为其他阶层都没有像农民阶层那样尊敬耶稣，崇拜耶稣。“我们是照着耶稣的样貌而造的人，可他们却把我们当作动物！”之前，鲍尔还被坎特伯雷大主教囚禁在梅德斯通。农民将他放了出来，他在一片开阔的田地里向六万人进行了布道。布道中有两句韵文流传了下来：

亚当耕田，夏娃织布之时，
谁为绅士，谁又是贵族？

但此次胜利之后，仅过了一个月，也就是 7 月 15 日时，鲍尔就被判处绞刑，并剖尸裂肢。

虽然欧洲大陆的农民并没有在英国派驻自己的代表，但高校之间都保持着紧密的关系，并热烈探讨宗教和政治议题。英国的泥瓦匠能和国王握手，还有反叛的神父能大声反对主教，说“《马太福音》里写了，‘不要带金银！’[①]”。这样的革命性事件简直闻所未闻，很有可能可以引领时代变革。在欧洲的核心布拉格地区，这类新闻日益引起关注。布拉格这座城市地处莫斯科和伦敦之间，动荡不安，又带有神秘色彩，从来没有彻底抛弃那种斯拉夫民族对农民的热爱。俄罗斯的农业经济为共产主义性质：土地和面包（chljeb）都属于村社（mir）。（直到 1597 年沙皇鲍里斯·戈都诺夫废除了农民的自由行动制度，农奴制才建立起来。）而德国和意大利在规则与财产方面的理念始终无

① 《圣经·马太福音》，第 10:9 节。

法与捷克民族相容。布拉格大学逐渐成为宣传革命性理念的中心。欧洲宗教改革先驱约翰·威克里夫（1384年去世）曾经因为敌视教皇而遭到牛津大学驱逐，他要求恪守“福音式的贫穷”。这一理论在布拉格的波希米亚人中间产生了影响。捷克的高层神职人员甚至都开始支持农民阶层。布拉格大主教延岑斯泰因就曾经说过这样一番话，预示着凶兆：“根据基督教观点，教会的庄园就是穷人的庄园，而主教的职责只是进行管理。”捷克牧师库内什·翁·特雷博韦尔则强烈批判“教会贪食一切”的现象。“农民不是奴隶，也不是土地的用益权人，而是真正的主人！他们得到赐福，为我们制作面包。正是因为他们汗流满面，我们所有人才得以存活！”但教皇对此充耳不闻，两派之间的分歧日益增加，直到威克里夫的著名信徒，胡西内茨的约翰·胡斯（又称扬·胡斯，1369—1415）促使局势走到了崩溃的边缘。胡斯是农民的儿子，在布道时反对拥有土地的教皇，因而不幸地被迫逃离布拉格。他在德国和意大利的敌人发出挑衅，让他参加康斯坦茨会议，皇帝也给他发放了安全证。会上，他拒绝发誓放弃自己和威克里夫的教义，安全证也变成摆设，失去了效力。最终，胡斯被处以火刑。在捷克语中，“胡斯”的意思是“鹅”，而鹅又是欧洲农民阶层的圣徒——圣马丁的象征。胡斯的仇人看到他被火刑柱的烈焰吞没时，还开玩笑说：“这只鹅被烤了！”但他们完全搞错了，因为这只“鹅”“已经愤怒地发出嘶嘶声很久了”。

确实，因胡斯而燃起的火焰引发了漫长的战争。捷克人就像一股岩浆一般，从波希米亚山上的方形城堡中冲了出来，冲向四面八方。这支农民军势不可挡，他们要求国家获得自由，还要求宗教信仰自由。杀戮持续了16年，直到战争以农民的失败告终。但他们用武器厮杀的声音和布道的声音仿佛还在回响。很快，匈牙利就爆发了动乱，动荡的浪潮拍打着德国的边境地区。

◇ 63 ◇

此前起义，皆为序章。到了德国，大戏拉开帷幕。千百年前从英国农村寡妇手里夺走的牛、捷克人民近期才洒下的热血、西班牙男爵的磨坊主对人们的欺骗，还有意大利佃户遭到的奴役——所有这些封建社会的不公全都汇总了起来，在德国开始秋后算账。

那么德国为什么成了总战场呢?

实际上，德国农民和其他各国农民一样没有多少权利，但理论上，他们在封建制度前所享有的权利仍旧写在法律条文之中。德国农民还可以抱有希望，期盼有朝一日，自己承受过的所有不公和压迫都能大白于天下。

可进入了15世纪末期之后，德意志皇帝和议会无意中想到要引入罗马法。这个可悲的想法夺走了农民的希望。罗马法于1200年前编纂，其基础是古罗马的奴隶制经济。而在信奉基督教的中世纪，这种经济体制虽然不再得到官方认可，但现实中当然还是存在的。可如今，要是引入了罗马法，农民的奴隶身份就要落实在法律条文中了。他们就要变成土地附属物了。他们不再是臣民，而是成了维持经济秩序的工具，也就是一件物品。问题的性质也由此发生了变化，不再关乎财产多少、荣誉高低、公正薪资水平如何、是富裕还是贫困，而是关乎一个人还是不是人类。当德国农民阶层被剥夺了人的身份之后，农民战争就这样爆发了。

不过，如果农民没有感受到背后吹来的宗教改革之风，他们永远都不会崛起。对于德国宗教改革领袖马丁·路德①，恩斯特·布洛赫②是这样评价的:“从最开始，他就与小人物站在一起。”路德将《圣经》

---

① 马丁·路德（1483—1546），16世纪欧洲宗教改革倡导者，基督教新教路德宗创始人。出生于德国。

② 恩斯特·布洛赫（1885—1977），德国马克思主义哲学家，主要著作有《希望的原则》（*Das Prinzip Hoffnung*）。

译为德语这一举动所产生的巨大影响，文献当中苍白无力的语言是难以描述的。农民想对罗马法实施的行动，已经由路德在维滕贝格对罗马教会实施了：他摧毁了罗马教会，创立了德国基督教会。他是农民天然的同盟，也有理由认为农民是宗教改革的先锋。他为了激励农民奋起反抗，对世俗地主的罪行与剥削进行了极为尖锐的批评，甚于对宗教领袖的批评：

> 普通人再也无法忍受了。剑已架在你的颈上；而你却还认为自己安坐高头大马，不会让人拽下。后面你就会看到，你这样自以为安全无虞，又鲁莽作恶，会让你吃不少苦头……你必须做出改变，敬畏上帝的言语。如若你不自愿改变，必有人会以武力伤害你，迫使你这样做。即使不是这一批农民，也一定会有下一批。即使你以为已经将他们斩尽杀绝，上帝也会再培养下一批。

农民从自身角度而言，非常关心《圣经》对其运动纲领所提供的支撑。他们希望在世俗律法中重新确立摩西的土地律法和耶稣对农民的爱。当然，农民队伍之中确实有不少粗俗的骗子。比如，有些所谓的“领袖”会带领手下同志来到内卡河边，把重物丢进水中，并宣称：“如果重物浮起，则表明王公贵族有理；如果重物沉入水中，则表示普通人有理。”可大多数农民领袖还是诚实可靠的。比如激进派领袖托马斯·闵采尔就曾经对手下高声呼喊，说自己能用袖子接住敌人的子弹，让大家勇敢作战。尽管这行为似乎很荒唐，但他这么说，是真的相信自己的能力，觉得上帝的力量会守护他。

读了路德翻译的《圣经》之后，闵采尔得到了警示：“孩子们想要饼吃，却没有人给他们掰。”于是，他下定决心，要让孩子们吃上饼，并为此制定了起义军的斗争纲领《十二条款》。这份纲领“与令农民感到苦恼的主要事务息息相关，是针对他们最为基本的条款，也有正确的政策方向”，在物质和精神层面上都体现了农民对粮食的要求。其具体规定如下：

1. 各村应可自由选举本村牧师。

2. 什一税应上交牧师，而非地主。

3. 奴隶制应予以废除，但不得将此解释为废除权威。因为依照上帝之戒律，必须听从权威。

4. 狩猎与捕鱼之权利应还归农民。

5. 使用森林之权利由地主和农民共享。

6. 愿意继续为地主服务之人可继续服务，但：

7. 仅在可获得公平报酬的情况下方可进行。

8. 田地仅根据收成征税。

9. 审判所依据的法律为旧有普通法，而非新设立的罗马法。

10. 古时属于全村财产的公有草原应归还村里。

11. 废除“贡赋制”；日后不得迫使农民在死后还要为此上贡。

第 12 条规定，其他 11 条只有在《圣经》能够为其提供支撑，且毫无异议的情况下才是有效条款。这就是一份福音派的宣言。直到这一天之前，农民阶级面对压迫者都无法发声，连一句抱怨都说不出。而如今，巴尔塔扎·胡布迈尔和塞巴斯蒂安·洛茨提出了起草的计划，最初也以和平的方式呈交给了帝国的统治阶层。当王公贵族、城镇、主教和议会都没有给出任何答复时，战争就爆发了。

农民军在数量上占据较大优势，而且比国家雇佣兵更能吃苦，也更加勇敢。但他们不习惯携带武器。千百年前，他们不愿让地主拖到国外的战场上，就自愿放弃了当兵的权利，而选择上交税赋、免除兵役。如今，这反而成了他们的劣势。

最重要的是，农民不具备处理大规模战争中战略问题的能力。在这种情况下，需要制订统一的作战计划，还要为数月围困设防地区做好准备。但农民没有接受过这样的训练。于是，他们与他们的死敌——下层贵族结成了联盟。这一贵族群体主要是下级骑士。他们对王公贵族没有什么好感，对城镇就更不用说，镇上的银行家还会向他们强行索取高额利息。所以，他们愿意与农民共命运。就这样，千百年来的强盗骑士成了农民军的领袖。在这些贵族阶层的叛徒中，有些人，比如弗洛里安·盖尔，就一心忠于农民起义事业；还有些人，比如格茨·冯·贝利欣根，则凭借含糊其辞的手段，成了农民军中的内奸，帮助贵族打败了农民。

农民如何败北，又如何落入了任何其他群体都能避开的陷阱，是很多人都讲述过的故事，其中也包括伟大作家歌德和格哈德·豪普特曼[①]。最初，农民军烧光了行军途中所有的修道院和城堡；但他们并没有继续前进，而是瘫倒在废墟中，喝得烂醉如泥。他们一开始也没有杀掉战俘，而是将战俘当作了狂欢节的笑柄。但到了魏恩斯贝格镇，情况就发生了变化。负责把守该镇的是赫尔芬斯泰因伯爵，他是马克西米利安皇帝的女婿，性格温和，非常虔诚。农民军来袭之后，他还没有下令，城垛里就有人向农民射击。于是农民攻入城内，大肆屠杀。伯爵被迫受“夹道之刑”[②]，而他的妻子，也就是皇帝的女儿，在一旁观看。她跪倒在农民军领袖脚下，举起自己幼小的孩子，请求放孩子的父亲一条生路。农民军没有同意。一名农妇打了那孩子，伤及咽喉。皇帝的女儿则被扔进粪车，半裸着身体游街示众，在众人的嘲笑

① 格哈德·豪普特曼（1862—1946），德国剧作家和诗人，自然主义文学在德国的重要代表人，同时也具有其他写作风格，1912 年诺贝尔文学奖获得者。

② 西方军队中的一种刑罚，受刑的人要走在两排士兵中间，士兵用棍棒或其他武器殴打他。

中被送到了海尔布隆。这里也和其他斯施瓦本城镇一样，已经被农民军占领。

在贵族取得最终的胜利之后，“白色恐怖”占据上风，超越了此前的“红色恐怖”。所有参与魏恩斯贝格大屠杀的农民都被搜查出来。过去经常为赫尔芬斯泰因伯爵在餐桌边演奏的乐师诺内马赫也被绑在了树上，丧心病狂的胜利者又放火烧树。可怜的诺内马赫像动物一样绕着树跑了半小时，“承受着文火的炙烤……”贵族军队的指挥官格奥尔格·特鲁克泽斯将看到的农舍全部烧光，让一家之主眼看着女人、孩子和孙辈惨死，愧疚至极。在施瓦本和法兰克尼亚，山谷里浓烟滚滚；在巴伐利亚和奥地利，成千上万的农民被拉到了断头台上；在阿尔萨斯和黑森林，如果农民被发现签署了《十二条款》，就会被斩断双手，或是用烧红的铁将眼睛烫瞎，其他人也不得为农民提供住宿或任何帮助。美因河、内卡河、多瑙河以及莱茵河长达数周都流淌着血水。自基督纪元以来，从没有人对祖国同胞如此震怒。15 年前在匈牙利，农民领袖格奥尔格·多察被抓后，敌人曾把他固定在燃烧的椅子上。他在火焰中半死不活，而他的部下还要被迫去吃他身上半生不熟的肉。但这样残忍的事例可是发生在基督教文化的边缘地区，“那里的人们几乎都是土耳其人”。但此时，在 1525 年，这样的暴行竟然发生在了欧洲的核心地区——德国。就是这样一个德国，在人文主义者埃内亚·皮科洛米尼，也就是后来的庇护二世的笔下，却曾是另一番模样：“在德国人中间，一切都静谧而令人愉快。人们的财产都不会遭到抢夺，人人都能顺利继承遗产。德国当局只需捉拿罪犯。而且这里也没有党派之争，就像在意大利城市一样……”

使农民最终落败的，正是路德的态度。其破坏力几乎不亚于炮火的攻击。农民队伍是在他的帮助下才走上战场的。他向农民传达了最为纯粹的、原本的上帝之道，必然要帮助他们。但当农民开始没收私人财产时，路德担心曾经没收的教会财产会回到世俗的王公贵族手里。于是，他就背叛了他最亲密的农民朋友，让他们大为惊骇。也许，他内心潜藏的恐惧令他饱受折磨，他害怕有人会要他为农民的血腥暴行负责。而且，他十分痛恨大量涌现出来的“小路德”，比如托马斯·闵采尔、安德烈亚斯·卡尔施塔特，还有其他布道者。这些人与农民一道行军，好像还在模仿他说话。他感到这危及了他毕生的事业，还非常害怕宗教改革。所以，他就印制了一本邪恶的小册子《反对杀人越货的农民暴徒书》，呼吁王公贵族消灭农民军：

> 现在已经到了愤而拔剑之时，再无怜悯同情之必要。故政府应当挺身而出，展现良知，只要他们一息尚存，就赶尽杀绝。因此，政府中如有任何人遇害，都是上帝面前真正的殉道者，能够问心无愧，因为他服从了上帝的话语。但如若有农民死亡，他将永恒地堕入地狱，因为他携带有剑，违背了上帝之道，是魔鬼的一支。当下就是这样的时期：王公贵族通过杀戮，就能比他人通过祈祷而更轻易地进入天国。去捅刺、谋杀、绞扼，无论谁都可以！如果你因此而死，这就再好不过，因为这样死去，就能得到无上的赐福，因为你死时恪守了上帝的话语和命令，你做出了爱的牺牲，从而拯救邻人免入地狱，无须囿于魔鬼的桎梏。

路德作为矿工的儿子，深知穷人的生活状况，可他还是如此狂怒。这种愤怒是背叛者的愤怒。尽管农民最初只是希望获得福音上所说的待遇，获得耶稣向世人承诺的饼，尽管国家的精英都已经惊骇万分，不敢再看贵族血腥的复仇场面，路德还在继续胡言乱语。一个遭遇可怕悲剧的青年农民的喊声响彻欧洲，千百年间仍不断回荡。当他站在斯图加特的集市里，站在刽子手的刀前时，他大喊道：“唉！现在我难逃一死了，这一辈子我只吃过一顿面包！”

◇ 64 ◇

能让胜利者在发泄怒气时有所收敛的，只有农民的贫穷了。当胜利者向幸存的农民新征收惩罚性税款时，他们发现“在施瓦本，农民都开始住在马厩里了”。农民没有家具，也没有毯子，就直接睡在泥地上。在法国大革命之前长达250年的时间里，此次失败令欧洲农民心情非常沉重，造成了无可比拟的精神伤害。1525年，标志着全欧洲出现了所谓的“农民形象”——他们总是悲观、狡猾、寡言、厌世，出于自卫的本能而表现得十分贪婪，鬼鬼祟祟，还非常固执。就连巴尔扎克、莫泊桑和左拉这样伟大而公正的作家都害怕农民，怀疑他们的心灵在遭受重创之后再也无法恢复。

绘画作品往往有着神奇的命运。让－弗朗索瓦·米勒作为农民的儿子，终其一生，都在画他小时候就非常熟悉的农民形象，他们看起来都有些呆滞，精神也受到了打击。他怎么能指望公众会喜欢这样的农民呢？谁会喜欢《扶锄的男子》呢？从中只能看到诺曼底地区人民因为贫困潦倒而流露出的凄惨情绪。米勒的其他画作《农夫施肥》《播种者》《收获者的午餐》也并没有多么欢乐。但短时间内，这些作品就在艺术品市场上声名鹊起。生前像前辈一样穷困潦倒，债台高筑的米勒，死后其画作却让艺品商富裕了起来。（他以1800法郎卖掉了自己的油画名作《晚钟》——几十年后这幅画就卖到了80万法郎。）很快，美国人也开始卖米勒的画。大大小小的城市、博物馆和百万富翁，对画中所表现的凄惨的过去一无所知，却把它们用名贵的画框装裱起来，打着明亮的灯光，挂在了大理石墙上。

就在旧金山的一座博物馆里，美国的长寿诗人埃德温·马卡姆

◆ 用大车拉谷物（《勒特雷尔圣诗集》，1340 年）

（1852—1940）看到了《扶锄的男子》。那一年是 1899 年，土地改革运动人物亨利·乔治、托尔斯泰和农业社会主义者的思想在社会当中产生了一定的影响。马卡姆从小生活在更加幸运的南半球，几乎从未体验过米勒画中暗含的古老时代的悲惨生活。但那把锄头拨动了这位诗人的心弦。他写下了一首诗，还谦虚地称其为《一幅画作的注解》。短短几年时间，这首诗就成为美国最著名的诗作，重印了数十万份，时至今日依然值得再版：

多少世纪的重负压弯了腰，
凝视着地面将那锄头扶靠，
面孔映出多少世纪的空白呵，
脊背承受着整个世界的重压。
谁使他对狂喜与绝望皆木然？

谁使他不知痛苦，毫无希望，
呆头木脑，与牛没有两样？
谁使他粗野的下巴耷拉下垂？
谁人之手将这额头往后打塌？
谁人一口吹熄他头脑中的光耀？

难道这就是上帝创造的生灵，
来统治海洋与大地，
来搜天追星借威力，
来感受天长地久的炽爱？
难道这就是上帝创造众恒星，
以光柱支撑苍天梦到的他？
遍寻地狱各角及至最后一处深渊，
没有什么形体比这更可怕——
他吞下世人利令智昏的最多咒骂，
他充满对灵魂最多的险讯与凶兆，
他包含有对整个宇宙最大的威迫。

多少道鸿沟将他与六翼天使阻隔！
当牛做马服苦役的奴隶呀，
柏拉图与七星运转与他有何关系？
曲曲高歌传天际，晨曦破晓玫瑰红，
可这一切，与他又有何关系？
这可怕的形体载着多少世纪的苦难，
佝偻之躯不忍看，将时代悲剧蕴含。
这可怕的形体向世人诉说：

人性已被叛卖、已遭亵渎、已被掠夺；
于是乎向世界的判官高呼抗议，
抗议，既是抗议，也是预告。

啊，五土四方的君王与主宰：
难道这性灵被扼杀的畸形怪物，
就是你们献给上帝的手艺？
你们将如何使这形体挺立？
如何给它重注不朽的血液？
如何还它以为头见光明的权利？
如何把音乐与梦想还给它心底？
如何纠正自古以来的罪行、
以怨报德的虐待、难以治愈的痼疾？

啊，五土四方的君王与主宰：
未来将如何同这人算清旧账？
当反抗的旋风震撼环宇之时，
如何回答他怒气冲天的责问？
当这哑了千百年的可怕人物，
终于向上帝控诉之时，你们——
各王国、各君主，所有使他沦为
此等模样的人，又将如何交代？[1]

---

① 译文选自拉维奇编：《美国读本：感动过一个国家的文字》，林本椿等译，北京：生活 · 读书 · 新知三联书店 1995 年版，第 477 页。

◇ 65 ◇

杀死农民兄弟的贵族阶层并没有因为获胜而受益。他们所有人都对农民有亏欠，却反而说成好像是农民欠他们的债。《塔木德》中写道："你若拿走他人之犁和枕抵债，则应早晨还犁，夜晚还枕。"但这样的教诲也不能触动他们。他们反而杀死了他们曾经掠夺过的农民，最后很快就导致自己更加饥饿。

王公贵族、各个城镇和男爵打败了"把犁人亚当"，却在长达数个世纪的时间里都要被迫承受他们胜利的苦果——史无前例的饥荒。教会尤其遭到重创。耶稣委托教会负责农民的粮食，教会却背叛了农民，骗走了面包，将农民交给了统治阶层来处置。所以，在农民眼中，教会已经不再是耶稣的教会，他们当然对教会深恶痛绝。可他们对此无能为力。但如今，面包本身，也就是圣饼，开始在宗教层面复仇了。教士作为教会的仆人，竟然开始与教会争辩"圣餐的性质和目的"了。原本应该促进和谐的圣餐竟然变成了不和谐的象征。基于对圣饼教义的论争，教会一分为二，又再度分裂，形成了四个新的教会。

教皇英诺森三世手持权杖，戴着戒指，颁布了拉特兰法令，具有绝对效力，不容置疑。根据该法令，所有否认变体的教义均为虚假教义。而神父献祭圣饼之后，耶稣就会立即与圣饼同在。相信这一点的，就能赢得救赎；如有猜疑，就会遭到地狱烈火的焚烧。

起初，强制施行这一教义，对教会非常有利。因为它宣扬对奇迹的信仰，所以大众都受到了吸引。之前耶稣尚且在世时，他们都要求展示神迹，要求没得到满足还会非常愤怒；如今，他们在弥撒期间就能体验魔法，故而十分满意。对他们来说，死了千年的神不算什么，但每天都能以饼和酒作为载体而重生的神就很了不起了：他就是奇迹之神，应该用各种方式来崇拜他。于是，仿佛教皇的权威带动了各类艺术的高潮一样，音乐宏大了起来，画布上也都是鲜红金黄的绚烂色彩。一切的一切都汇聚融合起来，为天主教弥撒，为这化身的奇迹，为耶稣到圣饼的转变来增添光彩。这样的美丽和尊崇，是史无前例的。

但在这一切美好之中，在最伟大的音乐家进行伴奏，和着唱诗班的天籁之音中，在圣体匣的熠熠闪耀之中，人们感受到了一种不平静的心绪。在修道院和大学院里，出于对真相的追寻，有人明确提出了反对意见。既然教皇规定对变体教义进行象征性解读是死罪，那么显然就会有大量有学之士否认这一点，并继续秘密坚持自己的理念。比如，图尔的贝朗热就教导说，圣餐纯粹是为了纪念，旨在感化世人，与耶稣达成一致。表达这样的观点需要巨大的勇气，而且他也没有在态度上有所缓和，因为上帝就这样随随便便地任人安排，每天都被迫在一百个不同的地方工作（“就像拉车的马一样”），令他极为愤怒。他拒绝称教皇为 pontifex（大神父），而是叫他 pulpifex（大胖子）；罗马在他眼里也已成为撒旦之城。他还坚称饼和酒这两种物质在神父献祭之后仍然是饼和酒。他承认通过献祭，确实有高贵的信仰进入了自己的体内，但任何人都不可能通过说话就把小麦面包变成耶稣的肉身。

贝朗热因言获罪，要被处以火刑。最后关头，他不顾一切地撤回了自己的观点，才得以存活。但后来，他又编写了一本小册子，表示之前的撤回无效，又重申了自己的观点。如果不是此后很快离世，他就会和他的书一样葬身烈火了。但尽管如此，贝朗热的精神流传了下来，并在整个中世纪不断壮大，随时代发展，从奉行经院哲学的修道院，进入了人文主义更为高雅的殿堂。中世纪末期，也就是 14 世纪末、15 世纪初时，象征主义者日益公开反对现实主义者。当时最伟大的学者，鹿特丹的伊拉斯谟[①]就认为饼从来都不可能会是耶稣的真身。当然，

① 伊拉斯谟（约 1466—1536），中世纪尼德兰（今荷兰和比利时）著名的人文主义思想家和神学家。

他没有像贝朗热那样粗暴，而是使用了智慧这种武器，但他和贝朗热的态度是一样的。

命运的安排就是这样奇妙。在人群中，有这样一个人，他为大家带来了粮食，但却不知道自己的功绩。他发现了新大陆，发现了大片大片的耕地，带来了迄今未知的谷物，为迷茫中的基督教提供了延续下去的手段。这位历史上最伟大的土地改革先锋，就是克里斯托弗·哥伦布。

1492 年，哥伦布尝试从欧洲动身，向广阔的海洋进发时，他只是想要给西班牙国王带回印度群岛的金银财宝。他并不知道，在他带回国的行李中，有一样会比任何金银都流传更久——这就是玉米。而在哥伦布之后扬帆远航的人也不知道，秘鲁的土豆会比他们在印加人岛上找到的银器更经时间考验。正当欧洲农民在一败涂地之后忘记了犁头，也忘记了耕牛的时候，历史之神对他们非常同情，为他们赐予了新的谷种，一种耕种时不需要沉重农具的谷种。

第四卷

SIX THOUSAND YEARS OF BREAD

美洲早期的面包

把一粒加州黄金丢到土里，即使等到地老天荒，它也只是原封不动，无法给那块土地带来一丝生机。而把一颗我们的“金子”，一颗天赐的金色玉米粒丢到土里，看！多么神奇，过几天它就会变软、膨胀、破土而出、节节拔高；它充满了无限生机。

爱德华·埃弗里特[①]

微风拂过玉米地，轻声诉说；
细雨滋润着玉米，暖阳照射着玉米，
都在和玉米谈心。
路对面是一间农舍，
白墙上的绿色百叶窗摇摇欲坠。
要等玉米收割去皮之后才有时间修了，
农夫和妻子说道。

卡尔·桑德堡[②]

---

① 爱德华·埃弗里特（Edward Everett，1794—1865），美国政治家，曾任马萨诸塞州州长、哈佛大学校长和美国国务卿。

② 卡尔·桑德堡（Carl Sandburg，1878—1967），美国著名诗人、传记作者和新闻记者，被誉为“人民的诗人”。

玉米——伟大的旅行家

◇ 66 ◇

东方人种植水稻，早就是众所周知的事情了。所以当哥伦布和手下以为自己会抵达“东方”进而找到水稻时，却连水稻的影子都没看到，而是发现了一种从未见过而且闻所未闻的谷物。这种谷物个头非常大，既不是一丛一丛的，也不是像小麦那样一穗一穗的，而是长着一个个巨大的果穗，外面还包着长长的叶子，防止日光暴晒。

1492 年 11 月 5 日，哥伦布第一次提到玉米，他在日记中写道：“它味道很好，是当地人的主食。”他和手下从印第安人那里听说，玉米 90 天就能成熟，而且生长过程几乎用肉眼就能观察到，他们感到十分惊讶。玉米茎秆像柱子一样又高又重，不像小麦或黑麦秆那样是中空的，而是有充实的髓部。果穗上的苞叶很快就变黄了，干得像纸一样。苞叶里包着的玉米粒最初是青白色的，看起来毫无生气。一束束阳光就像巧手一样，为玉米粒注入了乳白色的光彩，一颗一颗圆润饱满，整齐地排列在果穗上。玉米长相怪异，味道奇特。如果这些西班牙人没有看到当地人大快朵颐，是绝不会品尝的。就像小麦对于欧洲人的意义一样，玉米对当地人而言也非常重要，值得感恩。

种植玉米和种植小麦的方法不同。这里没有犁，种玉米也不需要犁。因此，在种地这件事上，印第安妇女比欧洲妇女发挥的作用要大得多。男人会先用橡树干松土，这些橡树干非常结实，一般会装上用金属制成的尖头。然后女人用锄头在地上按固定间隔挖坑，小心地在每个坑里放两颗玉米粒，再埋好土。他们不需要犁地，因此不需要耕畜，生活简单而轻松。不过，印第安人的确需要肥料。他们会收集蝙蝠的粪便。这在当地随处可见，非常充足，他们只要用树枝在大岩洞的内壁上刮一刮，就能收集到不少。他们还会使用人类粪便，不过主要的肥料还是草木灰；小麦田里使用的也是这种肥料。1517 年，西班牙人抵达墨西哥后，惊奇地发现那里竟然连一块没有开垦的荒地都找不到。领队科尔特斯①写信回国报告了此事。他确实应该惊讶，因为墨西哥没人挨饿，而西班牙的土地却已经无法养活本国人了。

和在欧洲一样，墨西哥也将土地按等级分给皇族、贵族、神职人员和普通民众，并在地图上分别用紫色、鲜红色、蓝色和黄色进行标注。根据摩西律法的规定，擅自移动界石是死罪。贵族无须缴纳土地税，但必须服兵役；普通民众的土地为共同所有，但政府会将其再分给各家各户，并要求他们履行耕种土地的义务。休耕三年的土地将由政府收回，重新分配给他人。事实证明这些农业法规切合实际，效果显著；墨西哥从未出现过饥荒。

当地人完全不需要用耕牛犁地，辛苦劳作，因此性情温和，慈眉善目，看上去不像农民，反倒更像是园丁。然而，他们的习俗却让西班牙人不寒而栗。

墨西哥历法与基督历法不同，一年有 18 个月。或者更准确地说，

---

① 科尔特斯，全名埃尔南·科尔特斯（Hernando Cortes，1485—1547），出身西班牙贵族，大航海时代的西班牙航海家、军事家、探险家，阿兹特克帝国的征服者。

是 18 个时间段。每段为期 20 天。在此期间，墨西哥人会向掌管丰收的众神献祭活人，其中最重要的，就是祭祀嫩玉米女神[①]。

西班牙人能知道这个习俗，是因为圣方济各会修士德萨哈冈。这是一位才华横溢的天主教学者。1577 年，他不顾西班牙国王的阻止，用阿兹特克语和西班牙语抄录了活人祭祀仪式。国王对此十分忧心，认为这些祭祀仪式不仅残暴，还令人费解，因而不应该让后人得知。一般普遍公认的是，人类的基本情感是和谐一致的，而阿兹特克人[②]的仪式却与此相悖，因为它既像屠宰场一样弥漫着血腥味，又像盛开的鲜花一样散发着纯真的气息。

为进行活人祭祀，阿兹特克人要从战俘中精心挑选一名特别英俊的年轻人作为祭品。德萨哈冈花费了大量篇幅，描述了“祭品”不能出现哪些缺陷，比如“他的头不能像背包那样方，不能像南瓜那样圆，也不能像木桩那样尖；他的额头上绝不能有皱纹，鼻孔也不能是扁的”。总之，阿兹特克人就像挑选纯种马一样精心甄选出了一名战俘，然后公开宣布：“众神之神”维齐洛波奇特利[③]现世了。在接下来的一整年里，这位战俘受到了无上的尊崇。他在神庙中接受祭司的教化，学习优雅的谈吐，学习吹奏笛子、抽雪茄烟，并接受花香的熏陶。年轻贵族为他服侍饮食起居。他还得到许可，能把头发留到肩膀以下，发辫里编着白色羽毛，头上戴着烤玉米做成的花环，腰上也有一个；走路时绿松石耳坠叮当作响，腿上还挂着许多小金珠……

只要这位珠光宝气的战俘走在街上，无论是吹笛子、抽雪茄还是掏出香水瓶闻香水，人们都会纷纷向他跪拜，哭着，叹息着，亲吻着

① 嫩玉米女神，即若拉妮（Xilonen）。

② 阿兹特克人，北美洲南部墨西哥人数最多的一支印第安人。他们认为自己是太阳的子孙，对宇宙的延续负有重大的责任。

③ 维齐洛波奇特利，意为左蜂鸟。阿兹特克神话中的战神、太阳神、太阳与火之主、南方的统治者。特诺奇蒂特兰城（Tenochtitlan）的守护神。墨西加人（阿兹特克人前身）的民族守护神与至高神、阿兹特克人心中至高无上的神明之一。

他鞋子上的尘土，低声呢喃，向他表示臣服。妇女都抱着孩子从家里跑出来，祈求这个神的化身保佑她们的孩子。

距离祭祀典礼还有 20 天时，会有人带来四名分别装扮成“花女神”“嫩玉米女神”“水女神”“盐女神”[①]的少女，嫁给年轻战俘。在接下来的几天里，举国欢庆，国王也会出席。人们觥筹交错，载歌载舞，这场全民狂欢几乎陷入了癫狂的状态。到了最后一天，这名战俘在四位妻子和年轻男侍的陪伴下登上一条节日游船，来到湖对岸的“离别山”脚下与妻子告别。现在，只有男侍还陪在他身边了。男侍带他登上山顶，来到一座孤零零的小神庙门前。神庙的样式与金字塔的形状相似。他每登上一个台阶，就会折断一把曾经在养尊处优之时吹过的笛子。走完所有台阶，到达神庙最高处时，一群祭司就会冲上来抓住他，把他仰面按倒在杀牲石上。其中一名祭司将石刀迅速插入他的胸膛，剖开胸腔，取出心脏，并手捧心脏举向太阳的方向进行祭拜。因为战俘是神的化身，所以他的尸体不会像寻常祭品的尸体一样从神庙台阶上随意丢弃，而是会被小心地抬到皇家庭院中斩首，并把头颅挂在长矛尖上。这，往往就是墨西哥众神之神化身的最终结局。

阿兹特克人是一个人口多达 1200 万的民族。他们有着棕色的皮肤，人人彬彬有礼，喜爱花朵，乐于助人。可是在他们眼里，从活人当中选出神的化身并将其献祭的仪式，不是为了纪念亡灵，而是可以确保当年“年终土壤肥力不致衰竭，仍然处于繁殖力最为旺盛的青春韶华”，从而来年可以再次播种。只有这样，才能保证世界末日不会到来，国家不会灭亡。这样的仪式遭到了西班牙修士的禁止，阿兹特克人感到不可思议，且痛恨不已。令他们恐惧的是，如果不用人血激发玉米地的生命力，本年度可能会颗粒无收。而且除了年度献祭之外，

① 这四位女神是特斯卡特利波卡的妻子。在阿兹特克神话中，特斯卡特利波卡是最重要的神之一。

阿兹特克人还会按月祭祀，并根据月份大小挑选相应年龄的祭品。年初，他们向玉米女神若拉妮献祭的是戴着花环的幼童；之后，随着月份增长，祭品就变成了年轻女孩；到了年末，则是中年妇女。每逢祭祀，都会举行盛大的庆典，所有人都穿上最华丽的新衣服，喝棕榈酒、抛花、跳舞。而“祭品”则在屈从于自身命运的同时还有些许快乐，这恐怕只能解释为心理暗示的作用了。

欧洲人听说了上述仪式以后，感到十分恐惧。耶稣降世已经 15 个世纪了，难道还能有如此野蛮的行为吗？希腊人教养良好，举行厄琉息斯秘仪也只是为了祭祀谷物女神德墨忒尔和她堕入冥界的女儿、冥王哈迪斯之妻——珀尔塞福涅。整个仪式不会有人流血，只会宰杀牲畜，就像上演了一部“谷种受难”的奇迹剧一样，毫无伤害。即便是这样，基督教老教父还大发雷霆。可到了墨西哥湾地区，大祭的祭品却变成了人，促进玉米生长的竟是人血。

不仅如此，阿兹特克人还模仿了基督教最神圣的变体仪式。这让基督教神父震惊不已，只敢用颤抖的声音窃窃私语。在基督教中，变体仪式是指圣餐的饼和酒会从本质上变成基督的肉和血；而阿兹特克人简直是丧心病狂，会在复活节时怀着十分谦恭而悲痛的心情，吃下用玉米面和人血烤制的饼，并声称自己吃掉的是他们信奉的神的肉体……那时，臭名昭著的《女巫之锤》[①] 一书刚刚于 1489 年出版。书中描写了女巫与地狱之王——魔鬼之间的禁忌交易。欧洲人读过此书，才了解到了一些类似的恐怖习俗。30 年后，科尔特斯将他从蒙特祖马二世[②] 的神庙中搜刮的金银财宝献给了西班牙国王查理五世，这位虔诚的国王问他：“这个墨西哥魔鬼从哪儿得到了这么多金银财宝呢？”国

---

① 由两名宗教裁判官所写的有关于巫术的手册，此书的出版加剧了欧洲社会对于女巫的偏见和迫害。

② 蒙特祖马二世（约 1475—1520），阿兹特克的最后一任国王，曾一度称霸中美洲，最后被科尔特斯所收服，阿兹特克文明就此灭亡。

王最后断定，这一定是阿兹特克人通过活人祭祀和魔鬼交易换得的财产。于是，尽管那时西班牙人才刚刚烧毁了犹太人和摩尔人[1]聚居的格拉纳达王国，手上还沾着灰烬，罪孽深重，但他们却开始用阿兹特克人的战神——维齐洛波奇特利来作为魔鬼的代名词了。

◇ 67 ◇

就这样，西班牙人发现了被印第安人奉若神明的玉米。可印第安人又是从哪儿获得玉米呢？是谁教他们栽培玉米呢？没有人见过野生玉米，所以一定是有人给他们引入的。正如小麦是在亚洲栽培的一样，玉米是在美洲驯化的，但我们并不知道驯化的方式。如果我们了解了玉米的起源，就能够更加了解美洲人了。1868年，美国考古学家丹尼尔·布林顿写道：

> 所有植物学家都知道，培育农作物时，需要经过非常漫长的过程，才能彻底改变其形态，与野生物种完全区分开来。而人工繁殖必然还要花费更长的时间，这样才能使作物失去独立生存的能力。要想不至于灭绝，就必须完全依靠人类的保护……这些算下来要花多长时间啊？过了多少个世纪，印第安人才能想到培育玉米？又过了多少个世纪，玉米才能完全变成另一番模样，并且得以大面积种植，种植区覆盖将近100个纬度？谁敢回答这些问题？

这些问题至今没有答案。在中美洲，西班牙人所及之处，所有古

① 摩尔人，指中世纪时期伊比利亚半岛（今西班牙和葡萄牙）、西西里岛、撒丁岛、马耳他、科西嘉岛、马格里布和西非的穆斯林居民。

老的文明都是由玉米哺育的。即使是在那个年代，这种人工培育的金黄色谷物也在美洲传播到了更遥远的地区。

美洲原住民和他们种植的玉米已经在这片新大陆上生存了至少两千年。这里的部落不计其数，各自为政。西班牙人发现美洲大陆时，仅墨西哥就存在 150 种方言。在西班牙人到来的 900 年前（约公元 600 年），玛雅人一统天下；约公元 1000 年，阿兹特克人出现了。美洲文明几经更迭，古老的字母和文献已经无法辨认；宗教教派则大肆献祭活人，最终黯然消亡；天文和数学知识已然失传；只有太阳依然普照，雨水润泽大地，玉米永恒生长。只要玉米还在生长，历史就有可能延续。

美洲大陆上到处都是一望无际的玉米地。不过西班牙人发现，越向南探索，当地人的习俗就越温和。许多部落在早期发展阶段都出现了亚伯拉罕[①]式的人物，他们禁止血祭，教导族人给土地献祭蔬菜也能起到一样的效果。不过，宰杀一些牲畜还是少不了的。南方部落很少饲养牲畜，更不用说大型牲畜（他们从没见过马，所以许多人看到四处骑马的西班牙人后，坚信他们是四条腿的怪兽，就惊恐地自杀了），但鸟却完全没问题，当地人在每次播种前都会杀大量的鸟来献祭。对他们而言，鸟是小偷，所以用鸟做祭品非常合乎情理。在西班牙人发现的雕像中，有的是玉米神与鸟搏斗的场景，还有的是许多虫子爬到了熟睡的玉米神身上。这些雕像都是当地人创作的魔法咒语，很符合他们对自然的理解程度，因为玉米除了鸟和虫子，确实没有什么别的天敌了。现在我们会撒下毒饵，诱杀害鸟和害虫，虽说看上去好像更加高端，但其实只不过是把魔法咒语换成了化学咒语而已。

① 亚伯拉罕，传说中阿拉伯人和希伯来人的共同祖先。曾欲以独子献祭耶和华，实为上帝对其考验，最终以羔羊代替独子献祭。

西班牙人来到秘鲁时，发现这里的文明[①]也是玉米孕育的。秘鲁地处海边的高地，峭壁嶙峋，土壤格外贫瘠，只有修建巧夺天工的灌溉系统，才能让土地更加高产。当地人实际上还生活在石器时代，但他们用原始工具改造了岩石峭壁，建造的水库容量高达130亿加仑[②]，还修建了横跨山谷的拱形水道，能媲美罗马人修建的水道，这让西班牙人目瞪口呆。当地人也有金银，但只是用来装饰，而不是货币。他们用石凿挖掘金银，根本不会想到在世界上其他地方，还会有人为区区装饰品而互相残杀。

当地的玉米田归公社所有，分为太阳田、印加田、社员田三部分。太阳田属于太阳神因蒂，收获后归神父；印加田收获后归王室；社员田收获后归公社成员。公社成员受太阳神和国王的恩惠，如果村庄人口增加了，就从太阳田和印加田中分配土地给新成员。每对夫妻能分到一图普（约两英亩），每个男孩一图普，每个女孩半图普。种地仍然使用的是原始方法，靠人力破土，和欧洲发明犁之前普遍采用的方式一样。他们的农具是一种尖头木橛，镶着踏脚用的横突。男人先粗略地翻土，妇女和儿童再来到地里，敲碎土块播种。当地人对施肥也轻车熟路，山地用羊驼粪；在沿海地区，由于海鸟巢穴周围的鸟粪堆积成山，人们便用海鸟粪做肥料。鸟粪对经济发展意义重大，筑巢时期在鸟岛上设陷阱是死罪。

所有25岁至60岁的人每年都要在田间义务劳动2～3个月；50岁以上的人就不用交税了。秘鲁的村落虽然土地贫瘠，但是农民都生活得心满意足。每个村落的入口处都设有谷仓，储存粮食，供庄稼歉收时使用；村子另一头是国王和王室的谷仓……埃及的土地比这里富饶得多，却孕育了暴政。

---

① 此处指印加文明。

② 1加仑≈0.0037854立方米。

秘鲁人对玉米的来历了如指掌。大洪水后，创世神维拉科查在大地深处，用光滑的黏土创造了最初的人类——四兄弟和四姐妹。神赋予了他们生命，把玉米放在了他们的右臂弯里，又把他们从的的喀喀湖附近的一个岩洞送了出去。从此，他们就开始种植玉米了。

四兄弟和四姐妹互相通婚，子孙后代遍布秘鲁。关于他们的传说还有另一个版本——他们并非来自大地深处，而是来自湖里。在这个传说中，他们的肤色不是棕色，而是更接近黄种人。除了玉米之外，他们还拥有许多金器和精美的衣服。他们教会人类向太阳祈祷，并告诉人类，要想兴旺发达，就必须让太阳当国王。

就这样，印加国王成了“太阳之子”。年初，天空中能看到大熊星座时，他就开始亲自播种玉米。印加国王的礼节要体现太阳之子的身份，反倒不太像一国之君的礼节。因为太阳不步行，所以印加国王也不能步行，必须坐轿子出行。如果有一个抬轿子的人绊倒了，让太阳陷入危险，此人就会被立刻处决；如果国王摔倒了，这一年就会颗粒无收，玉米将停止生长。而且，因为太阳“照耀万物，永不停歇地移动”，印加国王也要如此，任何东西都不能碰第二次，无论是茶杯、布匹、衣服还是女人。

虽然创世神创造了人类和玉米，但太阳神因蒂统治着人间万物，所以他的地位逐渐远远地超过了创世神，演变成了太阳、玉米、黄金三位一体的神。太阳神因蒂在凡间的化身就是印加国王，国内最美丽的女孩都幽闭在太阳贞女宫内，然后作为“太阳贞女”，献给他做妾。几个世纪以来，印加国王的合法妻子一直都是“月亮妈妈”玛玛基利亚，她认为银是至高无上的。玛玛基利亚的祭司声称玉米在夜晚生长得比白天更快，试图借此赢得掌管种植蔬菜和玉米的权力。国王和王后的祭司为此产生冲突，持续了很长时间。王后的祭司处于弱势，最终落败。

在夏至日，太阳运行到天顶时，所有人都聚在一起参加“太阳祭”庆典。在庆典到来之前，节日广场和太阳神庙装饰着绿色树枝，挂着几千只鸟笼，各种珍奇鸟类啁啾不停。英俊的王子穿金戴银，手中拿着等级较低的神像，等待太阳神的祝圣。就像在厄琉息斯秘仪中一样，人们也会搭舞台演戏剧。同时，由于创世神遭到了抛弃，太阳神成了最高的神，点火是严格禁止的，违者会被判死刑。所有人都要禁食，“准备迎接穿过群山，从天上飞来的碗，那碗里装着金灿灿、热腾腾的玉米”。此外，人们还要禁欲。金银珠宝和最健壮的羊驼也都送进了太阳神庙的外院。“太阳祭”前夜，“太阳贞女”会用经过祝圣的玉米烤面包，这种球形面包像苹果一样圆，在当地语言中叫“森库”，象征着巨大的太阳球体。当地人饱含深情，吃掉了这“最灿烂的太阳”。

“太阳祭”第一天的黎明时分，秘密组织的成员都装扮成了动物：有人装扮成美洲豹，有人装扮成其他大型猫科动物，还有人装扮成长着秃鹫翅膀、“渴望飞向太阳”的动物。当第一道曙光照射在最高的山巅上时，几百万人同时爆发出了尖叫，吹响了海螺和铜号，直到太阳升到山谷正上方。接下来，所有人都鸦雀无声，掩面下跪。只有印加国王获准直视太阳。他站了起来，双手举着两个圣杯，杯中装着夜间酿造的玉米酒（当地称为“奇卡”）。国王举杯向太阳敬酒，一杯倒在排水沟里，流进太阳神庙的外院；另一杯自己喝，还要在各个随员的金酒杯里洒上几滴。于是，人们把太阳烤成面包吃下去之后，又将它变成酒赐予众人。

◇ 68 ◇

格雷戈里·梅森曾经写过一本书，题为《哥伦布来晚了》，他在书中猛烈抨击了“南半球自卑情结”。哥伦布当初来到南半球时，从最南端的智利到北纬50度，都已经被当地人亲手种满了玉米：

> 不管是在南美洲修路筑石墙的劳工，还是在中美洲修建美丽的石灰岩宫殿、建造神庙的工人，他们都吃玉米。由于玉米产量充足，秘鲁艺术家有足够的闲暇时间从事艺术创作，他们编织了精美的挂毯，制作了精致的陶器。当罗马人还在努力教化西欧大陆和英国蛮族时，危地马拉和尤卡坦半岛的科学家就已经积累了惊人的数学知识。早在白人到来之前，玉米就养活了美洲的众多人口，功劳比其他谷物都大得多……

欧洲是小麦、黑麦、燕麦、大麦的天下。玉米这个新物种无疑会在欧洲引发一场农业革命。哥伦布第一次航海归来以后，只不过将玉米当成一种新奇的植物品种带回了欧洲，向西班牙国王和王后做了展示。虽然30年之后，安达卢西亚地区也开始种植玉米，但只是用作牛饲料。因为西班牙人非常骄傲，不屑于吃这种东西。

除了骄傲，西班牙人不吃玉米还有其他原因。嗅觉通常会让人类对气味奇怪的食物避而远之，在摄入营养的过程中守护人类。比如，虽然原因尚未查明，但许多人就是无法接受生牛奶的气味。而西班牙绅士天生就习惯了小麦的气味，自然会对烤玉米时释放的油脂气味感到警觉，继而恶心。人们都说，哥伦布和他的手下可能是在船上挨饿数月后，已经忘记了面包的味道。否则，他们应该会发现玉米也许能果腹，但味道很糟。

不久之后，国内的西班牙人就开始听到一些奇谈，说美洲大陆上建立了“新西班牙”。被派往美洲的西班牙殖民者已经忘记了小麦，像印第安人一样以玉米为主食。虽然查理五世皇帝或许根本没有深入考虑过这个问题，但他却隐隐约约地感觉到，西班牙明明是胜利的一方，却舍弃小麦而改吃玉米，这种“去欧洲化行为”不太符合西班牙征服者的身份。毕竟，吃小麦才更像基督徒，“历史上著名的主的圣餐饼”就是小麦做的。因此，查理五世命令国库为种植小麦的移民发放奖金，数额高达 300 杜克特金币①。但奇怪的是，这基本没起到什么作用。1547 年，诗人加尔西拉索·德拉维加写道，秘鲁有了小麦，但是还不够烤面包用的。如今我们明白了，人们对经济压力的考量远远大于对味道的顾忌，玉米只需要 3 个月就能成熟，而且种玉米既不需要犁也不需要耕牛，所以西班牙人必定会改种玉米。而到了后来，北美洲的英国殖民者同样改吃玉米，也是意料之中的事了。

那时，美洲人对小麦还一无所知，而玉米已经开始助跑蓄力，准备跃入地中海地区了。玉米起初坐的是西班牙人的船，后来上了威尼斯商人的船，就不再仅仅是牛饲料了。东地中海盆地的人民数个世纪以来不断死于战争和饥荒，生活在水深火热之中，需要新的食物作为补充。威尼斯人注意到了这一点，就在克里特岛修建了玉米种植园，把玉米销往了地中海地区的各个角落。他们甚至还把玉米卖给了死敌土耳其人，而土耳其人也迫不及待地接受了。

◇ 69 ◇

玉米，多么伟大的旅行家！它从故乡阿兹特克和印加出发，跟随西班牙人穿越了大西洋，到了威尼斯商人手里又瞬间进入了交易市场，很快就覆盖了近东地区的广阔土地。之后，它的命运发生了戏剧性的变化。在那个时代，报纸尚未出现，书籍还只处理“知识性”问题，人们很少通过文字来传播事实，有关玉米起源的信息就这样遗失了。

---

① 杜克特金币，欧洲古代贸易专用货币。最早由威尼斯铸造，在欧洲多国通行，一战前后逐渐退出货币市场。1 杜克特金币相当于纯度为 98.6% 的黄金 3.49 克。

所以久而久之，大家都忘记了玉米原产自美洲。意大利人不久前才刚刚把玉米卖给土耳其人，结果再把玉米从土耳其人手里买回来之后它就叫作“土耳其玉米”了。塞尔维亚人和匈牙利人也犯了同样的错误。两国后来成为玉米种植大国，却认为玉米出产自土耳其。法国人文主义者让·吕埃尔[①]在写到玉米原产地时说：“这种植物是我们的祖先从波斯带回来的。”显然，他把玉米当成荞麦了。

葡萄牙人也做玉米生意。他们在1496年左右把玉米运到爪哇，又在1516年运到中国。但在这两个国家，玉米只是一种“外来殖民谷物”，注定无法匹敌当地种植的水稻。可笑的是，所有作物都想争相独霸田地，但对人类而言非常幸运的一点是，几乎所有土壤都能进行轮作或间混套作。虽然玉米在远东地区没有取得重大进展，但它渗透到了东南欧，并在那里称霸一方，成了最受欢迎的食物之一。不过，意大利大陆开始种植玉米的时间相对要晚一些。约1630年，贝卢诺的贝内代托·米亚里成功地培育出了特别优良的玉米植株；罗马尼亚王子康塔屈泽纳也在多瑙河下游种植了优良的玉米植株。之后在意大利和巴尔干半岛种植的玉米，就是从这些植株中培育的。

到了17世纪，玉米已经在东南欧站稳脚跟，成了平民百姓的常见食物。栽培玉米很容易，不像小麦那么棘手；而且玉米产量高，十分慷慨大方，能够填饱穷人的肚子。东欧和南欧的人太热爱玉米了，甚至愿意为了它抛弃面包——这可是自古以来就象征着基督徒身份的食物。他们发现玉米面比较粗糙，用普通的烘烤方式很难烤熟，所以就将其做成粥吃。而且玉米粥饱腹感很强，所以人们认为它结合了面包粉、蔬菜以及所有其他食物的特点，是万能食物。

这样吃玉米是错误的，还逐渐造成了危险。如果东南欧人像印第

① 让·吕埃尔（1474—1537），法国人文主义者、医生、植物学家。

安人一样了解玉米，可能就不会这样轻率了。墨西哥人、秘鲁人、阿帕奇人[1]和易洛魁人[2]从不像意大利人那样只用玉米粒煮粥。印第安人会把粥再进行精心烘烤，烤制成饼，然后才吃。而且他们从不会只吃玉米。在海边，他们会把玉米粉和鱼肉糜混合，烤成薄煎饼。如果没有鱼，就把玉米和南瓜粉、豆粕或芸豆茎烧成的灰混合在一起吃。他们烹饪玉米时基本都会加甜椒或红辣椒，还会用枫糖浆给玉米增加甜味，或者加入坚果一同烹饪。不幸的是，东欧和南欧的人对这些烹饪玉米的秘密一无所知。

◇ 70 ◇

1730 年，一位名叫卡萨尔的医生在西班牙西北角发现了一种新的疾病。最初，皮肤会开始发炎，表皮变得粗糙。因此，这种病叫糙皮病或癞皮病。到了病程的第二阶段，患者会出现胃肠道紊乱症状，然后疾病侵袭脊髓，产生严重的神经症状，甚至妄想症。阿斯图里亚斯的居民告诉卡萨尔医生，这种病在这里已经有几百年的历史了，不过没有引起人们的重视。

1755 年，法国医生蒂埃里对糙皮病进行了研究，重点研究了皮肤褪色的症状，却得出了错误的结论，认为糙皮病是坏血病和麻风病的结合。1814 年，意大利医生圭雷斯基认为糙皮病有一些症状像是中世纪流行的麦角病，于是他提出了一个有趣的理论：正如黑麦中的麦角菌会导致麦角中毒一样，玉米上也可能会生长与此密切相关的霉菌，人们吃了受感染的玉米，就可能会患上糙皮病。就这样，糙皮病得以放任自流，不断演变，直到几十年后，意大利糙皮病的病例增加，才

① 阿帕奇人，北美西南部印第安人。

② 易洛魁人，北美洲印第安人的一支。

引起了许多意大利科学家的注意。来自布雷西亚的巴拉尔迪尼医生进一步完善了圭雷斯基的理论。他宣称，玉米来自气候温暖干燥的地区，而波河流域、南蒂罗尔、多瑙河流域和巴尔干半岛气候潮湿，改变了玉米的化学特性，使它产生了毒性。他坚持认为玉米适合在气候干燥的墨西哥和美国南部生长，但不适合潮湿的南欧，而糙皮病正是慢性玉米中毒引起的。

切萨雷・龙勃罗梭[①]在意大利对糙皮病进行了研究，并支持这一观点。他断定，生长在潮湿土壤中的玉米会产生一种尸毒，让人生病，他把这种毒素叫作“糙皮玉米蛋白毒素”（pellagrozein）。其他科学家还在玉米中发现了别的毒素。小农户住在沼泽地里，喝的水不干净，吃的是玉米糊，会生糙皮病；四周蚊虫滋生，还会传播疟疾，生活苦不堪言。当时有一首流行的诗这样写道：

> 吃的是烂玉米做的粥，
> 喝的是水坑里的水；
> 主人，你自己干活吧，
> 因为我已经无能为力。

虽然玉米腐烂主要是因为储藏设施简陋，但是意大利人似乎开始感到种植玉米很危险，随后就普遍躲避玉米的“毒害”。在法国南部，人们也认为玉米不能食用。而且由于小麦蓄势待发，随时都准备占据玉米腾出的位置，局面更是迅速急转直下。不过短短几年，玉米就被完全抛弃了。时任法国驻华盛顿大使朱尔・朱瑟朗在回答美国医生的询问时就宣称：

---

① 切萨雷・龙勃罗梭（1835—1909），意大利犯罪学家、精神病学家、医生。代表作为《犯罪人论》。

尽管玉米年均产量约为600万公担[①]，但我可以肯定地告诉你：其中只有极少数上了人类的餐桌，其余的几乎都用来喂牛了。

玉米是美洲古代文明的支柱，每天都出现在富兰克林、华盛顿和林肯的餐桌上，难道这种伟大的食物只能沦为牛饲料吗？这是多么悲惨的没落！

卡西米尔·冯克（出生于波兰华沙）因发现维生素而闻名于世，他揭露了玉米长期以来受到的不公平待遇。1882年，高木兼宽[②]用果蔬搭配的食谱取代了之前几乎只有米饭的食谱后，脚气病在日本海军中消失了。这件事提醒了冯克：或许糙皮病也只是一种缺乏症。

19世纪末，两位荷兰科学家在东印度群岛发现了一个现象：在所有由现代机器磨坊取代了当地原始手工磨坊的地方，都出现了脚气病。这是因为稻谷由外层和内层组成，当地的原始手工磨坊没有完全去掉稻谷的外层，而现代的机器磨坊则将其完全去除，只留下了高度抛光的大米。但这种大米缺乏一种重要的营养元素，所以当地人出现了无法解释的疾病症状。最后，人们意识到，大米的真正营养价值恰恰在于被扔掉的那部分。冯克将这些含氮的结晶命名为维生素。美国人对冯克的发现交口称赞，并禁止在菲律宾对大米进行抛光。过了几年，脚气病就停止流行了。

糙皮病同样会停止流行，因为它也是一种缺乏症。糙皮病的病源不是天然的玉米粒，而是因为现代磨坊去除了玉米粒中宝贵的部分，并将营养较少的部分磨成了面粉。如果我们仔细观察玉米粒，就会发现其坚硬的外皮中包裹着胚乳和胚芽。虽然整粒玉米的脂肪含量只有4.3%，但仅胚芽就占了其中的29.6%。也就是说，胚芽是最有营养的

---

① 1公担=100千克。

② 高木兼宽（1849—1920），日本海军军医，日本首批医学博士，以防治脚气病的贡献著称。

部分。筛掉了胚芽，也就筛掉了维生素……

人类上下求索的历史是多么奇妙而又充满偶然的历程啊！中世纪时，由于技术危机，人们吃的面粉里掺杂着碎石片；随着我们工业时代的技术进步，人们制造出了机器，却又过于精密，磨掉了面粉的生命力……这绝不是玉米的问题。正如埃弗里特所描述的那样，玉米仍然是人类的朋友：

> 把一粒加州黄金丢到土里，即使等到地老天荒，它也只是原封不动，无法给那块土地带来一丝生机。而把一颗我们的“金子”，一颗天赐的金色玉米粒丢到土里，看！多么神奇，过几天它就会变软、膨胀、破土而出、节节拔高；它充满了无限生机。纤细的翠绿色尖芽从黄色的种子里萌发出来，钻出土壤，继而不断生长，长出高高的茎秆，生机勃勃，享受着美好的空气和阳光。丝丝翠绿苞叶，包裹着耀眼的玉米粒，比所罗门还更骄傲地展示自己；玉米穗在空中翩翩起舞，玉米在肥料的滋养下更加茁壮。最后，两三株雄伟的苞谷就成熟了，每株苞谷上都镶嵌着上百粒黄金般的玉米粒，每一颗都与最初孕育它们的那颗种子一模一样，美妙极了。

土豆的时代

◇ 71 ◇

1531 年，西班牙人来到了秘鲁，发现这片高地上有广阔的菜园。印第安人在菜园中精心培育了一种农作物，在略呈方形的绿色根茎上开着白色、粉色和淡紫色的花，花萼有五片裂片，形状尖尖的。植株之间都相隔甚远。更古怪的是，在每一棵植株根部周围，印第安人都堆满了土。他们告诉西班牙人："这是为了尽可能让茎接触土壤。"这让西班牙人无法理解。从土壤中吸收养料的是根，又不是茎。而根本来就在土壤里，给茎堆上土又有什么用呢？

作物到了成熟的时节，结出了绿色的肉质浆果。西班牙人摘了一颗放进嘴里。印第安人看到以后，立刻冲了过来，绝望地搓着手，躺在地上，摊开双臂装死，示意西班牙人一定要把它吐出来。所以，这果实是有毒的！西班牙人知道，野蛮的印第安人会在箭头上涂毒药，还会用毒药把鱼毒晕，再徒手捕捞。因此，西班牙人或许料到了印第安人会种毒草。但是，在连绵数英里的菜园里只种毒草，这产量也未免太大了。有了这么多毒药，印第安人简直能彻底消灭整个新西班牙

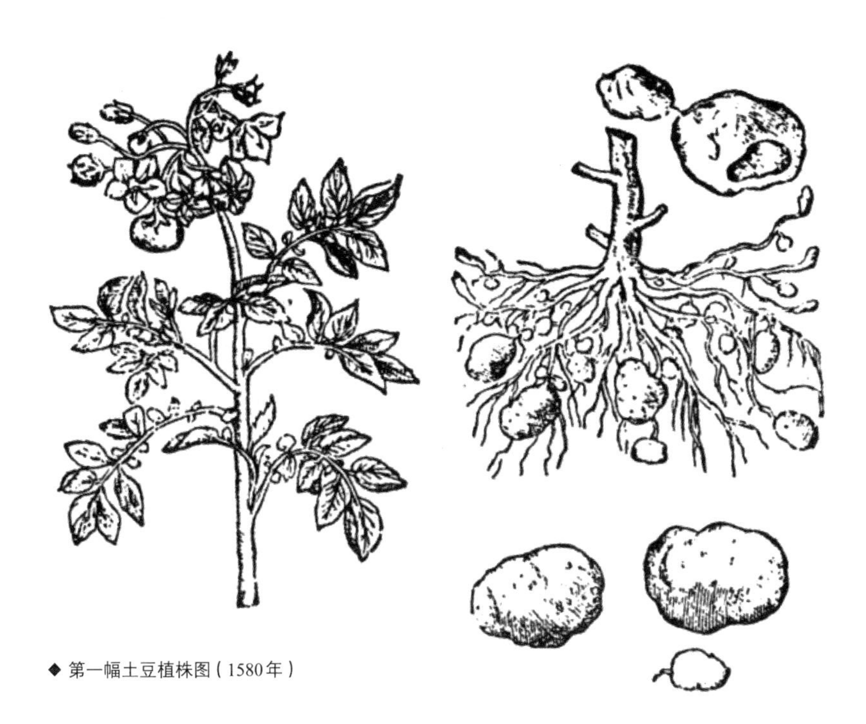

◆ 第一幅土豆植株图（1580年）

殖民地。当然，这些菜园并不是为了种毒草。

第二天，妇女和儿童把菜园里的作物全部拔了出来。西班牙人简直不敢相信他们的眼睛。地面上的收成全都消失不见，被烧掉了；而作物的地下根茎上却仿佛长了巨大的溃疡性肿块，或者说是大疙瘩。而这些膨大的青白色块茎才是印第安人真正的收成，对他们而言似乎非常珍贵。

西班牙人指着这些难看的疙瘩问道："这是什么？"

印第安人答道："帕帕。"

"是做什么用的？"

印第安人指了指自己的嘴。对西班牙人来说，这么一种明显有毒的漂亮植物被烧掉了，而最丑陋的部分却被留下来吃，这似乎有些荒唐。不过后来，他们也吃了这种奇特的疙瘩，或者切片煎熟，或者整个放到水里煮熟。他们发现，这种食物虽然味道单一，但特别有饱腹感。而且饱腹感或许有些太强了。如果人吃惯了各种各样的精致菜肴，就像这些西班牙贵族一样，那就最好少吃一点这种块茎，否则别的食物就吃不下了。

印第安人口中的“帕帕”（pappa）就是土豆。其英文名（potato）源自西班牙语中的红薯（batata）。取名之人误以为土豆是红薯，而红薯实际上是牵牛花的近亲，与“帕帕”毫无关系。意大利人干脆把土豆称为松露（Tartuffoli）[①]；到了德国，这个词又依据发音演变成了 Kartoffel。法国人喜欢标新立异，坚持自己的错误，把土豆称为地里的苹果（pomme de terre）。塞尔维亚人模仿法国人，为土豆取名的方式也很有趣：他们听到有个“该死的德国人”把土豆称为地里的梨（Grundbirne），就模仿德语的发音，称土豆为 krumpir。

不过，在 1540 年时，土豆距离法国和南斯拉夫还有十万八千里；只有安第斯山脉地区的人们才认识土豆。而那里的菜农都是选育土豆的大师。到了晚上，毛茸茸的羊驼驮着一筐筐收获的土豆满载而归，回到峭壁上的农舍之后，菜农会坐在皎白的月光下，一边自言自语，一边精心挑选供下一次播种使用的优质土豆。月光下，他们的身影显得有些落寞。菜农这样做，是因为土豆这种神奇的植物在繁殖后代时不是用种子，而是要用块茎，而且为了繁育优质品种，必须精挑细选。菜农的目标是培育出完全可以食用的土豆，不需要扔掉任何一部分。而要做到这一点，就需要数百年的培育，并积累丰富的知识。

① 因为松露也像土豆一样，块状主体藏于地下。

◇ 72 ◇

时至今日，在秘鲁培育土豆依然像在其他地区培育玫瑰一般，菜农会把土豆当作艺术品一样精心呵护。A. 海厄特·弗里尔[1]对秘鲁土豆集市的描述就趣味横生：

> 土豆“心”有白心、黄心、粉心、灰心，还有淡紫色心的；土豆皮有白皮、粉皮、红皮、黄皮、棕皮、绿皮、紫皮、橙皮和黑皮，布满了不同颜色的斑点或条纹；土豆的大小和形状各异，有的像西红柿一样光洁，有的则像蟾蜍一样疙疙瘩瘩。有的土豆只有冷冻后才能食用，有的土豆植株有三四英尺高，还有的贴地面生长着藤蔓……这些土豆品种反映出了秘鲁多种多样的气候条件，有时常大雨倾盆的热带，人工灌溉的沙漠，乱石丛生、狂风大作的高原，以及荒凉的安第斯山脉。

1540 年，当西班牙人看到秘鲁农民用锋利的石刀给土豆“动了手术”，再放回土里之后，很可能会联想到外科医生给儿童头部开刀的场景。确实，秘鲁人相信人头和土豆之间存在独特的联系。由于他们的兵器主要是棍棒等打击兵器，在战斗中最常见的外伤就是脑震荡或颅骨骨折。于是，秘鲁人在开颅手术方面具备惊人的外科知识，这对他们至关重要。颅骨破损时，大脑通常承受着巨大的压力。为了缓解压力，秘鲁医生会在受伤的颅骨上开孔，排空积液，从而恢复正常的颅内压水平（这种“环锯术”直至很久之后才被欧洲医生发现）。颅骨上的孔在新骨形成后就可愈合。在印加人的墓穴中，我们发现许多尸体的头骨曾有开孔，并成功愈合。难怪秘鲁人对自己的外科手术技

① 美国动物学家、探险家、作家。

术感到骄傲。他们有一种天真而神秘的信仰，相信通过颅骨穿孔改变了人头的特征之后，也会对植物世界产生影响。由于土豆长得像人头，所以秘鲁人坚信，每次成功实施了环锯术之后，地里就能长出一种新的优质土豆品种。这两者之间存在着一种神奇的关联。

毫无疑问，西班牙的征服者对这种迷信思想嗤之以鼻。可无论他们如何孜孜不倦地在秘鲁传教，就是无法彻底铲除那些对魔法的原始信仰。印第安人认为土豆是有生命的，而他们又崇拜石头，所以他们会把土豆形状的石头埋在地里，相信这能带来好收成。1621 年，一位耶稣会的神父阿里亚加记录了对“土豆妈妈”的迷信。“土豆妈妈”是两块连体土豆，似乎预示着丰收。秘鲁人发现连体土豆后，就会把它挂在地头的杆子上，让其他土豆效仿。

基督教牧师自然强烈反对这种无稽之谈，然而反对无效。直到今天，玻利维亚和秘鲁的田间依然挂着连体土豆，不过现在不是挂在杆子上了，而是挂在十字架上。这是因为把新旧两种信仰联合起来，比单一的信仰更强大！

西班牙人自始至终都未能完全铲除邪神崇拜。在欧洲，他们成功地消灭了摩尔人和犹太人信仰的犹太教；但在广袤的美洲，他们最多只能将当地信仰纳入基督教。基督教又一次变成了异教。而且，非常值得注意的是，西班牙人将印第安人的土豆引入欧洲时，印第安迷信也悄然在欧洲扎了根。在印第安人根本没听说过的欧洲国家，也开始出现了各种印第安人的迷信。例如，瑞典北部的农民学习印第安人以毒攻毒的“顺势疗法”[1]，也在土豆地里放了石头来施魔咒，祈求丰收。直到今天，在波罗的海各地，人们依然相信土豆和人头有联系。那里有一个习俗，当一家人坐在餐桌前吃当年收获的第一批土豆时，要用

① 顺势疗法又称同类疗法，这一疗法的治疗理念是“相同者能治愈”，即为了治疗某种疾病，需要用一种能在健康人中产生相同症状的药剂，类似于“以毒攻毒”。

力互相拽头发。头发象征着土豆上的根须。这样做的意义是，在土豆被牙咬疼之前，人们的头要先疼一下，来安抚土豆。同样，希腊人也被教导，在折磨谷种或将其埋在土里播种时，都要进行哀悼。在杀死自然之神之前，必须要进行安抚。这是因为自然之神是要复活的，否则人类就要遭殃了！

◇ 73 ◇

那么，土豆是如何传入欧洲的呢？奇怪的是，我们并不知道。我们知道人类历史上那么多政治事件是什么时候发生的，知道战争何时爆发，和平条约何时签订，可偏偏不知道这一件奠定了爱尔兰、法国和普鲁士未来生活基础的重大事件到底在何时发生。数千年来，人们一直认为只有政治史才足够庄严，值得铭记。在过去的150年里，人们已经认识到，商业史也同样重要。然而时至今日，依然很少有人知道，人类历史还是一部农业史。

因此，我们找不到关于第一艘运送土豆的船只抵达西班牙某港口的记述。这在当时一定颇为轰动。大约80年前，伊比利亚半岛上最后一批摩尔人遭到驱逐；如今，西班牙大地正在承受恶果：贫民饱受饥饿之苦，比其他国家更甚。西班牙的萨拉森人不同于地中海东部地区的阿拉伯人和土耳其人，在农业方面极为出色。或许他们并非天生如此，但他们的统治者除了骑士之外，还有学者。例如，哈里发哈基姆[①]的皇家图书馆藏书就多达60万余册。古希腊罗马的伟大著作被翻译成了阿拉伯语，而学术成果又转化为实践。阿拉伯人的大学依据科卢梅

① 哈基姆，埃及法蒂玛王朝第六代哈里发。

拉、色诺芬[1]、加图、瓦罗的理论，教授农场经营理念、务农技巧和农业盈利方法，并辅以自身具备的化学知识。他们来自沙漠，所以能够严肃地认识到：水是创造文明、耕种土地的先决条件。美国历史学家威廉·H. 普雷斯科特曾这样描写格拉纳达："内华达山就像是守护神的衣摆，而山脚下就是一片平原。阿拉伯人不遗余力地精心耕种，并将流经此处的赫尼尔河引入了上千条水道，以便更好地灌溉农作物。他们全年都源源不断地收获各种水果和粮食，甚至还成功地移植了南半球南端的农作物……"

而当信奉基督教的西班牙人从摩尔人手中夺走了这片土地之后，出于无知，他们任由灌溉系统日渐破败，因此造成了严重的旱灾。曾经的"西部花园"很快就变得和西班牙其他地方一样荒凉，就像堂吉诃德所看到的景象，"地里不长庄稼，只有愚蠢和贫穷不断滋长"；大公的土地都用来牧羊了，而城里人又十分敌视农民，不愿帮助他们解除悄然发生的技术危机。

就在这时，土豆来了。培育土豆既不需要犁地，也不需要耕畜，一无所有的农民必定迫不及待地热烈欢迎！

西班牙文献中首次提到土豆，是在 1553 年出版的《秘鲁编年史》中。作者西埃萨·德莱昂在书中七次提到了土豆。德莱昂清楚地知道，土豆在大西洋彼岸扮演着重要的角色。他知道印第安人种植玉米，但认为储存土豆能比玉米更好地抵御饥荒。"印第安人会把土豆晒干，一直可以保存到下次丰收之时。他们不懂人工灌溉，如果不是因为储存了土豆，旱季时就会发生饥荒了……"

从这样的描述可以看出，土豆显然不是美味佳肴，而是普通老百姓用来果腹的。西班牙人很快就意识到了这一点。我们发现，早在

---

[1] 色诺芬（约前 440—前 355），古希腊历史学家，苏格拉底的弟子，以记录当时的希腊历史、苏格拉底语录而著称。他认为农业是国民赖以生存的基础。

1573年，西班牙塞维利亚市立医院就采购了大量土豆，作为日常饮食的一部分。这家医院采购的已经不是进口土豆，而是在市郊种植的。由此可以清楚地看出，土豆绝非“松露”那样奢侈的食物，否则也不会在医院占有一席之地。

以西班牙为起点，土豆的种植面积不断扩张，意大利、奥地利和荷兰都在犹疑中开始种植土豆。土豆还从瑞士传入了法国，却遇到了极为强烈的心理障碍，最终未能远播，而止步于此。

在很长一段时间里，历史学家一直认为最早把土豆带出美洲的是英国人。而现在我们知道了，土豆在到达英国之前20年就已经进入了西班牙。但1586年弗朗西斯·德雷克[①]把土豆带回英国时，那些土豆的原产地是西班牙人一无所知的另一个美洲地区。这就是北美洲。

在英国和西班牙的竞争中，土豆也发挥了自身的作用。西班牙船队每个月都从南美洲满载金银归来，让伊丽莎白女王十分嫉妒，她的属下更是无比眼红。当时英国不够强大，不敢向墨西哥或南美洲发起进攻，但他们利用了新世界[②]辽阔的土地。美洲北部吸引了他们。难道整个美洲大陆不都是富甲天下的应许之地吗？那么北部难道不应该也有金银财宝吗？

要是英国人考虑到了美洲北部印第安人的文化，他们也许就不会自欺欺人了。因为美洲北部没有人口稠密的阿兹特克文明，也没有秘鲁的银矿，只有无边无际的森林和广袤的大地，居住着猎人和渔民。

---

① 弗朗西斯·德雷克（Francis Drake，1540—1596），英国著名的私掠船船长和航海家，同时也是伊丽莎白时代的政治家。他在1577年和1580年进行了2次环球航行。

② 新世界（New World），又称新大陆，主要指美洲大陆。相对的是旧世界（Old World，旧大陆），指在哥伦布发现新大陆之前欧洲认识的世界，包括欧洲、亚洲和非洲。

无论如何，吉尔伯特[①]、雷利[②]和德雷克还是动身出发了。一方面，他们想建立海盗庇护所，借此掠夺西班牙舰队；另一方面，他们想在此为英国搜刮财富。雷利为这个梦想付出了生命。他兼具多重身份，既是学者、人文主义者、诗人，也是政治阴谋家；为人冷酷无情，胆大妄为。伊丽莎白女王去世后，他被卷入了混乱的政治局势，最终被斯图亚特王室处决。（西班牙人很高兴看到英国人杀死了他们最有才华的帝国主义者。）

1584年，雷利占领了一段海岸线。为了纪念“童贞女王”，他将此处命名为弗吉尼亚。[③]可他安排在此定居的108名手下却难以维生。十个月后，德雷克把这些饥肠辘辘的人带离了弗吉尼亚，正是他们把土豆带回了英国。这土豆或许是他们自己在美洲种的，也或许是他们从在弗吉尼亚附近巡航的西班牙船只上掠夺的。无论是哪一种情况，雷利的手下都是第一批见到土豆、吃土豆的英国人。他们回国时没有别的礼物，便把土豆植株送给了伦敦植物园。植物学家约翰·杰拉德在1596年记录了此事。不过，几年后，伦敦人就不再觉得土豆有什么稀奇了。这就是一种食物而已，一种已经驯化，易于种植、饱腹感强的食物。它在英国的种植面积迅速增加。

◇ 74 ◇

1596年的一天，环球剧院[④]的后排观众听到了一声呼喊：“让天上

① 吉尔伯特，全名汉弗莱·吉尔伯特（Humphrey Gilbert，1539—1583），英国军人、航海家、探险家和海盗。

② 雷利，全名沃尔特·雷利（Walter Raleigh，约1552—1618），政客、军人、诗人、探险家。他发现了今南美洲圭亚那地区。

③ 伊丽莎白一世终身未嫁，因此被称为“童贞女王”，而弗吉尼亚有处女地之意。

④ 位于英国伦敦，最初的环球剧场由莎士比亚所在宫内大臣剧团于1599年建造，1613年6月29日毁于火灾。17世纪，莎士比亚的大多数作品都在环球剧院演出。

落红薯吧。”[①]《温莎的风流妇人》[②]正在上演，剧中人物福斯塔夫高声说出了这句台词。这一幕发生在春日的夜晚，在化装舞会上，众人扮成了精灵分散各处。大腹便便的福斯塔夫受情欲驱使，冲上舞台去奔赴约会。他扮作公鹿，向心上人喊道："诱惑尽管像暴风雨一般的袭来，我要在这里躲藏一下。"即使天上落下红薯（土豆）也不要紧。

喜剧要将人们熟悉的事物通过新奇的视角或以全新的方式呈现出来，需要观众立刻能听懂演员台词中的笑点。因此莎士比亚肯定不会故弄玄虚，在喜剧中提到温室里的珍奇植物。所以，在当时的伦敦，平民百姓肯定已经对土豆司空见惯。

不过，莎士比亚作为一位伟大的诗人，写下幽默台词绝不仅仅是为了引人发笑。观众发笑，还因为这其中隐藏着与《圣经》故事的双关。"天上下雨"有什么重要意义呢？在《圣经·出埃及记》中，上帝让天上降下吗哪，给饥肠辘辘的以色列子民充饥。第 16:14 节写道："露水上升之后，不料，野地面上有如白霜的小圆物。"笑点就在这里，莎士比亚将弹弓发射出的硕大石头一般的土豆（红薯），比作了以色列人在荒野中捡到的小巧玲珑的吗哪。在《圣经》故事中，吗哪就相当于犹太人的面包，使他们在荒野中得以存活 40 年。所以，土豆也是那时替代面包的常见食物。如果当时英国人还把土豆看作外来的稀罕物，莎士比亚是基本不可能用它当笑料的。

由此看来，在伊丽莎白时期，伦敦人为了能多做点面包，似乎会在小麦面粉里掺土豆粉。这样做有必要吗？威廉·哈里森在 1577 年出版的《英格兰概览》中提到，小麦短缺时，人们也会用豆子、豌豆、燕麦和橡子来烤面包。但由于这本书出版时土豆还没有传入英国，所

---

① 译文摘自莎士比亚：《温莎的风流妇人》，梁实秋译，北京：中国广播电视出版社 2001 年版，第 187 页。

② 《温莎的风流妇人》是莎士比亚创作的喜剧。福斯塔夫是其中喜剧人物，他体肥如猪，贪财好色，为了钱财向两位富绅的妻子"求爱"。此句原文为"Let the sky rain potatoes"，potato 意为土豆，但在该句中实指红薯（sweet potato），红薯据说有催情作用。当时的人们误将红薯当成了土豆。

以书里没有提到土豆粉。很有可能到了16世纪90年代土豆传入后，人们就已经在烤面包时掺土豆粉了。就在1596年夏末，在小麦连续几年大丰收，甚至都能出口法国之时，饥荒突然降临，英国不得不从国外进口粮食。俄国沙皇费奥多尔一世·伊万诺维奇也曾下令将粮食运往英国。当时的英国人必定生活在水深火热之中，而这也正是莎士比亚笔下的福斯塔夫将土豆比作吗哪的时候。在一封1597年7月11日写给主要大臣罗伯特·塞西尔伯爵的信里，我们可以读到当时的景象：

> 星期四，在纽卡斯尔，一碗黑麦的价格已经高达32先令。如果不是上帝眷顾，荷兰人在星期五就给我们运来了玉米，天知道黑麦会涨到多少钱。根据可靠报告，许多人已经20天没吃过一口面包了。因为缺乏面包，无论是在城市还是农村，人们都饥肠辘辘，几乎快要饿死了。

在这样的饥荒年代，人们肯定是迫不及待地接受了土豆面粉。

50年后，英国医生托马斯·文纳在《关于所有通过营养有助于形成健康见解之事物的性质、能力及影响的朴素哲学论述》一书里是这样评价土豆的：虽然看起来有些膨胀，但内里紧实饱满，因此饱腹感极强，非常适宜人类食用。1664年，约翰·福斯特在《种植土豆提升英国人幸福感》中写道，虽然土豆来自西印度群岛，但现在已经成为所有爱尔兰人不可或缺的主食。他还呼吁英国农民效仿爱尔兰种植土豆。

◇ 75 ◇

土豆在爱尔兰种植，而且确实在爱尔兰国民经济中占有举足轻重的地位，但英国基本不会去效仿。因为他们憎恨爱尔兰人，认为爱尔兰人总是闹事，两国之间还因为宗教分歧和政治争端而战事不断。除此之外，爱尔兰人还很穷，这就让英国人更厌恶他们了。在谷物大战中，一种谷物能否脱颖而出，在很大程度上取决于推荐本国最受欢迎谷物的那个国家的经济水平如何。如果一个国家的生活水平很低，那该国推荐的谷物也会被看作是下等食物。口味和时尚一样，总是追随贵族的潮流。

在 17 世纪，英国人对土豆有很深的成见，认为这是“穷人吃的”东西，而且是用来喂牛的。不过，造成这种局面的，可能还有另一个原因。西班牙人、葡萄牙人和荷兰人航海前往新大陆时，他们的目标不仅是黄金，还有香料。例如，荷兰占领了东印度群岛之后，就成了香料行业的大富豪，在世界上首屈一指。正如笔者在《全球上瘾》[①] 一书中所述：

> 这批率先抵达东印度群岛的欧洲人偷走的可不止是丁香。他们吸着岛上芬芳的香气，贪婪地张大了鼻孔。就像西班牙人向西航行，到了“黄金群岛”一样，葡萄牙人则向东航行，来到了“香料群岛”[②]。黄金和香料殊途同归，因为胡椒和肉豆蔻也能换黄金。出了马鲁古群岛，肉豆蔻的价格就能变成原来的 20 倍。

由于西欧富裕国家大量进口香料，刺激着人们的味蕾，人们几乎已经品尝不出清淡的味道了。埃兹拉·帕马利·普伦蒂斯在《饥饿与历史》一书中提到，在 17 世纪，一个叫托马斯·马费特的医生写道：“甜瓜、梨、苹果都淡而无味。”英国人吃了太多香料，已经无法感受

① 《全球上瘾》，广东人民出版社 2019 年版。

② 香料群岛为东印度群岛别称。

土豆的魅力；而贫穷的爱尔兰人则因为买不起昂贵的胡椒，所以喜欢土豆的清淡味道，这可以理解。在一穷二白的爱尔兰，土豆已经主宰了国家的命运。千百年来，这座绿宝石岛[1]上的人口数量简直和地里土豆的数量息息相关。农民在田地里种土豆，农妇在家中菜园里种的还是土豆。只要土豆还忠于爱尔兰人，他们就能一直生存下去，坚持与英国进行“合法内战”。从雷利生活的时代到 19 世纪，爱尔兰人一直在种土豆、吃土豆，一直延续了七代人的时间。但在 19 世纪，土豆第一次背叛爱尔兰人，就引发了一场灾难。那些惨相至今仍历历在目。

早在 1822 年，土豆歉收就在爱尔兰引发了饥荒。马铃薯晚疫病这个新敌人突然降临爱尔兰。这种疫病不明原因，类似于霉病。昌西·古德里奇等植物学家认为，几个世纪以来，由于人们一直在用块茎而非种子繁殖土豆，滥用无性繁殖，土豆的生命力遭到严重削弱，已经丧失了抵御疾病的能力。马铃薯晚疫病在科学界引发了争论，然而当时对农民毫无帮助。疾病不断扩散，很快就蔓延到了爱尔兰之外，波及比利时、荷兰、德国，并沿多瑙河顺流而下，最远来到了匈牙利。但只有在爱尔兰，这种疾病能在短短几天内让长势旺盛的土豆腐烂成堆。整个爱尔兰无一处幸免。1846 年 7 月 27 日，马修神父从科克郡骑马去都柏林，一路上都看到土豆长势良好。到了 8 月 3 日他返程时，同一片土地上却已经满是腐烂的作物。当地人菜园里的土豆全都烂了。他们坐在篱笆上，痛不欲生，号啕大哭。作为爱尔兰人，贫穷是与生俱来的。现在他们害怕自己命不久矣，因为他们除了土豆什么都没种。

英国人马上采取了救济行动。政府把价值 10 万英镑的玉米运到了爱尔兰。但面对这些来自英国首相罗伯特·皮尔的馈赠，爱尔兰百姓却隐隐有些怀疑和抗拒。他们问自己：“我们真的要吃皮尔送来的‘硫黄’吗？”许多人认为英国人运来玉米是为了毒害他们，民间还流传

[1] 绿宝石岛，为爱尔兰岛的别名。

说人吃了玉米以后会变黑。不过，迫于饥饿，爱尔兰人最终还是开始吃玉米了。

英国政府只想解燃眉之急，因此并没有立即在爱尔兰大面积种植燕麦和黑麦，而是从国外进口了大量玉米。大批玉米经销商蜂拥而至，据说多达 70 万人。可爱尔兰不仅缺少碾磨玉米面粉的磨坊，甚至连烹饪玉米的炊具也不够。于是，英国又用轮船和帆船运来了大量铜锅。

这些措施都无济于事。饥荒长驱直入，流感紧随其后。在接下来的五年里，爱尔兰有近 100 万人死亡，占当时人口的五分之一。

这之后，爱尔兰人有史以来第一次感到生命比土地更重要，从而产生了逃离的冲动。在饥荒的最初几年里，有 3 万名农民被迫离开了自己的小农场。如今移居国外的人数也在飙升。在 1847 年的前十个月里，有 25 万走投无路的爱尔兰人在利物浦登陆了。

他们当中有一半继续航行，逆着土豆几个世纪前的路线，穿越大西洋来到了北美洲。他们曾是农民，而现在疾病缠身，身体衰弱，穷困潦倒；数百人都被塞进了靠近船舵的统舱里，人满为患。他们中有许多人连旅费都凑不齐。那时航运公司还不负责给乘客提供食物，所以最初，很多家庭都是全家人在途中挨饿。

抵达目的地后，爱尔兰人下船四顾。他们不再信任故乡的土地，也不再信任任何土地了。他们没有像德国人那样前往提供免费土地的西部；而是去了纽约州、新泽西州、伊利诺伊州、宾夕法尼亚州等地定居，成了城里人。如果他们要继续务农，就必须等待作物收获。但他们身无分文，买不起农具，也无意等待，所以能找到什么工作就要做什么。重大的转变就这样发生了。他们不是做公路或铁路工人，就是在城市做小商贩。几年后，他们就和在欧洲时截然不同了。爱尔兰人就像土豆一样，扎下了强壮的根基，而且是扎在了大城市的土壤之中。截至 1850 年，美国 2500 万居民中有 400 万是爱尔兰裔。而且移民出境的爱尔兰人还在不断增加。他们是因为遭到了最爱食物的背叛，饱受饥荒之苦，在万念俱灰之下被迫背井离乡的。厄运的打击，令他们形容憔悴，面无血色。更糟的是，他们还遭遇了定居在美洲的英裔美国人的抵制。不过这恰恰增强了爱尔兰人的民族凝聚力，使他们团结一致。爱尔兰居民区四处涌现，并演变成了政治力量的中心。

在爱尔兰人的记忆中，故乡从未褪色。湛蓝的天空下，是葱茏的岛屿，他们住在茅草屋里，那碗煮土豆就是全部的晚餐。虽然没有面包，但土豆个个饱满硕大，香喷喷的热气扑面而来，是他们不曾忘记的。这样的日子一去不复返了。长期以来，爱尔兰人吃的都是美国人的玉米面包（不过他们并没有变黑）。但是玉米面包永远不会有土豆田里那种弥漫在空气中潮湿而清苦的香气……

移民美国的爱尔兰人也许还记得自己曾用土豆酿酒。土豆酒很烈，能够抚慰人心。于是，爱尔兰人成为美国的酒业巨头。美国大部分酒吧都是他们经营的，而这些酒吧都是政治活动中心。比如，在世界上最大的移民城市纽约，“爱尔兰土豆”就把持大多数市政府职位长达30年。直到1934年，意大利人拉瓜迪亚①打败了坦曼尼协会②，才打破了爱尔兰人的垄断统治。

就这样，土豆在千里之外引发了一场饥荒，彻底改变了许多美国城市的人口结构和政治局势，而且对当代美国历史产生了决定性的影响。相似的事件也许随时都有可能再次发生。因为我们应当铭记，世界历史总体上是一部农业史，而人类的确生活在“食物王国”中。

① 拉瓜迪亚，全名菲奥雷洛·亨利·拉瓜迪亚（Fiorello Henry La Guardia，1882—1947），意大利裔美国人，曾任美国众议员、纽约市市长。

② 坦慕尼协会，成立于1789年的一个组织，最初为慈善互助机构，后来逐渐发展为民主党的政治机器，大肆收受商人贿赂，并培植和利用黑帮势力，控制纽约的政治生活。1934年在拉瓜迪亚和杜威的联合夹击下垮台。

◆ 1847 年英国救济爱尔兰饥荒

从史广多到奥利弗·埃文斯

◇ 76 ◇

哥伦布踏上美洲大陆时，他的身份是旅行者、外交官以及学者。后来，科尔特斯凭借卑鄙手段征服了墨西哥，皮萨罗兄弟则通过野蛮行径征服了秘鲁。因此在弗吉尼亚，雷利爵士手下的英国船长只需要效仿西班牙人的先例，只需要坚信世界的中心是伦敦，而非马德里，也许就能通过传统的殖民手段建立新帝国了。然而，真正创立美国的朝圣先辈[①]在1620年12月21日登陆普利茅斯时，他们的信仰是什么呢？

他们信仰上帝。

尽管祖国英国的发展水平遥遥领先于许多其他国家，但朝圣先辈离开这里，是因为他们希望以自己的方式信仰上帝。他们已经意识到，英国脱离天主教不过是一场妥协。教皇虽已遭到驱逐，但天主教祭坛和仪式仍然得以保留。詹姆斯一世上台时宣称，任何不信仰英国国教的人都必须离开英国。他虽无意较真，却有数百名清教徒真的付诸实

---

① 朝圣先辈（Pilgrim Fathers），是普利茅斯殖民地的早期欧洲定居者，为清教徒。

践。就这样，这批脱离派清教徒于1608年移民到了荷兰，这也是当时欧洲唯一一个宗教信仰完全自由的国家。

不过他们并没有留在荷兰。虽然宗教信仰自由是个有利条件，但极端民族主义可不是。荷兰人以经商为生，受行会管制，只有荷兰公民可在本国工作。荷兰工匠世世代代都不务农，不过他们显然也不需要；因为只要把布匹销往俄罗斯，船只就能满载粮食而归。而移民在与荷兰人的竞争中，处处落败。他们在英国做了一辈子农民，可现在只有纺织业对他们开放。很快，他们就意识到自己并不甘于纺织和缝纫。可即使是想在荷兰啤酒厂工作，也需要特殊的资格证明。他们学不到新的手艺，也学不会荷兰语。最终在12年后，他们心灰意冷，决心宁愿住在荒郊野外，也不在工业化城市里生活了。

而且，他们在内心深处听到了使徒保罗的声音："又说，你们务要从他们中间出来，与他们分别，不要沾不洁净的物。"[1]于是，他们怀着忐忑不安的心情写信到伦敦，联系了弗吉尼亚公司[2]。他们知道美洲面积广阔，而且与英国隔着千山万水，詹姆斯一世也无意管理那些遥远臣民的宗教信仰。同时，弗吉尼亚公司又迫切希望有更多人移民到美洲定居，就答应帮助他们，还提供了贷款。他们就这样装备妥当，乘坐"五月花"号出发了。

就行前准备来说，今天的一群男孩子为了去夏令营准备的东西都比这些朝圣先辈更实际。领航员一开始就走错了路，并没有带领他们在南方登陆，而是来到了北方。所以他们根本没找到弗吉尼亚，美洲发现之旅就这样拉开了序幕。从法律意义上说，他们只是冒险者，"既没有许可证，也没有特许状"，没有地权，也没有成立政府的权力。不过，他们凭着赤子之心和聪明才智，立刻成立了自己的政府，而且

①《圣经·哥林多后书》，第6:17节。
②弗吉尼亚公司是1606年在伦敦成立的负责经营和管理弗吉尼亚殖民地的公司。

与弗吉尼亚殖民地毫无瓜葛。詹姆斯·特拉斯洛·亚当斯[①]指出，这个解决方案很显然是英国人的风格，西班牙人根本不敢这样冒险。不过，这很快就变成了美国的显著特征，因为每个盎格鲁-撒克逊人都在口袋里揣了一份独立宪章。

这些虔诚而幼稚的朝圣先辈上岸时正值隆冬。虽然他们做了充分的心理准备，知道最初必须靠打鱼和捕猎维生，可上岸后却面面相觑，发现所有人都没有打鱼和捕猎的经验。有人开枪打死了一只大鸟，也许是一只火鸡，但大家以为是鹰，不肯吃。夜晚，他们听到了动物的吼声，还以为是狮吼。荷兰和英国都没有狮子，所以他们想当然地认为美洲会有狮子。这一切都让他们措手不及。他们只有强健的体格、对彼此的忠诚和精准的判断力；他们有耐心、能容忍，还愿意为崇高的宗教理想奉献。但除此之外，他们一无所有。事实上，他们除了美德，什么都缺。

他们在船上主要装载了重型盔甲，甚至还有大炮，但是只有一个叫迈尔斯·斯坦迪什的人会开炮。他们在荆棘和灌木丛中寻找猎物时，还穿上了盔甲，于是行动不便，很容易绊倒。完全是因为上帝的眷顾，他们才没遇到怀有敌意的印第安人。他们没有公牛，没有奶牛，没有山羊，也没有猪，甚至连犁都没有，唯一的装备就是几箱园用工具，还有些洋葱、豆子和豌豆的种子。他们之前都是农民，居然只带了这些，这似乎有些匪夷所思。但是很明显，他们被命运捉弄了。可以肯定的是，他们离开荷兰是为了逃避那里的工业；然而，他们已经不知不觉被荷兰人同化了，想着要靠贸易谋生。他们本打算与印第安人进行毛皮交易，再将毛皮运到英国换取粮食。可现在英国人甚至都不知道他们身在何处！很快，他们就陷入了饥饿。许多人都讲述过他们的

① 詹姆斯·特拉斯洛·亚当斯（1878—1949），美国作家和历史学家，创造了“美国梦”一词。

故事，罗兰·G. 厄舍就是其中之一。他在《朝圣先辈及其历史》中这样写道：

> 在这片土地上，漫山遍野都是野味，水中鱼群如云，河岸上满是龙虾、蛤蜊、鳗鱼和牡蛎，丛林和田野里还长着许多能吃的浆果，朝圣先辈怎么可能真的会挨饿呢？也许有人会说，我们会惊讶，是因为他们在被迫要吃贝类和野味的情况下却还觉得自己在挨饿。有些人则推断真相是他们打不到鱼，也杀不死猎物。而且特别反常的是，虽然河里无论是大鱼（比如鳕鱼）还是小鱼，都数不胜数，但他们既没有足够结实、能抓住大鱼的网，又没有足够精巧、能抓住小鱼的钩。他们从渔民之乡来到了这片野味遍地、渔产丰富的土地上，却毫无准备，杀不死猎物，也捕不到鱼。

他们身处这片伊甸园，到处都是食物，却触不可及，这让他们突然产生了对面包的极度渴望。他们想要面包，仅仅是面包而已，却没人能给他们。他们是英国人，但英国人也承袭了数千年来以面包为主食的地中海文化，承袭了古埃及和古罗马的文化。在欧洲时，他们三分之二的食物是面包；在弗吉尼亚，英国人定居几十年了，他们在那儿也能吃到面包；但在普利茅斯却吃不到。于是，他们觉得自己大限将至了。在周日向清教徒布道时，虔诚的威廉·布拉德福德[1]出于愤怒，引用了《圣经·马太福音》第 4:4 节的经文："人活着，不是单靠食物，乃是靠神口里所出的一切话。"然而清教徒此刻正如在荒野中漂泊的犹太人一样可怜，并且渴望得到面包。这时，面包突然降临了。上帝眷顾他们，储存了面包，来救济这些饥饿的基督徒了。

---

① 威廉·布拉德福德（1590—1657），《五月花号公约》签署人之一，于 1620 年参与创立了普利茅斯殖民地，并在长达 30 余年的时间里担任普利茅斯总督。

史广多[①]是一位聪明绝伦的印第安人。他通过某种方式，或许是从英国渔民那里学会了英语。是他，教会了清教徒如何种植玉米。此前，清教徒偶然发现了大量埋在地下的玉米。或许曾有个印第安部落在附近居住，但显然是在迁徙时忘记了把玉米带走；又或许这个部落由于某种疫病而灭绝了？这一事件背后隐藏着怎样忧郁的故事，至今仍不为人知。真相就像那片广袤的美洲森林一般充满了神秘色彩。总之，清教徒获得了上帝馈赠的玉米。史广多当时已是垂暮之年，他在生命的最后两年中教会了清教徒种玉米，不过这些时间也足够了。我们可以想象史广多向他们转述了玉米神蒙达明[②]对印第安人说的话，正如朗费罗[③]在《海华沙之歌》中写道：

……你将征服我，战胜我；
为我铺张床，让我躺下，
雨滴会滋润我，
太阳会温暖我；
为我脱下绿色和黄色的衣服，
为我摘下身上轻盈的羽毛，
将我置于泥土中，
为我盖上松软轻盈的被子。
别让人扰我清梦，
别让杂草和虫子骚扰我，
别让乌鸦卡加吉，
出没于此，纠缠我，

① 史广多（1585—1622）是一位北美洲帕图西特部落原住民，他帮助朝圣先辈度过了在新大陆的第一个冬天。
② 蒙达明，是迈阿密地区的玉米神。在传统美洲土著的传说中，他被打败后变成了玉米田，给了人类玉米。
③ 朗费罗，全名亨利·华兹华斯·朗费罗（Henry Wadsworth Longfellow，1807—1882），美国诗人、翻译家。

只需要你来看我，
直到我醒来，发芽，长大，
直到我跃入阳光里。

史广多面庞宽阔，眼神像猎人一样犀利，是他将清教徒从饥饿中解救了出来。时值严冬，这群清教徒死的死，病的病，人数锐减。只有21个男人幸存，其中有几个人的妻子也还活着。另外，还有六个男孩活了下来。史广多让他们种20英亩玉米。虽然许多人发烧了，身体虚弱，但还是断断续续地挖好了土。据古德温估计，他们用锹和铲子挖了大约10万个洞，抓了肯定有40吨鱼，又按照史广多的吩咐，在每个洞里埋了两条小鲱鱼（灰西鲱）。整夜都有人点着火把值守，防止野生动物把鱼从洞里挖出来。不过，施了肥料后，玉米地长势喜人，清教徒再也不会受到饥饿的威胁了。这之后，真正让他们害怕的时候只有一次。那是在两年后发生的一场严重的旱灾，整个6月和7月没下一滴雨，玉米地眼看就要烤干了。清教徒聚集在福特希尔的小会议室，连续祈祷了八九个小时，第二天早晨就开始下雨了。从那一刻起，他们便深信上帝在保佑着他们的事业。

朝圣先辈活下来了。上岸时，他们两手空空，没有任何装备；而如今，他们变得强大了，能够抵御疾病、饥饿，还能与印第安人打仗了。这简直是个奇迹。熬过了最初的七年，他们终于等来了源源不断的援助：有工具、牲畜，还有新的人手。过去的七年是一场考验，而他们铭记着《圣经》经文“你凭慈爱，领了你所赎的百姓，你凭能力，引他们到了你的圣所”[1]，出色地通过了这场考验。

---

① 《圣经·出埃及记》，第15:13节。

◇ 77 ◇

约翰·恩迪科特和约翰·温思罗普带领清教徒，拿着赞美诗集，扛着步枪，背着玉米，继续前进。同时，英国在美洲的殖民地也在扩张，新的殖民者队伍从英国涌向了大西洋彼岸。在约 1640 年，马萨诸塞已有约 1.4 万英国殖民者定居；康涅狄格为 2000 人；新罕布什尔和缅因为 1800 人；马里兰为 1500 人；弗吉尼亚为 8000 人。从缅因到卡罗来纳的整条海岸线都变成了英国人的地盘，只有荷兰人定居的纽约以及瑞典殖民地特拉华河流域例外。不过很快，这两个地方也被蜂拥而至的英国人淹没了。

来美洲之前，移民者都习惯吃黑麦和小麦。不过，现在他们全都改吃玉米了。播种玉米不需要犁地，所以很适合妇女做。在新英格兰地区[①]，妇女在早期同时承担着多项工作，既是母亲，又是家庭医生，而且还要烤面包、酿酒、做饭、洗衣、缝衣服、打理菜园。她们对玉米赞不绝口，因为玉米地几乎不需要费心打理。多萝西·贾尔斯在《唱歌的山谷》中是这样叙述的：

> ……再用挖牡蛎的锄头挖起干土，把洞埋上。一个月后，嫩绿的新叶就从烧焦的树桩之间冒出来了，轻轻摇曳着。这时就需要锄草了。再过两个月，玉米开始抽穗，穗丝随风摇摆。之后就可以收割嫩玉米，粒粒饱满甘甜，可以在大铁锅里煮着吃，也可以在炉灰里烤着吃。当金色的硕大满月从海上升起时，人们也收割好了一筐筐的玉米，就像月亮一样金灿灿的。他们要把玉米搬

① 新英格兰地区，是位于美国大陆东北角、濒临大西洋、毗邻加拿大的区域，包括美国的 6 个州，由北至南分别为：缅因州、新罕布什尔州、佛蒙特州、马萨诸塞州、罗德岛州、康涅狄格州。马萨诸塞州首府波士顿是该地区的最大城市以及经济与文化中心。

回家，挂在房子的椽子上晒干。

美洲移民迅速增长，与玉米生长迅速有直接关系。1900年，一位田纳西牧师表示："假设我们的祖先只能用小麦烤面包，那么他们恐怕要晚一百年，才能到达落基山脉。我们只要想想前人在丛林中只能指望小麦来做面包，会是怎样的情形！种玉米需要的种子只有小麦的十分之一，每英亩的产量却是小麦的四倍；而且玉米从播种到能够食用需要的时间比小麦短三分之二。种小麦必须先犁地，然后在秋天播种，之后还要悉心照料，严加看守，过九个月才能收获。相比之下，种玉米的工作一个妇女就能完成。她只需要四月时在小木屋周围用'鹤嘴锄'锄一小块土地，种下一夸脱[①]玉米种子。短短六个星期后，她和孩子们就能吃上烤玉米棒了。如果玉米粒太硬，不能烤着吃，她还可以把玉米晒干。玉米苞叶可以防水，能起到很好的保护作用，所以晒干的玉米能存放整个冬天。她只需要每天取当天吃的玉米就可以了。而小麦就没有这么方便，成熟后必须立刻全部收割，然后脱粒、清选，最后储存起来。即便完成了这些烦琐的工序，如果没有磨坊，也很难用小麦做成面包。而一小袋晒干的玉米和一点盐，就能供人在打猎时吃上十天……"

种玉米轻而易举，磨玉米面也很方便。可以用杵将成熟的玉米粒在臼里捣碎，也可以用简易的玉米研磨器将其磨碎。而美洲移民除了辛勤种地，还有更重要的活计。比如他们必须建造房屋抵御恶劣天气，还要修筑尖栅栏防止印第安人入侵。虽然印第安人来访基本上只是为了买酒，不过总有一些时候会来意不善。所以对移民而言，玉米种植和加工都很简便，这非常重要。

① 英制：1夸脱≈1.14升。

印第安人对这些外来的白人充满猜疑，而玉米把他们二者联系了起来。北美的印第安人并不像生活在墨西哥和秘鲁的民族那样拥有高雅的文化。他们各个部落都非常贫穷，没有盈余，因而缺乏形成思想文化的必要先决条件；即使仅有的微薄财产也都要归功于玉米。有人问到他们从何处获得了玉米时，他们虔诚地回答玉米是神赐的，神还传授给他们种玉米的方法。野生玉米从来没人见过。根据美洲北部和东部部落的传说，一位仙女曾走遍这片土地，在经过的地方留下了玉米和南瓜。而在纳瓦霍人①的土地上，传说曾有巨大的火鸡飞过，从它的翅膀中抖落一个蓝玉米。在墨西哥湾，人们相传，在暴风雨中有两兄弟被困在了海边的悬崖上，四周波涛汹涌，他们害怕自己会饿死。不过每天都会有两只鹦鹉给他们带来玉米。最后他们抓住了其中一只，鹦鹉马上变成一位美丽的少女，教会了他们种玉米。在易洛魁人的传说中，大地母亲阿坦齐克生了一对双胞胎，分别是善良的艾奥斯克哈和邪恶的塔维斯卡拉。邪恶的塔维斯卡拉不肯用正常的方式出生，而是撕开了母亲的胸膛，从而违背了自然规律，害死了阿坦齐克。阿坦齐克被撕裂的胸膛上长出了玉米。善良的艾奥斯克哈宣布这是神圣的玉米。接下来，他又令其他作物从母亲的身体里长了出来：她的肚脐中长出了南瓜，脚上长出了小红莓，肩膀上长出了蓝莓，头上长出了烟草（所以烟草能提神醒脑）。虔诚的艾奥斯克哈创造的这些奇迹激怒了塔维斯卡拉，于是他创造了一只巨蛙，喝干了大地上所有的水，企图引发旱灾，让所有作物都干枯而死。但艾奥斯克哈从侧面刺中巨蛙的身体，水又都涌了出来。就这样，他成功地赶走了塔维斯卡拉，最终创造了人类。

所以，关于玉米的起源，每个部落都有不同的传说，这些故事让

① 纳瓦霍人，美洲最大的土著民族成员，多数居于美国亚利桑那州、新墨西哥州和犹他州。

白人感到十分惊奇。不过比起印第安神话，他们更关注印第安人的食谱。玉米一年四季都能吃，既不会让人生病，也不会使人身体虚弱。玉米能做成20道不同的菜肴，越橘玉米面包就是其中之一；另外还可以把幼嫩的玉米捣成胶状，放在苞叶上烧熟。朝圣先辈的首任总督约翰·卡弗就宣称这是他吃过最好吃的东西。许多印第安部落都坚持认为，豆子总是缠绕在玉米茎秆上，是因为它们自古以来就已经联姻，所以玉米必须和豆子种在一起。白人移民觉得这合情合理，而且豆煮玉米（succotash）还成了他们最爱的美洲菜。

难道这些移民就没有尝试过在美洲种植原来的谷物吗？肯定要尝试的。耕畜和犁从欧洲运来以后就有人试过了，但一无所获。上帝做出判断，不让小麦在这里生长。美洲的土壤拒绝接纳小麦；小麦染上了锈菌，遭到了严重腐蚀。这正是曾让罗马人闻之色变的锈病。[①] 在新英格兰，锈病其实是伏牛花传染给小麦的，可移民并不知情，就断定小麦是罪魁祸首，于是放弃了种小麦。就这样，在19世纪拥有全球最大麦田的北美大陆，却在当时连一粒小麦都还没种出来。

不过，他们还在继续种植黑麦。家庭主妇都知道，玉米面比较松散，而在其中掺入黑麦面粉后，面包就会更筋道，烘烤也更容易。两种面粉混合在一起，就能制作出著名的新英格兰面包——“黑麦与印第安面包”（rye and Injun）。

除了食用之外，玉米还是一种交易媒介，发挥了重大作用，在毛皮贸易中表现尤为突出。早在1633年，移民就和印第安人做贸易，用玉米交换了1000磅加拿大海狸皮。1蒲式耳玉米按6先令计价，2蒲式耳玉米就能换1磅海狸皮。按照这个价格收购的海狸皮再销往英国，又获得了巨大的利润，财富随之滚滚而来。由于运送海狸皮还需要用

① 古罗马时期，小麦锈病多次在罗马的土地上肆虐。每年春季古罗马人都会祭祀锈神，企图以此保护作物不受危害。

船，造船业就成了波士顿和东海岸其他新兴城市的重要产业之一。可以说，毛皮贸易使玉米的价值成倍增加，而那些船就是用玉米换取的。

◇ 78 ◇

来到了新世界的移民成了新的种族，有了新的面孔，与大洋彼岸故国曾经的同胞看起来不同了。虽然 1700 年时没有相片能将其记录下来，但人们已经认识到了这一点。

造成这种现象的原因有两方面。首先，移民全都要辛勤劳作。在 1670 年对马里兰的描述中，我们可以读到："家中男丁的工作不比仆人轻松，他们都要自食其力，才有面包吃。"其次，广袤的美洲大地上没有饥荒。

如果欧洲农民庄稼歉收，他基本上就要饿死了；而如果美洲农民发现土地肥力差，他还可以离开，像印第安人那样再砍伐一片森林，用草木灰施肥，然后种上玉米。当然，这片土地并非自由的无主地，而是属于英国国王或弗吉尼亚公司。100 英亩土地的价格是 2 先令。不过要是移民付不起钱，政府宁愿睁一只眼闭一只眼，毕竟他们有步枪，有斧头，能把印第安人从美国赶出去。于是，美国农民变成了"流动农民"，这是在人类历史上从未出现过的。他们像游牧民一样，从贫瘠的土地迁徙到肥沃的土地上。沿河的土地往往是最肥沃的。对新移民而言，每条河都是幼发拉底河。而且，河流还是交通线路，可以进行农产品的水路贸易。比起船舶运输，修路的费用更高，马车的造价也比船只更高。

农民向荒野进军，是人们在美洲大陆得以快速定居的主要因素。而 1763 年英国国王禁止在阿勒格尼山脉以西定居的禁令是引起美国独立战争的原因之一。农民迫切地渴望寻找更肥沃的土壤，增加收成，四处探索，因此拒绝只能在山区活动的限制。与此同时，这种渴望也是美国开拓西部的原动力；以及移民最初来到美洲的首要驱动力。可以理解，他们是出于对温暖的渴求，才追随着太阳离开了旧世界。这种神秘的迁徙贯穿了我们的整个文化，与德国向南进军的性质是不同的。

在 17 世纪和 18 世纪，货币在美洲经济中起到的作用很有限。在繁荣的东海岸，城里人具备了资本主义思想；但在大多数地方，钱的重要性却比不上粮食、水、斧头和武器。人的劳动力是无价的，是金钱无法取代的。

美洲的生活似乎比英国更艰苦，不过同时也更安心。这里不像在英国，由于农业资本主义和工业统治形成了一张无形的巨网，农民插翅难飞，始终面临着破产的威胁。这张网在这里是不存在的。

而英国自耕农实际上正生活在水深火热中。英国贵族自中世纪以来的行为准则已经渲染上了现代色彩；然而小农的处境非但没有改善，反而还面临新的危险。自从英国开始与荷兰纺织业竞争，英国农民就发现自己正面对着一种比狮子还要可怕的动物——绵羊。绵羊绝非无害。其数量以惊人的速度飙升。为了养绵羊，肥沃的田地被改造成了牧场。据估计，截至 1700 年，贪婪的英国贵族已经把英格兰和威尔士半数的耕地变成了绵羊牧场或者染料种植园。英国的庄稼逐渐减产，而粮食价格一涨再涨。这对地主毫无影响，因为只要剃一次羊毛，利润就比收获五次粮食还要高。绝望的农民痛恨牧场的篱笆，每隔一段时间，他们就会冲上去，把篱笆拆掉、烧毁。接下来，士兵闻讯赶来，“暴徒”便四散而逃；绵羊大军又开始在草地上闲逛、吃草了。这平静祥和的乡村美景可真是讽刺。而绵羊称霸的时代也并非耶稣的本意。

就这样，整个地区都变得贫瘠荒凉。种地的农民被赶到了城里，被迫进入纺织行业，成了织布机的奴隶。城市人口逐年迅速增长，对粮食的需求也随之增加。假如国王对此进行了干预，或议会禁止继续进行“圈地运动”，或许能够遏制小农阶级的衰落，但实际情况是，一场“自上而下的革命”成为压死小农的最后一根稻草——科学思想和“新农业”诞生了。

英国贵族把农田变成牧场、藏红花田或工厂之后，就不会再交出这些土地了。但另一方面，英国人对农产品的需求却不断上升。富人和知识分子推断，要满足这一需求，就必须更加合理地耕种土地。杰思罗·塔尔（1674—1741）曾是一位律师，后来辞职转行做了农场主。他发明了第一台机械犁，上面还装有排种器。这种机械犁有几排锯齿，锯齿后的管子里装有种子。马拉动机械犁翻开土壤后，种子便落在犁沟里。敬畏上帝的农民对机械犁持怀疑态度；可目光长远的人看到了它的优点：只在犁沟里播种，并进行深播，既能提高种子利用率，又能防“乌贼”。这就是现代农业的开端。大名鼎鼎的汤曾德子爵[①]与杰思罗·塔尔生活在同一个时代，他发现了整理苗床的正确方法，还发明了针对涝渍地的新排水方法。他提倡在农田里施泥灰，也就是一种含有石灰、黏土和沙子的土质沉积物，从而让土壤更肥沃；他还证明种芜菁能形成轻质土壤，且芜菁非常适于大量储备过冬。另外，汤曾德子爵突出强调苜蓿的价值，认为种苜蓿能补充田地里的氮含量，同时可以作为充足的干草储备。不过，他最重要的贡献是推动了四圃式轮栽制的发展，即轮流种植小麦、芜菁、大麦或燕麦，以及苜蓿或豆子，从而让所有田地每年都能得到充分利用。四圃制能显著保持土壤肥力，而且所需的人工恢复最少，对过时的二圃制和三圃制予以致命一击。通过实行四圃制，农民能储存大量廉价的干饲料，农耕和畜牧业的关系也得到了加强。

---

① 汤曾德子爵，全名为查尔斯·汤曾德（Charles Townshend，1674—1738），英国辉格党政治家，英国农业革命的重要人物。

◆ 赫布里底群岛居民进行人工磨面

汤曾德子爵的农业思想拉开了现代科学家潜心研究农业化学的序幕。19世纪，汉弗莱·戴维[①]爵士和李比希又进一步将其发扬光大。如果不是汤曾德子爵和其追随者贝克韦尔[②]发起了农业改革，英国有可能会经历比法国大革命还要可怕的变革。这场农业革命，本意是为了全体人民的利益，实际上却为城里人带来了粮食；一直以来设备落后、辛勤耕作的农民则十分不幸。他们首当其冲遭到压迫，迎来了自己的末日。这是多么的讽刺。科学引入农业领域之后，却使小农丧失了立足之地。考虑到英国农田已经耗尽肥力，如果还用旧式方法犁地、播种，所得收成将再也无法满足英国人的需要。因此，土地必须要犁得更深，播种也必须更加精细，但只有富人和进步人士才具备这样的技术条件。科学家发明新型农业技术时，“想到了人类，却忽视了个体”。

① 汉弗莱·戴维（1778—1829），英国化学家，开创了农业化学。

② 贝克韦尔，全名罗伯特·贝克韦尔（Robert Bakewell，1725—1795），英国农学家，英国农业革命的重要人物。

小农不仅土地被悉数收购，整个阶级也被弃如敝履。如果他们继续务农，根本就不堪一击，只会陷入悲惨的境地，一贫如洗。

文学史学家有时会探寻，进入18世纪中期，影响了英德这两个文学大国作品的“感伤主义”源自何处。这种情绪让悲世悯己（Weltschmerz）[①]之人泪流成河。其原因之一显然是两国所经历的经济灾难。诗人们亲眼目睹在祖国的农村地区，幸福和希望逐渐化为乌有，却没有意识到这就是他们所看到的经济危机的后果。乔治·克拉布[②]就是这样的情况。他出于悲伤和鄙视，厌恶乡村的一切，觉得务农有辱人类尊严。农民“就像土坷垃一样了无生气”，而乡村景象“也令人可憎，没什么前景”。奥利弗·哥尔德斯密斯[③]则在《荒村》中写下著名诗句，发出了阴郁的警告：

沉疴遍地，病魔肆虐，
财富聚集，众生危亡！
王侯兴旺，亦可衰落，
瞬息之间，呼云唤雨；
无畏农夫，国之荣耀，
一旦摧毁，覆水难收。

美洲人则胸有成竹，相信这种情况肯定不会出现。对于像本杰明·富兰克林这样的人而言，把农民从土地上赶走，赶到城市里去，

① Weltschmerz为德语，字面意思是“世界之痛”，意味着一种对生命的厌倦或悲伤的情绪，由于对恶和痛苦的敏锐意识所导致。其起源可追溯至19世纪30年代，一直到浪漫主义晚期的作品。到了19世纪60年代，这个词有了讽刺性，甚至是贬义，意味着对世界上的恶和痛苦的极端敏感。但在60年代末，这个词也开始有了更广泛、更严肃的含义：它不再只是某位诗人的个人心境，而是一种公共心态、时代精神。

② 乔治·克拉布（1754—1832），英国诗人，使用现实主义手法描写了英国中产阶级和工人阶级的生活。

③ 奥利弗·哥尔德斯密斯（1728—1774），爱尔兰作家。其代表作《荒村》是一首怀念过去的田园诗，诗中描述了过去美好、幸福的乡村受到18世纪后叶资本主义发展的影响而变得荒芜、萧条，批判了英国的社会现实。

简直罪大恶极。1760 年，富兰克林提到羊毛给英国农民带来的困境时，这样写道：

> 如果人们拥有自己的土地，能够自给自足，用劳动维持全家人富足的生活，那他们绝不会穷得去当生产工人，也不会为雇主打工。所以，在美洲还能够为人民提供足够土地的时候，就不可能出现任何产生什么价值的工人。

九年后，他再次表示非常厌恶意图夺走人民土地的人。这次，他的语气更加尖锐了：

> 一个国家要获得财富，只有三种方式。第一种是打仗，像罗马人一样，征服邻国、掠夺财富，但这属于强盗行为。第二种是经商，但这基本上是欺诈。第三种是务农，这是唯一一种诚实的方式。人们把种子埋进地里，就能看到“上帝之手”为他们不断创造的奇迹，能够真正收获地里长出的粮食。

虽然富兰克林总统很有洞察力，但此时他并没有预测到美国后来会走的路。不过，他始终如一地鄙视欧洲驱逐农民的行为，这清楚地表明了当时的美国人对欧洲的看法。欧洲已江河日下。当英国、苏格兰和爱尔兰移民乘坐的船只停靠在纽约和波士顿的码头时，大家都如释重负，空气中回荡着他们的欢呼。那时，美国经济蓬勃发展，美国人彻头彻尾地蔑视欧洲，故而不仅拒绝了旧世界的罪恶，还将其进步之处也一并拒之门外。美国人对欧洲新式的科学农业漠不关心。美国幅员辽阔，到处都是处女地；他们自己是探险家，又不是发明家，技术进步与他们何干？吸引他们的是广袤的空间，而非地球深处的土壤；广阔、光明、充满未知的生活还等待他们去探索，何必要费力去改进过去呢。1799年，热衷于研究农业的托马斯·杰斐逊总统提出了一份犁的改进方案，可农民却无法理解。原来的犁又有什么问题呢？直到狄更斯的时代，具有法国血统的英国社会学家哈丽雅特·马蒂诺依然认为，广袤的土地、向远方的扩张以及对新土地的渴望，“似乎是一切行动的目标，也是治愈一切社会罪恶的良药”。

◇ 79 ◇

就像在旧世界欧洲一样，新世界的社会也存在贫富差距。不过，有一个特征似乎是看不到的，那就是在欧洲赫赫有名的饥荒。因为要想引发饥荒，就必须在长达千年的时间里坚持腐朽统治，还要耗尽土壤的肥力，而这段历史在新世界是不存在的。在这片土地上，工薪阶层人人都有属于自己的小房子和花园，贫穷并不一定意味着会挨饿。

不过，这一点只适用于和平年代。如果他们将要经受战争的严峻考验，情况会如何呢？历史上几乎没有任何参战方像无畏的北美共和党人一样，毫无作战准备就在1773年向不可战胜的大英帝国宣战，试图抗衡。大英帝国远比古罗马帝国兵强马壮。英国乔治三世就像印度的莫卧儿皇帝一样，不仅拥有现世的钻石、钢铁、黄金、煤炭、羊毛、亚麻、香料等一切财富，未来诞生的巨大财富也将为他一人所有。相比之下，北美除了庄稼和丛林以外一无所有。

此时距离朝圣先辈来到美洲已经过去了150年。这些年来，人们年年都有面包吃。起初吃玉米面包，后来有了黑麦面包，但是基本上没有小麦面包。人们的面包一直够吃，但只是刚刚好，仅能供农民自给自足，并供应最近的城镇。可在漫长而惨烈的战争中，这些面包够吃吗？在最初几个月，人们逐渐意识到，虽然律师和作家为开战打下了坚实的思想基础，但遗憾的是，打仗所需的武器却被忽视了。步枪破破烂烂，大炮不好操作，战斗中举足轻重的士兵却争吵不休、目无法纪。这场消耗战后来持续了七年之久，受到了诸多非议。或许当初他们就不该把国王的茶叶倒入波士顿湾，而是应该按他的要求缴税！

这场战争，就是美国独立战争。它最初由商人煽动，但很快他们就想要反悔。可神奇的是，美军并没有输。这要归功于非常简单的逻辑：土地能不断生产面包，而农民始终坚定地支持作战。在世界各地，农民都渴望和平，而把战争的纷纷扰扰都留给商人去处理，因为打了胜仗，才能推动生意；但在美国，情况就不同了。如果打了胜仗，农民或许得不到什么好处；但如果战败，他们就一无所有了。到了那时，他们会重新变为欧洲农民，再次承受好不容易才逃离的大地主制的压迫，而且还有可能再次遭遇英国或法国曾经发生过的那种饥荒。他们不愿沦落至此，因此奋起反抗，为此而战。

东海岸的城市过去主要靠捕鱼为生。但由于英国禁止渔船航行，渔业的发展就此停滞。不过，饥荒并没有出现。由于食品供给十分充足，在 1779 年，当华盛顿总统断定切断敌军供给比确保己方粮草充足更为重要时，他敢于摧毁 40 个大型印第安村落，并烧毁 16 万蒲式耳玉米。这可是一着险棋，若非相信能有好收成，华盛顿总统是不敢冒这个险的。

士兵真正痛苦的来源是马车短缺，且道路崎岖难行。每到冬天，粮食虽储备充足，但由于运输条件受限，根本无法供应到军中。1780 年 1 月，军医撒切尔写道，雪已经积了 4—6 英尺深，道路无法通行，物资供应也中断了……战士们饥寒交迫，奄奄一息，难以履职……华盛顿总统就曾歌颂过手下将士的坚韧不拔：

军人的德行和毅力正在经受最严苛的考验。有时整整五六天没有面包，有时五六天吃不到肉；还有一两次，有两三天既没有面包也没有肉……有一次，战士们除了干草之外，把马饲料全都吃了。他们吃的面包是用荞麦面、小麦面、黑麦面和玉米面烤的。全军上下凭借着最坚定的毅力承受着这一切……

这并非饥荒，否则他们就得被迫投降了；这只不过是一场交通运输引起的危机。他们既没有马车道，也没有配给点，在科学作战规划方面极度缺乏经验。而像费城面包师克里斯托弗·卢德维克这样努力为革命军供应面包的人，也实在是寥寥无几……当然，在军队供给方面，有欧洲的解决方案可以参考。腓特烈大帝[①]曾建议，军队行军，要始终确保与面粉补给仓库之间的距离保持在五天的行军路程范围内；而战地面包房应与面粉仓库保持在三天的行军距离内，且面粉要由骑兵卫队护送至面包房。如此一来，面包房距离前线就只有两天的行军路程（切记不可超出这一距离范围！）。由于面包能保鲜九天，所以军队永远都不会挨饿。这种规划方案非常适用于 18 世纪欧洲巴洛克时期国际象棋一般规规矩矩的战争，其作用发挥得淋漓尽致，但遗憾的是，它也只适用于那个时期。华盛顿总统领导的殖民地起义可没法管理得如此井井有条。

毫无疑问，战争是英国发起的，只因其“经济基础更加强大”。因此，比起华盛顿的军中，纽约人的生活要轻松许多。只要是英国政府管辖之处，地方财政就秩序井然：

由于必须确保军队和平民能够以合理价格购买优质面包，面包师也受到了严密的监视。考虑到这些，英军指挥官恢复了战前制定面包法令的做法，可以保证面包师获得合理的利润。1777 年 1 月，第一部面包法令出台了，规定一条重 3.25 磅的面包要卖 14 便士。面包师必

① 腓特烈大帝（1712—1786），普鲁士国王腓特烈二世，欧洲历史上最杰出的军事统帅之一。

须在面包上标明姓名的首字母，所以缺斤短两或售卖劣质面包都要承担风险。

而美军的仓库却空空如也。比食物短缺更让人难以置信的是，在这片土地上，牛群漫山遍野，制作皮鞋的原料理应十分充足，但人们却没鞋穿。这是因为制革业那时尚未在美洲落地生根。

1779 年，国会要求各州将面粉和玉米运到军中。这一史实可以证明，当时并没有真正发生粮食短缺。不过，最后送过去的不是粮食，而是钱，因为从偏远各州运粮至前线会增加粮食的成本，而在前线周边采购粮食更加切实可行。按理说，美国有 100 万人，其中 90% 都是农民，养活这样一支小军队应该轻而易举。但实际情况很复杂。比起交通运输危机以及随之而来的物资短缺，更严重的问题是英国人使用的诡计，也就是英国政府密谋策划的通货膨胀。到 1780 年，美元对黄金贬值了 40 倍。所以尽管粮食收成很好，物价却在上涨。约翰·亚当斯夫人在给丈夫的信中提到，一蒲式耳玉米要 25 美元，黑麦则到了 30 美元。物价飙升打乱了和睦的城乡关系。农民由于要卖粮食，也像其他做生意的人一样遭到控诉，说他们牟取暴利。甚至连华盛顿总统都斥责农民。在写给独立战争领袖瓦伦以及约翰·P. 卡斯蒂斯的信中，他宣布要采取强硬措施：

> 如果有人拒不按照合理价格进行销售，仍旧拒绝供应此类必需品，那我们就必将运用自我保护法则[①]来强迫他们按规定办事。

不过，既然通货膨胀也导致农民开支增加，那么他们是否真正从中获利就令人存疑。实际情况恰恰相反。战争接近尾声时，小农开始

① 自我保护法则，出自英国谚语 Self-preservation is the first law of nature（自我保护是自然第一法则）。

焦躁不安，这说明他们的日子并不是那么顺遂。

1783 年，人们日思夜想的和平终于到来了。北美殖民地赢得了自由，原因是多方面的：美军部队顽强奋战；追求民主的农民坚定支持；同时英国的宿敌法国也提供了援助。接下来，和平局势带来了棘手的新问题。英国王室及保守党在美洲拥有的大片殖民地被瓜分了。退伍老兵分到了土地，可那些没分到地的人感觉自己受到了不公平待遇。人性向来如此。战争结束后，经济开始衰退。农民卖不出农产品，也无力支付战争期间累积的巨额税款及利息。退休军官约翰·谢伊将心存不满的农民聚在一起，唆使了一场叛乱。1787 年，这场叛乱被镇压了，不过所有参与者都得到了赦免。当时的美国正如康复期的病人，社会略有混乱，而这场叛乱只不过是发了一场低烧而已，严重的动荡并未出现。这是因为在这片土地上，人人都有足够的面包，这真是太了不起了。

◇ 80 ◇

美国人面包这样充足，基本上完全要归功于农民的辛勤耕耘。这正是富兰克林总统所希望的。不过，美国人开始思考现状了。思想观念冲突深深地渗入了国民生活中，美国财政部长亚历山大·汉密尔顿和国务卿托马斯·杰斐逊的争论就能体现这一点。汉密尔顿认为，美国正是因为没有实现工业化，才差点输了独立战争。他希望美国“快点富起来”，发展成银行和航运巨头云集的国度，成为超级欧洲。杰斐逊则认为，钱是不能吃的；他希望把国家的福祉建立在农业的基础上。两个人争论不休，很少能和平相处。此时的美国正青春年少。而年轻的国家通常存在着资本与农业之争。两边都认为自己才是社会唯一的支柱，互相敌视、彼此怀疑……

不过，在美国历史早期，工业与农业也曾珠联璧合，体现出了美国的力量，象征着这个国家的未来。这就是奥利弗·埃文斯[①]在费城修建的磨坊。一座七层的蒸汽磨坊！而在技术人员和发明家遍地的欧洲，却从未建成过这样的磨坊。

蒸汽机是英国人詹姆斯·瓦特的发明（当时美国尚未发现自己的发明天赋）。此后150年，全世界都处于蒸汽机的控制之中。蒸汽！把蒸汽压缩，推入活塞，再利用气体膨胀时产生的巨大威力来带动磨盘，超越弱小的水力和风力，这听起来似乎有点荒唐。1641年，一个叫萨洛蒙·得·高斯的法国人声称可以利用蒸汽的力量，后来他被关进了疯人院。英国人倒是没有把瓦特关起来。不过，当瓦特在泰晤士河上修建了蒸汽磨坊后，伦敦的磨坊主纷纷叫嚣着要报复，很快就把磨坊烧毁了。瓦特又进行了重建。他的蒸汽磨坊中有两台蒸汽机，能产生40马力，推动20对磨盘，每对磨盘每小时能磨10蒲式耳小麦。附近的竞争者眼看就要破产。于是，1791年，“英国磨坊”再次被大火烧毁了。这场大火是纯属意外还是人为纵火，已经不得而知；不管怎样，消防设备都无法靠近火灾现场，因为磨坊附近挤满了幸灾乐祸的人群。老式磨坊又恢复了盈利，蒸汽磨坊的原理似乎已经无人问津。不过这只是暂时的。在美国，奥利弗·埃文斯又让蒸汽磨坊复活了。这位发明先驱既有创造性思维，又有技术知识，比爱迪生早了整整三代人。

虽然技术领域的创造性人才在美国稀缺，但这里空间广阔，人们也乐于冒险。对于欧洲许多有价值的发明，人们都不屑一顾，因为那些发明在他们看来毫无必要；但还有一些发明迅速得到了改良升级，就像热带植物生长那么迅速。在其他地区需要1500年才不断演变的事

① 奥利弗·埃文斯（1755—1819），美国发明家，发明安装了世界第一条自动生产线。

◆ 殖民地时期人们在捣玉米

物，在美国只需要 150 年。属于不同时期的事物经常并肩前进。比如，1620 年，人们还在用原始古朴的印第安研钵捣玉米。这种研钵用掏空的木块或离地三英尺处砍下的树桩制成。研杵用重木块制成，形状与研钵的内部吻合，一侧装有把手。人们会选取一棵还在生长的纤细小树苗，把研杵固定在树梢上，研杵落下重击玉米之后，会被小树弯曲时产生的弹力拉起来。这种工具被称为挥动式杵臼碾磨器。

这种磨的声音传得很远。当船只从国外返程，在长岛外的迷雾中摸索着前进，找不到码头时，它只需辨明“玉米研钵的砰砰声”传来的方向，向那里航行就可以了。但在 1621 年，弗吉尼亚总督乔治・亚德利爵士建了第一座荷兰式风车磨坊，印第安人被它吓坏了。风车有长长的叶片，用巨大的牙齿“把玉米咬碎”，似乎是恶魔将其推动。就这一点而言，印第安人和中世纪欧洲人的反应如出一辙。不过，两者之间还有一个重大区别：在北美殖民地，磨坊主收费很低，只占所碾磨粮食价格的六分之一，因此不存在仇恨磨坊主的现象。

几年后，在1631年，多切斯特县修建了第一座罗马式水磨。于是，在那个时期，原始的杵臼、罗马式水磨坊和中世纪风车磨坊是同时使用的，直至埃文斯向未来跃进了一大步。瓦特真正的成就仅仅是为磨坊更换了新的动力，埃文斯却革新了磨坊的内部结构，不仅将蒸汽用于碾磨，还用于驱动所有其他设备的运转。所有在过去需要磨坊主耗费极大体力才能完成的工序全都实现了机械化。在蒸汽磨坊中，埃文斯发明了带式升运机：谷物装入斗杯后，借助不停运转的传送带将其垂直抬升，从一道工序运送至下一道工序；另外，他还在旋转的轴上装了两组螺旋面，作为水平方向上的谷物传运装置；经过粗碾的谷物则通过在一根轴上装设按固定角度螺旋排布的小木片来传送。他还发明了一个机械辅助装置，叫“进料斗小子”。谷物刚由磨石粗碾过，余温尚存时，这种机器就会先用一根水平旋转的耙将其摊开，进行冷却干燥，再归拢至中心的立槽，落入下方的筛上。另有一种传送装置，同样使用传送带，带上装有耙子或木片，可水平运送粗碾谷物；最后还有一个下滑槽，可在无须外力的情况下使面粉借助自身重力向下流出。现在，磨坊主可以闲坐着看磨坊磨面了，碾磨好的面粉会自动从管道中涌入旁边等候的船上。

1791年，利物浦的《广告报》刊登了以下这篇美国新闻：

> 奥利弗·埃文斯先生是一位天才的美国人。他发明了一种构造新奇的面粉磨坊，无需人力辅助。首先，等待碾磨的谷物会运送至上层进行清洁。然后，谷物会落入进料斗中，经过常规碾磨，

> 得到粗碾的面粉，再向上运送。借助一种简单又巧妙的装置，面粉能够摊开、冷却，再分批倒入筛分料斗进行筛分。这整套装置给奥利弗·埃文斯带来了极大的荣誉，还有可能带来金钱奖励，因为国会授予了他14年的专利权，允许他独占这项发明带来的利润。美国已经按照他的设计图建造了许多磨坊，在实践中也运行良好。让没有生命的自然力量屈服于人类的发明创造，取代本应使用人力的劳动，对美国这样人力短缺的年轻国家而言，必然会带来巨大优势。

文章发表时，距离独立战争结束只过了八年时间，但是《广告报》对美国的判断完全正确。埃文斯这项划时代的发明具有重要意义，不仅在于解放了磨坊主，还在于他比其他美国人早50年就认识到，在缺乏人力的西半球，一个基本问题就是要研制节省人力的机械。

仅仅五代人之前，史广多还在教朝圣先辈如何使用杵臼；如今，七层高的蒸汽磨坊已拔地而起：让人眼花缭乱的装置将粮食源源不断地送进磨盘；而在巨大的磨坊中，看不见的巨人正在为人们磨面。它比罗马人的水磨、庞贝的牛拉磨以及荷兰的风车，都要更加强大。

欧洲并未出现这样的机器。不过，欧洲没有建七层磨坊，也许是因为没有那么多粮食需要磨成面。接下来，让我们来看看同时期法国的情况。法国近期才刚为美国提供了宝贵的援助，那么他们吃的是哪种面包呢？在法国，谁能吃得上面包呢？

第五卷

SIX THOUSAND YEARS OF BREAD

19世纪的面包

土地无人耕种，
丰收的小麦应当，
能让温带金意浓浓，
从极地到火热的热带变成一片金黄。
让我们撕裂大地的胸膛，
然后为了这场爱的战役，
把作战的武器轻放，
变成耕作土地的犁。

窃窃私语我们不会阻拦，
就让民众说出：我感到饿了；
因为这是本性的呼唤：
我们是需要面包的！

皮埃尔 · 杜邦：《流行诗歌》（1850 年）

科学能否阻止革命的发生?

◇ 81 ◇

伏尔泰写道:“快到1750年时,法国人开始对小说和戏剧感到腻烦,把注意力转向了粮食……”

但会不会太晚了呢?此时为时已晚。

到了1750年,文艺复兴早已结束,巴洛克时代也成为往昔。人们已经淡忘,正直的亨利四世国王曾希望能让每个法国农户的“锅里都有一只鸡”。登上皇位的是暴君路易十四。路易十四王朝虽光辉显赫,却让法国饱受战争之苦,人民承受着沉重税负。1689年,在法国大革命之前整整一个世纪,拉布吕耶尔[1]用苦涩的笔触描述了当时的情况:

在乡下能看到一些凶猛的生物,有公的,有母的,终日在地里挖土,毫不动摇,让太阳晒得肤色黝黑,面色铁青。他们似乎还能说话,而且他们站起来时,也显现出人类的相貌。事实上,

① 拉布吕耶尔,全名让·德·拉布吕耶尔(Jean de La Bruyère,1645—1696),法国作家,质疑绝对王权,认为君主不能高于法律,主要作品是讽刺性的《品格论》(*Les Caractères*)。

> 他们就是人。晚上，他们回到窝里，吃黑面包、吃树根、喝水。他们播种、耕地、收割，省去了其他人的劳作之苦，因此不应该吃不到自己种的粮制作的面包。

毫无疑问，哪怕是达尔文研究的蚁群都比此时的法国社会更加秩序井然。因为蚂蚁能吃到自己收获的粮食，而布卢瓦地区的法国农民即使是在路易十四荣耀的巅峰时期也在吃荨麻和腐肉。女人和孩子横尸街头，嘴里塞满了不能食用的野草。墓地里，疯子蜷缩在坟墓前，吮吸、啃咬着尸骨。1683 年，在昂热附近，有许多农民用蕨类植物做面包吃，常吃这种面包的人都死去了。1698 年，据许多省长报告，法国开始有人因饥饿而死；饥荒在法国肆虐。根据法国史学家泰纳的记述，1715 年左右法国有 600 万人死亡，占当时人口的三分之一。法国历史上最辉煌的世纪，世界历史上最伟大的一个世纪——18 世纪，竟就这样拉开了序幕！

圣西蒙[①]谈到路易十五时写道："这位欧洲第一帝王十分伟大，只是因为他关注到了形形色色的乞丐群体，还把整个国家变成了巨大的医院，挽救濒死的人民。他们被夺走了一切，却毫无怨言。"而他们会成为乞丐，恰恰是因为被夺走了一切。（根据夏尔特尔主教的记载）"在人们开始像羊一样吃草、再像蝼蚁一样死去之前"，他们试图把所剩不多的粮食藏起来，把仅有的好衣服和枕头典当了。然而这些都是徒劳。税吏跟着村里的锁匠强行开锁，闯入农户，抢走了农民的桌椅、布单和农具。农民变成了流窜的乞丐，无家可归的流浪汉大军从北向南在法国横行。勒·德洛尼[②]在 1779 年写道：

---

① 圣西蒙（1675—1755），法国政治家、作家，代表作为《回忆录》（*Memoirs of Duc de Saint-Simon*），对路易十四的内政外交做了详细记述，认为路易十四是个一无是处之人。

② 勒·德洛尼（1728—1780），法国法学家，经济学家，重农学派的代表人物之一。

> 在国内各地流窜的流浪汉让人深恶痛绝。他们就像一支敌国军队，遍布我们的领土，为了谋生为所欲为，征收巨额通行费……他们一直在全国四处游荡，到家家户户蹲点，查看如何闯入，了解户主的情况和生活习惯，伺机偷窃。那些有钱人要倒霉了……公路抢劫和入室盗窃发生了多少起！有多少旅行者遭到刺杀，民宅遭到入侵！又有多少牧师、农民、寡妇先是遭到百般折磨，被迫吐露了钱财所在之处，最后却还是惨遭杀害！

为了镇压这些罪犯，法国斥巨资动用了庞大的警力。警察曾在一天之内就逮捕了五万人。由于监狱容量有限，许多罪犯被送入医院，导致医院也人满为患。这样做是合理的，因为许多罪犯饿得精神错乱，犯罪时处于神志不清的状态。国王又支出了数额更大的一笔资金，修建了大量牢固的管教所。有些罪犯能提供担保，保证将来有人供养，或能自给自足，于是他们都被释放了。当然，大多数罪犯很不幸，没有什么担保。其中强壮一些的就被送到大船上进行强制劳动；但更多人都只是废物，多年来抓住政府赐予的救命稻草，沉溺其中，浑浑噩噩。为这些罪犯每天提供面包、水和两盎司咸培根，只花费国家五苏[1]钱。所以当我们看到账簿上记载国王每年要花费整整100万法郎“照料”穷人，我们就可以想象到他们实际上就像沙丁鱼一样被塞进了“管教所”。

然而，这其中大多数人原本即便不是富农，也是具有一定生产能力的。作家、经济学家和律师见证了这样的境况，开始扪心自问，也询问别人：在他们陷入如此困境之前就给他们提供帮助，难道不是更加明智吗？圣西蒙说这些人“毫无怨言”地忍受了不公待遇，可他错

① 苏，法国大革命前的货币单位，1法郎合20苏。

了。距离发现美洲已经过去了250年，中世纪的状态已经无法理所当然地延续了。人们已经变了；他们开始思考了，在巴黎就更是如此，因为巴黎人是世界上最警觉的人。正如伏尔泰所写，突然之间，巴黎人的人生意义不再是爱和戏剧了。他们开始认真思考粮食问题，尤其是粮食短缺问题。

◇ 82 ◇

伏尔泰所说的关于粮食的思考，是哲学家魁奈[①]思想的产物。魁奈的拥护者自称“重农主义者”，他们和魁奈一样，信奉“自然主宰一切”，认为自然以及人与自然的关系是社会中唯一的决定因素。“工业无法增加财富，只有农民阶级才有生产力。所有从事农业以外职业之人共同组成了不能产生价值的阶级。”这个理念具有古典时期的特征，就好像德墨忒尔和特里普托勒摩斯又回来了一样。梭伦曾向雅典人提出过几乎相同的论点；而在美国，本杰明·富兰克林也在满腔热情地研究魁奈的思想，并明确表明了上述观点。

魁奈要求，为缓解当前占国内大多数人口的赤贫农民所面临的困境，只要他们继续务农，就应当向其发放贷款。他认为，无数贫农既因为牲畜早已被宰而没有牲畜，又因为犁头破烂不堪而没有犁耕地，这才是饥荒的源头。劳动阶级几乎是真的在徒手劳动。这必然会导致作物产量下降……但魁奈的《农业哲学》触怒了其他哲学家；许多人读到他的分析，称工业只服务于富裕阶层而不是整个国家，都觉得受到了冒犯。伏尔泰和格林也在攻击魁奈。但伏尔泰竟然会这样还是很让人困惑的，之前他不是还为法国开始认真考虑粮食问题而感到高兴

---

① 魁奈，全名弗朗索瓦·魁奈（François Quesnay，1694—1774），法国经济学家，重农学派的创始人和重要代表。他认为土地是一切财富的源泉，也是税收的基础，被当时的欧洲学者尊称为“欧洲的孔夫子”。

吗？不过在农业问题上，伏尔泰还是典型的法国人思维。他承认开展农业很有必要，但农活太枯燥了。对他而言，手工艺和工业都是五彩斑斓、生机勃勃的，他在其中能看到民族精神发挥了积极的作用。和大多数作家一样，比起农村的"糙汉"，伏尔泰潜意识里更喜欢城市工人（因为他们都可能会喜欢读书）。后来，拿破仑也有同样的偏好，并出于种种原因支持工业，这最终决定了法国的命运。

于是在这样的环境下，许多人嘲笑魁奈。但另一方面，他在提起乡村事物时充满了浪漫主义的热情，又勾起了大众进行体验的欲望。卢梭在1761年出版的小说——《新爱洛伊丝》，进一步促进了这一趋势。书中用抒情的短信描写了田园生活，激发了人们对自然的热情。因为害怕农村道路坑坑洼洼、生活凄凄惨惨而从来没去过自家田地的有钱人，如今摇身一变，开始拥护田园生活。加入农业学会也成了时尚。学会由大臣贝尔坦①亲自创立，并得到了政府的资助。村里建了几个示范农场，沼泽地的水排干了，道路也得到了整修。这些举措并不全是做做样子而已。然而，谷物价格还是维持着1705年之后稳定的增长势头：小麦和燕麦的价格上涨了四分之一，大麦上涨了一半。只要苛捐杂税继续剥削农民，不只是夺走50%的收成，而是再通过人头税②和其他欺压措施夺走75%～80%的收成，局势就不可能真正得到改善。只要包税人还在压榨小农，让他们无法高效耕地，那么所有哲学家和经济学家的理论都只是纸上谈兵，一文不值。

然而，这些理论还是被印成宣传册四处散发，而法国人也开始认真阅读册子上的内容了。

---

① 贝尔坦，全名亨利·莱奥纳德·让·巴蒂斯特·贝尔坦（1720—1792），法国政治家，路易十五的财政大臣。

② 人头税，古代法国对法国农民和非贵族直接征收的土地税，按每户人家拥有的土地面积征收，直接向国家缴纳。

◇ 83 ◇

同一时期，除了重农主义者，还有另一个群体在努力为法国人提供更便宜的面包。这就是自然科学家和化学家。不过，他们也一无所获。

1787 年，伟大的化学家拉瓦锡研究了造成法国困境的原因。农业发展为何停滞不前？土地为何无法再养活人民？在他看来，除了税收和国内关税以外，还有一个原因就是为使用领主磨坊而必须缴纳的税费。拉瓦锡作为科学家而非政客，十分关心法国那些破败不堪的老磨坊。

前文中我们读到，中世纪时，人们痛恨磨坊主，“因为他们在面粉里掺假”。人们对磨坊主普遍抱有偏见，认为他们会在面粉里掺沙子或木屑。磨坊主也因此遭到社会的抛弃和排斥。他们或许在后来会出于经济压力在谷物里掺假，但最初可是冤枉的。因为面粉里看起来净是沙子和木屑，并不是磨坊主动了手脚，而是磨坊有问题。

老式水磨和中世纪风车自从发明之后就没有改进过。在现代人中，达·芬奇第一个画出了改进磨坊的图纸，但他只考虑到要提升转速和流畅度，却和其他人一样无意改进碾磨的工序，让面粉更加洁净，改善卫生状况。

自古以来，磨面的本质就是分离面粉和麸皮。要做到这一点，就要尽可能精细地粉碎谷物，实际却适得其反。快速粗磨并不能分离麸皮，反而会将其彻底碾碎，散布在面粉里，再也筛不出来了。

1760 年，巴黎的马利塞发明了一种新式磨面方法，能逐步研磨面粉，并根据大小和形状分离各种不同的最终产物。不同于老式工序，这种新式磨坊的磨石分别按照 3 毫米、2 毫米和 1 毫米的间距固定。首轮碾磨先去掉谷物较粗糙的部分（不会和面粉一起碾碎）；第二轮去除掉中等大小的颗粒；直到最后一轮才进行精细研磨，产出真正的面粉。这是个伟大的创新，却并未得到采用。法国95%的磨坊还是碾磨不充分。时隔27年，拉瓦锡认为这种现状是严重的危险信号。

不过，断定磨坊状况为头等大事，关乎国家福祉的，并不是拉瓦锡，而是另一位著名科学家帕尔芒捷。作为一名随军药剂师，他在《关于小麦和面粉的实验和思考》中写道：

> 根据多年经验，尤其是我在战争中所目睹的情况，我相信按照这个世界的运作方式，谷壳及植物的木质部并不是要让人类食用的。尤其是谷物中含有的此类物质就不应该出现在面包中。麸皮是一种木质薄壁组织，是谷物的壳。它没有营养价值，正是因为其中并没有谷物。磨坊主应当掌握在不碾碎麸皮的前提下将其与谷物分离的技术，防止麸皮无法筛出。因此，精细碾磨有害无益。我基本上可以肯定这是真的。我做了一系列实验。而且在我看来，迪米元帅一定会对实验结果有极大的兴趣，于是我怀着对祖国的热爱，向他呈交了实验结果。

迪米元帅是法国陆军大臣。我们可能会奇怪，帕尔芒捷为什么不写信给农业大臣呢？这里要指出的是，帕尔芒捷首先是一名军人，他“在战争中见闻较多”，知道和平年代与战争年代的生活在原则上没有区别，只是程度不同而已。和平状态其实是战争的延续。在战争年代，他见过饿极了的战士连树皮都吃；而在和平年代，由于缺乏切实可行的科学磨面方法，全国人民都几乎是在吃麸皮，吃不到真正的面粉。另外，人们还有个错误的观念，以为含麸皮的面粉更重，所以就更有营养。可实际上，麸皮吃下去无法消化就被排泄出来了。带麸皮的面包只是欺骗了胃，人们依然很饿。

◇ 84 ◇

帕尔芒捷是最早的现代营养学家之一，他断言国民的健康取决于面粉的质量，并且证明了这一点。他还从其他角度上做出了一项重大的利国之举。为解决粮食问题，他尝试提出了一个切实可行又立竿见影的解决方法：建议提供土豆作为补充性食品。

提出这一建议需要很大的勇气。这不仅是因为法国人基本对土豆一无所知。狄德罗的百科全书能反映那个时代的知识水平，但书里对土豆的定义也只是“或许对殖民地有一定价值的一种埃及水果”。除此之外，还有一个原因是，在大众心目中，土豆已经沦为一种不值一提的东西。1700 年，土豆从瑞士东部进口到法国时，法国人还认为它有毒。

在谷物的长期竞争中，说某种谷物有毒的指控会接二连三地出现。种植大麦、小麦、燕麦或黑麦的土地总是强烈地抵抗所有竞争者。自从人类最初开始耕种土地起，每种谷物都在竞相扩大种植面积，争取霸占全部的农田。之前我们也读到，吃土豆的爱尔兰人觉得吃了玉米就会变黑；而 17 世纪种植小麦的法国，或是种植黑麦的德国都认为吃了土豆会得麻风病！据说，所有吃土豆的地方，都会再次暴发这种恐怖的中世纪疾病。

当时人们认为土豆有毒，这完全情有可原。经伟大的植物学家克卢修斯[①]及其他植物学家查明，土豆是一种茄科植物，这更加深了土豆有毒的迷信思想。茄科植物的叶片的确有毒，或者至少能够致幻。（其他茄科植物包括茄属蔬菜、番茄、辣椒、苦甜藤、烟草和矮牵牛。）但有毒的茄碱只存在于茄科植物的绿色部分，块茎是无毒的。

---

① 克卢修斯，全名卡罗卢斯·克卢修斯（Carolus Clusius，1526—1609），荷兰植物学家，曾在维也纳工作。他把郁金香引进了荷兰，被称为“郁金香之父”。

帕尔芒捷与土豆的邂逅不是在法国，而是在德国东部。在法国联手奥地利与腓特烈大帝作战的“七年战争”中，帕尔芒捷被俘了。他被迫滞留在普鲁士军营数年，了解到土豆可以用作应急食品。事实上，有几个月他全靠吃土豆活了下来。他从看守的卫兵那里得知，腓特烈大帝强制人们种土豆。但人们不太愿意，因为据说在这位普鲁士国王祖父的时代，土豆曾在国内引发麻风病。农民心存疑虑，就把土豆挖出来扔到了猪圈里，或者烧掉了。实际上，国王一度在每一株土豆植株前都派了一名士兵站岗。这种情况持续了几年。然而有一天，在布雷斯劳，国王坐在阳台上，当众吃起了烹饪好的土豆。这让冥顽不灵的普鲁士人开始诧异，不久他们就改变了对土豆的看法，因为土豆让他们赢得了七年战争。虽然奥地利人与俄国人禁止普鲁士进口谷物，但是普鲁士种了土豆的地方都没有发生饥荒。

帕尔芒捷指出，没有任何普鲁士人因吃土豆而死。他向法国人推荐土豆，不只是因为土豆能填饱肚子，更重要的是种土豆不需要太多农具（包括耕畜和犁）。魁奈曾申请资金采购农具，但资金一直没有到位。改进磨坊也耗资巨大，还需要一大群机械工匠。土豆不需要这些，除了一麻袋做种子用的土豆，种土豆再无其他花费。

帕尔芒捷的宣传最终引起了一些注意。法国人遭受的苦难不断加重，令贝桑松学院深为担忧，于是就有奖征集发生饥荒时能立刻代替谷物的食物！获得奖赏的人正是帕尔芒捷。路易十六派人去请他，并慷慨地赐予他50英亩土地做实验田。这块弹丸之地只能勉强种一些土豆，但整件事最后却只是一场闹剧，主要成果是为国王和王室成员培育出了土豆花，好让他们神气活现地将其插在纽扣眼里。后来，土豆在王宫的餐桌上频繁出现，可这并非帕尔芒捷的本意。不过，对于他希望达成的目标，路易国王还是有了大致的概念：帕尔芒捷希望将土豆作为碾磨面粉的原料而非蔬菜。因此，路易国王宣称：“法国不会忘记你为贫民找到了食物。”

参与商谈之后，帕尔芒捷获得了政府许可，在巴黎大特吕昂德里街开设了“面包师学院”。他在一篇回忆录中写道：“既然我们有教兽医学习养马的学校，那为何不开设面包师学校呢？毕竟整个国家的健康都托付给了他们。”这所学校主要研究“能在饥荒时期烤面包的新谷粉组合”，最终将通过科学手段来实现。中世纪时有人因为面粉稀少就在其中掺假，制造出面粉增多的假象。这种危险做法再也不会出现了。“只有手握显微镜的科学家才能发现这些罪恶的源头。”

1780 年 6 月 8 日，面包师学校开业了，由化学家卡代 · 德沃和帕尔芒捷任校长。众多法国科学家以及时任美国驻法大使本杰明 · 富兰克林都出席了开幕式。在他们的见证下，学校烤制了各种试验性的面包品种，并介绍了土豆粉这种理想的谷物替代品。帕尔芒捷大声说道：“土豆粉不像燕麦面粉那么粗粝，也不像玉米面粉那么干。”富兰克林戴着民主党人常戴的海狸帽，站在法国人中间认真地聆听着。他很清楚法国面临的困境，不过就他自己而言，他不太喜欢土豆。在他的家乡波士顿，师傅还必须在学徒条款中加入这样一条：保证不会给学徒吃土豆。富兰克林习惯吃的是玉米。他对玉米饱含深情，还想让法国人也改吃玉米。他在欧洲写的最后一篇文章是《玉米纵览》，并把它寄给了校长卡代 · 德沃。在这篇文章中，他讲述了自孩童时期起所有关于玉米的见闻，包括嫩玉米、烤玉米、煮玉米、干玉米、速食玉米布丁、玉米饼、玉米糖浆、玉米酒以及玉米饲料。可最后，他还是没成功，只好回美国再去享受各色玉米美食了。

法国的动乱正如酸面团一般缓慢地发酵；与此同时，面包师学校依然在继续实验。帕尔芒捷展示了一块存放八年还能食用的饼干；还有一位名叫科勒的面包大师因为重新找回了古秘鲁印第安人冰冻保存土豆的秘密工序，而被授予银质奖章。面包师学校怀着一颗赤子之心，却很不幸！假如两年前就立即强制法国各省种植土豆，或许就不会发生法国大革命了。然而土豆的反对者已经蠢蠢欲动。比如作家勒格朗·多西就不赞成用土豆粉做中产阶级的食物："它口感黏稠，味同嚼蜡，还对人体有害。土豆粉像所有未经发酵的淀粉一样，会造成胃胀，难以消化，因此不适合精致讲究的家庭。只有品味粗俗、胃部粗糙的人才能习惯吃土豆。"这对土豆的"目标群体"——下层阶级完全是赤裸裸的侮辱。事实上，下层阶级的反应也出人意料，他们同意勒格朗·多西的偏见，反而怨恨帕尔芒捷。当然，现在巴黎人每年都会在拉雪兹神父公墓里帕尔芒捷的墓前种上土豆；可他在世时，人们却拒绝吃土豆。1789年，帕尔芒捷出版了划时代的著作《论马铃薯栽培和用途》，然而为时已晚。暴风雨就要来了。谁还会在意土豆呢？

法国大革命的演员

◇ 85 ◇

攻占巴士底狱前数月，巴黎人又开始使用扎克雷起义的禁语打招呼了：“面包起发了……”什么面包？根本没有面包，面包只是人们脑海中的幻影。命运的手再次开始翻云覆雨，揉好面团，打开了巨大的烤炉……

人民本身就是一块没有定形的面团。每位著名领袖都知道，需要有“酵母”，才能让这块面团起发。这“酵母”就是信念，而且最好是统一的信念。无论是事实还是谣言，只要能在群众中流传甚广，就能在最混沌的人群中酝酿叛乱。

这个事实，或者说是谣言，已经有了。消息的源头不得而知，但多数法国人都坚信，谷物短缺是因为一场阴谋。这场原本由来已久的饥荒如今却变成了反常事件。一定是有人铁了心要毁灭法国！面对仅仅想要果腹的大量平民，王室、富人和贵族又有什么在意的呢？

毫无疑问，粮食投机商人肯定大赚了一笔（就像他们在埃及法老时代和罗马屋大维时代那样）。不过法国的与众不同之处在于，人们普遍产生了妄想，认为商人投机倒把是为了“毁灭法国”。法国民众饱受饥荒之苦，身体虚弱，极易煽动。阴谋论的拥护者及记者散布谣言说，有个秘密组织存在了 70 多年，这伙商人同政府签订了饥荒条约，要人为制造饥荒。所以法国才没有谷物！据说，路易十五已经通过这个残忍的阴谋赚了 1000 万英镑。根据传闻，这个倒卖谷物的秘密组织用低价购买了法国所有的谷物，秘密出口到国外，再以原价十倍的价格进口到法国。据说代理商的关系网已经遍布法国各省，所有谷物采购商都被这个大集团买通了。

而事实是，在过去几百年里，法国一直禁止谷物出口。因此，要想神不知鬼不觉地将大批谷物卖到国外去，简直比登天还难，出口全国所有谷物更是天方夜谭。然而对于这个明显的漏洞，传谣的人也能自圆其说：“国王自己也参与了这笔买卖！他掌管的粮食局收集了仓库中所有的谷物，由军队护送到了边境。”然而没有人知道这在现实中怎么操作。人们也承认当时的路易国王几乎无法实施这种诡计。但不管怎样，“通过出口谷物谋取暴利”的行径有王室许可，这似乎已经是板上钉钉的事实了。虽然在过去的半个世纪里，在人们的传言中，这场绝妙的谷物阴谋隔三岔五就会更换头领，但总是与政府部长、包税人以及王室脱不了干系。

虽然谣言的源头不为人知，但真实的人名和具体数据一传出来，所有人就都信以为真了。比如，据说 1765 年 8 月 28 日，法国森林督察勒雷·德绍蒙、皇家领地督察卢梭、军事医院院长佩吕绍和发明家兼磨坊主马利塞四人再次齐聚巴黎，讨论该如何让整整一代人陷入饥荒。据说这四人获得了国王的许可，把法国所有谷物都运到了国外，储存在英国泽西岛和根西岛的巨大粮仓，在那里加上高得可怕的关税，再进口到法国。这个说法或许也有一定的可信度，因为 1765 年 9 月，面包的价格的确上涨了两倍。但这些事全都千真万确吗？他们从何处获得大量船只，把谷物全都运到海峡群岛呢？三年后，警察查到了散布谣言的人，是一个名叫普雷沃·德博蒙的小官员，他曾看过几本记录利润的账簿。普雷沃·德博蒙立刻被关进了巴士底狱，在那里被关押了 20 年。如果当时先对他进行审讯，他或许还能出示证据或透露故事中真实的部分。然而根本无须审讯；一封密信就足以让一个人从巴黎消失，而且消失了 20 年。尽管人们知道传播谣言的风险，但他们依然在街头巷尾私下谈论饥荒条约，而且谣言愈演愈烈。为世界做出重大贡献，改进碾磨技术的马利塞仿佛变成了麻风病患者一样，人人对他避之唯恐不及，还给他扣上了恶棍、人民公敌的帽子。人们传言，他为了每年 3 万英镑的利润背叛了法国。他去世时（当时已经精神失常），在弥留之际仍不断重复，磨石必须按照 3 毫米，然后 2 毫米的距离固定，进行碾磨，然后再近一点继续碾，这样磨出的面粉才是健康的。他离开人世时产生了被害妄想，以为有人要勒死他。而且，他去世时负债累累，欠了政府 11.5 万英镑。那么他的“不义之财”哪去了？

1789 年 7 月 14 日，“谷物阴谋”引发了众怒，法国人民起义了。他们攻占了巴士底狱。那里关押着高尚的人，以及普雷沃·德博蒙事件的“黑幕揭发者”。根据一些历史学家的记述，当时巴黎人不仅用斧子和滑膛枪攻占了巴士底狱，还有许多人穿着参加舞会的衣服，拿着谷穗。这简直让人无法相信，巴黎人能从何处得到谷物呢？但攻占巴士底狱，摧毁令人憎恨的堡垒，在同时代的人看来竟像是在庆祝丰收节，像是纪念农业女神刻瑞斯的游行，这具有重大意义。这代表古典精神又回到了世间！攻占巴士底狱后，法国处死了路易十六，组成了国民议会，又成立了国民公会。虽然巴黎的平民从未听说过希腊，但他们的生活已经披上了古希腊罗马的外衣。

◇ 86 ◇

世界再次变得高尚。仿佛阻碍真正骑士精神得以发扬光大的，只有巴士底狱。在巴黎，各个阶层握手言和，友好的气氛让人如沐春风。1789 年 8 月 4 日，在维孔特·德·诺阿耶和沙特莱公爵的建议下，贵族自愿放弃了特权。

一千年来，法国民众一直在猛击那扇紧闭的大门，却徒劳无功；而现在，那扇大门突然自动打开了。1789 年 8 月 4 日夜间至 5 日凌晨的那一晚，在国民议会上演了如梦如幻的场景。时值盛夏，议会大厅烛火通明，炎热而芬芳的空气从外面飘入。据说叛乱席卷了法国各省。但这里却很平静，没有人挥舞着长矛打斗。贵族自愿放弃了属下 50 代人艰辛奋斗、来之不易的特权，把自由放在金托盘上拱手相让。名目繁多的地方司法管辖权、婚嫁费[①]统统消失，农奴不再束缚于土地之上，贡赋制也化为乌有。贵族交出了狩猎的特权，神职人员也放弃了什一税。莫特马尔公爵对革命军说："我们只有一个愿望，就是你们尽快实现自由！"这让革命军感到惊诧。贵族与革命军握手言和，欢呼雀跃，挥帽致意，仿佛在童话里一样。这个夜晚真是激情澎湃，闪烁着人权的光辉！扎克雷起义中被践踏的尸体、用农民头骨堆成的金字塔、1525 年血流成河的德国农民战争，都在今夜一笔勾销了。正如斯塔尔夫人[②]的精彩评论，这一切"在一种非常法式的宽容的氛围中，在发自内心的热烈掌声中"完成了。事实上，整个大厅内外的掌声彻夜未停。

然而这一切真的已经一笔勾销了吗？贵族故作姿态之时，农民却将他们的城堡付之一炬。国民议会中的代表与地主握手言和，然而正

① 婚嫁费，佃民为自由出嫁女儿向领主缴纳的费用。

② 斯塔尔夫人，全名安娜·路易丝·热尔梅娜·内克尔（Anne Louise Germaine Necker，1766—1817），法国 19 世纪初才华横溢的女作家，法国浪漫主义文学运动的先驱。斯塔尔夫人与雨果、歌德同为浪漫主义代表人物。

在行进的农民大军却毫不在意。他们依然没有面包。

议会大厅中正在进行一场无休止的辩论，一位女士怒不可遏地吼道：“不是这个问题，你们这些混蛋！”走廊上的人齐声吼道：“我们要面包！”

巴士底狱已经被攻占了，可巴黎人民依然没有面包。他们在巴士底狱中发现了普雷沃·德博蒙那样的可怜鬼，却连一勺谷物都没发现。实际上，在攻占巴士底狱之后的一段时间内，法国面粉奇缺。就算大革命取得了无上荣耀，也填不饱人们的肚子。为何一块4磅的面包仍要花12.5苏，一块白面包要花14.5苏？政府给面包师提供了补贴，让他们降价，然而这一举措无法增加面包的供应。愤怒的民众在面包店前白白耗费了大量宝贵的时间等待。诚然，帕尔芒捷的土豆面包更便宜，但谁关心他和他那面包师学校呢？不都是些过时的不知所云的东西吗？虽有失公允，但当时的传闻是，帕尔芒捷做那些实验，都只是为了让富人能给穷人嘴里有东西可塞。让他吃他那些破土豆去吧。人们在面包师学校门口呼喊：“我们要面包！”1790年1月14日，卡代·德沃和帕尔芒捷战战兢兢地让警卫“保护他们的烤炉”。这时，人们已经把面包师学校看作了旧制度的代表。

◇ 87 ◇

1789年8月，发生了一场严重的灾害，老天爷仿佛也与投机的奸商串通了起来。法国发生了有史以来最严重的旱灾，河流都干涸了，导致磨坊也无法运转了。风车只有法国北部才有，中部和南部全是水磨。谷物本来就产量极低，现在甚至都没法磨面了！农业部部长立刻下令修建马拉磨。但是这需要时间。9月，巴黎面包供应量再次减少，价格却无耻地上涨了。民怨沸腾，人们确信凡尔赛宫里肯定还藏有谷物。在凡尔赛宫，无论是国王、王后、神父还是鞋上镶着银扣的贵族，甚至是国民议会中的人民代表（人们相信他们已经背叛了人民）都有面包。向凡尔赛宫进军！

1789 年 10 月 5 日清晨，大量巴黎人涌到了雾蒙蒙的路上。他们手持长矛和镰刀，衣衫褴褛，赤脚游行。男人在队伍中间，妇女儿童围在四周。革命军里出现了穿裙子的女士，这还是前所未有的景象。妇女大声疾呼，士气高涨。很快就集结了 5 万人，继而到了 10 万人，这群妇女涌向凡尔赛宫。巴黎似乎万人空巷。他们今天就要打倒君主的统治。

游行军出现了幻觉，有点魔怔了。

“你看到运面包的马车了吗？”

“看到了，运面包的马车就在地平线上！”

他们经过长途跋涉到达了凡尔赛宫，风尘仆仆、筋疲力尽，眼睛里燃烧着熊熊怒火。他们看到了花园，但却不是祖父和父亲描述的那样。这里并没有闪烁着七彩光芒，雀跃而上的喷泉，也听不到如异国鸟儿啼鸣一般的潺潺水声。父辈说的话都是骗人的。而实际情况是几周前，路易十六为了给磨坊供水，刚刚切断了公园的水源。也正是因为喷泉不再喷涌，凡尔赛宫周围的村庄才能吃上面包，不过这并不足以供应整个巴黎市。游行军恍然大悟，国王虽有无数金银珠宝，却也许没有多少面包。妇女索要面包的喊声逐渐平息了。大家把国王和王后围在中间押送回了巴黎；不过没有人伤害他们。

游行军归来时，迎接他们的人大失所望。他们本以为天上可以开始下面包雨了呢。天色渐晚，妇女簇拥着马车抵达巴黎市郊。在火把的点点火光中，人们认出了国王肥胖的脸，喊道：“面包师来了！他们还带来了面包师的妻子！”自从饥荒条约的故事开始流行之后，国王和王后就有了这样的绰号。

可尽管路易十六被戏称面包师，他却变不出面包来。30 年后，斯塔尔夫人在《法国大革命》一书中描述了路易十六此刻的束手无策。她在书中评论道，在 10 月 5 日，“如果当时，路易十六粮仓的面粉哪怕只够养活一个军团”，他也本可以在凡尔赛卫兵的护送下逃到其他省。然而他并没有面粉。在同时期的铜雕上，护送国王马车返回巴黎的革命卫队士兵在刺刀尖上挂着很多面包，但这只是挨饿的雕刻师自己的想象。士兵和妇女回到巴黎时根本没有带回面包。

又度过了 14 天挨饿的日子。市郊频繁发生抢劫案，许多有钱人家遭到入室抢劫。人们开始喊出了“留心面包师”的口号。“面包师私藏着面粉。他们就想等着我们出更高的价格。”

1789 年 10 月 20 日，在老面包师德尼·弗朗索瓦的店里，有位妇女在大吵大闹。弗朗索瓦正在试图让她平静下来。他的面包店位于巴黎圣母院附近，离大主教宫也不远。国民议会在搬离凡尔赛宫后，由于巴黎人希望能够对其进行监控，就把会址设在了大主教宫。这位妇女一直大喊大叫，说昨天和前天都没有买到面包，不肯平静下来。当时，弗朗索瓦刚刚烤完六组面包，正要开始烤下一批。他邀请妇女进入烤房，让她亲眼看到自己并没有私藏面包。妇女走进了烤房，又穿过烤房进了老面包师的房间，看到餐桌上有三块四磅的面包，是学徒做来给自己吃的。这个妇女拿起一块面包，就一边尖叫着一边跑出了面包店，大喊“他藏了面粉”，从而煽动了街上的人。众人闯进面包店，砸毁了屋子，把老面包师痛打了一顿。他们又在衣橱中发现了六打新鲜的小圆面包。这是倒霉的老面包师为议会代表烤的面包。什么？人民还在挨饿，而这位面包师却为人民的代表烤了 72 个小圆面包？老面包师被拖了出去。外面人声鼎沸，都在呐喊：“绞死叛徒！”警察和议会卫队此时介入，逮捕了老面包师，想要保住他的性命。但暴民又将他掳走，带到格列夫广场绞死了。

国民议会及官员都清楚，无论法国实行君主制还是共和制，如果不能解决面包问题，人民都会绞死当权者。然而他们却对面包问题束手无策。国民议会拨款40万英镑用于农业援助，可仍未能解决问题。因为法国已经百业凋敝：道路破败，交通工具残破不堪，土地闲置，牲畜疏于照管，人民的思想也变得愚昧。投机商还潜伏在边境地区，操纵物价，造成了物价上涨。

究竟哪里才有面包？法国仿佛倒退回了暴君统治的时代，源源不断的谷物缩减成了涓涓细流，面包师的烤炉空空如也。即使是在与欧洲诸国的战争爆发之前，整个法国都陷入了“围困心理”之中。法国必须采购谷物，但是如何采购呢？贸易不受人们欢迎。而且，人们实际上视贸易为背叛人民、违背新民族精神的罪行。因为农业才应当是立国之本。（然而哪里还有农民？）人们还觉得商人肯定都是投机商，因此都是骗子。革命军威胁要处死商人，可群众对贸易一窍不通，所以法国大革命又需要商人。就这样，巴黎市斥巨资从国外进口了谷物。有一次令人难以置信的是，军校中竟然堆积了多达3.2万袋谷物。然而在经济繁荣时期，巴黎每年一般要消耗65万袋面粉。千百年来，巴黎人在吃面包这件事上一直心存执念。意大利人发明的通心粉既便宜，饱腹感又强，可巴黎人偏偏不肯吃。他们不喜欢玉米面的气味；至于燕麦，那是马饲料；他们只想要小麦面包，然而面包奇缺。

接下来，革命军当局通知巴黎人，面包短缺很快会更加严重，因为在1792年法国就要与反法同盟开战了。法国士兵英勇奋战，捍卫革命成果，对抗保皇党可怕的阴谋，他们必须有足够的食物，所以所有面包都供应给了法国军队。但即便如此，士兵还是没有足够的面包。第二年政府才查明，迪穆里埃[①]身边有几位将军背叛了国家，将北部

① 迪穆里埃，全名夏尔·弗朗索瓦·迪普里耶·迪穆里埃（Charles François du Perier Dumouriez，1739—1823），法国大革命时期的著名人物，1792年任北部集团军司令，同年战胜了普鲁士军队和奥地利军队。

集团军的粮草运到了敌军阵地。这确实是真正的危急关头。共和国有可能因此覆灭。革命军可以斩首国王、王后、贵族，然而他们能除尽人们心中的贪婪和自私吗？人民中存在令人发指的恶魔。1793 年 8 月 7 日，巴黎人已经食不果腹，而这些恶魔却将 7500 磅面包悄悄运出了巴黎，因为他们想在其他尚未规定面包价格的省份卖出高价。饥荒条约再次抬起了丑陋的头。难道就是为了这个，人民才在四年前发动了革命？

所有罪犯都被处决了，然而效仿者不计其数。城市里哪怕挨饿数周也能支撑，然而军队必须有粮草。于是国民公会颁布法令，任何抢劫运粮马车或令其改道之人均判处死刑。从各个偏远省份七拼八凑的谷物装进了马车，火速运至前线；抢劫军粮者都被枪决了；军粮由强大的谷物警察部队护送，运往军中。

1793 年 10 月，巴黎再次得到了面粉。不久前，丹东将军[①]才刚刚大发雷霆，认为“统一的国家也必须规定统一的面包价格”。巴黎公社又颁布法令，即日起，巴黎只能烤一种面包——平等面包。磨坊主和面包师的面粉筛都被没收了，因为这是优质面包的象征。现在，全体公民无论贫富，都是平等的，都要吃同样劣质的面包。难以消化的麸皮应该由全体公民共同享用。而高傲的人民代表并未意识到这一点，又或者不愿意识到这一点……

1793 年 12 月 2 日，面包卡开始使用；18 个月后，巴黎公社决定免费发放面包：工人和一家之主每天 1.5 磅，其他所有人每天 1 磅。但很快，市面上就只剩下了面包卡。1794 年，收成少得可怜；1795 年，法国发生了极其严重的通货膨胀。1795 年 7 月，新闻记者马莱·迪庞在报道中指出：“一袋 3 公担的小麦现在价值 9000 法郎。”这个夏天，

---

① 丹东将军，全名乔治·雅克·丹东（Georges Jacques Danton，1759—1794），法国政治家、法国大革命领袖，雅各宾派的主要领导人之一。

在法国部分省份，一块面包的价格已经涨到了180苏。人们为了面包互相残杀。

面包变成了海市蜃楼。面包愈是短缺，国民公会颁布的法律中就愈是频繁提及面包，给人们“画饼”。圣茹斯特[①]宣布：“所有25至50岁之间的法国公民都必须从事农业劳动。”有一年，在作物歉收引发饥荒的情况下，这位恐怖统治的当权者还举行了感恩节庆祝丰收。罗伯斯庇尔[②]走在几头“献给农业女神”的牛后面。他身穿蓝色礼服外套，表情呆板，一脸恍惚，缓慢地大步穿过了巴黎的街道。他手捧麦穗和罂粟花。不过在人们看来，这显然是人造花束。

因为人们几乎不相信还存在真正的麦穗了。真实的面包已经无迹可寻。它只存在于人们心里，存在于人们热切的渴望中。面包是必需品，却制造了混乱，又引起了暴乱。在其中一起暴乱事件中，出现了人性的奇观。由此引发的戏剧性事件也是法国大革命中最为狂暴的事件之一。

一群发狂的野蛮妇女急不可耐地想要面包，她们集结了数千人，高声咒骂、恐吓着，再一次围困了国民公会。在这群“掌管饥饿的女祭司”当中，有几百人脱离了大部队，开始登上国民公会的台阶，想要进入会议室。她们在前厅遇到了国民公会会议主席布瓦西·丹格拉斯律师。这位贵族由于投身于人民事业而非常出名，可他也在粮食部担任要职，因此格外受人憎恨。怒不可遏的妇女扑向他，纷纷撕扯、踢打他。他成功地脱身进入了会议大厅，赶紧锁上了门。从他的演说

① 圣茹斯特，全名路易·安托万·莱昂·德·圣茹斯特（Louis Antoine Léon de Saint-Just，1767—1794），法国大革命的杰出领袖、雅各宾派首脑人物之一。作为罗伯斯庇尔的得力助手，圣茹斯特在革命内忧外患的关头力主实行恐怖政策。于1794年在热月政变中被处决。

② 罗伯斯庇尔，全名马克西米利安·弗朗索瓦·马里·伊西多尔·德·罗伯斯庇尔（Maximilien François Marie Isidore de Robespierre，1758—1794），法国大革命时期重要的领袖人物，雅各宾派政府的实际首脑之一。罗伯斯庇尔是一个毁誉参半的人物，他虽推行赤裸裸的恐怖统治，但同时也领导雅各宾派政府颁布《1793年宪法》、彻底摧毁封建土地所有制，平息联邦党人叛乱，粉碎欧洲各君主国家的干涉，在保卫和推动法国资产阶级革命向前发展中起了很大作用。于1794年在热月政变中被处决。

中能够看出，他信奉斯多葛学派；所以这件事并未困扰他。

就在布瓦西·丹格拉斯逃脱后，另一扇门打开了。议员费罗听到门外的喧哗之后，来到了前厅怒吼道："你们这群女人想做什么？请尊重法律！"然而这数百名妇女已经饿昏了头，根本顾不上尊重法律。她们立刻扑向了费罗。雨点般的拳头砸在了费罗身上，他的脸被层层叠叠的衣裙闷住。她们随后踢死了奄奄一息的费罗，把他拖到地窖中，用厨刀砍下了他的头颅。而在门后的国民公会会议上，大家对此刻发生的事情还一无所知。

丹格拉斯登上了主席的座位，宣布会议开始。在整理材料时，他突然看到了议员费罗。令他惊奇的是，费罗面如死灰，眼神毫无生气，透过庭院的窗户看向屋内。丹格拉斯走近看时，才意识到费罗的头是戳在一根长矛上，血还在缓缓向下滴。丹格拉斯处变不惊，他举起右手向费罗的头颅致意、敬礼，然后平静地继续开会。就这样，他避免了议员的恐慌，防止他们逃离。因为只要有一扇门打开，凶狠的女暴徒便会涌入大厅。丹格拉斯争取了宝贵的几分钟，一队士兵很快赶到，驱散了叛乱的妇女。她们只是再也不想听到战争讯息的家庭主妇和厨师，然而她们也拥有巨大而可怕的力量，只因为她们为人妻、为人母。

就这样，丹格拉斯拯救了巴黎，使其免于遭到面包引发的叛乱。当时法国处于战争期间，上述一幕正是发生在斗争的高潮。若发生叛乱，很可能导致法国大革命失败。法国上下团结一致，付出了巨大的努力，边境的敌军开始败退了。奥地利战败，荷兰和瑞士也传出了种种讯号，表明两国人民准备援助革命军。确实，法国人直到和平到来后才有了面包。法国大革命期间，农民无力生产面包；而战乱又造成了面包无法分发。直到督政府[①]时期，自1796年起，士兵才得以休假；

① 督政府是法国大革命中于1795—1799年掌握最高政权的政府，前承国民公会。

他们回到农村，拥有了不再属于地主，而是属于自己和家人的土地，然后开始耕种了。

这就是面包在法国大革命中扮演的角色。面包是伟大的演员；它在舞台上身披法国三色旗，被所有后续的激进政党拥戴为王。面包出演了一幕幕哀怜的、血腥的、悲剧的场景，而结局却有些滑稽。因为在法国大革命结束时，小麦以平等的名义，将其他谷物全部逐出了法国。亚斯尼[①]在其关于谷物竞争的书中写道：

> 早些时候，小麦白面包是富人吃的；大革命之后，所有人都能吃这种面包了。在法国东部的比利时，小麦面包也完全取代了黑麦面包。荷兰几乎将国内种植的所有黑麦都用作饲料。然后小麦又大步流星入侵了德国西部。它还从瑞士南部进入该国，并完全征服了这个国家。同时，面包还在德国南部占领了据点。

在战争中死去的人最终成了土地的祭品，让土地更加肥沃。与此同时，谷物的竞争也在继续。战败国或中立国毕恭毕敬地改种了战胜国的谷物。1792年，歌德参加了法国大革命，不过是在普鲁士军队一方。他准确地观察到，德法边境也是黑麦与小麦交锋的前线。他觉得这对比很有趣；他昨天刚发现城里“面包很黑，女孩很白”，今天到了法国（其实是过去罗马帝国的土地），却发现“女孩很黑，面包很白”。

十年后，歌德就会发现，德国西部的农田也发生了变化。因为拿破仑就像是现代版的罗马帝国皇帝，在他统治期间只能种小麦。

① 亚斯尼，全名瑙姆·亚斯尼（Naum Jasny，1883—1967），美国经济学家，出生于乌克兰哈尔科夫，曾在当地任面粉厂长。著有《谷物的竞争》（*Competition among grains*）。

面包与拿破仑战败

面包是军队最重要的盟友：兵马未动，粮草先行。

——俄国谚语

◇ 88 ◇

1800 年至 1805 年这五年局势太平。法国人终于能够回归农田了。人人都以为这会一直持续下去。法国已经打赢了战争，接下来人们只要在菜园里种种菜，就能一直过太平日子。而且，法兰西帝国财力充足，可以进口所需物资。如果谷物短缺，俄国随时都有取之不尽的谷物能够供应；乌克兰的谷物也可以沿多瑙河向西，经奥地利到达斯特拉斯堡，端上法国人的餐桌；或者俄国北部的谷物也可以通过海运从但泽运至勒阿弗尔。

法国从哪里赚到了这么多钱呢？除了共和国军队从荷兰、莱茵河、奥地利和威尼斯劫掠的钱财以外，法国还增加了一种新的财富来源——工业。

拿破仑终其一生都坚定地信奉工业的力量，同时也同样坚定地轻视农业。他肯定听说过重农主义者关于土地和财富的理论，但他全都将其当成了耳旁风。人民必须要有面包没错。但除此之外，拿破仑觉得农业实在是枯燥至极。他信仰的神是活力和速度。土壤的确有活力，但发挥作用的过程太慢，而且缺乏思想。思想存在于机器之中，所以拿破仑大举推崇机器。他对那些能够改进基本工业流程的发明家一掷千金。在拿破仑执政期间，早在 1801 年，他就在巴黎举办了工业展览会，并亲自监督每一个细节。他认为，在 19 世纪，战争与和平将完全取决于工业。罗伯斯庇尔和其他国民公会议员是多么可怜的白痴！出于对农业无可救药的爱（因为他们还是没有面包），他们甚至在象征农业的牛车后面游行。这是多么荒唐！种谷物、做面包就应该安安静静的。或者，要是不种谷物，也可以从国外进口。签订了贸易条约，就能确保以低价采购谷物，再按时投放市场。

农业一点也不吸引拿破仑。当战争再次爆发时，除军事问题之外，他所关心的问题只有一个：如何用法国产品换取英国的工业产品。他开始致力于寻找军工产业及食品领域的替代品。一定能有什么东西，能够取代之前英国船队运来的印度布匹、香料和染料。1806 年，拿破仑在巴黎商会高声说道：

> 我们的世界瞬息万变。在过去的日子里，如果我们渴望变得富有，就必须要拥有殖民地，在印度、安的列斯群岛、中美洲和圣多明各建立殖民地。但那个时代已经彻底结束了。如今，我们必须变成生产者，必须有能力自己制造出以往习惯从别处获得的产品。我坚持认为，我们必须自己生产靛蓝染料、大米和白糖。制造业的价值绝不低于过去的商业。在我努力获得海域控制权的同时，法国也将发展或创立工业。

在上述言论中，拿破仑对比的是工业与商业。而至于工业和农业的对比，他已抛诸脑后，并未提及。拿破仑对简单的概念毫无兴趣，而是向化工、冶金和纺织业投入了数百万法郎。这些才是真正创造利润的行业。他凭借自己发达的数学思维和技术头脑，能够想象到化学家用曲颈瓶进行实验，为他带来利润；还能想象到线在织布机上飞速穿梭往复的画面。这一切都将成为经济武器，用来对抗宿敌英国。

当然，土地也得以在工业中发挥作用。因为有一天，拿破仑出台了一条对抗英国的新政策：法国要种棉花！哎呀，这样一来，就急需土地来支援了；另外，法国还需要染料，而染料植物只能种在土地上。于是，拿破仑开始对种植业感兴趣了。法国药商为何要依靠印度草药呢？草药必须在法国种！随着他对种植业的兴趣与日俱增，他召见了帕尔芒捷老先生。彼时，帕尔芒捷还在为失去了土豆农场哀怨不已。拿破仑仔细聆听帕尔芒捷的话，意识到帕尔芒捷很有创造才能。于是，他对帕尔芒捷施以恩典，就像他偏爱所有发明家一样，还为帕尔芒捷安排了政府要职，为其授权在全国种植土豆。现在没人敢嘲笑帕尔芒捷了。事实上，他对土豆执着的热爱将拯救数百万人的生命。

拿破仑兴趣广泛，尤其喜爱错综复杂的事物，一举两得的策略立刻就能吸引他。因此，他采纳了在法国所有道路上种植坚果树的建议。这一措施可谓一举三得：既能为行人提供树荫，又能收获坚果，最重要的是还能获得极为坚硬的上好木材，用来制造法国步兵的步枪。

然而，极其简单的事物却得不到拿破仑的青睐。当他的马车快速驶过法国绿树成荫的公路时，他或许很容易就能看到，路边的农田情况很不好。农民被应召入伍，数年来一直在西班牙、普鲁士和奥地利作为精锐部队英勇作战。拿破仑难道认为谷物凭空就能长出来吗？渐渐地，粮食再次出现了短缺。当俄国沙皇亚历山大一世打败拿破仑时，法国低价进口谷物的梦破碎了。拿破仑也气数将尽。在出兵俄国前不久，拿破仑给他的大臣写了一封信，语气沉重，充满了无力感：

> 我希望人民有充足的面包，质优价廉的面包……大臣先生，我离开法国期间，请不要忘记，政府必须把保证公众生活安宁作为头等大事，而食物是确保安宁的主要手段。

但可怜的大臣能怎么办呢？农民都被征召入伍了，上一季的收成又非常差，东欧国家也对法国关闭了国门。拿破仑的文字很忧郁，语气也几乎像是临终遗言。他写信时，是否知道法国的粮仓已经空空如也？当拿破仑的大军从波兰辗转至俄国时，饥荒也敲响了法国的大门。

◇ 89 ◇

法国1812年的财政预算显示，纺织业占国民收入的45.7%，几乎占一半；而农业生产仅占13.7%，还不到七分之一。所有农产品的净值按整数计算约为14亿法郎，而矿业的总收入几乎是这一数额的两倍。而且，我们必须注意到，这里所说的农产品是指土地上种植的所有产品以及一切相关产品，比如葡萄酒、蔬菜、烟草、牛、兽皮，并非仅仅指谷物。

显然，拿破仑统治下的法国并非农业强国。法国还远远没有达到自给自足。相反，我们可以说，法国是依赖其他欧洲国家生存的。甚至连德国和意大利这样的农业落后国家都会给法国出口粮食。

法国举全国之力筹措的粮食都随军队向东运输了。一辆接一辆的马车沿着蜿蜒的道路去往俄国。马车上装满了士兵吃的小麦和黑麦，就连马吃的燕麦都堆积如山。士兵的面包至关重要。早在黎明时分，大炮开火前，面包师的烤炉中就已经在通宵烤面包了。拿破仑奔赴战场时，不仅带了充足的弹药，还带了更加充足的粮草；要想取胜，战地面包房中的面包师和制造弹药的人员同样重要，缺一不可。

拿破仑不相信任何军需官。他年轻时就发现，军需官会偷面包。于是，他做中尉时学到的学问，在他成为皇帝之后派上了用场。根据司汤达的叙述，拿破仑像疯了一样，怀疑所有负责运送或管理谷物或面粉的人。司汤达说，拿破仑最希望的事情莫过于亲自看守所有的仓库和烤炉，确保没有东西被盗。

士兵的面包一向是优质面包，而法国士兵的面包比任何军队的面包都美味。它不像普鲁士士兵的面包那样闻起来发酸，也不像奥地利士兵的面包那样，由于面粉储存时间过长，所以添加了可疑的调味品来掩盖陈腐味道。而且，法国士兵的面包非常白，内部紧实筋道又松软多孔，薄薄的外皮还很有弹性。看来马利塞教法国人把面粉研磨三遍，没有白费工夫。帕尔芒捷回忆在自己扑着香粉、梳着辫子、戴着三角帽当兵的年代时，曾抱怨法国士兵吃的东西与其说是面包，还不如说是麸皮。如今时过境迁，法国士兵吃的面包比其他所有国家都好：小麦和黑麦的比例是 2 ∶ 1，其中 20% 的麦麸已经剔除。若非烘烤仓促，导致含水量过高，法国士兵的面包都可以让美食家品评一番了。然而，俄国士兵的面包含水量甚至更高，他们每天的口粮是一块重 3.5 磅的面包，这足以让任何一个正常人生病。他们的面包无论是看上去，还是吃起来，都像一块生铁。

即使在野外，法国人也证明了自己是天生的面包师。除了美味的面包，法国人还有饼干，一种经过两次烘烤制成的硬饼干。这是法国人在中世纪发明的，曾经让许多海员得以生存下来。

另一方面，拿破仑的辅助骑兵吃的则是通心粉，这是由缪拉国王[①]

① 缪拉国王，全名若阿尚·缪拉（Joachim Murat，1767—1815），法国军事家、拿破仑的元帅。他是杰出的骑兵指挥官，后成为那不勒斯国王。

◆ 英国战地面包房（1852年）

负责的。在战斗开始前，骑兵坐在马背上，仰头张开嘴，抓起热腾腾的面条放进嘴里，这幅画面颇为奇特。

早在滑铁卢战役前五年，也就是1807年，拿破仑就发出了这样的叹息："如果我有面包，打败俄国就是小菜一碟。"虽然他清楚地知道问题所在，但到了进攻俄国的时候，拿破仑却还是犯了不可思议的错误。他行军太快，导致骑兵与粮草车脱节了。里希特霍芬男爵写道："有些兵团再也没看到他们的粮草车。"但这个错误还算是较为轻微的。拿破仑携带了大量粮草，让军队维持到了深秋。但如果他认为空荡荡的马车进入了俄国的广袤农田，就能自行装满粮食，那他可就大错特错了。俄国人在9月和10月撤退时，把成熟的粮食全部带走了，一粒都没剩。法国军队所经之处如沙漠般荒凉。莫斯科被大火烧毁后，拿破仑下令战略性撤退到波兰。战争史上最大的一场因为粮食短缺而引发的灾难自此拉开了序幕。

导致军队溃散的原因与其说是严寒，倒不如说是缺少面包。起初，士兵杀死了马匹，吃马肉、趁热喝马血。这是最明智的，因为既然燕麦也已经吃完了，那马无论如何都活不长了。然而，法国军队穿过冰天雪地的极夜区域，到达有人烟的地方，一路上花费的时间可不是半个月，而是长达三个月。拿破仑乘坐雪橇，倒是很快就毫发无损地撤回了法国；然而，还有数十万法国大军滞留在俄国。他们没有马，也没有马车，只能徒步；他们甚至都没有御寒的毛毯或毛皮（其中许多来自意大利南部的士兵根本没有见过雪）。行军途中条件恶劣，他们都饥寒交迫。更糟的是，哥萨克人①时而从正面进攻，时而从背后突袭，用长矛攻击他们。法国士兵根本来不及射击，他们就又逃之夭夭。

布戈涅下士在回忆录中将这场大撤退描述成了一场面包引发的灾难。断粮第50天，他觉得自己快发疯了。布戈涅和战友在某个地方找到了威士忌，可他的喉咙被冻僵了，没法喝。几天后，他们又在一间小屋里找到了面包，就把步枪丢在雪里，像野兽扑食一样猛扑向面包。有几个战友因为咬的面包块太大，被噎死了。而布戈涅很幸运，因为他的嘴唇冻伤了，几乎张不开嘴……法国士兵抵达波兰时，闻到了新鲜出炉、热腾腾的面包香气，都发疯了。他们用剑从房间的地板缝里刮面粉，或者是他们误以为是面粉的东西。他们用5法郎买一块面包，让当地人目瞪口呆；还为了一口饭自相残杀。为了三个还没核桃大的

① 哥萨克人，是一群生活在东欧大草原（乌克兰、俄罗斯南部）的游牧社群，以精湛的骑术著称。哥萨克骑兵是支撑俄国于17世纪向东方和南方扩张的主要力量。

烤土豆，一群法国士兵打得不可开交。

归来的法国士兵已经饿得眼窝都凹陷了。普鲁士人吓得呆若木鸡，盯着他们看了好久。法国士兵已经说不出话来，只是用手指了指嘴。波兰农妇给衣衫褴褛的法国士兵拿来了裙子和女式帽子。这些败兵就像受难的鬼魂一样可怕，而穿上女装后又显得有些滑稽。他们迈着沉重的步伐继续前进。古斯塔夫·弗赖塔格在《昔日德国》中讲道，普鲁士人认为这些士兵是因为犯下了可怕的面包罪，才遭受到这样的惩罚。当地人说："他们怎么也吃不饱，体内的寒气怎么也无法驱除。"

有人将他们带到温暖的房间后，这些人马上扑到热炉子边，像是想爬进去一样。主妇想让他们远离炉子，以免被烧伤，然而只是徒劳。他们贪婪地吃着干面包。有些士兵不听劝，不停地吃，最后撑死了。直到莱比锡战役后，人们依然相信，这些士兵被上天诅咒了，永远都会处于饥饿状态。即使他们在战争期间被俘，即使每天都有饭吃，他们还是要把死马切成块烤了吃。可这完全没有必要。市民坚持认为这种疯狂的饥饿是上帝强加的。据说，曾有一次，这些法国士兵把好好的麦穗一捆捆地丢到篝火里，还把好好的面包掏空了，糟蹋了以后再扔到地上踢来踢去。所以，他们现在遭受了惩罚，所有人类食物都无法消除他们的饥饿感。

就这样，一个不以农业为本，反而南征北战、追求霸主声望的泱泱帝国走上了末路。拿破仑归国时，发现法国饱受饥荒之苦。这时，他回忆起了本杰明·汤普森曾经为穷人设计的一种汤。汤普森是一位科学家，他曾提出了食物卡路里理论，设计的汤是用碎面包、蔬菜和骨头做的。于是，拿破仑下令，每天按该食谱做 200 万盘汤分发给法国的穷人。这一政策实行了五个月（直至 1813 年丰收）。拿破仑为此共花费了 2000 万法郎。英国人得知以后，就知道战争已经到了尾声：

“法国人现在都在吃土、吃骨头了。”而英国人可是有面包吃的。显然，谁拥有面包，谁就能取得胜利。

◇ 90 ◇

拿破仑在欧洲推广面包，最后实际效果是什么呢？他造成200万法国人死亡，另外还导致了600万盟军以及敌军死亡，让吃面包的人减少了800万。另外，他南征北战，用死人的尸体给欧洲大陆的土壤施了肥……他对面包史的贡献最多也就是这些了。远远超出他的贡献的，是他死后九年，有几位无名人士发明了辊式磨坊。

1830年的一个夜晚，在瑞士苏黎世，有位工程师手持蜡烛站在镜子前。他的牙齿疼痛难忍，正在担忧地对着镜子研究自己的嘴。他受过良好教育，且对建造磨坊很感兴趣。此刻，他想起了古希腊哲学家波希多尼的话：“牙齿是人类的第一个磨盘。从牙齿咀嚼食物的动作中，人们自然而然地获得了碾磨谷物的灵感。”想到这里，他开怀大笑起来。

第二天，他去看牙时对牙医说，口腔是一种精妙的机器。牙医却叹了口气，悲观地说：“我不觉得口腔有多精妙。特别是牙齿的构造实际上毫无价值。几千年后，人类可能就没有牙了。构成牙齿的物质不够坚固。即使是现在，人们也要用金属加固牙、补牙。”

工程师问道：“这是为什么？”这不仅仅是出于对科学的兴趣。

牙医答道：“因为面包。自从人类开始吃谷物，牙齿就越来越差了。这要从埃及人开始说起……”

工程师陷入了深深的沉思。他突然想到，几千年来，磨坊始终存在同样的问题。所有磨坊主都抱怨磨石太软，必须频繁更换。在很长一段时间里，磨坊主都在寻找一种比所有石头都硬的神石；法国人曾在拉费泰苏茹瓦尔采石场开采到了燧石，相信那就是神石。然而，几年后，就连燧石也被坚硬的小麦磨坏了。那难道就不能像牙医说的，研制一些替代品吗？牙齿是不完美的。上帝并没有想到比它更好的器官，但任何聪明的工程师不应该因此退缩……磨坊和口腔遇到的种种困难可以归结为同一点，即二者的目的都是为了粉碎食物。但它们却无法粉碎谷物；谷物还是很硬，最终反而损坏了磨石和牙齿。工程师想，应该把磨的“牙齿”给拔掉。但是假设我们不是去粉碎谷物，而是压碎谷物，情况会怎么样呢？把它压到膨胀、爆开，这可行吗？工程师思忖着，如果用多个铁辊，以相反的方向每分钟转动数百次，应该有可能实现。自然，铁辊必须以蒸汽为动力，就像瓦特和埃文斯的磨坊那样。然后，工程师就花了一些时间，画出了铁辊的图纸。

不过，建造这样一台机器需要些资金。而瑞士当时刚好就有。在拿破仑的战争之后，瑞士很快就摆脱了影响。自1800年起，就没有敌军进犯国境了。瑞士城市几乎与英国一样，都对技术创新有浓厚的兴趣。因此，这位工程师成功地找到了一群商人，预付了几十万法郎（合2.5万英镑），用于修建辊式磨坊。另外，工程师还告诉赞助商，几年前，他在华沙拥有三座辊式磨坊。否则赞助商也不可能这么痛快就投入资金。工程师还讲述了许多自己在华沙的经历，着重讲了俄国人因为不愿看到波兰经济繁荣，所以烧毁了他的辊式磨坊的故事。最后，他为赞助商展示了自己印制好的辊式磨坊修建草图，还提供了相关数据，证明辊式磨坊能节省大量劳动力，而且产能远高于磨石。由于苏黎世距离华沙非常遥远，且俄国实施审查制度，在两地之间进行书信往来并不容易，所以无人质疑工程师的故事，辊式磨坊也修建好了。这座建筑物十分巨大，简直能容纳瑞士产的所有谷物。磨坊共五层，每层都有辊筒。谷物从第五层开始进行粉碎，最后来到第一层，完成最后的工序。

然而，让大家惊慌的是，与普通的石磨相比，这座磨坊的运转速度更慢，磨出的面粉更少，成本当然还要高出不少。赞助商看到钱打了水漂，与工程师之间发生了激烈的争吵；他们指责工程师根本没有使用过这样的磨坊。面对这一指控，工程师无言以对，只能小心翼翼地溜之大吉了。他消失得非常彻底，世界上从此再无任何关于他的消息。我们只确定他姓米勒（也就是磨坊主的意思），甚至连他的名字都不知道……

苦恼的赞助商请来了工程师雅各布·苏兹贝格。虽然他不是磨坊专家，但他成功地让磨坊运转起来了。他完全改造了辊筒设备，将两对铁辊筒一上一下置于支架中，分开运转。所有辊筒都置于第一层，上面四层放重量轻的机械装置。磨坊改造完成后进行了实验，运转情况好极了。赞助商赚到了钱，还把磨坊的设计模型卖到了国外。

苏兹贝格改造的磨坊出名了。不过，这种磨坊显然更适用于大量种植谷物的平原地区。而瑞士多山，面积狭小，无法充分利用这种机器。几乎与此同时，匈牙利看到了本国发展的机遇（小麦在匈牙利长期占重要地位）。得益于瑞士人的发明，匈牙利的面粉加工业成为欧洲大陆的翘楚，匈牙利面粉在各国大受欢迎。

几千年来，人类一直痴迷于白面粉。在公元前 4 世纪，阿切斯特拉图斯写过一本烹饪书。书中提到，莱斯博斯岛的面粉很白，希腊诸神都要派赫尔墨斯去代为购买。非常白的面粉其实就是经过彻底碾磨、精细筛分的面粉，如今我们都知道，这种面粉营养价值并不高。但它赏心悦目，也迎合了贵族的感受。因此，匈牙利最大的磨坊主斯蒂芬·塞切尼伯爵（1791—1860）占领了全球的面粉市场。得益于白面粉，匈牙利还长期统治邻国奥地利。也就是说，在哈布斯堡王朝统治下的二元君主帝国——奥匈帝国之中，面积较小，以农业为主的匈牙利，却统治了面积较大的奥地利。比起法国和英国的面粉，匈牙利白面粉在研磨和筛分方面要精细得多。维也纳是匈牙利白面粉的第一个大客户，其烘焙制品在欧洲出类拔萃，其中“帝国小圆面包”与约翰·施特劳斯的音乐一样闻名四海。

1873 年，在维也纳的世界博览会上，美国人第一次品尝到了维也纳面包师的手艺。他们询问何处能采购这种面粉。匈牙利磨坊曾一直洋洋得意地占据领导地位，然而从此刻起，便开始走向没落。明尼苏达州的平原比匈牙利的更加广阔。1879 年，州长沃什伯恩请来了匈牙利工程师，在州内各地建造了辊式磨坊。继承了斯堪的纳维亚先祖坚韧不拔品性的美国人掌控了这项技术，开始书写新的历史篇章。而这一章的标题应该是“面粉与经济实力”。

林肯：面包比棉花重要

◇ 91 ◇

面包意味着胜利。拿破仑战败已经验证了这句话的正确性，而美国南北战争更加直接地体现了这个道理。北方有面包，而南方没法吃棉花，所以经过南北战争，一个统一的国家诞生了。

人们对美国南北战争的起因进行过不计其数的研究。众所周知，主要原因之一是奴隶制已经过时了。在欧洲，农奴制已经土崩瓦解。法国是在1789年8月的那个夜晚，普鲁士则是在1807年颁布了《十月敕令》，废除了所有封建主义的重担，使农民恢复了人身自由。奥地利、意大利以及所有欧洲小国紧随其后。甚至连俄国的农奴都自由了。1861年2月19日，沙皇亚历山大二世大笔一挥，2300万农奴恢复了自由之身。

但在美国这个自诩“进步的国度”，罗马式大庄园和农业中的奴隶制却依然存在。种植园工人是从非洲绑架的黑人，因为他们比印第安人和白人干活更加得力。废奴主义者的斗争与其说是为了解放黑人种族，倒不如说是为了废除奴隶制这一过时的经济制度。值得注意的是，废奴运动并不是在黑人中间开始的。黑人的确曾经进行过起义。在1789年，也就是法国大革命的那一年，圣多明各岛上的黑人农场工人揭竿而起了。他们曾是法国国王的奴隶，现在也希望成为自由公民。他们按照巴黎人的方式，将棕榈树装扮成了自由之树，给它戴上弗利吉亚自由帽，再在周围架设若干大炮，射击视野范围内的所有白人。不过这并非因为白人是另一个种族；而是因为他们是种植园主。尽管法国花了很长时间才平息了这场起义，但当地的黑人暴动以及其中所蕴含的新人权观念却仍然只局限在当地，没有广为传播。比如，在美国本土，路易斯安那州等地的黑人有没有听说过这场起义，就很难说。

废奴运动是在白人中兴起的。北方各州虽不需要黑人劳工，却抗议南方一直沿用其他国家50年前就已经废除的经济形式。诚然，并没有人断言奴隶制完全不可行。而且战后多年，南方还在一直抱怨失去了廉价劳动力。

有些历史学家认为，南北战争是两个势均力敌、但性质迥异的经济体制之间的对抗：北方是自由的工业劳动者体制，南方则是奴役之下的种植园工人体制。而根据其他历史学家的假定，这场战争不可避免，是因为所有南北向跨越较多纬度的国家总有一天必须要决定——将国家政权设在北方还是南方。法国的决定是将首都设在巴黎，而非马赛或波尔多；同样，德国决定定都柏林；俄国则决定让莫斯科和圣彼得堡成为帝国运转的中枢。这些历史学家说的就是“纬度定律”，即国家不可将重要城市设在太偏南部的地区。关于这一涉及人类学与地理学的进程，这一统治权交由北方还是南方的问题，世界各国都曾做出决定。如今，美国也要做出自己的选择。

密西西比州、佛罗里达州、阿拉巴马州、得克萨斯州、卡罗莱纳州和弗吉尼亚州为解决这一问题摆脱了“北方难以忍受的保护”，而北方却拒绝让其脱离联邦。面对这一情况，解决整个问题的关键显然还是掌握在命运的手中。但现在我们知道了，这个问题早有定论：拥有面包的一方注定会胜利。

◇ 92 ◇

南方十分富饶，而且风景优美，令人心驰神往；南方的支持者遍布全球，甚至在北方都有一些人脉。毕竟，南方的美国人不还是另一个种族吗？难道不应该放手让他们走吗？在开战前不久，《纽约论坛报》编辑霍勒斯·格里利曾写道：

> 倘若棉花州决意脱离联邦，认为离开后会比现在更好，那我们坚持让他们和平离开……我们绝不希望使用武力将部分地区强行留在共和国内。

南方人民“为自由而战、为宗教而战、为保卫家庭而战；为了一个神圣的目标，800 万人武装了起来”，自认为所向披靡。他们怎会战败？若将南北双方比作即将殊死搏斗的摔跤手，南方似乎占尽了优势。在美国 1.97 亿美元的出口总额中，南方的棉花就占三分之二，出口额高达 1.25 亿美元。实际上，这其中只有 3% 的棉花是在南方进行加工的，因为南方没有工业化。但也正是这一点为其赢得了国外的支持。英法两国有制造服装的需求，进口了美国南方的原棉，欧洲工厂就能继续运转。南方种植园主清楚这一点，也知道自身对全球经济的重要性，可他们没意识到想靠棉花来度过此次危机会是多么的艰难。他们以为战事不会干扰棉花装船出口。然而北方的炮艇封锁了南方漫长的海岸线，还将棉花船烧毁，或将棉花据为己有。

在亚特兰大、查尔斯顿和新奥尔良，一些目光长远的人开始意识到，不管是否出口，棉花都不能吃。有识之士在战争初期便知道这一点，并发出了警告。1862 年 1 月，莫比尔《广告报》就竭力主张“限制棉花种植。生产羊毛、小麦、蔬菜及其他食物”。一个月后，《萨凡纳共和党人报》上刊登了这样的内容：“我们佐治亚的种植园主还在继续种棉花，真是太蠢了。他们会让士兵挨饿，打败仗的。快种玉米，种玉米！”

虽然总体战局还很不错，但到了 1862 年年底，南方各州开始担心会战败了。里士满的面粉价格已达到每桶 25 美元。水稻也种上了，但低洼的沼泽地上停满了敌军的炮艇，难以收割。无耻的投机商开始高价出售国内种植的少量粮食（贪婪的目光还紧盯着烟草和棉花种植园之外种植所有其他作物的田地），或是从国外走私的少量粮食。农民为了卖高价，还将仅有的少量粮食囤积了起来。因此，在 1863 年年初，战争部长建议杰斐逊·戴维斯总统[①]将小麦全部充公。倘若合理耕种，南方土地本可以养活全世界的人。但现在，南方地区却发生了迄今为止令人难以置信的事情：饥荒甚至波及到了白人地主身上。贵族种植园主吃的东西还比不上过去奴隶的食物。粮仓已空空如也，生活条件一天不如一天。直到最后，全国都看到了像在受围困城市中通常出现的恐怖场面：各地商店都被洗劫一空，妇女和儿童因为饥饿而倒在大街上。小麦、玉米和干草都被强行征用，供应给军队。疾病暴发，交通瘫痪，南方完全丧失了抵抗能力。南部邦联的士兵虽已满脸胡茬、面色苍白、饥肠辘辘，但依然英勇无畏地向谢尔曼[②]的士兵开火，内心相信自己是在保卫美洲大陆上最富饶的土地。然而如今，这些土地已

---

① 杰斐逊·戴维斯（Jefferson Davis，1808—1889），美国密西西比州民主党人。在南北战争时期担任南方联盟的“总统”。

② 谢尔曼，全名威廉·特库姆赛·谢尔曼（William Tecumseh Sherman，1820—1891），美国南北战争中的北军著名将领，地位仅次于格兰特将军。

经成了不毛之地，寸草不生。9月，面粉价格还是每桶35美元，10月就涨到了45美元，11月为70美元，到了12月就成了110美元。这之后，无论花多少钱都再也买不到面粉了。《萨凡纳共和党人报》发文写道："我们如何在这场战争中存活下去？在我们的城市，一桶面粉的价格高达120美元，连一蒲式耳玉米或其他去壳谷物都买不到……"

最终，尽管南方士兵英勇果敢，在良将的指挥下为理想而战，获胜的还是北方。林肯能取得胜利，是因为北方无论城市、乡村还是最重要的军队都没人挨饿。他们很好地吸取了独立战争的教训，为士兵提供了最优质的面包。亚历山德里亚的军需司令部中有烘焙方面的专家，他们都熟读拿破仑时期法国化学家的著作，尤其是帕尔芒捷的著作。所以，他们会更加精心地揉制面团，谨慎选择配料，并延长了烘烤时间。

路上经过了几十辆样子差不多的货车，一个孩子正睁大了眼睛盯着看，好奇里面装着什么。祖母说："那里面都是武器。"有个司机掀开帆布，这时祖孙俩看到车里装着沉甸甸的黑面包，面包外皮闪着光泽。"这是大炮吃的吗？"孩子疑惑地问道。军队面包师笑了起来，神情坚定："不，是人吃的。"他解释道，敌军可没有这样的弹药。"这些是林肯的'炮弹'，是我父亲和兄弟们从地里挖出来，我又在烤炉里烤好的。"

战争期间，北方的农业并未停滞不前，反而还在增长。俄亥俄州、伊利诺伊州、印第安纳州、艾奥瓦州和威斯康星州的产量几乎翻了一番。北军将领知道这会产生怎样的积极作用，他们感谢上帝的眷顾，赐予他们丰收。1864年9月8日，在最终胜利前不久，纽约《独立》杂志上刊登了这样一段话：

在当前的紧要关头，会对我们的人民造成最为严重之打击的，就是作物歉收。如果真的发生，我们必将一蹶不振。联邦的存续，乃至国家的存亡，都可能毁于一旦……无论在战争中将遇到什么情况，我们的谷仓都囤满了粮食！

◇ 93 ◇

这是怎么做到的呢？北方怎么能在大部分农民都应召入伍且与南方作战的情况下增加农作物产量呢？

首先，北方的妇女能够代替参军的丈夫务农。她们毫不费力，就能回归殖民地时期习以为常的生活方式……其次，北方有来自欧洲的移民。战争并未吓退他们，他们必须移民离开欧洲。作为外国人，他们并不想干涉南北之争，而且也确实没人去干预。所以，他们很容易就能置身事外，只需留在北方，比如像伊利诺伊州这样的地方，种种地就可以了。而且地价便宜也对他们产生了很大的吸引力，因为北方的华盛顿政府实际上相当于在赠送土地。根据《公地开垦法》规定，移民几乎不用花钱购置土地，便可建立自己的农场。在南方人民饥肠辘辘、奄奄一息的时候，林肯却在北方将 250 万英亩土地分给了移民。这意味着北方新建了两万个面积约 160 英亩的农场，新增人口近 10 万。

最重要的是，铁路也为北方的胜利贡献了力量。密西西比河在战前一直是连接西部和南部的交通要道，却因战争封锁了。如今铁路将西部的农产品运往了东部，南方什么都收不到。之前，新奥尔良每年都能收到从西北部运来的 1000 万蒲式耳的谷物和面粉，现在所有谷物都运往了东北部，新奥尔良只能挨饿。芝加哥由此成为大型中转站和集散地，通过战争增强了经济实力，变得更加强大。战争期间，芝加哥每年要经由水路运送 2000 万蒲式耳小麦和 2500 万蒲式耳玉米，且所有谷物的价格都很合理，赤贫的民众也能负担。所以，北方没有人挨饿。

实际上，北方士兵的给养太充足了，他们甚至还能抱怨食谱太单调。1917 年，C. B. 约翰逊医生在南北战争的回忆录中写道："我们的食物有时很单调。早餐吃培根、面包、咖啡；午餐吃咖啡、培根、面包；晚餐吃面包、咖啡、培根。"而南方士兵若能吃到这样的一日三餐，他宁愿用自己的衬衫来换。

除了上述粮食生产方面的劣势，还有一件事让南方种植园主再次陷入失望。进入战争的第二阶段之后，他们彻底失去了英法两国长期以来的支持和同情。这是怎么回事呢？南方不是在为全世界的棉花供应而战吗？过去的确如此，然而他们没有考虑到一个在政治层面起决定性作用的因素。在决定选择衣服还是食物的时候，对维持生命更加重要的那个需求总会胜出。南方只卖棉花，而北方有面包。而且，欧洲需要美国的面包，因此，欧洲必须转而支持北方的事业。他们起初还有些迟疑，不过后来就开始大力支持北方了。

哈佛商学院的 N.S.B. 格拉斯教授总结道："一方是棉花、南方奴隶制以及英国棉纺织业的利益。另一方是小麦、北方的自由劳动制度以及英国支持人道主义的纺织工人，他们为了反对奴隶制，甚至不惜牺牲自己糊口的工作……比起美国的棉花，英国更需要美国的小麦。南方的棉花能让工厂保持正常运转，可北方的小麦能维持人的生命，它比棉花更加重要。因此，英国政府不得不放弃对南方的偏爱，放弃了承认南方邦联的打算。北方通过大量的谷物贿赂了英国，为天平上代表人类自由的一端施加了非常重要的影响力。"

无论是妇女劳动、欧洲移民还是铁路的支持，都不可能让北方粮食产量如此大幅度地增加。还有一个因素必不可少，南北双方过去常常会忽视这一点。这就是农业机械化。诚然，种植粮食而非棉花的一方注定会取得战争的胜利。然而，倘若种粮食的农民没有拿起武器去打仗，而依然留在农场，那北方也不能取胜。最终决定了战争胜负，也决定了美国在本世纪后续命运的，正是机器。机器节省了劳动力，代替奔赴前线的农民进行农业生产。

我们已经看到，农村基本上无法参与城市的技术进步。发明都是为工业服务的。发明家也都是城里人，他们发明什么取决于工厂主和工人的需要。工程师认为自己的使命是简化工业劳动流程，促进其发展，并改进工序。他们的伴侣是工厂，而绝非农田。大部分工程师对农业一窍不通，甚至从未见过耕畜拉犁，也没见过农民用镰刀割草。

拿破仑从来都没想到，有一天，实行农业机械化竟然会符合国家的利益。可林肯、斯坦顿[①]和他们的手下的确偶然想到了这一点。这既是他们个人的成就，也是他们对美国血统的传承。他们继承了杰斐逊总统的思想，而杰斐逊总统曾说过，美国会成为自由之地，美国的农民将会是世界上最幸福、最优秀也是最现代的农民。否则，美国也称不上是独立的国家。

不过，对这几位美国国父来说，把机器引入农村十分困难。农民并不想要机器。几千年来，他们已经习惯了在日晒雨淋中安静地劳作，而且很庆幸终于在美国成为自己的主人。因此，面对机器的到来，他们起初只是满不在乎地耸了耸肩。城市，还有工程师能给他们带来什么好处？不过最终，也没有人问过农民的意见。在战争期间，弥补流失的农业劳动力、为国家挽救五年收成变得越来越重要的时候，机器应运而生了。

① 斯坦顿，全名埃德温·斯坦顿（Edwin Stanton，1814—1869），美国政治家。林肯总统时期担任战争部长，对北方的胜利做了重要贡献。

麦考密克：机器征服了农田

紧接着，乔纳森带着他那所向披靡的犁头来了——他也很光荣啊！呵，如果我们不是一群整日沉湎于空话中的白痴，那么，不论是雅典娜抑或是赫拉克勒斯的神话都无法与以上事实相提并论。我想，当希腊人、闪米特人以及其他形形色色的陈腐人物一旦被暂时抛开，这段史实总有一天将拥有属于自己的“诗人”。好吧，我们必须等待。

——卡莱尔致爱默生[①]

◇ 94 ◇

1836年4月，埃德加·爱伦·坡[②]发表了一篇题为《梅尔策尔的棋手》的文章。他在美国见到的这位“棋手”是18世纪时一位匈牙利

① 译文选自卡莱尔、爱默生：《卡莱尔、爱默生通信集》，李静滢、纪云霞、王福祥译，桂林：广西师范大学出版社2008年版，第417页。卡莱尔，全名托马斯·卡莱尔（Thomas Carlyle，1795—1881），是苏格兰评论家、讽刺作家、历史学家。他的作品在维多利亚时代很有影响力，主要著作有《法国革命》（*The French Revolution*）等。爱默生，全名拉尔夫·沃尔多·爱默生（Ralph Waldo Emerson，1803—1882），美国思想家、文学家、诗人。美国19世纪超验主义运动代表人物，代表作品为《论自然》（*Nature*）。

② 埃德加·爱伦·坡（Edgar Allan Poe，1809—1849），19世纪美国诗人、小说家和文学评论家，美国浪漫主义思潮时期的重要成员。

男爵发明的机器人，后来被梅尔策尔先生买下。

机器人用马口铁制成，做成了土耳其人的模样。它坐在枫木盒子上，人人都可以跟他下国际象棋。它每下一步棋，就能听到机器部件的摩擦声和齿轮的嗡嗡声。梅尔策尔很乐意展示机器人的内部结构。那里面有数不清的齿轮和轮子。很明显，人不可能藏在里面，哪怕是小孩也不可能。每当有人问梅尔策尔："这纯粹是个机器吗？"他总是回答："无可奉告。"就是靠着这个模棱两可的回答，他 70 年来一直声名远扬。有人来看机器人，是为了了解机械技术发展到了什么地步；还有人则坚信盒子里藏着人，想来一探究竟。爱伦·坡便是后者。

在 18 世纪，人们对机器人产生了浓厚的兴趣。法国的百科全书编者已经否定了灵魂的存在，其中就包括拉·梅特里。他在《人是机器》一书中宣称，自己已证明人是一架机器。[①] 对所有同时代的人来说，让他们非常苦恼的是他们对这一点心知肚明，却掩耳盗铃，不愿承认。他们在唯物主义与情感之间左右摇摆，于是产生了诸如梅尔策尔的棋手之类的玩物，描写机器人生活的浪漫主义文学流派也应运而生。如果人类只是机器人，那或许机器人也只是另一个人种。伟大的德国短篇故事作家 E.T.W. 霍夫曼认为机器人能产生超自然的力量。曾有德国评论家称他为第一个对机器感受到恐惧的现代人。

这样的玩具与 19 世纪的模式格格不入。弗吉尼亚农民罗伯特·麦考密克还似乎异常老派。在漫长的冬夜，他只有两个爱好：不是看星星，就是研究机器人。他想造出像棋手那样的机器人，但这个机器人要做有用的工作。他想用铁和木材做原料，造出能够弯腰、起身、前

---

① 拉·梅特里，全名朱利安·奥弗鲁瓦德·拉·梅特里（Julien Offroy De La Mettrie，1709—1751），18 世纪法国启蒙思想家、哲学家、无神论者。《人是机器》公开表明了唯物主义和无神论的立场，驳斥心灵为独立的精神实体的唯心主义观点，论证精神对物质的依赖关系。在当时反对封建制度和宗教神学的斗争中，起到了积极的作用。

后摇摆，用镰刀收割粮食，再用耙子把粮食耙平的机器人。所有邻居都嘲笑可怜的老麦考密克，“他脑子不好”。这么折腾有什么意义呢？一个四肢健全的农民为何要让机器人代替他工作？这只会让他们有更多时间胡思乱想。

这个无视上帝的机器人计划彻底破产了。15 年来，老麦考密克一直想制造“机械收割机”，并为此折磨自己，直到 1831 年最终放弃了这一计划。不过，他 22 岁的儿子塞勒斯·麦考密克可不一样。小麦考密克出生在 19 世纪而非 18 世纪；他不是业余爱好者，而是一位务实的工程师。他认为用金属和木材模仿人类制造机器人，只为逗人笑或者吓唬人，一点意义都没有。他只关心如何制造出一台机器，解决一个经济问题：如何用更少的人手快速省力地收割粮田。这一地区的农民没有认识到这一点。不过，如果这架机器看起来像一驾马车，而不是假人，或许他们就能理解了。小麦考密克是这样推断的，后来的事实也证明他没有错。

可他并不知道，1825 年，一位名叫帕特里克·贝尔的苏格兰牧师也产生了类似的想法。贝尔研制了一架“马车收割机”，在马的拉动下就能割倒麦子，并在一边堆好。这看起来简单而完美；只需一人就能完成几十个收割工的工作。几千年来怎么可能没人想到过呢？……

事实上，历史上的确有人想到过这个主意。波斯人肯定制造过类似的机器。因为波斯王大流士三世①杀入亚历山大大帝军队的“镰刀马车”肯定是某个军队工程师用收割机器改装成的作战装备。而根据普林尼的记载，高卢人也使用收割机，是用牛拉的双轮车，车的一侧装有尖刀。人随牛车前进，用棍子将秸秆打到刀前；谷穗割下以后落在车厢里；秸秆则留在地里做牛饲料……这款收割机注定很快遭到“遗

① 大流士三世（约前 380—前 330），波斯帝国末代君主，在与亚历山大大帝的战争中落败。

忘”。我们也不知道为什么。也许，人们不喜欢打理这架简单的机器；也许是牛车太贵了。又或者，它触犯了某种与丰收有关的宗教规定，这是最有可能的原因。但不管怎样，它都没有得到采用。

贝尔的收割机同样没有得到采用。收割工看到用了这种收割机，只需一个半大男孩和几匹马，几天内就比他们所有人辛辛苦苦用镰刀收割的粮食加起来还要多。由此，他们意识到，自己的饭碗可能会被抢走。于是，他们砸碎了收割机，还威胁贝尔。

塞勒斯·麦考密克就要幸运多了。他第一次尝试用四匹马拉动机器进行试验时，因为麦田高低不平而失败了，田里有的小麦只收割了一半。有位邻居有块地势平坦的麦田，就邀请他去自家地里试试。这次，麦考密克的收割机一天之内就收割了六英亩麦田，是农民单人手工收割量的六倍。人们看到之后，都相信收割机确实有价值。这款收割机试验成功了，并成为19世纪美国农业繁荣的源泉。

◇ 95 ◇

加拿大作家赫伯特·卡森曾说：“历史上最令人困惑的谜团就是，农业是人类最早认识到的产业，却最后才得到发展。几千年来，全世界的智者都完全忽略了农业问题。农民依然不是农奴就是佃农。他只是个没有感情的苦工，是‘牛的兄弟’。”

无论是埃及人还是犹太人，希腊人还是罗马人，他们的确都对面包非常感兴趣。但他们为了吃上面包，主要采取的是宗教和政治手段。如果说他们忽略了工程技术的重要性，那不是因为他们“鄙视”工程技术；他们没能取得技术进步，完全是因为另外一个截然不同的原因。

有一个时代，从古典文明时期开始，经中世纪一直延续至19世纪。这就是“技术沉睡”时代。技术之所以沉睡，是因为史前时期的几个天才已经发明了所有看起来对人类有价值的东西。约公元前 8000 年发明马车的人，无论是现在还是将来，都没有任何科学家能与之相提并论。用旋转的车轮缩短空间上的距离，真是无可比拟的伟大发明。另外，打铁术、纺织和陶轮的发明者都是最伟大的技术专家。他们远比爱迪生伟大，因为爱迪生只不过是在前人的知识基础上进行发明。

相比硕果累累的原始时代，古典文明时期毫无创意。人们仅仅继承了前人的遗产。必要的社会转变都是宗教推动的。有了宗教法的保护，人们才愿意接受这些遗产。宗教使发明天才不再像原始时期那样与普通大众遥不可及。虽然宗教没有发明犁，但却为犁举行宗教仪式，进行祝圣，才使其得以保存，不致在人类醉酒之后遭到遗忘，或是遭遇破坏。

既然宗教对保护技术如此警觉，那为何在古典文明时期伟大宗教教化的庇护之下，人类却进入了“技术沉睡”呢？当时的宗教肯定没有敌视技术。但整个古典时期，人们都认为发明的时代已经过去了，他们只是单纯地不相信“进步”的力量。古典文明世界完全可以自立于世，自给自足。种地就有面包吃，而分发面包是政府的事。人们是能吃饱还是要挨饿，取决于上天意志和世俗政府。工程师根本没有地位，即使有也非常低微，毕竟那个时期还有畜力磨坊和水磨这样的发明。

古时，很少有思想家会承认面包的问题令他们不快，即使他们自己都挨饿了，也没有这样想。耶稣尤其抵制对面包产生任何悲观的看法。虽然他生活在技术发展停滞的时代，但他却相信，无论人类因何毁灭，都不可能是因为缺少面包。即使人们不播种也不收割，上帝也会供养天国的飞鸟和地上的百合花。直到蛮族践踏了古典文明，摧毁了仅有的犁和磨这两大工具，面包危机，或者说是粮食危机才真正来袭。这是确确实实的灾难。虽然宗教数千年来一直保护着人类的技术遗产，可工具被摧毁后，教士却无法将其修复。他们为不复存在的犁和磨坊祈福，最后出于绝望，只能妥协。

技术创新精神依然在沉睡。但随着局势日益恶化，人们开始痛恨宗教的无能，再次尝试改进技术。而且，这一次的觉醒不是一枝独秀，而是遍地开花。经过数千年的沉睡，人们开始疯狂地行动起来。在天南海北各个不同的地方，同样的工具被发明了不止一次，而是九次、十次；发明时间甚至都不是相近的十年之间，而是在同一年。技术沉睡结束了。正如人们过去曾疑惑人类为什么对宗教事实视而不见一样，他们现在疑惑的是，真真切切的技术又如此近在咫尺，为什么经历了如此漫长的等待才得到发展。

◇ 96 ◇

同样的，收割机也不只是塞勒斯·麦考密克一个人发明过。美国人奥贝德·赫西在同一时间也有同样的发明。他后来还和蔼地说道："过去都没有人发明收割机。"真是不可思议。赫西性格活泼，曾经是一名水手，后来又做了业余机械师，水平很高，但他和农业联系甚微。实际上，赫西原本的计划是发明蜡烛灌装机。但有一次和朋友聊天后，他受到了启发，开始着手研制收割机了。他制造的收割机和帕特里克·贝尔的马车收割机一脉相承；刀片上有前后移动的铁齿用于切割（就像理发工具一样）。这一设计理念具有诸多优势，后世发明的割草机和收割机都是基于这一方案……

赫西的收割机才刚开始轰鸣着穿过农田，麦考密克就提起了专利权诉讼。只要有人胆敢制造收割机，他都说是惯偷。

那到底谁第一个发明了收割机？又是谁的收割机更好呢？这时，第三方和第四方也卷入了收割机之争。有一些制造商，比如伊利诺伊州罗克福德市的约翰·M. 曼尼也制造了收割机。多年来，麦考密克一直在与竞争对手打专利官司。要不是因为律师中有几位非常伟大的人物，我们现在也不会关注这些案件（因为总有一方会赢），专家的证词也会一直尘封在档案馆里。于是有一天，一个叫亚伯拉罕·林肯的律师收到了曼尼公司开出的500美元支票，请他为公司制造收割机的权利进行辩护。这么高的律师费他还从来没见过。对这个案子，他有着极大的热情，因为他本人就出身农村。卡尔·桑德堡写道："看到这个案子，他的思绪回到了拿着镰刀和篮子到地里收割粮食的日子。他的手掌因为总是握着镰刀柄，都长出了老茧。就是从那时起，收割机开始出现……"林肯做了一番准备，去辛辛那提出庭参加诉讼。可当他像平常一样，衣服皱皱巴巴，口袋里还装着一大摞自己写下的关于机器、文化和农业的想法，漫不经心、溜溜达达走进法庭之后，却看见还有一个律师也是为曼尼公司辩护。那位律师看到林肯之后并不开心。林肯十分清楚地听到他说："这个长臂狒狒是哪来的？"（后来，他为了表示礼貌，又说他没有把林肯比作狒狒，而是比作另一种动物："我说的是如果那头长颈鹿也来出庭，那我就放弃这个案子，转身走

◆ 奥贝德·赫西坐在他的收割机上

人。”）对林肯本人，他说的是：“我们当中只有一个人能发言。”最后，林肯没有发言，但发言的人却败诉了。这位着装得体、性情温和的律师后来成为战争部长，他正是埃德温·斯坦顿。

起初，赫西的收割机远比麦考密克的受欢迎。这种收割机由马从前面拉动，在行进的同时，拨禾轮上的拨齿将作物引向设在一侧的切割器，割齿贴着地面割下谷物，谷物落在收割台上，再由收割机驾驶人归拢好。实际上，赫西的收割机是有机会打败麦考密克的发明的，只是赫西的性格有点怪异。他就像古代的发明家一样，认为装置一经发明就再也不能改进了。他完全摒弃了接下来20年里的经验，固执地坚持自己的设计。而麦考密克就不一样。他比赫西更容易接受改变，并从错误中吸取教训，和兄弟们不断改进收割机。麦考密克最终胜出，与其说是因为对工程天赋的坚持，不如说是出于对生意的执着。1847年，他在芝加哥成立了工厂。四年后，他已经制造并出售了1000台收割机；十年后，这个数字增至2.3万。十年来，他通过收割机赚了25万余美元，利润稳步增长。

战争开始时，斯坦顿评价道：“收割机之于北方，就像奴隶之于南方。它解放了我们的年轻人，使他们能够走上前线，为联邦而战，同时也维持了国家的粮食供应。”不要以为这几句话是斯坦顿从林肯那篇没有讲出来的法庭结案陈词中借用的。斯坦顿从未读过林肯的诉讼摘要；在辛辛那提的法庭审理结束后不久，那份手稿便神秘地消失在了废纸篓里。斯坦顿是从实践中了解到了收割机的价值……美国总统，也就是那位“长臂狒狒”，号召了三分之一的人走上战场，地里的收成却不减反增。对此，欧洲人不肯相信。当他们听说北美出口英国的小麦是往年的三倍时，都摇了摇头，说这肯定是政治宣传手段，北方不可能又为两支强大的军队提供粮草，又向欧洲出口了足以养活3500万人的小麦。但这的确是可能的。

甚至更伟大的事情也成为可能。一些中小型城市，如密尔沃基、明尼阿波利斯、堪萨斯城、辛辛那提、得梅因、奥马哈和圣保罗，都在突然之间发展成了大都市。同时，除了这些城市，还有成百上千个其他城市意识到，距离自己不远处就是广袤的麦田，收割机将小麦收割，又通过铁路运送到 1.4 万个磨坊中。到了 1876 年，也就是史上最血腥的战争结束后 12 年，美国成为世界上最大的产粮国。

1868 年，拿破仑三世走下马车，把荣誉军团[①]的十字勋章别在了麦考密克的外套上。这一幕发生在巴黎附近的麦田里。拿破仑三世是拿破仑的侄子，他比受人尊敬的叔叔要精明得多：他认为在城镇和工业中饱受赞扬并发挥重要作用的机器，也可应用于农村，为国家带来财富。麦考密克去世时，人们在他的胸前放了一束小麦；但遗憾的是，他生前最后盘算的却是生意得失。那束小麦看上去与他格格不入。他躺在那里，就像是德墨忒尔教的信徒一样。

奥贝德·赫西走得更加凄凉。这个麦考密克的竞争对手早就卖掉了自己所有的专利，和收割机再无瓜葛。一个炎热的夏天，他在巴尔的摩的火车上，听到一个漂亮的金发小女孩哭着要喝水。他为人彬彬有礼，于是就下车拿了一杯水，递给小女孩。由于常年从事机械工作，他的手也沾满了机油，皮肤都变成了棕色。水喝完之后，在还玻璃杯的路上，他被绊倒了，跌进了滚动的车轮里。他推动美国走入机器时代，却沦为机器的受害者。他的死与诗人维尔哈伦[②]之死有着惊人的相似之处。维尔哈伦也是跌落站台，不幸身亡。他生前为机器撰写了许

① 荣誉军团，指法国的荣誉军团制度，由拿破仑创立，是世界上历史最悠久的国家荣誉表彰制度。共分为 6 个等级，其中大十字勋章是最高等级。

② 维尔哈伦，全名埃米尔·维尔哈伦（Emile Verhaeren，1855—1916），比利时法语诗人，剧作家。象征主义诗歌的创始人之一，谱写了多首城市诗歌。在火车站不幸掉下铁轨身亡。

多妙笔生花的颂歌，最终却被机器撕成碎片，这与俄耳甫斯[1]的结局如出一辙。

◇ 97 ◇

1848年，小说家詹姆斯·费尼莫尔·库珀[2]出版了《橡树林间空地》。他在书中讲述了前些年在密歇根州南部看的一架机器。它由十几匹马拉动，能从田里直立的秸秆上割下谷穗，再脱粒、清洁，并将谷粒装袋。整个过程无须人力，谷物就准备停当，可以送入磨坊了……见此情景，库珀惊得目瞪口呆。不过这也难怪。在之前的作品中，库珀笔下的美国还是一片茂密的森林呢，印第安人和猎人居于其中，充满了孤寂的气息。不过那些都是过去式了，如今，美国拥有了巨大的机器宝库，其面貌也正在发生变化。小说出版同年，欧洲政治革命如火如荼。在法国、普鲁士和奥地利，共和党人都在与保皇党做斗争。不过，所有政治革命的结果都微不足道，联合收割脱粒机却真的孕育了一场巨大的经济革命。

库珀看到的联合收割机是海勒姆·穆尔发明的。这种收割机每天能收割30英亩麦田，并将麦粒装袋。那时，密歇根农场的面积太小了，联合收割机难以大显身手。直到它被引入加利福尼亚，引入这片为西部王者小麦新开辟的广袤领地之后，才真正产生了效益。如果库珀看到，50年后，汽油发动机驱动的联合收割机在沙沙作响的滚滚麦浪中穿行，他会作何评价？当农田里不再出现马的身影，关于五千年农业

① 俄耳甫斯，希腊神话中的诗人与歌手，有非凡的艺术才能。因不敬重酒神，被酒神手下的狂女杀害，尸体被撕碎抛到荒郊野外。

② 詹姆斯·费尼莫尔·库珀（James Fenimore Cooper，1789—1851），美国作家。代表作系列长篇小说《皮袜子故事集》（*The Leatherstocking Tales*）赞扬印第安人的正直，揭露殖民主义者的贪婪残暴，情节惊险曲折。

的最后一点微弱记忆也随之烟消云散了。

而且，是在农业的各个环节都烟消云散了。种瓜得瓜，种豆得豆……既然农业的最后一步——收割，已经机械化了，那第一步也应当实现机械化。不过，非常重要的一点是，在收割实现机械化之后，机械犁和播种机才得到开发。这是因为在内心深处，人们认为剖开土地的“子宫”，令其受种、结出果实是更加神圣的。人们乐于听到机器的轰鸣，因为这预示着可以享受闲暇时光，保留了自己的尊严，生活也更加自由。但是，在将《圣经》中关于犁地和播种的寓言置之脑后时，他们还是感到有些悲伤。

早在 1731 年，杰思罗·塔尔就在《马耕农事学》一书中表明，无论是在菜园还是广阔的农田中，比起盲目播种，条播更能提高种子的利用率。为此，他发明了一台联合犁地播种机，由马拉动一排铁齿犁开泥土，种子经铁齿后的输种管落入犁沟。有人害怕这台机器，但大多数人笑了。这样一台机器有什么用呢？

答案在 19 世纪。1842 年，宾夕法尼亚州农民彭诺克兄弟采纳了塔尔的想法，开发了条播机……这台现代化机器配备旋转犁头，深入地下 13 英寸，带出少量土壤，将其粉碎，再挖开犁沟（一次能开 18 道），播种、施肥、最后覆土填压犁沟……机器四周，只有阳光照射下来，风轻轻吹过，一片静寂。它不需要把犁人，也不需要播种工的陪伴。只需要一滴汽油，就能显示出人类无坚不摧的意志足以横扫农田……

在用汽油驱动之前，犁是用蒸汽驱动的。大约 19 世纪中期，在蒸汽动力的诞生地英国，人们曾尝试用蒸汽机驱动犁。但蒸汽犁太重了，会陷入土里。后来，农业工程师约翰·福勒想到可以让沉重的蒸汽机在沿田道路上行驶，再用钢索牵引犁在田地里穿行。他尝试将这项发明卖给美国人，却得知美国的农田面积太大，不适合这样的“遥控”

装置。不过不久之后，美国人便发明出比蒸汽犁更轻的四轮拖拉机犁。

美国多么神奇。苏格兰人卡莱尔（在感谢美国人爱默生跨越大西洋送给他一袋玉米时）曾经暗暗希望，《圣经》里以色列国王扫罗王的长子约拿单能用他那无敌的犁铧扫除希腊和闪米特神话。说真的，和 19 世纪的美国佬比起来，特里普托勒摩斯还有其他那些神话里犁的使者又算得上什么呢？

这些犁的使者斗争了有几十年。就像《圣经》里该隐和弟弟亚伯进行争斗一样。但你看呀！在美国，弟弟亚伯却变成了发动攻击的人。《圣经》从来没有明确说出该隐与亚伯最初自相残杀的原因，不过《塔木德》讲述了故事的来龙去脉。牧羊人亚伯让羊四散跑开，跑进了种田者该隐的地里，看着哥哥劳苦，还嘲笑道："谁穿着我的毛皮，就必容我的牲畜践踏他的地。"该隐后来杀害亚伯，实际上是自卫。当然，美国的农民也奋起反抗，和牧民再一次展开了一场历史悠久的斗争。1870 年，《纽约先驱报》编辑内森 · C. 米克写道："穿过枪林弹雨，犁继续向前迈进。"（几周后，一位愤怒的苏族印第安人开枪打死了他。也许，这个印第安人认为把森林和牧场变成农田毫无道理。）

交战异常激烈。而就在距离前线不远处的"司令部"，犁还在不断改进。比如，新泽西州伯灵顿县的查尔斯 · 纽博尔德发明了铸铁犁。他向新泽西的农民们展示，哪怕犁得再深，他的犁也绝不会变钝。而美洲大陆的命运就要依赖于深耕。（农民一度对此不屑一顾，认为铸铁犁会毒害土壤，促进杂草生长。）继铸铁犁后，又出现了钢犁。1833 年，一位芝加哥铁匠约翰 · 莱恩用螺丝把一根有弹性的钢锯条拧在了木犁上，犁铧能像切黄油一样犁开伊利诺伊州的黑土地……很快，全国所有乡村铁匠都开始打造类似这种犁。其中有一名普通铁匠（一夜之间，美国遍地涌现出工程师）做出了犁铧和犁板一体的犁。他叫约翰 · 迪尔。迪尔的犁非常轻，又或者是他太强壮，总之，他把犁扛在肩膀上，笑着来到了田里。他的犁在田里创造了奇迹，顽固的泥土心甘情愿地屈服于钢的力量。整个西半球的钢铁需求量激增。在匹兹堡，熔炉日夜燃烧，仍无法满足农民对犁的需求。

1850年，每生产一蒲式耳玉米，需要劳动4.5小时；到了1940年，这一劳动时间缩短到了16分钟。这些节省下来的时间该如何利用，就是另一个问题了，值得社会学家和道德家仔细研究。也许他们可以好好利用这些时间，让人类更幸福。这也是沃尔特·惠特曼①呼吁他们去做的事情。而关于他自己，他却谦虚地说：

> 我没有制造省力的机器，
> 也没有什么发现。

但他热爱机器的轰鸣声，也热爱机器的发明者。

犁已经完美无缺了吗？永远都不会。在某个我们无法预见的事件导致人类陷入第二次“技术沉睡”之前，永远都不会。在那个时代到来之前，人们还会不断改进犁。此时此刻，在钢铁厂的实验室里，在发明家的绘图板上，在农业大学里，各国人都在努力改进犁。

---

① 沃尔特·惠特曼（Walt Whitman，1819—1892），美国著名诗人、人文主义者，创造了诗歌的自由体（free verse），其代表作品是诗集《草叶集》（*Leaves of Grass*）。

李比希：土地需要治愈

陛下认为，能让原先只长一棵麦穗、一片草叶的土地，长出两棵麦穗、两片草叶的人，对全国乃至全人类的贡献，比所有政治家加在一起还要多。

——乔纳森·斯威夫特：《格列佛游记》[①]

◇ 98 ◇

农业机械的发展早有预言。在亚历山大图书馆[②]馆长阿波罗尼奥斯·罗迪乌斯[③]讲述的一则寓言小故事里，锻造与机械之神赫淮斯托斯拜访德墨忒尔时，就送给她铁镰刀做礼物。神话故事从来不是无所事事的游戏，它不仅关乎过去，也关乎未来。19 世纪美国农业的发展正是这个神话故事的续集：犁铧和镰刀获得了解放，土地为科技所征服。

---

① 译文摘自斯威夫特：《格列佛游记》，王岑卉译，云南：云南人民出版社 2016 年版。

② 亚历山大图书馆，始建于公元前 3 世纪，是古代世界第一座巨型综合性图书馆，藏书几乎涵盖了亚历山大帝国及周边一些国家所有科学家、哲学家和文学家的主要著作，计有希腊文、古埃及文、腓尼基文、希伯来文等多个文种。可惜的是，这座举世闻名的古代文化中心，于 3 世纪末被战火全部吞没。

③ 阿波罗尼奥斯·罗迪乌斯（Apollonius Rhodius，前 295—前 230），古希腊作家。

古代世界也有技术灵感，但往往是在娱乐中产生，而非出于必要。无论是大规模的需求，还是大规模的饥荒，都不能使此类技术构想付诸实践。不过，霍勒斯·格里利在《我所了解的农业》一书的献辞里道出了数百万美国人的心声。他将此书"献给我们这个时代的人，他们必将首创用蒸汽或其他机械动力驱动的犁，每天至少可以将十英亩见方、两英尺深的土地仔细翻犁，而且每英亩的成本不超过两美元"。格里利和他的美国同胞相信，农业是一个技术和经济问题，而这种信念是前所未有的。

欧洲则走了另外一条路。大约 19 世纪 30 年代，在麦考密克制造收割机的时候，欧洲则是追随着一位名叫李比希的人的步伐。他的研究路径通往土壤深处，探查的是种子的生长条件。在美国，机器征服了农田；而在欧洲，人们调动了化学和土壤生物学来安抚土地。欧洲人求助的不是锻造之神赫淮斯托斯，而是医神阿斯克勒庇俄斯。

◇ 99 ◇

大约在拿破仑去世时，巴黎已经成为自然科学的中心。盖-吕萨克就在这座城市讲授他的气体理论。1821 年，在他的学生中间，坐着一位 19 岁的德国人，面庞沉静，眼眸动人。他就是年轻的李比希。李比希具备成为哲学家的非凡潜质，信奉谢林[①]和德国浪漫主义思想。但他不愿投身抽象的思辨，而是钦佩法国人冷静务实的天赋，赞赏他们习惯于对种种事物都进行精确的测量。过去，人们常断言数字是化学的基础，但全世界似乎只有巴黎科学家把这一点奉为圭臬。年轻的李比希写道："没有数字，一切就没有章法。没有数字，化学就是一堆未

① 谢林，全名弗里德里希·威廉·约瑟夫·谢林（Friedrich Wilhelm Joseph Schelling，1775—1854），德国哲学家。

经证实、杂乱无章的事实。我开始明白，矿物界和植物界的所有化学现象都存在因果关系……”他需要做的，就是学会测量这些关系。

年轻的李比希返回德国后，成为大学教授。最初是在吉森，后来又到了慕尼黑。在慕尼黑，他负责一间小型化学实验室，在那里他可以进行测量、设计实验。35岁时，他看起来好像放弃了化学，去了乡下。但事实上，他就像医生随身携带药箱一样，仍与化学形影不离。他将化学知识应用在了农田中。

李比希向全世界的农民大声疾呼，几千年来，他们耕种土地的方式一直是错误的。他指责农民与其说在耕种土地，不如说是在掠夺土地。农民都来听听李比希的话吧！他能教他们从土地中获得财富，再正确地回馈给土地。如果没有进行这样的补偿，土地很快就再也不会长出庄稼，人类就会死于饥荒。

欧洲的农民不乐意乖乖听话。化学家凭什么插手他们的事？这可是农业；他就抱着他的曲颈瓶去吧。

实际上，李比希并非第一位土壤化学家。30年前，汉弗莱·戴维爵士就已经在英国讲授化学与植物生理学之间的联系了，不过他的想法只停留在理论层面。普鲁士农业部长阿尔布雷克特·冯·特尔[1]是第一个对不同粮田土壤进行分类的人。自罗马时期起，人们只认识两类土壤：“重质土”和“轻质土”；特尔则区分了11种土壤，会对作物的生长施加不同的条件。特尔教导人们，针对不同的作物，必须要注意应该使用哪种土壤，或者规避哪种土壤。

最初，农民只听出了羞辱。这个叫李比希的人是说他们在掠夺土地吗？说得没错！可矿工挖掘金银的时候，除了掠夺还做了别的吗？他们把拿走的东西还回去了吗？并没有！这话很对，却完全不相干，

①阿尔布雷克特·冯·特尔（Albrecht von Thaer，1752—1858），德国农学家，近代农学创始人。

因为金银不是粮食。

好吧，农民也承认自己理亏，李比希说的是作物，和金银不是一回事。那他有什么提议呢？农民应该将植物夺走的肥力还给土地吗？千百年来，他们不正是一直在这样做吗？每个成年人都知道，植物不只以水和空气为生，还需要从腐烂的有机物、从粪肥中获取养分。所以农民会用牛粪给田地施肥。但李比希非常坚定地反驳道：所有成年人都错了。植物在土壤中并非通过腐烂的有机物获取营养，而是不会腐烂的无机物。无论是施粪肥还是任何其他形式，植物根部到底吸收到了什么基本物质，才是唯一需要关心的事情。那么，这些基本物质是什么呢？1840年，李比希经过无数次土壤分析，证明了主要有四种无机物：氮、钾、石灰、磷酸。无论谷物要在何处生长，土壤中都必须含有这四种物质，并按一定的比例混合。每一种物质都同等重要；如果缺少某一种，就算其他几种可能是过剩的，植物也无法生长。李比希教导人们："因此，田地的产量取决于供给量最低的植物营养元素。"这就是李比希的"最小因子定律"。而至于让各种植物营养元素的相对含量达到均衡，那就是农业化学家的任务了。

人们开始理解李比希的构想了。如果磷酸、石灰、钾、氮这四种无机物确实是必不可少的，那他们就必须承认传统的粪肥是不够的，因为这种方法没有考虑到各种植物营养元素的比例。营养元素只是被随意地置换回了土壤中，因为农民根本没有意识到他们是在置换，或者说归还什么东西。他们只是为了施粪肥而施粪肥。现在他们开始懂了，为什么有的农田粪肥施得很足，收成却还是很惨淡。

但他们要如何确定植物缺乏哪一种营养元素呢？

天才李比希谦虚地解释道："这很简单。想知道土壤缺少什么，就必须把土壤中生长的植物烧成灰。通过分析灰烬中矿物部分里的必要物质，就能看出什么物质比较匮乏，然后再通过施用人工肥料进行补充。”

基于这些想法，李比希进行了无数次灰烬分析，并设计了大量化学混合物，可以准确地按各种作物所需的比例提供无机盐。例如，对于需要大量钾的植物，就应该施用富含钾的肥料；同样，对于需要更多石灰、磷酸或氮的作物，也应该施用对应的肥料。

应用这种新技术的成本好像很高，这让很多农民犹豫不决。但李比希向农民证明，实际情况正相反。数千年来，农民因为需要施粪肥，不得不牺牲一大部分土地来种植饲料作物，这样才能为剩余的粮田提供必需的牛粪。而有了化学肥料以后就不用这样了。最重要的是，在将来，如果土壤中被植物耗尽的化学成分能够完全归还，那休耕一年也就是多此一举，作物也就不再需要轮作了。同一片土地可以年复一年地种植同一种作物，而且土地也不会有枯竭的迹象。

这就体现出了欧洲人的典型想法。他们认为土地就像分娩的女人。土地的悲剧在于，六千年以来，每次丰收都会让她更加贫瘠。而且，收成越好，土壤的肥力就越差。现在，“医生”来检查土地了，检查过后还开出了处方。医生只需要燃烧作物秸秆，就能从灰烬中判断它夺走了土地的哪种营养元素，又夺走了多少。而所有作物结出的谷物总量，就约等于土地总的损失。李比希的发现虽然看上去很简单，却不会因此而丧失其重大意义。他让人们能够将从土壤中夺走的营养元素如数奉还。这是一场重大的农业革命。人们可以不再任凭土地摆布，却又注定无法逃脱。变幻莫测的德墨忒尔终于得到了控制。

◇ 100 ◇

李比希的发现在更加开明的农民中间引发强烈轰动。德国农民自从赢得自由以后，就和城镇的思想文化建立起了牢固的联系。很长一段时间里，农民的后代都在农业大学任教。在每个农场，人们都为了李比希的学说争论不休。幽默作家弗里茨·罗伊特用低地德语方言[1]诙谐地描述了一番：

> 农业进步可真不是一星半点儿了，这都是因为有个叫李比希的教授，写了本儿臭名昭著的书，书里头净是什么钾碱呀、硝石呀、硫黄呀、石膏呀、石灰呀、氨气呀、水合物呀，还有什么过磷酸钙的，把人都看愣啦。结果想出人头地的农民，想学上点儿科学的农民，一个个都巴巴地拿起来这本书就坐下开始念，念得脑袋发烫，都快冒烟呀。他们聚到一处了，就开始争论，硝石到底是个啥，是兴奋剂呢，还是能吃的呢。当然了，不是要给人吃，而是给苜蓿吃的。他们还在琢磨粪肥咋能这么臭，是因为氨气臭呢，还是因为它本来就臭得不行。

李比希很快就和学生开办了化学肥料厂。1843年的时候，约翰·劳斯就开始在英国以骨头和硫酸为原料生产过磷酸钙了，这是磷酸的主要来源之一。另外，石灰也是李比希呼吁要施用的肥料，这非常容易获得，遍地都是；钾可以通过焚烧海藻取得，或从木灰中以钾碱的形式来提取；氮则来源于秘鲁大量的鸟粪储备。古代秘鲁人就曾用这些鸟粪给玉米施肥。然而，鸟粪并非取之不尽、用之不竭。1873年，据

[1] 低地德语与“高地德语”相对，是德国北部、荷兰东部、丹麦南部诸德语方言的总称。因德国地势南高北低，故称低地德语。严格说来是一种不同于德语的独立语言，较之德语更接近英语，在德国被归为德语方言。

海军上将莫尔斯比估计，秘鲁的鸟粪总供应量约为 900 万吨。但李比希的教学成果太显著了，欧洲人都深信不疑。这就导致欧洲大陆迫切地需要氮，鸟粪供不应求。如果没有发现其他氮的来源，秘鲁的鸟粪在 20 年内就会耗尽。因此，必须找到其他氮源。

在 19 世纪 70 年代李比希去世时，这个问题依旧悬而未决。不过，美国化学家阿特沃特很早就教导学生，氮含量最多的地方是空气，一定有什么办法可以提取空气中的氮为土壤施肥。某些植物，比如苜蓿，就能做到这一点，它可以“固定”氮素；种了苜蓿的地方，土壤的肥力都不会枯竭，反而还会得到增强。阿特沃特只是停留在猜想层面，而 10 年后，他的想法得到了德国科学家黑尔里格尔的证实。接下来，在 20 世纪初期，哈伯[①]开始进行用催化剂从空气中提取氨的实验。最终，他成功地用空气中的氮气和水中的氢气合成了氨。此后，各国都采用哈伯—博施法，从空气中提取氮，再生产肥料。

农业化学家追随李比希的脚步，对饥饿发起了强大攻势。与此同时，农业工程也发起了强有力的助攻。因为机器可以省时省力地进行播种和收割，广阔的新土地得以开垦，供人耕种。确实，农业技术人员大多是美国人，而农业化学家大多是欧洲人，这两个群体从来没有打过交道。因为美国有“太多土地”，所以麦考密克必然会出现在美国；而欧洲的土地千百年来已经丧失了大部分活力，所以李比希必然会出现在欧洲。无论如何，他们二人出现在同一时期，这或许是世间一大幸事。世界上面积最大的可耕地本可以经过改造，成为世界上最肥沃的土地。农夫麦考密克和医生李比希注定要相辅相成。可他们二人却从未听说过彼此。后来，即使农业技术人员和农业化学家成了点头之交，两个群体也并没有因此成为朋友。美国和欧洲历来相互轻慢，

① 哈伯，全名弗里茨·哈伯（Fritz Haber，1868—1934），德国化学家，第一个从空气中合成氨的科学家。这一技术使人类从此摆脱了依靠天然氮肥的被动局面，加速了世界农业的发展，因此获得 1918 年瑞典科学院诺贝尔化学奖。

这阻碍了知识的沟通和经验的交流。至少，美国人无疑是看不起欧洲人的。虽然有个美国农民埃德蒙·拉芬曾写过一本关于石灰肥的书，但总的来说，美国农民对李比希的学说漠不关心，他们只是满足于无所不能的机械犁，不思进取。施肥太慢了，还是开垦新土地效率更高。1935 年，这批农民的子孙后代开始发现，土地开垦过快造成了严重的后果。

◇ 101 ◇

到 1873 年李比希去世时，欧洲已经对他的学说心悦诚服。而也正是在这样的时候，有必要从头开始，纠正李比希矫枉过正的问题。进步总是片面的，这就是进步的定律。正是因为李比希突然侵入了人类六千年来从未涉足的领域，且速度过快，所以他很容易犯下错误。

六千年来，人类一直忽略了要给土壤恢复活力；可如今，李比希循规蹈矩的追随者却开始施加过量的化学物质毒害土壤了。在欧洲许多国家，李比希的计算结果突然再也无法在地里实现了。化学物质无法在土壤中溶解，它们不是无法被土粒消化，就是导致土壤酸性过强。会不会是李比希忽略了一些因素呢？他的学说里有一个重要的概念，就是把土地看作曲颈瓶（安插在土地各处，装满了不同高度的“溶液”），阳光的照射会引发土壤内部的化学变化。这些化学变化的方式和程度应该是可控的，方程式也应该是清晰、明确的，就像是从实验室的实验中得出的一样。可现在的问题是，土壤毕竟不是化学实验室。土壤就像谷物的胚芽一样，是有生命的，无数微小生物聚集在土壤中，形成了共生关系。数以百万计的微生物为土壤注入了生命。土壤并不是像李比希认为的，仅仅是一个盛着无机物质的巨大容器。

面对这一局面，法国科学又一次产生了革命性的影响：路易斯·巴斯德[1]在细菌学领域有了新发现，缓和了化学物质对土壤的危害。李比希之前并没有发现土壤中腐殖质所发挥的复杂作用。腐殖质是什么呢？腐殖质就是发酵的泥土。那发酵又是什么呢？看到这个问题，我们就又回到了在埃及面包房流连之时所关注的问题。发酵究竟是一个赋予生命的过程，还是仅仅在分解和破坏生命，是一种古老的化学物质的消亡？

自从巴斯德的时代之后，我们就一直认为，发酵是赋予生命的过程。我们步行穿过一片耕地时，会闻到泥土美妙的芬芳，那并非死亡的气味。当我们在显微镜下仔细观察一块肥沃的土壤时，会看到绝美的景致。李比希曾经看到的一切，也就是他基本上唯一关心的矿物成分，都在显微镜的视野中清晰可见：无论是石英颗粒、微小的云母片、黏土块、橄榄铜矿，还是石灰。除此之外，训练有素的实验人员还能一眼就辨认出矿物以外的碎片，比如微小的碎木片、枯死植物的纤维，甚至还有某种比甲虫稍大一些的甲壳碎片。再然后，这其中还有一些物质，但很难说出是什么：那是一堆红褐色的纯土粒，就像被最精细的石碾磨过一样，几乎呈粉末状。这些物质来自哪里，又是如何被粉碎的呢？现代土壤生物学已经揭开了谜底：腐殖质是土壤经蚯蚓肠道消化排泄后，再由土壤微生物利用，经排泄后合成的。只有这些生物预先处理的土壤才是肥沃的，才有助于植物的生长。

达尔文第一个认识到蚯蚓对土壤的作用：

> 蚯蚓的主要食物是有机物，可能是新鲜的，也可能是腐烂的。当蚯蚓食用腐烂的有机物时，土壤就和有机物一起进入了蚯蚓的消化道。蚯蚓在从中摄取营养的过程中，通过胃液消化和身体的

---

① 路易斯·巴斯德（Louis Pasteur，1822—1895），法国著名的微生物学家、爱国化学家。他发明了巴氏消毒法，研制了狂犬疫苗，开创了微生物生理学。

> 蠕动，进一步在消化道中分解了有机物……在这一过程中间，在一英亩肥沃土地的表土层中，有大量土壤物质通过了蚯蚓的消化系统。这种经过改良的土壤物质会以我们熟悉的“虫粪”的形式排出。我们可能经常会在湿润的重质土壤表面，尤其是雨后的早晨看到这种蚯蚓粪。

达尔文认为，蚯蚓每年能将等同于五分之一英寸的土壤带到表层。如果他是正确的，那么（英国土壤化学家拉塞尔就指出）每35年，蚯蚓就能从地下翻出7英寸的土壤，堆在土壤表层。

不过，即便有了像钻机或坦克一样一往无前的蚯蚓，仅凭其一己之力也无法完成主要工作。真正的主力军是许多比蚯蚓更小的生物：线虫（比如麦地那龙线虫）、钟形虫、鞭毛虫、变形虫；还有连显微镜都观察不到的无数微小的细菌，我们甚至都不知道到底还有多少未知的微生物。仅在农田的一小块土壤中，就能发现数十亿种生物。它们不仅通过胃液与土壤发生化学反应，而且还通过自身的蠕动和运动松土，相当于进行了耕前整地。这些小生物的作用远远超越了美国的机械犁；如果不是它们不知疲倦地不断运动，我们的土壤就会腐烂。说实话，在缺少这些微生物的地方，土壤确实会失去生命力。从这个角度看，李比希对土地“用药过度”是很危险的。土壤中化学物质太多，会杀死微生物。现在当务之急不是在土壤中施用化学制剂，而是植入活的细菌菌落。既然土壤本质上是有机物的产物，那么一旦土壤肥力开始衰竭，就有必要引入新生命了。所以，人类要因此回到随意施粪肥的老方法吗？当然不是。后世的科学家正是追随着李比希的脚步，才会尝试确定土壤中所缺少细菌的种类和数量。治疗土地的药品种类和剂量或许发生了改变，但李比希的发现非常重要，他认识到，生病的土地是可以用科学的方法加以治疗的。

从某种意义上说，李比希就像弗洛伊德一样。弗洛伊德创立的学科能够让自己的学生，还有学生的学生不断取得超越他本人的成就。而李比希作为一名医生，他意识到大地因为不断“分娩”的痛苦而生病了。他深入到了土壤的深处进行诊治，并为德墨忒尔安排了医生办公室。

◇ 102 ◇

就像所有为人类赐予面包和粮食的伟大人物一样，李比希的理论和实践也对思想史产生了影响。虽然他提出的实践疗法如今有些过时了，但他的历史哲学观论述深刻，令人信服。他在 1844 年出版的《化学随笔》中阐述了这一历史哲学观，其思维之广、视角之深，至今仍令人心生敬畏。

李比希认为，所有的国家灾难都是不折不扣的农业灾难。人类掠夺土壤的肥力，是伟大帝国衰落的主要原因。“受历史规律的支配，破坏土地的掠夺性耕作总是遵循相同的发展进程。第一阶段：农民在处女地上年复一年地种植相同的谷物。第二阶段：谷物减产，农民迁移至另一片土地。第三阶段：农民找不到新的土地，就继续耕种原来的土地，每隔一年休耕一年。谷物继续减产。为了提高产量，农民在天然草场上养牛获得粪肥，并大量施用。第四阶段：从长远来看，草场供应不足，农民得开始用部分可耕地种植饲料了。起初，他像曾经过度使用草场一样，毫无节制地使用底土，每年不间断地种植饲料。后来，他也引入了一年的休耕期。第五阶段：底土的肥力也已耗尽，土地再也无法种植蔬菜。先是豌豆腐烂了，然后苜蓿、芜菁、土豆都枯死了。第六阶段：耕种停止了，田地再也不能养活农民了。”

那第七阶段是什么？死亡。土壤失去生命力后，人类也迎来了自己的末日。每次食物供需失衡，地球上某个地方的人口就会被迫减少，这样才能重新恢复平衡。李比希写道：“那些再也无法登上社会舞台的人，或是成为小偷、杀人犯，或是一起移民，或是征服他人。除这三种可能性之外，再无其他选择。如果人们无法让土壤永远肥沃，土地上就会洒满鲜血。这是历史规律……”李比希认为，农民是否免服兵役、是否丧失自由被束缚在土地上，都没有什么关系。和平不会填饱肚子，战争也没有让某个国家人口灭绝——和平或战争所施加的影响都仅仅是一时的。从古至今，决定人类社会是分崩离析还是紧密团结的，都是土壤，以及土壤保持肥沃的时间。

掠夺土壤中化学物质却不归还的掠夺式耕作，已经摧毁了从罗马到西班牙的所有伟大帝国。“同样的自然规律也掌控了国家兴衰的命脉。掠夺土地肥力，意味着国家必将衰败，一国的文化也会随之衰落。正如农民会离开丧失肥力的土壤一样，文化和道德观念也会随着土地状况的恶化而改变。土地肥沃，一个国家也会不断发展，日益兴旺；随着土壤肥力枯竭，文化和道德也显然会消亡。不过，国家的智慧财富不会消失，而只是更换了栖居之地。这让我们感到安慰。”

这就是李比希从农业经验中提炼的历史哲学观。作为一个谦虚而质朴的人，他猜想在过去六千年里，许多对农业进行过思考的人都有诸多发现，只是没有能力阐明其观点。他很熟悉魁奈，也了解曾经提出他这些理念的 18 世纪法国农业哲学家先驱。但由于李比希第一个认识到了其中的真正联系，所以他提出的观点实质上是全新的。

以下这段话是李比希本着非常谦虚的态度写下的，不过他内心深处确信其重要价值：

> 通过自己的农业化学学说，我试图在一间暗室中点亮一盏灯。暗室中的家具应有尽有，还有乐器和娱乐用品，但住在暗室中的人们却不太看得清这些物品。他们摸索着，一个人偶然发现了一张椅子，另一个人发现了一张桌子，还有一个人发现了一张床。他们想利用这些物品尽量让自己舒服一些；但大部分人却看不到和谐的整体。我的灯照亮了每一个物体，可许多人高呼光线并没有从根本上改变任何事。因为有的人已经认出了这个，还有的人认出了那个，他们通过感觉、触摸和猜测，知道了房间里有哪些物品。这没关系。从此以后，在这间暗室之中，农业化学的灯再也不会熄灭了。这就是我的目标，而且我已经实现了。

李比希的历史哲学观影响了许多历史学家。1907 年，哥伦比亚大学俄裔美籍教授弗拉基米尔·西姆霍维奇在不熟悉李比希作品的情况下，写下了一篇题为《罗马沦陷新思考》的文章，文章一经发表就广受关注；美国学者腾尼·弗兰克在其著作《罗马经济史》中并未像老普林尼一样，把农业国家意大利的衰落归咎于大庄园，而是像李比希一样，把它归咎于土壤肥力衰竭。也就是说，意大利的土壤因为过度集约耕作而变得枯竭。李比希不是专业的历史学家，历史对他而言只是起到警示作用，他主要关心的是未来。因此，他的乐观主义理论必然会与马尔萨斯[①]的理论交锋。如果李比希说的是真的，人们真的能归还从土壤中偷来的东西，那么他的理论就能回答马尔萨斯提出的问题。

---

① 马尔萨斯，全名托马斯·罗伯特·马尔萨斯（Thomas Robert Malthus，1766—1834），英国教士、人口学家、经济学家。以其人口理论闻名于世。认为人类必须控制人口的增长，否则，贫穷是人类不可改变的命运。

◇ 103 ◇

马尔萨斯主义的经济学说离胜利就差一点。1798年，一位名为托马斯·罗伯特·马尔萨斯的英国牧师发表了对人类最悲观的预言。他从过去几十年的历史中，得出了一个看上去无可置辩的结论：世界面临着可怕的人口过剩。在18世纪上半叶，欧洲各国认为，人口增长是其主要财富来源。但在《人口论》中，马尔萨斯冷酷地指出，如果将来每个家庭都有超过两个孩子，人类就必然会挨饿。因为田地只能一块一块地合并。也就是说，食物的供应只能按算术级数增长，而人口则按几何级数增长。马尔萨斯说，每次收获后，土壤都会变得更加贫瘠（在这一点上，他与李比希观点一致）。很快，一部分人就会在地球上失去立足之地了。而解决办法只有一个，就是出生人口不超过死亡人口。

这个理论耸人听闻，但很有说服力。还有什么论据能驳斥它呢？神奇的数字计算似乎为马尔萨斯的观点提供了佐证：

> 假定不列颠岛有1100万人口，当前的农作物产量也能养活1100万人。在第一个25年，人口将达到2200万，食物也会翻倍，所以二者增幅相同，食物还可以养活所有人。到了下一个25年，人口将达到4400万，而粮食却只能养活3300万人。再下一个25年，人口将达到8800万，此时粮食只能养活半数人口。在第一个世纪结束时，人口将达到1.76亿，而粮食只能养活5500万人口，剩下1.21亿人完全失去生活来源。

而在马尔萨斯的追随者、自由主义哲学家约翰·斯图尔特·密尔（1806—1873）笔下，情况还要更加残酷：

无论文明程度如何，社会都不可能在人口增加之后还能为全体人民提供与原来同等水平的衣食保障。因人口过多而要付出的代价源于自然的吝啬，而非社会的不公。财富分配不公并不会加重罪恶，而至多只是在某种程度上使其更早显现。

密尔的这番陈述流露出了对农业社会主义，以及亨利·乔治等人的不满。亨利·乔治被誉为“美国的格拉古兄弟”。1871年，他在《我们的土地和土地政策》中呼吁，公平分配土地，是对抗饥饿最好的武器。

可无论是马尔萨斯、密尔还是乔治，他们都浑然不知，同时期李比希研究的农业化学以及巴斯德研究的土壤细菌学，已经使整个问题上升到了不同的层面。如果土壤的肥力能够恢复，且收成能够保持稳定，不因为土地枯竭而减产，那人口增加就不再令人胆战心惊了。而且，美国已经展示出，在无须人力的情况下使用机器就能开垦出面积极为广大的土地。因此，生产大量谷物、养活大量人口，是可以实现的。人们不必这样胆怯。

根据一个比较可靠的估算，公元元年时，世界人口为2.5亿。尽管中世纪的瘟疫至少造成四分之一的人口死亡，但到了现代社会开端，人口已上升至5亿。再到1944年，全球人口已经超过了20亿。粮食短缺带来巨大的人口压力，而对马尔萨斯及其二孩理论一无所知的国家，比如人口过剩的日本，最希望的就是把这些过剩的人口分散到受马尔萨斯主义影响太深的大陆上，比如人丁稀少的大洋洲。不过如今，任何国家都不用追求降低人口数量了。因为随着机械和化学的进步，农业收成实际上可以养活20亿甚至更多人。人口稀少的国家或许能有短暂的快乐，但他们无法自卫。说真的，加拿大该如何应对1970年的十月危机[①]呢？可直到1943年，加拿大的法语报纸还在炮轰放宽移民

---

① 十月危机，加拿大激进组织魁北克解放阵线成员于1970年10月绑架了英国贸易专员詹姆斯·克罗斯和省政府阁员皮埃尔·拉波特，后者惨遭杀害。最终导致加拿大全国进入战争状态。

法的措施。

就马尔萨斯主义的人口理论而言，没有任何一个国家像法国那样，因为这一理论而滋生了诸多弊病。毫无疑问，左拉没有听说过李比希。他在巨著《繁殖》中，试图反抗马尔萨斯理论带来的恶果，成功地将菜籽的生生不息与人类的永恒繁衍画上了等号。这本书的读者遍及全世界，但大部分人还是坚持那种沮丧、悲观的观点——宁愿人口更少，面包更多。或者换一种更好的说法：为许多许多人提供尽可能多的面包。

一旦塞勒斯·麦考密克的子孙与李比希的子孙联手，更多人就能获得更多面包了。在大约19世纪中叶时，他们还未曾谋面。无论是农业化学和农业工程，还是欧洲和美国，双方都对彼此的进步一无所知。科技最终胜出，美国得以建成小麦帝国。这是人类历史上最为奇怪的一种权力建构。

美国的小麦帝国

◇ 104 ◇

为什么是小麦帝国？难道美国不是更适合制霸全球的玉米市场吗？

但欧洲需要小麦。法国大军的胜利让所有国家相信小麦的优越。就像两千年前的罗马一样，如今巴黎在人们的口味上具有绝对的话语权，对小麦以外的所有谷物都大肆辱骂。古罗马帝国伟大的医学家盖伦曾宣称："黑麦气味难闻。"现在，黑麦再次受到攻击。

中世纪时，欧洲人十分喜爱黑麦的味道。一些东日耳曼人自称"Rugii"（吃黑麦的人），这显然是为了和那些吃燕麦的下等人区分开来。在英国盎格鲁－撒克逊时期，8月被称为"Rugern"，即收获黑麦的月份。直至1700年，英国40%的面包仍用黑麦制作；约1800年，这个比例下降到了5%；1930年，亚斯尼写道："在英国，有些人从来没听过黑麦这个词……"

在黑麦面包根基稳固的德国和俄国大部分地区，人们依然在种植黑麦。医生和农民坚持认为，千百年来，人们祖祖辈辈一直在吃散发着泥土般辛香的黑面包，是不会觉得柔软的白小麦面包能填饱肚子的。他们这里说的是德国人和吃黑麦的俄国人的体格。吃小麦的人则提出反驳，说吃黑麦会使人愚蠢、迟钝。就像喝葡萄酒的和喝啤酒的人互相攻击一样，吃小麦的和吃黑麦的也争得不可开交。不同谷物之间的宿怨源于人们更为深层的集体意识，而不仅仅是资本主义市场的争端。激烈的争论由此爆发，熟悉的场景再次上演，双方气势汹汹，指控对方是在施加毒害。吃黑麦的人说，小麦面包的营养价值还不如空气高。

1800 年后改吃小麦的国家可不同意这一点。像瑞典和丹麦这样的传统黑麦国家都改吃小麦了。在苏格兰，小麦面包历来都非常罕见，只能在富人星期天的晚餐餐桌上见到；但到了 1850 年前后，不仅中产阶级，就连工人都经常吃小麦面包。1700 年，波兰的黑麦出口量是小麦的三倍；100 年后，这一比例逆转了，小麦出口量变成了黑麦的三倍。

欧洲口味的变化向美国发出了信号。在 18 世纪，小麦对刚成立的美国而言无足轻重。1777 年时，田纳西州和肯塔基州才第一次收获小麦。虽然华盛顿总统在自己的农场种了小麦，但那仅仅是个人爱好。1780 年，约翰·亚当斯的夫人在信中提到战争期间物资匮乏引起物价高涨之时，甚至都没有提到小麦。因为当时人们都不吃小麦。但就仿佛纯粹出于本能一样，法国大革命的胜利也决定了小麦后来在美国的胜出。当时，美国几乎做梦都没想过出口小麦；美国农民种植的谷物也只供应自家和最近的城镇。

◇ 105 ◇

欧洲决定用美国的粮食来养活不断增加的人口，并非出于自愿，但也未受强迫。考虑到当时的情况，欧洲做出这一决定，似乎是在保持自由与维持生计之间经过两相权衡而达成了一致。

拿破仑战争后，欧洲人口急剧增长，这为欧洲农业施加了重担，要养活远超以往任何时期的人口。但这面临着重重困难。新增的人口并非农业人口，而是城市居民、产业工人。要想养活这一工人大军，按照李比希的方法对土壤进行化学改良是不够的，必须开垦新土地。新土地是有的，欧洲的旷野、荒地、沼泽都可以用犁来开垦，可人们还不知道美国已经发明出强大的机械犁。这样看来，从国外进口面包好像要更简单、成本更低一些。所需资金就通过出口欧洲工业品来赚取。这就是欧洲进口面包在经济层面上的因素。另外，还有思想层面的因素。

拿破仑战败后，政治晴雨表似乎预示着，接下来的数百年将迎来和平时期。民族主义为欧洲主义腾出了空间，而且这种欧洲主义不像在 18 世纪时停留在哲学层面，悬于“世界大同主义的天空”之上，而是建立在世界贸易的坚实基础上。对贸易之神墨丘利的信仰从来没有这样普遍；战神玛尔斯似乎已长眠地下。欧洲上层的智者说道：“土地对各国的馈赠显然并不均等。但地球是一个整体，世界属于所有人。有的地区产粮，有的地区开设工厂。让我们来交换我们的产品吧！”

如果愤世嫉俗之人坚持认为，上述想法不是源于慷慨、道德的国际主义，而仅仅是因为对利润贪得无厌，那么他就误会了 19 世纪 50 年代的人，而且他也无法理解英国为何取消谷物进口关税。

在英国，自由贸易的拥护者提出，国家的财富取决于贸易。他们认为，关税壁垒阻碍了贸易；只要存在保护性关税，就会过度抬高商品价格；最重要的是，应当让人民有条件购买低价面包。如果废除了谷物法，这就有可能实现。要是有人反对，说关税是海军和陆军的必要保障，那自由贸易派就会回答，很快就不再需要军队了。因为英国的自由贸易政策将迫使所有国家开放港口，而这又必然会带来世界和平，导致裁军。

当然，统治英国的保守党是支持保护性关税的。而在科布登[①]领导下支持自由贸易的反对派则含沙射影，暗示英国的大地主早已不配享受现有的优待了。千百年前，他们是因为在战场上表现突出才被赐予了土地。自由党人嘲笑道："而现在，他们唯一能展示的伟大成就，就是大规模屠杀野鸡和沙锥鸟。"可科布登和朋友们没有认识到，谷物进口关税不只对地主有利，也对英国小农有利。如果撤销了保护国内粮价的关税，农耕将不复存在，最后残余的农业人口将会消失，他们将涌入城市，为了就业机会而相互压低工资。

保守党对这一危险的后果洞若观火。然而，关税取消势在必行。工人阶级动乱，似乎比农民的灭顶之灾更让人头疼。那些城市，那些正在飞速扩张成大都市的城市需要面包，需要便宜的面包，而且马上就要。悲观主义者警告说，如果耕地进一步减少，只要英国遭到封锁，全国在18天内就会陷入彻底的饥荒。（18天可能有点夸张了，不过1914年和1939年的德国潜艇战证明，保守党原则上是正确的。）但警告无人理会。许多地位较低的官员，包括迪斯雷利[②]，都逃到了自由贸易者的阵营。是否取消谷物关税，成为下议院中愈加紧迫的问题。工人们联合起来示威，社会主义宪章派鼓动叛乱，工厂里打闹了起来，乡下的粮仓被烧毁。1845年，苏格兰的作物歉收；与此同时，大规模的马铃薯晚疫病席卷了邻国爱尔兰。英国的工业城市处于动乱之中。政府采取的第一项措施是允许从国外无限制地进口谷物，但这还不够。反谷物法联盟又火上浇油，在全国煽动动乱，局势进入了白热化阶段。人民强烈要求得到廉价面包，由此引发了自伦敦大瘟疫以来

① 科布登，全名理查德·科布登（Richard Cobden，1804—1865），英国政治家。他被称为"自由贸易之使徒"，是英国自由贸易政策的主要推动者。1839年，他领导一群商人成立了反谷物法联盟，最终成功促使国会在1846年废除《谷物法》（规定谷物价格和供应的法律）。

② 迪斯雷利，全名本杰明·迪斯雷利（Benjamin Disraeli，1804—1881），犹太人，英国保守党领袖、三届内阁财政大臣，两度出任英国首相。他任首相期间，大力推行对外侵略和殖民扩张政策。

最严重的动乱。面对这样的情况，政府只得改变政策，取消谷物进口关税。

大量小麦从美国涌来了。但这并不是短时间内发生的！美国几乎花了 20 年才明白英国这个庞大帝国的核心岛国到底发生了什么。美国意识到，这个统治了美国数百年的国家如今全要靠美国大发慈悲，依赖于美国生产的粮食了。1846 年，美国还不具备能够消除英国及其他欧洲国家饥饿的工具。美国西部的部分地区才刚刚开始使用机械犁，太平洋沿岸几乎没有人种小麦。不过情况很快就要发生改变。

法国加入了英国的行列，也越来越渴求美国的农产品。因为法国聪明的知识分子比英国知识分子更加信仰“贸易领域的世界大同主义”，信奉大洲之间可以自然交换产品，他们都没有意识到，永久依靠国外的农作物生活会有什么风险。可以肯定的是，拿破仑倒台后，农业化学已经向法国人表明，通过科学方法处理法国土壤，能使产量达到以前的五倍。科学家纷纷下乡，自 1842 年起，法国各种粮谷的产量都在攀升。但自 1846 年起，不明原因的马铃薯晚疫病又开始广泛传播，而且当年天气条件恶劣，导致谷物歉收，致使 1847 年谷物严重短缺；紧接着，1848 年革命爆发，农民除了务农之外，还要应召入伍[①]；1853 年至 1855 年降水过多，导致谷物减产；之后，拿破仑三世又带领最强壮的农民参加了克里米亚战争[②]；接下来，霍乱暴发；1859 年，拿破仑三世率军与奥地利军在意大利交战[③]；最后，在拿破仑三世的命令下，伟大的建筑工程师奥斯曼开始重建巴黎，这又从农村抽调

---

① 1848 年革命，也称民族之春（Spring of Nations）或人民之春（Springtime of the Peoples），是在 1848 年欧洲各国爆发的一系列武装革命。这一系列革命波及范围极广、影响极大，可以说是欧洲历史上最大规模的革命运动。

② 克里米亚战争，1853 年至 1856 年间在欧洲爆发的一场战争，俄国与英国、法国为争夺小亚细亚地区权力而开战，战场在黑海沿岸的克里米亚半岛。这是拿破仑战争以后规模最大的一次国际战争。

③ 1859 年 6 月 24 日，奥地利军与法撒联军在意大利北部卡斯蒂廖内镇的索尔费里诺交战，史称索尔费里诺战役，又称第二次意大利独立战争。这场战争持续了 15 小时，造成 6000 多名士兵阵亡，三四万人受伤，法国最终获胜。这场战役促使亨利·杜南创立伤兵救护国际委员会，即红十字国际委员会的前身。

了大量人手。无论是种种报纸社论的支持，还是作家的鼓舞，都不能弥补短缺的人手。波西米亚诗人、贝朗瑞的弟子皮埃尔·杜邦在一首歌谣中准确描绘了当时的整体氛围：

> 窃窃私语我们不会阻拦，
> 就让民众说出：我感到饿了；
> 因为这是本性的呼唤：
> 我们是需要面包的！

由于上述一连串不幸事件，1860年前后农业产量极低，导致法国这个工业国家也最终决定要依赖美国农作物了。

那么德国呢？德国人以黑麦为主食，只种黑麦。另外，俄国离德国很近，需要粮食时可以从俄国进口。当然了，还是进口黑麦。而美国只种小麦。原本的情况就是这样，直到后来，德国也赶上了口味变化的潮流。这对城市自我意识的增强起到了一定的推动作用，汉堡和柏林市民也越来越精致，看不起农民的黑面包了。同时，德国工人看着外国人过的日子，也决心要和法国工人或比利时工人吃得一样好：他们要求吃小麦面包，或者至少是小麦和黑麦各一半掺起来做成的面包。德国的城市正在迅速扩张，已经形成了巨大的消费群体。商业和工业也为德国带来了与欧洲其他地方一样的改变；尽管遭到农民、军方和保守派的反对，德国国门也豁然敞开，开始迎接源源不断涌入的谷物了。

1865年，德国取消了保护性关税。这为美国向欧洲大陆大量输送小麦发出了信号。

◇ 106 ◇

从 1865 年起，这种营养丰富的金色谷物就被装上粮船，一艘接着一艘，从美洲运往欧洲。当然，船上的谷物全部是小麦，欧洲人别的什么都不要。不过，为了出口，小麦必须先在国内和更为古老的国民

◆ 普鲁士战地面包房（1866 年）

主食——玉米约法三章。玉米之于美国人的意义可比黑麦对于欧洲人的意义更加重大。玉米不仅是“我们父辈祖先的谷物”，给所有美国人留下难以忘怀的味道；也不仅是母亲最爱的谷物，由母亲做成一道道从印第安人那里承袭下来的美食；它还是一个举足轻重的经济要素，它是美国人的牲畜饲料，是所有牛猪鸭鹅和母鸡、火鸡的基础饲料。

有了玉米饲料，美国人才能大量养殖牲畜，使得肉类市场欣欣向荣。辛辛那提和芝加哥那些热火朝天的屠宰场里的牲畜，都是吃玉米长大的。而且，牲畜屠宰后还能供应不计其数的副产品，包括脂肪、食用油、淀粉、动物胶、肥皂和蜡烛，这些都是玉米的馈赠。另一方面，小麦能产出的，却“只有面包”。鉴于此，1861 年芝加哥市场上的小麦交易量为 2400 万蒲式耳，而玉米比小麦还要多 50 万蒲式耳，也就不难理解了。

只种小麦会给美国带来灾难性的后果。小麦皇帝刚刚加冕，开始辉煌统治，自然要努力赶走玉米。在小麦帝国和玉米帝国的边界，玉米地变成了小麦的领土。但这一竞争很快就停止了。只要玉米仍在种植而且不会出口，小麦就无须担心玉米会和它竞争。我们几乎可以确切地说出二者的关系是在哪一天改变的。在 1900 年的巴黎世界博览会上，查尔斯·R. 道奇开启了一间玉米厨房，向震惊的法国人展示了美国人用玉米制成的各种食物，但他失败了。就像 120 年前，富兰克林向卡代·德沃强烈推荐玉米却也没能成功一样。可小麦却因此受到了冒犯。西欧市场争夺战一触即发，最终，玉米面粉一败涂地。它们二者的战场并不是在美国的田间地头，而是在法国和意大利的实验室。在实验室里，小麦面粉和玉米面粉的争斗改头换面，转化成了十年来通心粉和玉米粥的冲突。许多医生，包括著名的龙布罗梭都参与了这场战争。他们使用了各种手段，包括指控对方有毒、有细菌、会引起糙皮病、导致维生素缺乏，还搬出了生命统计数据……不过我们扯远了。1865 年，小麦帝国与玉米帝国尚能和平共处。事实上，玉米把美国人喂得越饱，小麦就能越安心，也越容易在洲际贸易中战无不胜。

然而，要想扩大小麦出口量，修建运输渠道，人们就需要一种铁制的工具，形成一个遍布全国的强大交通运输网络。这张网就是由铁路构成的。

1840 年，美国的铁路长度只有不到 2500 英里，可以说是微不足道。那时，距离机车和铁轨发明还不到十年，铁路充其量只能让人们旅途更舒适一些，缩短出行时间。但很快，铁路就成为经济发展中不可或缺的要素，而后甚至还主导了经济命脉。铁路上的火车就像史前时期的役畜一样在大地上飞驰、穿行，它们浑身沾满了煤灰，冒着黑烟，轰鸣着，想要装载更多的货物。一列火车比整支牛车队或马车队运送的货物量还多。

“建铁路”成了美国财务部门的口号。美国通过各种策略鼓励铁路建设。1848 年，美国通过了一项法律，允许 25 人成立一家铁路公司，前提是每人为每英里轨道建设认购 1000 美元。不过，实际上必须支付的只要 100 美元。由于建设成本为每英里 3.5 万美元，而实际提供的资金经常只有 2500 美元，因此这项法律使人们能够欠下相当于本金几百倍的债务。银行为此提供了必要的贷款。而银行能做到这一点，是因为大量资金正从欧洲流向美国。自 1848 年起，欧洲人一直生活在对革命的恐惧之中。他们先是把钱存在伦敦，后来又存在了美国。因此，正是欧洲帮助美国建立了庞大的铁路网，铁路又把美国小麦运到船上，漂洋过海送到欧洲。都柏林、伦敦、巴黎和柏林的工人得到了他们所要求的廉价面包。然而，他们从未想过且出乎所有人预料的事情发生了：随着面包价格降低，欧洲工人的工资也降低了。欧洲人民很不满，面包便宜了，可他们却没有钱买。

与此同时，鹤嘴锄在美国的草原上和森林里叮当作响。这是工人大军在铺设轨道，用铁路贯穿了东部和西部。铁路长度从 1840 年的 2500 英里增加到了 19 世纪 60 年代的 3.75 万余英里，到 80 年代末又增加到 15.6 万英里。数百年来，农民小规模种植谷物，只为自给自足，供应最近的城镇；而有了铁路之后，他们种植的谷物一夜之间打入了国际市场。政府提供了广阔的土地供建设铁路使用：铁路所占的面积与欧洲一样大。作为这片土地上拥有无尽土地的“地主”，铁路所产生的“收成”是小农用尽全力也无法企及的。铁路公司成了铁路手下傲慢的仆人。政府使他们富有起来，他们却对政府的愿望充耳不闻。无论是个体利益，还是公共福利，他们都漠不关心。他们唯一的目的就是获得更多利润。就这样，美国又产生了大庄园。“庄园主”虽没有奴隶，也没有农奴，却拥有无上权力，远远超过罗马和英国的大地主。机器大军淘汰了小农经济，因为无利可图。小麦堆积如山，“大山”继而塞进了火车车厢，火车又将其倾倒进往来大西洋的巨型货船货舱之中。麦浪所经过的城市都财源滚滚。中产阶级聚居的小镇芝加哥，如今住满了百万富翁。

芝加哥可以说是个传奇。1815 年，拿破仑战败时，它还只是个小村庄，被印第安人称为“臭洋葱之地”[①]。自 1833 年起，芝加哥自称

① 臭洋葱之地，芝加哥建市之前还是荒凉小镇，农业落后，到处都是野洋葱，因而被冠以“臭洋葱”的别名。

芝加哥市，但直到1840年，这里的居民还不到5000人。另一方面，这里的猪比人还要多。家家户户的墙都让它们蹭过，它们还总是阻碍交通，等着人们把它们赶走。1847年，麦考密克来到了这个西北部边陲的小镇。他之前就看到在西北部地区，由于镰刀收割太慢，而且人手严重短缺，庄稼都烂在了地里。他在芝加哥建立了收割机厂，还使机械收割机成为芝加哥市的象征，丰收的标志也刻在了市徽上。五年之后，也就是1852年，芝加哥通了铁路——这是更为强大的收割机，能将美国中西部的谷物倒入芝加哥的粮仓。火车将小麦和玉米运到粮仓塔前进行卸货、统计。芝加哥的粮食状况决定了世界市场的粮价。芝加哥一发话，就能决定伦敦、巴黎、柏林、圣彼得堡和上海的粮价……臭洋葱之地早就被人们抛在了脑后。到了1870年，芝加哥有30万居民，而且人口无时无刻不在增长。人们不再把猪从路上赶下去，而是用玉米把猪喂得膘肥体壮，屠宰后将猪肉出口至国外。卡尔·桑德堡在《芝加哥》中进行了这样的描述：

为全世界供应猪肉，
制造工具，生产小麦，
擅长铁路运输，为全国运送货物；
暴躁、魁梧、喧闹，
这，就是这座肩膀宽阔的城市。

就在这副宽阔的肩膀上，诞生了百万富翁，百万富翁又变成亿万富翁，铁路大王、肉类大王、机械大王和小麦大王纷纷涌现。

这一切都要追溯到第一根麦穗上，追溯到第一粒被运往城市、希望那里有一座磨坊的麦粒上。在那个年代，谷物由小农装在袋子里；后来，富人将几百万蒲式耳谷物装进了火车。富人变得更富，穷人变得更穷。世界秩序从未改变。仅仅几年前，小农还能轻轻松松地靠微薄的收成维持生计；现在，他们只敢胆怯地用手捂着眼睛，从指缝里偷偷观察呼啸而过的货运列车。火车的运费他们可付不起，于是就无法把谷物运到市场。那他们究竟能把谷物运到哪里？世界贸易就像股市一样，本杰明·哈钦森和约瑟夫·莱特这样的商业大亨能在其中赚得盆满钵满，可对小农而言就完全是不知所云，让他们困惑不已。他们疲惫地坐在石头上，意识到自己十分迷茫。他们别无选择，只能把土地卖给掌握权力的人。小麦养活了整个国家，造就了许多百万富翁，却再也不能让小农维持生计了。

◇ 107 ◇

在《章鱼》一书中，美国作家弗兰克·诺里斯（1870—1902）将铁路比作形似章鱼的海妖“克拉肯”，描述了麦农与铁路的斗争。小麦和铁路这两股巨大的自然力展开了殊死搏斗。最后，两股力量联合起来，把挤在中间的农民压碎了。

弗兰克·诺里斯出生于芝加哥，早年在巴黎学习绘画，后来却成为一名记者。返回美国后，他保留了画家的观察力，又从新闻工作中汲取了“对新闻的嗅觉”，并将这两种天赋运用在写作中，成为一名小说家。诺里斯29岁时曾给朋友写了这样一封信：

> 这几天，有一系列小说在我脑海中萦绕……我的想法是，围绕小麦这一主题，写三部小说。第一部，加利福尼亚（生产者）的故事；第二部，芝加哥（经销商）的故事；第三部，欧洲（消费者）的故事。每一部小说都围绕自西向东奔涌的这一条巨大的尼亚加拉“小麦河”。我认为这个主题可以写出一部大型史诗三

部曲，既有现代气息，又有鲜明的美国特色。这个想法太宏大了，有时候还会让我害怕。但我已经下定决心要试试看。

正如诺里斯的传记作者富兰克林·沃克所言，这一计划“超越了过去美国小说的种种尝试”。当时的美国小说虽已预示了经济因素，却只是影影绰绰地一带而过。诺里斯计划用文学形式来呈现引导着人类命运的外力，即谷物的自然力量。它冷酷无情、摧枯拉朽、势不可挡，沿着既定的垄沟前进。在这种力量面前，人类就像《格列佛游记》中小人国的利立浦特人，或是阳光下的小飞虫一样，肆无忌惮地嗡嗡作响，互相搏斗，却并未掀起一丝波澜。他们出生后，度过微不足道的一生，然后死去，被遗忘；而小麦则日夜不停地生长。人们焦急地上蹿下跳，为了小麦的生产、分销和销售日夜操劳。他们就像林西克姆观察到的得克萨斯蚂蚁一样，在秸秆上爬上爬下。但诺里斯看待这些“蚂蚁”时，是怀着同情心和同胞之情的；他理解他们的挣扎，又在作品中将其重新塑造成了人类。

诺里斯的《章鱼》背后有个真实的故事。富兰克林·沃克是这样讲述的：

19 世纪 70 年代头几年，早期移民搬到了位于当时图莱里县东部的马瑟尔泥潭地区。十年来，他们辛勤耕耘，勤加灌溉，对该地区进行了大量改良，建成了高产的农场。一部分地产的所有权出现了争议，原因是南太平洋铁路公司在特许权存在疑点的情况下，修建了一条穿过该地区的铁路，并声称根据 1868 年的国会法案，他们拥有道路两旁的奇数铁路路段。最初，移民承认了铁路公司的权利，因为该公司在邀请他们开发这一地区时曾暗示最终要按未开发地产的价格，即平均每英亩 2.5 美元，把这些铁路

> 路段出售给他们。该地区被开发后，铁路公司查看了他们的路段，然后通知移民，也就是如今的农场主，这些土地对任何人都将以每英亩25至30美元的价格出售。可他们对提升地价并没有做出任何贡献。于是，农场主与铁路公司展开了激烈的斗争。他们成立了600人的移民联盟向国会请愿，还花重金进行诉讼，但铁路公司在政治游说方面经验丰富，每一轮都能获胜。该地区的敌对情绪越来越强烈；农场主声称，铁路公司在他们中间安插了无耻的密探，加强了公司对银行和媒体的掌控，还任意抬高运价，削减他们的利润。1880年5月11日，危机降临了。当时汉福德正在召开移民群众大会，法警和三位警官骑马闯入，要求与农场主领袖商谈……商谈中不知谁开了一枪，造成了混乱。于是，警官四处射杀。在混战中，六人当场死亡，一人受重伤。

真实发生的故事就是这样。诺里斯围绕这个故事，描绘了19世纪80年代的加州社会图景。在书中，农民领袖曼克奈斯·台力克还有瑞典、英国和德国的农民都响应了霍勒斯·格里利的号召："去西部吧，年轻人，和国家一起成长。"他们带着斧头和铁锹走进了荒野。但30年后，投机商也来了，他们是铁路公司的人。其中有一位信托公司的董事长，他告诉一位作家，在托拉斯[①]的胜利中，他本人所起的作用微乎其微。铁路与小麦一样，是自然事物，会无休止地扩张……报社老板金斯林格尔也支持铁路公司："你们这些人要什么时候才明白，你们没法跟铁路公司打对台呢？这正像由我乘了一只纸船出去，朝一条战舰弹豌豆一样地不济事呀。"在这两大阵营之间，还有无数人卷入了这场大型的争斗，其中包括无政府主义者、逃兵、受贿者、傻瓜；包

① 托拉斯，英文trust的音译。垄断组织的高级形式之一。由许多生产同类商品的企业或产品之间有密切关系的企业合并组成。

括和农民交朋友继而抢劫杀人的退休铁路工程师；还有旧金山上流社会的美学家、富人、协会委员、慷慨的女士；以及前往印度的粮船。另外，还有一位非常厉害的铁路公司代理人贝尔曼，他是斗争中的一个助理领导人。他才是真正的胜利者，敌人的枪炮打不到他，他甚至躲过了扔到他乡下家里的炸弹：

> 这个心平气和的胖子，戴着硬草帽，穿着麻布坎肩，从来不会发脾气，对他的敌人也和气地微笑，给他们好好出主意，看他们碰到了接二连三的失败，还表示同情他们，从来不发慌，从来不激动，信得过自己的力量，知道自己背后的靠山是那台机器，那股势不可挡的力量，一个强有力的组织，一个取之不尽、用之不竭的金库，联盟拿出几千块，它就拿出好几百万。
>
> 那联盟是个叫叫嚷嚷、到处抛头露面的组织，街头的每个野孩子都知道他们的目标是什么，可是这托拉斯却默不做声，谁都猜不出它的路线是什么，大家只看得见它干的事的结果。它在暗中活动，不慌不忙，有条有理，所向无敌。
>
> 但这个不动声色、精于算计的冷血怪物也在劫难逃。这堪称美国文学史上最精彩的场面之一。故事发生在一个港口，港口上有一艘船即将启航前往亚洲运送小麦，贝尔曼正在对其进行检查。就在这时，死神降临到了坚不可摧的贝尔曼身上。他绊了一下，跌进了船上的货舱。而此时，小麦正在从粮仓塔里倾斜而下。
>
> “天哪，”他说，“这样总不是办法吧。”他大声吆喝起来：“喂，甲板上有人吗？看老天份上，来人哪。”
>
> 麦子倾泻下来，发出不急不缓、十分刺耳的哗哗声，淹没了他的叫声。那道瀑布奔流而下，叫他连自己也简直听不见自己的声音。这还不算，他发现再在这舱口下待下去是不行了。麦子飞

也似的泻下来，朝四面乱溅，像风里的小冰块，打得他脸上好痛。这实在是折磨啊。他一双手也给打得好痛。有一回，他，简直给弄得眼睛都看不见了。再说，那浪潮似的麦子一阵阵地从斜槽下的小山上滚下来，把他冲得朝后直退，绕着他的大腿和膝盖打旋，冲击，一下子越涨越高，差一点把他卷倒。

他又撤退了，从舱口下面朝后直退。他站住了一会儿，又吆喝起来。没有用。他的声音回到他身边来，没法穿过那斜槽里的轰隆隆的声响，他跟着发现，只消在麦子堆上一站住，身子就会陷下去，不禁吓坏了。一眨眼工夫，麦子又没到膝盖啦。斜槽下面，那座一忽儿垮倒、一忽儿又堆起来的小山上泻下一大道麦子，直涌到他的大腿周围，弄得他动弹不得。

他心里猛的害怕得直发慌。死亡的恐惧，那种害怕掉进掐阱的野兽的本能，叫他抖得活像一根干芦苇。他叫叫嚷嚷地挣出麦子堆，又拼命朝舱口爬去。他刚走到那儿，就摔了一跤，正巧倒在那道倾泻下来的麦子的下面。这不计其数的飞下来的麦粒，像弹雨似的掉下来，冷酷无情地打在他身上，割破了他的皮肤。鲜血从他额角上淌下来，和粉末似的糠屑拌在一起，变成厚厚的液体，蒙住了他的眼睛。他又拼命站起身来。圆锥形的麦子堆上泻下好些麦子，像雪崩似的，淹没了他的大腿。他不得不朝后退，退，退，挥舞着胳膊，摔倒在地上，又爬起身来，大声叫着救命。他看不见东西，眼睛里满是糠屑，一睁开就觉得刺痛，好像针扎似的。他嘴里满是糠屑，嘴唇上也粘满了糠屑，觉得发干。他口渴难熬，喉咙发痒，吆喝的时候，声音哽住了发不出来。

这时候，麦子可还是川流不息而冷酷无情地倾泻下来，一秒钟也不停，好像是被自身的力量驱使着的，尽是哗哗地流着，不急不缓，持续不断，势不可挡。

这一幕与神话有密切联系。贝尔曼之死呼应着罗马将军克拉苏之死。帕提亚人俘获克拉苏将军后，为满足他的贪欲，曾将熔化的黄金倒进了他的嘴里。

在《章鱼》这部小说中，诗人、作家普瑞斯莱这个形象扮演了叙述者的角色，并与其他人物形象展开了对话。这个角色是诺里斯的化身，还融合了诗人埃德温·马卡姆的一些特征。二人此前相识于旧金山。1899 年，马卡姆在《旧金山观察家报》上发表了《扶锄的男子》，或许正是这首诗激发了诺里斯创作《章鱼》的灵感。《章鱼》一经出版，诺里斯便被誉为“美国的左拉”。诺里斯崇拜左拉，且从其作品中获益良多。他常采用反复的修辞手法，行文多用松散句。这本质上是法国文学的特点，与英国文学的严肃持重对比鲜明。就像诺里斯无论何时都随身携带一册泛黄的、翻烂了的《萌芽》或《土地》[①]一样，充满活力的美国年轻人也总是拿着一本《章鱼》在读。一种新的文学形式诞生了[②]。随着小麦三部曲中第二部《深渊》的出版，诺里斯名声更响了。

《深渊》的主角不再是加州麦田中真实生长的小麦，而是无形的小麦，是股票市场上供人博弈的玩物。小麦是否有货、能否按时交货，都被押上了巨额赌注。陷阱就是指买空者和卖空者争夺霸权的战场，它“像火药矿一样危险”。小说中的大赌徒柯蒂斯·杰德温与左拉《金钱》中的萨加尔之子有相似之处，不过前者直接脱胎于美国生活，其人物原型是约瑟夫·莱特。诺里斯凭借记者的本能，活灵活现地讲述了莱特的故事，仿佛故事才“新鲜出炉”。1896 年，小麦歉收，股市之王莱特几乎收购了全年的收成。他能够随心所欲地操纵市场价格，

① 《萌芽》和《土地》均为左拉的代表作。

② 新的文学形式，指自然主义文学。自然主义文学反对浪漫主义的想象、夸张、抒情，也轻视现实主义对现实生活的典型概括，追求绝对的客观性，认为作家不是政治家或哲学家，而是“科学家”。19 世纪末，自然主义在法国兴起，左拉是代表人物。20 世纪初，自然主义传入美国。弗兰克·诺里斯深受左拉影响，被称为“美国自然主义之父”。

从每蒲式耳小麦中赚取1.5美元。接下来，他继续收购，派采购大军前往美国西北部，租了几英里长的火车车厢以及整支船队用以运输小麦。倘若莱特能维持自己设定的小麦价格，他收购的这些小麦就能让他成为美国首富。但突然之间，就好像变魔术一般，全球市场上出现了各国种植的小麦，并非美国种植的小麦，也并非莱特收购的小麦。

这是因为加拿大打开了粮仓，阿根廷也将小麦装满了粮船，如洪水般的“狂野”小麦挑战着他之前人为设定的垄断价格。莱特“有着惊人的勇气和无穷的自信”，他并没有看到这些迹象，也可能是他不愿理会；即使交易所中的所有人都意识到麦价即将下跌，他却依然故我，继续抬高价格、收购小麦。莱特的主要对手是粮仓塔制造商菲利普·阿穆尔。只有小麦大量供应、价格低廉，他才能盈利。隆冬时节，阿穆尔用钢犁打碎了密歇根湖厚厚的冰层，将600万蒲式耳小麦从加拿大边境运至芝加哥，投入了股市之战……就在这一关头，莱特的举动简直不可思议：他没有退出斗争，反而买下了阿穆尔全部的小麦，从而又一次自动抬高了价格。他计划将美国所有小麦以高价卖给欧洲，牟取暴利。

美国人可以像过去一样吃玉米，所以他们吃什么无关紧要。但愚蠢的欧洲人狂热地追求小麦面包，这就会让莱特成为世界首富。然而，接下来发生了一件让莱特措手不及的事情：西班牙和美国之间开战了。西班牙舰队威名远扬，令欧洲人盲目畏惧。他们害怕在公海发生纠纷，导致货物被没收，因此取消了从美国进口小麦的订单。莱特收购的5000万蒲式耳小麦根本卖不出去，就这样砸在了手里。他破产了。赌徒莱特与大自然的繁殖力赌博，这一回合完败。对于他把小麦运往何处、卖给谁，大自然不屑一顾。那么，市场和价格对大自然意味着什么？诺里斯在小说中谴责以莱特为原型的柯蒂斯·杰德温时，这样写道：

他居然用人类软弱无力的双手去抓宇宙，于是地球这位伟大的母亲，觉察到渺小的人类所织网络的触动，终于从睡梦中惊醒，她使用自己无限的威力，去世界各地搜寻并摧毁那干扰她既定进程的人。

他用人类之手抓住了造物主。而大地，伟大的母亲，感受到如蝼蚁一般的人类在她身上织了一张蛛网，最终扰乱了她的清梦。她无所不能的力量穿过千山万水，找了那个扰乱她既定命途之人，并将他粉身碎骨。

诺里斯小麦史诗的第三部——《狼》，最终未能问世。这本应是三部曲中最重要的一部。狼象征着在欧洲和亚洲肆虐的饥荒。在世界各地，人们已经创作了许多以小麦为主题的文学作品，但诺里斯第一个想到把小麦在全球的历程串联起来。他想在书中呈现小麦消费国的苦难史诗，作为美国这一生机勃勃的小麦产地之史诗的一部分。但是故事发生在哪里呢？他要呈现哪个饥荒作祟的国家？诺里斯与年轻的妻子决定乘坐一艘行驶缓慢的小轮船环游世界，寻找饥荒严重的地方。而在这个地方，“三艘来自大洋彼岸的巨型美国帆船将及时出现，满载大量小麦，缓解饥荒。尽管农民与铁路公司存在争执，尽管受到股票市场的操纵，小麦运输船依然要完成使命，哺育遭受饥荒的民族。”

但船刚驶离港口不久，诺里斯便生病了。他得了化脓性阑尾炎，却没有特别重视。他是一名 32 岁的壮年男子，刚刚开始靠出书赚钱，对将来还有着宏大的计划。一小块不比蜻蜓大的腐烂组织能对他有什么影响呢？可让他想不到的是，他最终还是死于阑尾炎。就是这一小块腐烂的组织带他离开了他深爱的这个世界，这个总是百折不挠、令他赞颂的世界。

◇ 108 ◇

小麦帝国沿着大西洋扩张到欧洲，又沿太平洋扩张到了亚洲。美国可供出口的小麦不计其数，运输手段也数不胜数，似乎将要征服全球市场。但美国小麦出口到东亚时，却开始遭遇困难。

数千年来，水稻一直统治着整个远东地区。在汉语中，人们以水稻做成的“饭”泛指食物。全世界水稻年产量为4400亿磅；其中大部分在远东地区种植。在季风区，生活在热带沼泽地带的人以大米为主食，不吃面包。适宜水稻生长的温度条件，却完全不适合制作面包的粮食作物生长。气候和土壤塑造了人，也影响着他们的习俗、观念以及形而上的道德理念。若将人体比作大树，味觉也许只是一朵开在最表层的花，但它同样很难改变。一个吃不惯面包的日本中产阶级，即便品尝最优质的小麦，也会像罗马人对黑麦一般感觉难以接受；他会觉得面包味道发酸，令他不快。而对白人来说，面包的酸味则至关重要，咬下第一口，就会口水直流。另一方面，东方人喜爱大米清淡的味道和丝滑的口感，认为这正是大米的独特之处。

优质大米或许和优质小麦一样，都富含蛋白质。然而，在只种植水稻的国家和以面包为主食的国家，却无法产生同样的对应关系。以面包为主食的人如果突然改吃米饭，身体就会开始衰弱……1942年，马尼拉被日军占领后，一位中立的美国高级官员向日本人指出，必须为美国战俘提供更好的伙食。日本人气愤地回答说，战俘与日本士兵的口粮相同，他们为何还不满足？但几百年来，美国人的基本食物除了肉和咖啡，就是面包。如今突然转换成米饭、鱼和茶这三样食物，根本就无法适应。

生理情况不同，就会导致不同的行为方式。民族学专家保罗·埃伦赖希观察到，在马六甲，信奉水稻的宗教文化中不存在血祭。即使是最偏远、最小的部落，人们也只是单纯地念咒语，对猿、象和鸟施法术。他们不屠宰动物，也不在农田里洒下动物的鲜血。马来人的水稻感恩节不同于阿兹特克玉米节，除了在孩子头发上撒煮熟的大米粒，就没有其他活动了。马来人给孩子留下这种朴素的记忆，是为了保证后代继续沿袭水稻种植……勒克瑙的印度教授拉德哈卡马尔·穆克尔德斯基对小麦和水稻进行了比较。他把小麦称为“资本主义的谷物”，认为小麦冷酷无情、贪得无厌，从而促使罗马和美国建立大种植园；另一方面，他称水稻为“小农之友”，因为水稻只能在菜园、梯田和沼泽地种植……不过，小麦具有深远的社会影响，却不应归咎于小麦本身。在大型贸易商手中，水稻也成了资本积累的途径。

当时，东南亚人对小麦的厌恶显而易见。在亚洲许多国家，除宗教原因和口味原因以外，家务原因也导致人们拒绝小麦，因为麦秸不如稻草耐用。在人们自己搭建屋顶，在家中编织围裙、帽子、垫子、凉鞋和各种篮子的地区，人们自然会偏爱更加好用的材料。在这种情况下，人们肯定选择稻草而不是麦秸。

19 世纪 70 年代，在小麦帝国的专家开始感到自己脱离了亚洲市场的时候，他们就得考虑上述情况了。不过对小麦出口而言幸运的是，上述情况只出现在潮湿炎热的南亚。在北部的日本岛屿和中国大陆北部，情况并非如此。这些地区气候较为温和，人们也熟悉小麦。而且在中国华北地区，人们也进行作物轮作。在同一块田地中，冬天种小麦，夏天种水稻，还与西瓜和大豆进行间作。小麦出口商就从这里着手进入了亚洲市场。加州的小麦运往了中国华北，而在那里，人们早已熟悉小麦的味道。

1867 年 1 月 1 日，第一艘出口小麦的轮船科罗拉多号从旧金山出发之后，旧金山前往上海的航线上空就一直覆盖着壮观的蒸汽云。虽然在旧金山，轮船公司与铁路大亨因利益瓜葛产生了冲突，但小麦未受其扰，乘船来到了东亚。据说美国的每一粒小麦都属于铁路四大巨头：马克·霍普金斯、查尔斯·克罗克、利兰·斯坦福以及实力最强的柯利斯·P. 亨廷顿。众所周知，在加利福尼亚，天上每下三滴雨，就有两滴落到亨廷顿手里。他的竞争对手既包括小农，也包括大农场主。对他而言，打败这些对手并获得巨额财富，绝非易事。因此他现在希望抬高价格，回收之前竞争耗费的成本。但当中国人不紧不慢地解释说，他们可以改回吃大米之后，小麦的价格猝不及防地下跌了。

然而，面包就像魔术师一样。许多生活在港口城镇的中国人看到了冒烟的烟囱，认识了水手，见识了船上无忧无虑的生活之后，也开始被美国吸引，想去四处漫游。于是，许多相貌普通、面带微笑的人乘着从远东地区返回旧金山的轮船，来到了美国，成为洗衣工、码头工人、餐馆老板、日工。他们勤劳肯干，人人都似乎沾亲带故；他们在宽阔、美丽、卫生的旧金山生活得很幸福。然而，他们身死之后只想落叶归根，在中国的大地上安息。在运输小麦的交通要道上，不同国家的人相遇了，人与小麦一同迁徙。就这样，在小麦帝国和中国华北各省之间，小麦贸易经久不衰。不过贸易量并不大，形式也很简单。

但通过这样的贸易，国与国之间更加熟悉了。

第六卷

SIX THOUSAND YEARS OF BREAD

我们时代的面包

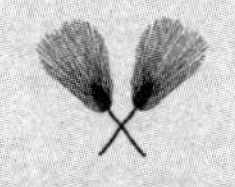

农业是一切技艺之首。没有农业，就没有商人、诗人和哲学家。

腓特烈大帝

勤恳务农，清晰思维，正直为人。

亨利·阿加德·华莱士[①]

① 亨利·阿加德·华莱士（Henry Agard Wallace，1888—1965），美国政治家，富兰克林·罗斯福时期曾任美国农业部长、美国副总统；杜鲁门时期任商务部长。他同时也是农业专家，曾做过高产玉米品种实验，结果在植物遗传学上取得重大突破。后来他从事杂交玉米生意，并获得高额利润。

面包如何助力在第一次世界大战中取胜

◇ 109 ◇

为什么美国人在开展贸易的过程中鲜少与俄国人短兵相接呢？毕竟，西伯利亚离中国要近得多。俄罗斯帝国竟然在谷物出口的竞争中落败，这着实令人吃惊。

直到1850年，俄国还是全欧洲唯一的供粮国。即使是到了1900年，只要俄国有意愿，其国内小麦种植面积也能达到世界之最。然而，就在这一年，美国的小麦出口量突破了纪录，高达2.16亿蒲式耳，几乎是俄国的三倍。这是因为俄国考虑到本国的气候特点以及国民口味，坚信必须要多种黑麦，而非小麦。此外，要想大量出口小麦，仅靠庞大的铁路网就可实现，然而俄国并不具备这一条件。

1904年日俄战争期间，俄国总参谋部在向前线行军的途中被迫停下了脚步。所有胸前佩戴圣乔治十字勋章、军服上绣有领章的高级军官都在临时停靠站等待了很长时间，为的是避让一辆满载美国收割机的火车……全世界都对这则轶事津津乐道，因为它似乎凸显出农业的地位高于战争。但实际情况完全是另外一回事。它表明的是，俄国只修建了单轨铁路，因此其农产品需要很长时间才能到达世界各国的港口。计划出口量确实不少。据统计，在气候较为温暖的1911年，俄国出口了1.5亿蒲式耳谷物。但其中大部分只能经短途运输，运至乌克兰的敖德萨港和拉脱维亚的里加港，因为这两个港口可以经陆路快速抵达。而在符拉迪沃斯托克，由于西伯利亚铁路无法进行大规模运输，其粮仓一直空空如也。若非美国船只年复一年从金门海峡驶出，满载谷物运往东北亚，那里的人们就会陷入饥荒。

由于交通不畅，俄国人放弃了东部市场，转而将剩余谷物出口至欧洲。当然，他们在欧洲也遇到了美国出口商。在这一贸易过程中，俄国人应该已经注意到，德国对谷物的需求量增加了。邻国德国为什么需要这么多大麦呢？俄国人不疑有他；在1909—1914年，他们欣然将每年收获的一半大麦都出口到了德国。难道德国人是打算增加啤酒产量吗？ 1913年，德国人从俄国进口的大麦达到了2.27亿普特[①]，此外还有大量燕麦。

酿造啤酒并不是他们的计划。时间来到了1914年8月的第一周。一队德国骑兵骑着健硕、精壮的马，小跑着穿过了俄国边境。直到此时，俄国人才意识到了德国的图谋。

◇ 110 ◇

按照德国的计划，战争应该持续一年，或者最多一年半。德国人只熟悉速决战，19世纪时对丹麦、奥地利和法国的战争都只持续了不到一年……即使英国封锁港口，使其无法从美国进口粮食，德国也已经囤够了国内种植以及此前从国外进口的粮食，为人和牲畜都备足了

① 1普特≈16.38千克。

口粮，不会陷入饥荒。但战争形势并未按照预期发展，而且德国最初取得的胜利也无法决定这场世界大战的战局，人们开始意识到“种粮不足，还不如彻底不种”。从种种表象看来，德国人好像打赢了一场运动战。然而德国人自己都没有意识到，德国几乎成为一座被围困的堡垒。

德国参与世界大战时，刚刚取得了大丰收。人均粮食产量达到了4.5英担[①]，足以养活全国人民。相比之下，英国的收成似乎差得多。然而，德国人还是很快就开始挨饿了，因为猪和牛的饲料已经耗尽，农民不得不用粮谷喂牛。比起养活城里人，农民更关心自己的猪。到了1915年，政府开始征用存粮，但为时已晚。大部分粮食已经用来喂养牲畜，收益进了肉商的腰包。当英国封锁德国港口，美国小麦进口开始中断后，德国迅速陷入粮食危机。

不过这一情况一度得以掩盖，是因为德军在1915年征服了东部波兰的大片可耕地，而且此次战役德军速战速决，没有像之前在法国作战时拉长战线那样对田地造成更为严重的破坏。随着德国士兵大举入侵波兰和俄国，农业入侵也随之而来。德国占领了这两国的广阔土地，开始为本国人供应粮食。在一段时间内，这种方法似乎起到了作用，但在1916年和1917年，局势有变——德国人能提供脑力，却提供不了足够的人手耕种这些土地。面对德意志皇帝，俄国人也不愿意比服侍沙皇更卖力。由于大多数农民在俄国军队服役，劳动力也处于短缺状态。当时，无论是俄国还是德国，农业都没有进入机械化时代。将战俘充作劳动力也不能满足需求。最重要的是，交通系统很快就瘫痪了。

德国铁路虽然拥有“内部沟通”优势，可以比敌军更加便捷地进

① 1英担≈50.8千克。

行铁路车辆的转轨和调轨，但四年来，随着可用的修理材料越来越少，铁路也破败了。由于军用列车具有优先权，东部种植的谷物无法及时运至西部。甚至早在1916年与法国的凡尔登战役中，德国士兵就已经开始挨饿了。一位普鲁士将军马克思曾讲道，他的部下“很高兴参加可怕的凡尔登战役，因为他们听说士兵的补给不是平常少得可怜的口粮，而是‘丰盛的战时补给’。在长期的饥饿面前，死亡都没那么可怕了”。1918年4月，在对比利时南部的一次袭击过程中，德军前锋军突然停下了。一位军官解释了当时发生的事情：

> 虽然没有英国防守军阻挠进攻，但士兵却停止前进了。这让我们很惊讶。发生了什么事情呢？原来是士兵看到在敌人抛弃的战壕中储备有大量食物，纪律瞬间就溃散了。号令也没有人听从了。这些士兵几年来一直在挨饿，看到食物以后都无法抵挡诱惑。他们扑向了食物。战斗还在进行，他们却用刺刀打开了英国人的面包袋和美国人的罐头，狼吞虎咽起来，直到噎住才罢休。无论有什么请求，也无论有什么威胁，他们都充耳不闻，停止了战斗，只顾着像野兽一样猛吃……不，是像人一样，就像他们自己这样的悲惨的人。他们别无所求，只想再吃一顿饱饭，哪怕吃饱了之后马上死去也在所不惜。这些德国士兵已在雨中连续作战数周；即使饿得眼窝凹陷，他们也依然迎着密集扫射的机枪，蹚过地雷阵，面对猛烈的轰炸，奋不顾身、毫无怨言地前进。盟军的枪林弹雨都没能阻挡他们，但在白面包和腌牛肉罐头面前，他们却丧失了战斗的意志，瘫倒在地……

营养实验室的科学家信誓旦旦地说，几千年来，德国人吃得太多，也吃得不对。面包不一定必须用黑麦、小麦或其他谷物制成；其基本

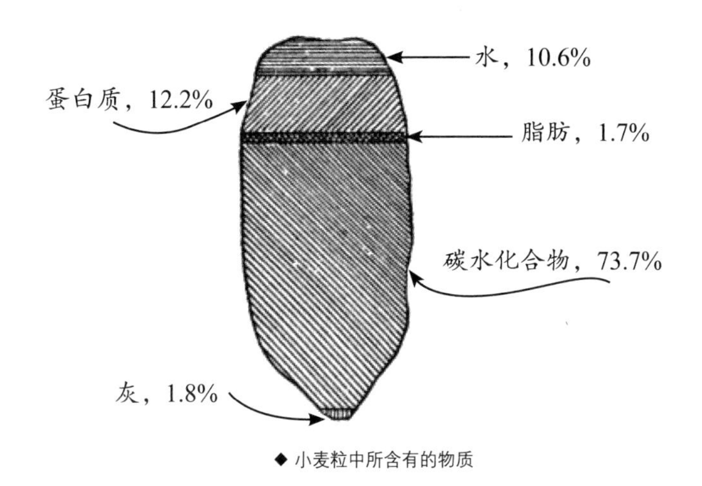

◆ 小麦粒中所含有的物质

成分也可以换成其他替代品，且不会对人体造成损害。然而这一研究结果并不能缓解德国人的饥饿。

之前我们读到过，在所有饥荒时期，人们都试图欺骗自己的胃。在中世纪，挨饿的人把所有能找到的东西都烤成了面包。但从来没人声称流沙地里野草的营养价值和燕麦一样，甚至比燕麦还高；也没有人宣称，麦秆“用科学方法处理”后，可以取代谷物里含有的蛋白质。这种极端行为留到了我们现在所谓的“科学时代”才出现。这是由于人们掌握了生物学和化学知识，能把谎言包装得更可信。1840 年，李比希听说伦敦的面包师巧妙地在面粉中掺假。为了让面粉看起来更白，他们还使用了一种以前人们都不知道的化学物质。这让他十分震惊。

自 1916 年起，德国人的处境日益悲惨。德国营养学家自然看在眼里。然而，他们却因为热爱国家而说了谎。他们鼓吹说，成年人每天只需 2000 卡路里和 60 克蛋白质。要达到这个标准还是很容易的。在必胜信念的鼓舞下，他们走上街头，深入树林和田野，到处寻找替代品。德国生理学家汉斯·弗里登塔尔严肃地建议用秸秆做面包；地理学家格雷布纳则建议用灯芯草做面包；图宾根大学药理学家雅各比想用冰岛苔藓烤面包；罗斯托克公认的权威人士罗伯特教授则尝试使用动物血液进行实验，研制面包的替代品。关于这场悲剧，著名的碾磨和小麦专家哈里·斯奈德这样说道：

> 无数人尝试用化学方法处理木屑和木浆，使其能够食用。他们希望，通过化学处理，纤维素可以转化为可消化的碳水化合物。一磅木屑在热量计中燃烧时，产生的卡路里与一磅小麦面粉相当。但木屑不能消化，也不能在人体或动物体内产生卡路里。仅有“惰性”卡路里，是不能形成食物的。卡路里必须可以消化、可以获取，而且来源于某种食品。

但谷物中最重要的食物成分——蛋白质，难道不能人工生产吗？好像是有一些合成手段和生物化学手段的。比如，众所周知，酵母菌可以利用氮盐与碳水化合物生产蛋白质。德国科学家希望应用这一技术，解决食物短缺问题。他们可以通过化学固氮，或化学固氮结合电化学过程转化空气中的氮，生成含氮化合物，再将这种含氮化合物加入酵母菌中，即可生产蛋白质。化学家德尔布吕克声称，他发现了一种方法，可以用 100 磅糖制造出一种蛋白质含量高达 50% 的食物。农业教授海杜克预言，“用这种蛋白质产品喂猪、喂牛，等等”，会有非常好的效果。这其中的“等等”，大概是指德国人。

发明者表示，这种食物的蛋白质含量是牛肉的三倍，而每磅成本仅为三美分。这是多么神奇！但对于这种神奇的食物，哈里·斯奈德的评价是：“所谓酵母生产的蛋白质，是一种拙劣的科学包装。散布这一消息，无疑是为了让别国化学家相信，德国化学家已经解决了食物短缺问题。”而实际上，酵母中的蛋白质含量从未超过 12%，也没有哪种已知的植物能产生 50% 的蛋白质……

德国营养学家捏造的化学配方是假的。而且，这构成了犯罪。因为早在 1916 年时，德国就败局已定。倘若民众知道配方是假的，他们原本无须奋战到 1918 年才缴械投降，从而能够避免惨重的伤亡。但实际情况是，德国人民的体质严重受损，并由此诱发了“战后歇斯底里症”，还追求过度补偿。正是这种心理状态促使希特勒登场，并引发第二次世界大战。

◇ 111 ◇

因为世界大战，全球的产粮国和粮食进口国面临着前所未有的局面。迄今为止，所有战争都是在国家之间进行的，洲际战争史无前例。七年战争，也就是我们所说的法印战争，算是一种世界大战；法国和英国也曾在几个大洲交战。但这些都是偶然事件。欧洲和美洲两个战区都相互独立，并不需要依赖对方进行粮食供应……然而，1914 年 8 月 4 日揭开了史上第一次“全球战争”的序幕。

的确，美国是中立的。但它作为小麦帝国，必须与交战双方打交道，因此很快就感受到了欧洲陷入大规模战争所导致的累积效应。超过 7000 万男性应召停止劳动生产，或是投身战争，或是生产毁灭性武器。妇女和儿童努力接替他们，生产食品和其他所需产品，但依然无法维持完全正常供应的水平。由于缺乏役畜和交通设施，化肥也无法正常供应，他们的劳作愈加艰难。

欧洲作物产量下降，就意味着对国外物资的需求增加。美国农作物从来没有像现在这样对欧洲如此重要。但是，交战各国绝不会让敌国享用美国的农作物。英国禁止小麦横渡公海，运至德国和奥地利。而德国甚至还派潜艇在毫无预警的情况下用鱼雷攻击中立国船只，同样也是希望迫使英法两国因国内饥荒而放弃战争。美国起初认为，协约国和德国的野蛮程度半斤八两。战争历来都发生在军队之间，不应牵涉平民。而现在欧洲各敌对国家已经开始玩弄卑鄙手段，进行封锁与反封锁作战，随之而来的问题打击了美国的出口贸易。所有美国人都无法理解这种不公。美国人一致而明确地认为，欧洲人必须得吃饭，而美国人必须把剩余的小麦卖给饥饿的欧洲人。

由于此前向交战各国运粮的常规路线已经陷入危险之中，新的路线必须开发出来。美国巧妙地开辟出了新的分支航线：将粮食运至中立国荷兰和西班牙以及一度保持中立的意大利……但还有一个缺口是美国可以利用的，这也是美国最大胆的举措之一：援助比利时。尽管美国迫切希望保持中立，但战争最初几周的新闻报道了比利时被占领，这一新闻还是在美国人中间产生了两种情绪：一种是坚定反对德国，另一种是下定决心不让比利时人民挨饿。就这样，美国国内发起了一场宣传运动，募集到巨额款项。从密苏里州最不起眼的农民，到在华尔街办公的金融家，都欣然倾囊相助。比利时银行家埃米尔·佛兰魁，以及赫伯特·克拉克·胡佛负责领导派发物资的活动。

胡佛是一位采矿工程师，主要致力于管理中国和澳大利亚的矿业企业。他精力充沛，也具备公认的优秀组织能力。然而，他才刚开始代表美国援助被占领的比利时，就遭到了英国政府的反对。英国人声称，他对农业问题只知皮毛，而且德国人在欺骗他。比利时怎么会发生饥荒呢？在战前，比利时一直能够轻轻松松自给自足。经安特卫普进口大量粮食其实是障眼法：它不过是进入法国和德国的进口港。比利时是不需要从美国进口粮食的。其国土面积中有 60% 以上进行了集约耕种，全国粮食产量在正常情况下可达 22.8 亿磅。由于在 735 万比利时人口中，有 80 万余人逃走或成为战俘，比利时的六口之家每天能得到 4 至 6 磅粮食。英国政府的反对者认为，在这样的状况下，比利时人是不会挨饿的。那么胡佛为什么任由自己受骗呢？或许是因为他了解德国人。他或许从一开始就意识到了，德国为了生存而战，并不会顾及海牙法规中遵守征服者必须养活被占领国家的规定。相反，德国人如果认为有必要解决粮食短缺问题，就会无情地掠夺比利时。美国人比英国人更早认识到了这一点。

此外，美国作为中立国，有权无视德国一方面允许美国为比利时供粮，另一方面又无情征用比利时全部收成的战术策略。美国不幸地陷入进退两难的处境。要不是美国通过这些迂回路线将小麦运至德国，德国人实际上可能在 1916 年秋末就会被迫退出战争（但此后，德国又征服了罗马尼亚，并借助该国的小麦储备重获生机）。美国于 1917 年参战，其中一个目的也是为了弥补自己犯下的“人道主义错误”。因为美国曾极尽所能，为交战双方提供生命的支柱——粮食。

一旦小麦帝国——美国表明立场，加入了协约国阵营，第一次世界大战的结局就已经注定。就是在 1917 年那个危机四伏的春天，美国宣战了；也正是在同年春天，俄罗斯帝国开始步履不稳，踉跄着退出竞技场，放弃了与德国敌人的战斗。面对这一战线上的缺口，美国不仅补充了大量军队，还供应了大量小麦。威尔逊总统交由胡佛负责主导的项目就是——“用小麦打赢战争”。150 年来，还没有美国人像胡佛一样被授予如此重大的权力。而他上任后做出的首次公开回应，就是立即要求他对外的称呼应当是食品管理局局长，而不是“食品大王”。他还是很了解本国同胞心理的。

如果弗兰克·诺里斯还活着，看到如今发生的情况，一定会瞠目结舌。粮食出口贸易竟然实现了国有化，也就是说由政府设立的“粮贸公司”来进行管理了。国家颁布了规定国内最高粮价的法令，禁止一切小麦市场上的投机活动。政府干预程度之深，是华盛顿总统或林肯总统无论如何也不会尝试的，这干涉了商人的自由。在正常时期，可以肯定的是，合理控制下的投机活动或许能够在规范的小麦销售活动中发挥其天然作用，为面粉厂厂主和粮商提供良好的市场环境，帮助他们防范买卖活动可能产生的损失，从而规避风险，提高利润。然而，由于战争引起需求增加，任何形式的投机都会对生产者和消费者构成威胁。因此，食品管理局有必要采取一切可能的措施，来消除投机行为。

根据美国经济学家弗兰克·M. 瑟菲斯的观点，美国参战时，协约国的粮食需求量理论上为近 6 亿蒲式耳。但这从俄国和罗马尼亚是无法获得的：俄国的庄稼被德皇威廉二世的军队夷平了，而罗马尼亚的收成也在德国掌控之下。德国大声宣布，美国没有资格帮助其盟友，因为德国 U 型潜艇每个月都在击沉运载大量粮食的粮船。

形势危急，且每况愈下。在这种情况下，为世界供应优质食品并非儿戏，需要经验丰富的有识之士加以领导。在 1917 年冬至 1918 年春，只要小麦的管控出现了任何差错，都有可能导致协约国战败。

早在 1916 年，饱受饥荒之苦又焦虑不安的欧洲中立国以及协约国就向美国粮商求购小麦，而且不惜任何代价。舱位严重不足，更是加剧了价格上涨。如果政府没有通过食品管理局进行管控，小麦价格将会飞涨；如果小麦出口价格没有得到遏制，美国国内的小麦价格也将上涨，从而造成投机行为，引发大范围的饥荒。如果没有政府对小麦实行管制，这一仗不可能打赢。

1917 年，胡佛的助手朱利叶斯·巴恩斯宣称："所有私人投机行为都已得到阻止……美国将用尽千方百计，将所有剩余小麦供应给协约国……美国将确保向面粉厂稳定、正常地供粮，用以生产面粉；我们也将对中立国的采购进行绝对控制。"这项计划得以成功实施，为协约国和中立国（包括塞尔维亚、波兰和捷克斯洛伐克流亡政府）供应了粮食。这段"世界大战谷物史"有朝一日一定要记录下来，对军事史进行补充。拿破仑曾说过："兵马未动，粮草先行。"军队在欧洲行军，但粮草却来自美国。尽管为其提供战争必备物资非常困难，但美国还是做到了。总有一天，历史会记录下这场"命悬麦秆"的胜利。意大利原本在1917年10月的卡波雷托战役中溃败后遭受重创，差点退出战争。幸好从美国获得了小麦，才得以继续留在协约国。战后，在美国取消了对谷物的垄断之后，食品管理局局长胡佛收到了一份意大利食品供应部部长阿托利科赠送的含义隽永的礼物。这是一枚那不勒斯博物馆馆藏古罗马硬币的复制品。硬币上刻有罗马谷物女神安诺纳，身边围绕着船只和麦穗。阿托利科要表达的观点很清楚：美国这一小麦帝国已经取代了罗马帝国，美国的馈赠拯救了拉丁文明的发祥地。

俄国的面包——1917 年

◇ 112 ◇

德皇威廉二世曾寄希望于用乌克兰的面包自救。但当俄国庄稼无人收割、德国人的烤炉也空无一物的时候，德国崩溃了，这位乌克兰田地的大领主也退位了。

尼古拉二世作为俄罗斯帝国末代沙皇，终其一生都认为，如果他想保住皇位，那他就要为农民阶级发声。对于他的统治，无论是资产阶级还是无产阶级、自由主义者还是社会主义者，人人都表现出了日益高涨的敌对情绪。在这样的氛围中，似乎只有农民没有与他为敌。农民是军队的主力。他们颇能忍耐，几个世纪以来，所受到的待遇都十分粗暴。1861 年，亚历山大二世“解放”了他们。农奴制虽然被废除了，但是他们依然使用落后的方式耕种土地，缺少农业机械，生活悲惨。一些关于学潮和工厂骚乱的文章也从城市传到了农村，但农民对此充满怀疑。有年轻人来到村里，向农民解释说，他们虽然拥有了自己的土地，但实际上并未得到真正的解放；还指出他们仍然是农民，又要纳税，又要服兵役，是他们维持着官僚机构和皇室的生活。然而农民却把这些闯进来的年轻人当成民粹派，对他们怨声载道，更有甚者会把他们绑起来交给当局。尼古拉二世就是凭借着农民的愚忠和单纯，才得以继续维持统治。

这位罗曼诺夫王朝的末代沙皇性格非常软弱。他曾在童年听过一首优美的童谣：

女王去的地方，
黑麦长得很茂密，
月亮经过的地方，
燕麦在欢笑。
生长吧，生长吧，
黑麦和燕麦——
祖祖辈辈都蓬勃生长。

在他的内心深处，他一直信任农民，就像他相信动物是自然的一部分一样。他会完全依赖农民。因此，他做了一件祖父和父亲从未做过的事：穿上了农民的衣衫。我们知道，衣装会影响人的精神状态。这位沙皇对他的乔装当真了，他认为自己是个没有时间耕地的农民，因为不幸的是，他还得治理国家。

尼古拉二世一生中从未接触过真正的农民。在农业展览会上接近他的农民代表团有些是经过精心挑选的，有些其实是绅士假扮的。不过他对这些并不知情，他只知道农民不恨他。可农民不恨他，绝不是因为农民爱戴他。真正的农民留着大把络腮胡，脸像树皮一样粗糙；尼古拉二世对他们满怀深情，可他们却不会那么强烈地热爱沙皇。

俄国农民承受着无穷的痛苦，仅靠财产再分配是根本无法改变的。农民的确拥有了一块土地，或者更准确地说，是所有村民共同拥有了一块土地。农村实行共产主义制度，由村社管理公地。但村社既不掌管资金也没有牲畜，所以只能向贵族借来之后才能耕地。又由于农民永远也没有能力还钱，在农奴制废除几年之后，俄国的情况即使不是在法律层面，至少也在经济层面等同于农奴制。农夫或牲畜干不完的活，都强加给了农妇。从高尔基、涅克拉索夫[①]等许多作家的作品中，我们能够看到，没有任何国家妇女的处境像当时的俄国那样悲惨。

到了 1900 年，西欧在 9 世纪至 14 世纪所经历的那种长期饥荒在俄国依然是家常便饭。美国多个委员会都好奇俄国人是如何维生的。苏联驻美国大使诺维科夫曾这样描写俄国农村："如果英国人吃俄国农民的食物，只要一星期就会死去。"像水一样稀薄的汤里只有酸菜叶，稍微掺了点牛奶，再加上小米粥或荞麦片，还有发酸的黑面包、几个土豆、夏秋腌的酸菜。这，就是俄国农民的食谱。奇怪的是，诺维科夫并不认为这些食物太酸了，他觉得也许俄国人如果不吃酸的，就会死于坏血病。

在这个农业大国，人人挨饿，可这里的部分省份却有世界上最肥沃的土壤——黑土。黑土地产出了大量小麦和黑麦，但只用于出口。如果不是因为缺少港口和铁路而受限，出口量还会更大。

自从尼古拉二世意识到美国的强大完全归功于铁路，他就梦想着建成西伯利亚铁路。虽然西伯利亚对他而言一文不值，但贸易干线将穿过西伯利亚的森林、荒野和冻原，将物资运送出去，再把黄金运回到帝国的腹地。只要能把粮食从欧洲的省份迅速运往东亚销售，财富就触手可及。但要实现这一切，铁路就必须延伸到太平洋。自 1893 年起，铁路建设进展惊人。一些逃离了欧洲饥荒来到西伯利亚捕猎、伐

① 涅克拉索夫，全名尼古拉·阿列克塞耶维奇·涅克拉索夫（Nikolai Alekseevich Nekrasov，1821—1878），俄国诗人。涅克拉索夫的诗歌紧密结合俄国的解放运动，充满爱国精神和公民责任感，许多诗篇忠实描绘了贫苦下层人民和俄罗斯农民的生活和情感，同时以平易口语化的语言开创了"平民百姓"的诗风，他被称为"人民诗人"，他的创作对俄罗斯诗歌以及苏联诗歌都产生了重大影响。

木的俄国农民在此时收到了政府颁发的赦免书，令他们极为震惊。政府大方承诺将赐予他们土地和金钱，前提是他们要大力耕种荒芜的西伯利亚土地，从而养活铁路工人。除此之外，政府并没有构想其他宏大的计划；西伯利亚看起来基本不可能有朝一日成为谷物之乡。俄国政府只是想稍加耕种，只要收成足以加快铁路建设就行。根据美国的先例，一旦铁路修建完成，俄国就会富有。然而西伯利亚是一片完全没有开垦的荒地，没有专家帮助排干沼泽，人们连最简单的土壤改良方法都没有掌握。最重要的是，这里没有任何农具或机械。如何在这种情况下种植庄稼，这是沙皇政权的秘密，也是一出悲喜剧。

铁路最终修到了远东地区，却没有迎来俄国农产品的客户，反而激发了日本人的仇恨。俄国向太平洋扩张，没有获得黄金作为回报，却付出了鲜血的代价，还导致在 1904 年的日俄战争中败北。

虽然农民在这场战争中损失惨重，但他们没有为了复仇而参与 1905 年的俄国革命。这是一场工人和中产阶级的革命。很显然，面对防不胜防的诡雷和暗杀狙击，尼古拉二世还是只能向农民阶级和教会寻求庇护。而这两个阶层的实力都必须加以巩固。于是，教会得到了大笔捐赠，改革农民处境的计划也首次得到了审慎的考虑。首相斯托雷平[1]让尼古拉二世相信，只有农民富裕了，才能阻止革命再次爆发。就像在西欧地区一样，对于本质上较为保守的农民，必须为其在温和的资本主义制度下提供一定的利益，使其能够自主改善生活水平。要不是天性保守，他们肯定会积极参与近期知识分子与工人的革命。但即便如此，还是有些农民在一定程度上参与了革命。为了防止更多农民倒戈，必须使他们摆脱大地主的控制。国有农民银行可以贷款给农民，因为如果不采取此类措施，他们永远也无法获得独立。为了削弱

① 斯托雷平，全名彼得·斯托雷平（Pyotr Stolypin，1862—1911），沙俄首相，在任期内实行重要的土地改革。

地主，国家必须购买土地分给农民，但不能分给村社。因为斯托雷平确信，村社是阻碍进步的第二大敌人。

1906年，尽管王室贵族全力抵制，改革还是开始了。五年来，俄国农业产量大幅增加。报纸已经开始称颂斯托雷平，称他为“俄国的梭伦”。然而1911年9月4日，在基辅剧院里，他就在沙皇面前遭到了射杀。杀死他的是社会革命党人，他们因为斯托雷平反对议会，支持独裁统治，要和他算清这笔账。

农民打扮的尼古拉二世经常认为，斯托雷平的所作所为不会得到上帝的祝福。在他眼中，农民就像是虔诚的孩童，让他们变成大人或许会让他们骚动不安。他觉得，农民就像土地一样永恒，他们自身能够产生一种神秘的力量，战胜所有邪恶，尤其是邪恶的革命。只要农民信仰上帝和沙皇，他们还有什么奢求？

接下来，尼古拉二世遇到了一个命中注定的人。这个人证实了他原来的预感：农民只有被夺去了愚钝被迫接受改革时，才会感受不到幸福。农民是“土地的修士”，他们能够在土地上劳动，进行事奉，本身就是奖赏。

此时的俄国社会，早已做好了迎接“特派大骗子”的准备。在陀思妥耶夫斯基的伟大小说《卡拉马佐夫兄弟》中，主人公德米特里·卡拉马佐夫是一位粗鲁、智慧而充满热情的人，农业所创造的奇迹令他赞叹不已。席勒描写厄琉息斯的诗句让他着迷。他啜泣着引用了席勒的诗句：

人要把自己的灵魂
从卑污中拯救出来，
必须与古老的大地母亲

永远结合在一起。[1]

但他突然停止了朗诵，因为他是个军官，是城里人。他认真地问自己："但是问题在于，我怎么才能和大地永远结合？……莫非要我去当农夫或牧人不成？"[2] 这两者他都做不到。

就在这样的社会中，一位像卡廖斯特罗[3]一样的大骗子降临了。他混入了领导阶级，假装与大地母亲结合在一起。

这个人就是格里戈雷·拉斯普京。他把农民和修士这两个角色扮演到了极致。但实际上，他既不是农民也不是修士，而是一位伟大的催眠师，驱使他的是他对权力与享乐的无限渴望。这位出身贫寒的"俄国德墨忒尔祭司"给议会及圣彼得堡的沙龙带来了一股掺了香水的粪肥气味，还引入了神秘的斯拉夫教会重要词汇——chljebu（面包和土地）。他满脸胡须、面色苍白，像动物一样充满活力，看上去像是古代的农业之神。拉斯普京情欲旺盛，他要求土地多产、情妇多生，并强迫反对派承认他穿的农民衣衫与靴子中蕴含强大力量。没过多久，王宫中的自由党人就陷入了沉默。军队相信拉斯普京有魔力，能与上帝沟通，为俄国求情。他能增加土地的收成，也能让沙皇的子民不再血流成河，就像两千年前耶稣为一位妇女止血一样。然而，这一切都只是闹剧。无论周围如何热烈喧闹，这位假扮的农民始终保持淡漠。1917 年"一战"期间，他演完了生命中的最后一幕戏：一群大臣在西方协约国同盟面前羞愧难耐，将他射杀。

拉斯普京死去了。他曾预言在他死后，沙皇也命不久矣，果然一

---

① 译文摘自陀思妥耶夫斯基：《卡拉马佐夫兄弟》，荣如德译，上海：上海译文出版社 2004 年版：第 122 页。

② 同上。

③ 卡廖斯特罗，即亚历山德·罗迪·卡廖斯特罗伯爵（Count Alessandro di Cagliostro，1743—1795），意大利江湖骗子，魔术师兼冒险家，在欧洲各地卖假药，在各大城市算命行骗，最后被判无期徒刑。

语成谶。几个月后，这另一位“假农民”也遭到废黜，并于一年后被杀。人们对他们的记忆也逐渐消失在了俄国革命的浪潮中。这场革命的主力军并非农民，而是工人。直到 1917 年 11 月 7 日，随着敌人在斗争中节节败退，工人颁布法令，规定土地为人民的财产，它才演变为一场农民的革命。农民响应号召，在各地成立农村苏维埃，没收教会、皇室、大地主和贵族的土地，接管所有生产资料。

布尔什维克在几周内就赢得了军队和城市居民的支持，却没有时间去给农民把脉。如果他们这样做了，就会意识到农民只是摇摆不定的同盟。对农民颁布的法令语焉不详，恰恰拯救了革命。法令写道，所有没收的财产都将成为人民财富的一部分。但是人民的财富又属于谁呢？是属于所有人，还是属于国家？最重要的是，由谁来管理呢？

在这个问题中，潜伏着血腥的内战。不过它暂且仍在幕后沉睡，尚未爆发。就在 11 月 7 日那一天，农民得到了土地，这是他们的父亲和兄长从来都不敢奢求的；而他们也因此加入了革命。但大多数农民甚至到现在还不知道，他们得到的到底是什么。是在农村实行国家社会主义吗？可这实践到底是怎样的，农民还完全没有概念。在 11 月接下来的几周，他们蜂拥至贵族的领地纵火、劫掠，开始了盛大的狂欢；不是把城堡烧成灰烬，就是大肆掠夺，甚至把门窗都搬走了。这种行为背后，是农民本能的愿望：“要让敌人永远不能东山再起。”因为农民天真地认为，他们的敌人就像在中世纪一样，藏身于高高的城墙之后、屋宅之内。但他们并不知道，土地资本主义已经成为一种无形的存在，隐藏在银行金库的文件里。他们很快意识到，城里人是会读书写字的！而且仍然不希望他们过得好。因为每当他们结束掠夺之旅愉快地归来时，常常就会出现一大群戴着军帽的武装工人，拿走那些漂亮的挂毯、瓷器和葡萄酒，还对农民说，这些物品不属于他们，而是属于国家。

◇ 113 ◇

1917年11月之前，农民做梦都不敢想象，他们会除掉这么多宿敌，却又树立了许多新敌人。神圣的俄国怎么了？通过托尔斯泰的不朽名著——《复活》，我们得以一览俄国农民的性格。书中的聂赫留朵夫王子沉醉于英国的思想理念，希望结束自己不光彩的生活状态。于是他前往自己的庄园，宣布将放弃地产。也就是说，他会以极低的价格把土地租给佃农，或者说是相当于送给佃农。

> 聂赫留朵夫走到了聚在一起的农民跟前。他们纷纷摘下帽子，露出了金发、卷发、光头，还有花白头发的脑袋，向他行礼。这让他一时非常尴尬，很长时间都没说一句话。雨一直下着，落在农民的胡子上，还有粗布外套上。他们呆呆地望着地主老爷，等着他讲话。可聂赫留朵夫太迷茫了，说不出话来。管家打破了令人尴尬的沉默。这个德国佬营养过剩，身材肥胖，就因为俄语说得好，他就觉得自己是俄国农民的权威。
>
> “大人想为你们做件好事，他想把土地交给你们。”
>
> 农民们迷惑地看看彼此。
>
> “就像他说的，我把你们叫到一起，是因为我想把所有的土地分给你们。”聂赫留朵夫终于踌躇地开口了。
>
> 农民陷入了沉默。他们看着聂赫留朵夫，不能理解他在说什么，也并不相信。[1]

几个思维迟钝、小心谨慎的农民问聂赫留朵夫“分”是什么意思。

① 译文摘自列夫·托尔斯泰：《复活》，安东、南风译，上海：上海译文出版社2010年版。

他们觉得这件事本身好像没什么问题，但是……聂赫留朵夫解释道，他之后会确定好土地的价格和付款日期。总体框架确定好了，可农民开始起疑，感到困惑。这是怎么一回事？他打算帮助他们？为什么呢？天下可没有免费的午餐。托尔斯泰写道："聂赫留朵夫本以为农民会兴高采烈地接受他的建议。但是，在这群农民中间，他看不到一丝喜悦。"农民立刻开始争论，新的土地到底应该由村社接管，还是由一些个人接管；有些人支持村社，有些人则希望把能力差的、付不起租金的农民都排除在外，不让他们享受租种土地的特权。就像托尔斯泰所说："农民们感到不满，聂赫留朵夫也失望而归。"这一古老的罪行，这一延续了数千年的罪行，仅凭聂赫留朵夫的举动是无法救赎和弥补的。托尔斯泰是这么认为的，他也将这一观点交由读者评判。毕竟，这一举动都没有激起农民的热情和兴趣。

但又过了一代人的时间，在"复仇的狂欢"开始之后，农民主动采取了行动。坏地主血流成河，好地主也跟着遭殃。而这些托尔斯泰笔下曾经怀着"可笑的弱者心理"拒绝了馈赠的农民，如今却突然获得了俄国贵族遗留的大量土地和粮食，仿佛从天而降一般。根据11月颁布的《土地法令》，他们有权进行土地社会化运动。于是他们立刻开始砍伐森林，把木材搬进厨房烧火，因为俄国还在与德国交战，而且俄国没有煤炭。此外，他们还想耕种土地，春种秋收，以此为生。然后，他们了解到，城里人所说的社会主义概念和他们的截然不同。城里的工人不种粮食，却想吃粮食。农民心怀友善："那样的话，就让他们花钱买吧。"但工业处于停滞状态，工人没有钱。农民又想："我们才不在乎呢。我们不需要工业；我们有羊皮，有树皮，可以自己做鞋子。"如果对农民放任自流，城市就会挨饿。

罗莎·卢森堡[1]写道："平等分配土地与社会主义是两回事。"但是，如果把统治权交给需要面包却又付不起钱的工人的话，那些以前为沙皇和贵族劳作的农民，现在还要无偿劳作，来养活城里人……这哪里还有什么和平的解决方案呢？革命受到了威胁！只有一件事是确定的：沙皇和贵族不会东山再起，因为他们已经被剥夺了权力的基础，即土地所有权。不过，其他的一切都还在不断变化。

城乡冲突由来已久，但从未如此激烈。就像在1798年，瑞士农民宁愿把种子撒进河里、把犁砸碎，也不愿为法国革命军提供食物一样，现在俄国农民也是如此。在许多地区，农民宁愿把所有耕牛全都宰了吃掉，也不愿继续耕种土地，养活城里人。他们通过这样轻蔑的举动向人民委员证明，自己没有工具耕地。这让农民的内心充斥着自我毁灭带来的虚无快感，如果他们能和邪恶的城里人同归于尽，哪怕死了也是好事。

可在这场战争中，农民注定要在一些较量中落败。因为城里的工人虽然饥肠辘辘，但他们的武器更先进，组织水平也更高。然而，经过了三年的战争之后，城里人意识到，如果农村的田地完全荒废，新生的俄国也无法维持生计。于是，政府在政治上、经济上对农民做出了惊人的让步：1921年3月21日，国家放弃了对谷物的垄断，用粮食税代替了余粮收集制。农民只需向国家交纳一定的粮食税，超过税额的余粮完全归个人所有，可以自由出售。

在这一政策的刺激下，农产品产量再次增长，城乡居民都不再挨饿。列宁的继任者斯大林决心把俄国从农业国家转变为工业国，如果有可能的话，还要成为世界上最强大的工业国。斯大林努力发展工业，让广大城市工人重新感到了自豪，同时也让农村大众过度的自我意识

---

① 罗莎·卢森堡（Rosa Luxemburg，1871—1919），杰出的马克思主义思想家、理论家、革命家，第二国际左派的重要代表人物，德国共产党的建立者之一，被列宁誉为"革命之鹰"。

有所消退。

1928 年，共产党人宣布结束土地私有制。农民加入了集体农场。1938 年时，俄国有 24.3 万个国营集体农场，这是由 3900 万农民各自的小农庄合并而成的。

1943 年，《生活》杂志写道：“通过建立大型集体农场，俄国得以使用农业机械，使农业产量在 1913 至 1937 年间翻了一番。这又为工业释放了上百万劳动力，致使苏联的农业人口占比不再维持在 77% 的高位。”就这样，俄国的农业人口向工业化城市迁移，其规模之大史无前例。

俄国农民对此作何感想？1930 年，作者曾向伟大的俄国教育家 A. W. 卢那察尔斯基提出了这个问题。他低头沉思了一会儿，答道：“我们不能只考虑个人幸福。这件事是必须要做的。”

农民虽然付出了很大代价，但另一方面，他们也很幸福。相反，由于工业化就代表机械化，农业也得到了机械化发展。在古希腊传说中，锻造之神赫淮斯托斯想给德墨忒尔送一份礼物，就用锤子打造了一把镰刀。中世纪的城镇工匠都高傲自大、好逸恶劳，曾拒绝拯救破败的犁。而这一次，“城里的工人同志”来拯救农民了。苏维埃政府给集体农场送来了机器。截至 1932 年，近 20 万台机引犁在开垦古老的俄国大地。农民与工人和解了，他们一夜之间成了机械师，坐在驾驶座上开怀大笑……他们不再像托尔斯泰笔下的农民一样在被赠予土地时报以倔强、羞赧的微笑，而是展现出了新的笑容。

植物学家如何改变地图

◇ 114 ◇

俄国的匮乏问题，从来都不仅仅局限于机械化领域，比如机械犁和铁路。俄国最大的问题是气候问题。几千年来，俄国只能在土壤温度适宜、不至于冻死种子的地方种点黑麦，而小麦当然只能种在乌克兰和克里米亚拥有黑土地的省份，享受地中海气候的温柔轻抚。小麦诞生于埃及的土壤，需要在地中海气候下才能存活……1896 年在圣彼得堡的一场会议上，有人问俄国交通部长希尔科夫公爵有没有可能在西伯利亚种植农作物时，他耸了耸肩答道："西伯利亚种出的小麦和黑麦从来都没能养活西伯利亚人，以后也绝不可能。"

如果俄国人确实想要扩大可耕地面积，仅靠铁路和机械犁是不够的。气候条件必须得到改善。而这显然是不可能的。加拿大很快也遇到了这个问题。那里气候寒冷，似乎只有四分之一的国土适合发展农业。可以说在加拿大，有任何作物能生长出来，都是意外惊喜，是特例。1897 年，小麦专家威廉·克鲁克斯爵士曾对此这样描述：

> 冬季时，冻土深度极深。小麦播种往往是在春天，一般是4月份，那时地下3英寸以内的土壤已经解冻。这里夏季很短，在烈日的照射下，谷物出芽的速度出奇地快，部分原因是根部从解冻的土层中吸收了水分。同时还是由于夏天太短，冻土无法完全解冻。到了秋天，我们可以看到，从土里拔出的门柱或其他枯木的底部还是处于冰冻状态。

这种自然灌溉的有利条件并不是年年都有。加拿大似乎也没有在将来成为小麦种植大国的希望。克鲁克斯认为，在接下来的12年里，加拿大种植的小麦都不会超过600万英亩。

那么，加拿大怎么会有胆量和加州竞争？毕竟，加州可是拥有伊甸园一般的平原。尽管如此，加拿大还是冒险一搏。1901年，艾伯塔省、萨斯喀彻温省、曼尼托巴省这三个产粮省种植的小麦还不到700万英亩；20年后，其种植面积就增加到了约7500万英亩，而且全国的小麦生产总量达到了2.5亿蒲式耳，创下了历史纪录。如山一般的小麦运往温尼伯，甚至造成1910年时，铁路曾因不堪重负而瘫痪了，小麦在铁轨旁散落一地，直到腐烂。加拿大这样一个基于充分理由而从来无法成为小麦种植大国的国家，如今却能够进行高度集约种植，肯定不只是因为加拿大猎人从美国带来了“所向披靡的犁头”。这其中还有一个我们不知道的原因。是气候吗？

不，人类并没有改变气候。气候取决于天意。你是出生在南北回归线之间，还是赤道地区，又或是北极圈以北呢？地球上的五大气候决定着你的思想、行为、饮食和风俗，以及你所在国家的人口、政治、经济和首都的选址。可以说，气候决定着一切。如果你所在国家的首都在地理位置上不符合气候最优的原则，如果其位置太靠南或太靠北，那就一定要将选址推翻，另选他地。马德里早就把经济层面的统治权让给了巴塞罗那，因为马德里没有适宜“耕作的气候”；而米兰也比罗马的地位更重要。真正所向披靡的其实是气候，人们无条件服从它的决定。

六千年来，气候把小麦发配到了亚热带或温带地区。再往北，它会冻死；再靠近赤道，它会热死。这就是定律。但如果这条定律是颠扑不破的，为什么1900年后小麦可以生长在加拿大，而且又过了几十年，西伯利亚也种了小麦？小麦为什么没有冻死？

因为一个新的群体登场了。他们绝不会让小麦冻死。这个新的群体在一百年前还尚不存在。如今到了需要他们的时候，他们就出现了。他们有点类似于以前的“植物学家”，大都十分安静，戴着眼镜，投身于一项毫无实用性的事业——为自己最喜爱的植物进行分类……而现在，一夜之间，他们突然在实践层面具有了重大意义。小麦帝国使工程师富裕起来，许多小农却陷入贫困。这个帝国创造了铁路大王、机械犁巨头和股市大亨，也创造了小麦实验人员，或者说是小麦育种家。他们结合植物学、数学和遗传规律，取得了惊人的成果。

◇ 115 ◇

在18世纪，柏林的普鲁士科学院提出了一个问题：“植物世界存在杂交吗？”这个问题愚蠢至极，因为每个园丁都知道杂交是存在的。而且正是在18世纪，人们非常喜欢欣赏各种华丽繁复的水果杂交品种，还有五颜六色的观赏灌木……成千上万人指着它们哧哧地笑，但没人知道，杂交并不是在混乱之中诞生的，而是遵循了最为严格的定律。

发现这些定律的人是格雷戈尔·孟德尔。他是捷克摩拉维亚省首府布尔诺的一个神父，祖辈是长期定居于此的德国农民。19世纪中叶，德国、奥地利和捷克移民涌入美国的田地，顽强地与旱灾、蝗灾、暴风雪、旋风和风滚草进行抗争，努力打败孤独的生活时，这些先驱并不知道，在他们离开的故国土地上，有个贫农的神父儿子正在进行植物遗传实验。而他的发现将会帮助这些先驱的子孙致富。

发现遗传定律的是一个神父，这是偶然吗？在原始时代，神父不必辛苦劳作，所以能很好地观察万物的生长。神父曾为独自耕种菜园的妇女提供帮助和建议；向健忘的妇女解释季节的轮回，告诉她们什么时候适宜播种，并讲解太阳和雨水的作用；还为她们提供产量更高的优质种子，并把劣质种子销毁。他们的优质种子是哪里来的？这是神父在焦虑不安之中守护着的秘密，因为他们不仅改良种子，还会买卖种子。

而孟德尔在 1860 年开始改良作物种子，并不是为了做买卖。他完全是为了取悦上帝，服务于科学。2 月的一个晴朗的寒夜，孟德尔来到布吕恩实科中学，参加了一场社会科学俱乐部举行的小型会议。会议每两周在这里举行一次。孟德尔是俱乐部成员；他以业余植物学家的身份在会议上发言，介绍了多年来在修道院花园进行植物杂交的情况。他的发言只围绕一个主题：即豌豆杂交，以及由于杂交而产生的关系。这对俱乐部成员来说没有多少吸引力。但这些中学教授和药剂师并没有意识到，他们见证了一门新的科学——遗传学的诞生。

整场演讲不仅枯燥无味，而且就植物学主题而言，孟德尔使用的术语也非常古怪。他的发言主要是数据。经过成百上千的豌豆杂交实验之后，他现在把大量实验数据全部灌输给了听众。他一一数出雄蕊、雌蕊、花瓣和萼片的数量，进行了一番乘除计算。然而，计算结果好像不过就是豌豆，越来越多的豌豆。数学教授都不明白在植物学中进行数据统计和概率计算有什么用处，植物学家就更加疑惑了。两周前，有一场演讲介绍了“物种多样性”，还提到了达尔文，引发了听众热烈的掌声。达尔文开辟了这一思想领域，迈出了多么大胆的一步！从中能看到大自然仿佛童心未泯一般的神奇造化，还能看到生物为了生存而不断适应；生命，就像奥维德[1]的作品中所描述的那样，为了逃避死亡，始终都在变化……事实上，孟德尔的伟大之处并不亚于达尔文。可孟德尔的听众没有意识到，他所讲的是物种的恒定性，也就是所有生物不可磨灭的遗传特征。所有生物都有自身的遗传特征。

孟德尔开始做实验时运气很好，他认识到远缘杂交毫无意义，因为这些植物在上千种性状上都存在差异。这样的杂交显然缺乏规律，会造成混乱的结果，令他无法控制。因此，孟德尔做实验选取的是亲本豌豆，其亲缘关系密切，只有一个性状存在差别，即花瓣的颜色是红色还是白色。红花和白花杂交后繁殖的第一代是粉花；通过同系交配，第二代后代有四分之一是红花，四分之一是白花，二分之一是粉花。只需通过简单的乘法计算，就能得出所有可能的组合比例。很快他就发现，在他进行杂交的部分豌豆中，有一种性状的遗传更为有力，他称之为“显性”性状。这种显性性状抑制了另一种性状，也就是“隐性”性状。但后来，他又有了全新发现：经过对第一代豌豆的子一代和子二代进行持续繁殖，隐性性状按照严格的数学规律再次出现了。

因此，“遗传定律”是存在的。1897 年，弗朗西斯·高尔顿[2]在孟德尔之后证明了这一点。根据这一定律，父母分别为孩子贡献二分之一遗传特征，祖父辈四人分别贡献四分之一，曾祖父辈八人分别贡献八分之一。因此，所有先人对个体遗传性状的贡献可以用 $\frac{1}{2}+\frac{1}{4}+\frac{1}{8}+\cdots+(\frac{1}{2})n$ 的数列来表示。这听起来完全是复杂的数学公式，但它具有巨大的潜在实用价值。如果遗传不存在偶然，那就可以通过

---

① 奥维德（Publius Ovidius Naso，前 43—约 17）。古罗马诗人，与马贺拉斯、卡图卢斯和维吉尔齐名。代表作《变形记》、《爱的艺术》和《爱情三论》。

② 弗朗西斯·高尔顿（Francis Galton，1822—1911），英国科学家。他从遗传的角度研究个别差异形成的原因，把定量化的分析方法引入遗传研究中，开创了优生学。

杂交来改变遗传特征，从而繁殖出人们需要的、喜欢的品种。

可孟德尔学说的这一重大实用价值却无人理解。他这篇论文发表在小小的地方学会刊物上，实际上为农民未来致富奠定了基础，也能使全球的粮食更加充裕，最终却只能在图书馆蒙尘。没有大学邀请他任教，也没有研究院邀请他做通讯院士。他唯一取得的成就是被修道院教友推选为院长，这对文静的孟德尔产生了重大影响。他自身的行为完美地证明了孟德尔定律：无论经过多少世纪，所有遗传特征都不会消失。孟德尔素来谦逊随和，可他访问罗马，面见教皇后不久，就卷入与世俗政府的争端：他拒绝向奥地利缴纳修道院税。他身上显现出了始终流淌在血液中的遗传特征，他继承了父辈农民的固执，还有神父面对世俗权威的傲骨。就在这一时期，有人给这位谦逊的小修道院院长画了一幅肖像，在他的旁边还画了主教的曲柄杖和教皇的冕冠。他高估了他的时代，他的失败也证明了这一点（因为修道院最终还是被迫交了税），但他一直秉承着祖祖辈辈遗留下来的精神。

◇ 116 ◇

直到 1900 年，孟德尔的无价学说才得到认可。但在瑞典遗传学家尼尔松 – 埃勒发现孟德尔定律在小麦杂交中得到证实之时，全世界都开始为这位谦逊的遗传学之父撰写悼文、树立丰碑。因为突然之间，就连门外汉都意识到了这一发现的经济价值。由于气候原因，在尼尔松 – 埃勒的家乡瑞典，小麦的长势一直不好。人们曾努力培育穗粒数高的小麦品种，但它无法在寒冬存活；后来，人们又种植了一种耐寒的小麦，虽然存活了下来，但穗粒数又很低。于是，尼尔松 – 埃勒又重新回到孟德尔的实验方法，将这两个品种进行杂交，最终就像变魔术一样形成了既耐寒又高产的杂交品种。如今，瑞典再也不需要进口小麦了。小麦种子就像长着毛皮的动物一样能安然过冬。植物学家战胜了不利的气候条件。

在孟德尔时代之前，人们种粮时只考虑要选择“肥沃的土壤”，但从未考虑过要用优质的种子。当然，种子肯定得是健康的、能够发芽的。但其他特性呢？人们如何能看透种子？两颗谷粒看起来完全相同，怎么才能知道哪颗会结出特别丰硕的谷穗，哪颗始终不产粮呢？有的茎秆十分耐寒，有的却会倒伏、枯死。这难道并不是巧合吗？

事实上，人类总是很走运。那些善于观察的农民偶尔会有一些发现，然后代代相传。幸运的巧合就曾经发生在苏格兰农民法伊夫的身上。1842年，法伊夫得到了一些俄国红皮小麦。他不知道这些小麦是冬小麦，就在春天种了下去，于是小麦还没长成就全部枯死了。只有一棵存活了下来，成为后来硬质小麦家族的祖先……从这个故事中，我们可以看到巧合在发挥作用。因为六千年来，农业世界一直在祈祷能遇上巧合，出现新的物种。世界各地的人们虔诚地将这些巧合归功于伊西斯、德墨忒尔和耶稣的恩赐。但一粒种子究竟能够繁殖上千株后代，还是会在收割前枯死，依然要碰运气。

加州“植物奇才”卢瑟·伯班克写道：“拿起两根麦穗，你能说它们一模一样吗？再仔细看看。这一根谷粒多些，另一根少些。这几颗谷粒是畸形的，或者可能是干瘪的。有的植株很高，有的比较矮，还有的特别矮。”这是怎么回事？或者，更确切地说，在过去几千年里，为什么麦田里的每棵小麦既有可能会碰巧结出麦粒，也有可能会碰巧颗粒无收？这是因为在孟德尔之前，人们并不知道，通过结合植物学和数学知识，能够让一颗种子的子子孙孙产生理想的性状。希罗多德曾告诉波斯农民，说他们的农田能结出“六百倍”的收成，也许他们通晓一些遗传学知识。但如果是这样的话，这些知识在古希腊人征服波斯的时候就应该失传了。因为从来没有古希腊罗马人尝试通过繁育谷物来培育新品种。

只有在孟德尔指明方向后，人们才能做到这一点。而一旦可以做到这一点了，小麦帝国就胜券在握了。南方作物高产、茂盛，能结出大量种子；北方作物则强壮、耐寒、低产。直到世纪之交，在加拿大和西伯利亚，人们还几乎无法种植任何小麦品种，即使两地都有沃土，小麦还是枯死了。真实的原因是：一万年来，小麦种子都无法适应严寒酷暑。但如今，加拿大人查尔斯·桑德斯通过杂交培育了“侯爵小麦”。这个神奇的品种是优质品种杂交产生的后代，既像北方小麦一样强壮、耐寒，又像南方小麦一样高产，三个月就能成熟。现在，萨斯喀彻温省、艾伯塔省、马尼托巴省一下子变成了小麦的海洋。小麦像一团黄色的火焰，从大西洋射向了太平洋。加拿大不久前还是伐木工、毛皮猎人和渔民的天下，几年内就得以旧貌换新颜。这一切都要归功于布尔诺那位性格倔强的神父孟德尔。他坚持自己的主张，认为人们希望的植物特性是可以在代际进行传递的。

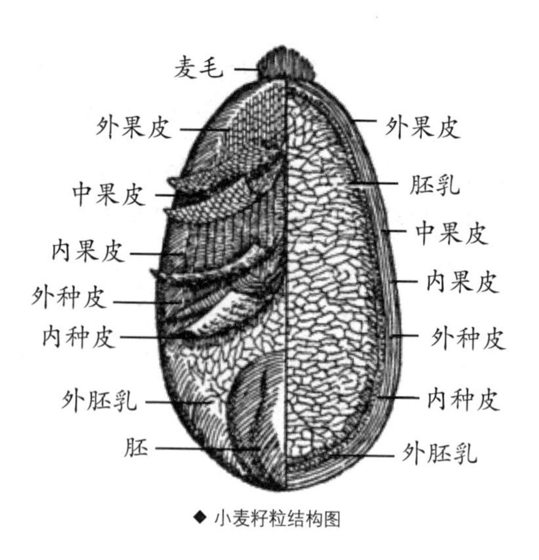

◆ 小麦籽粒结构图

还有些人发现了能抵抗疾病、锈病、微生物和虫害的小麦品种。1770 年前后，新英格兰农民不得不彻底放弃他们种的小麦，因为刺蘖灌木丛长得离麦田太近了。农民隐约怀疑刺蘖会传播小麦锈病。但事实证明，要消灭所有刺蘖是不可能的；最终是新科学战胜了小麦锈病，这都要归功于一群“饥饿斗士”。他们不断地往返于田间地头和实验室，进行观察和研究。他们就是查尔斯·桑德斯、威廉·桑德斯、安格斯·麦凯、马克·卡尔顿、乔治·H. 沙尔、威廉·比尔。美国副总统亨利·阿加德·华莱士也在其中。其他人繁育的是高产的小麦，而他们经过无数次实验，培育了高产的玉米品种，实现了“更小农田，更高产量”。因为比起农田的面积，粮食产量更加重要。

◇ 117 ◇

美国微生物学家保罗·德克吕夫曾写道：“凭借聪明才智，立志帮助全人类战胜饥饿的人却注定默默无闻地死去。”不过这句话只适用于古代传播谷物的人，并不适用于今天。因为每个实验室都会将研究结果刊登在报纸上；今天很少有人会注定在默默无闻中死去。比如，在同时代的人看来，“北极小麦”的培育者特罗菲姆·李森科[①]与曾经为基督教和沙皇征服了西伯利亚的人一样伟大，因为他开辟了广阔的冰原，使其适于种植小麦。

在很长一段时间里，苏联最伟大的小麦权威人士一直是全苏作物栽培研究所所长——瓦维洛夫。之前我提到过，这位植物地理学家发现了孕育小麦的摇篮。他提出的一条原则是，某种植物品种数量密度最大的地方即为该物种起源地。根据这一原则，他带着大批助手在非

① 特罗菲姆·李森科（Trofim Lysenko，1898—1976），苏联生物学家、农学家。

洲和亚洲开展工作，进行了全面考察。他推测在石器时代，原始农耕者由于土壤肥力枯竭而被迫迁移时，也带走了谷物。但谷物却无法在新环境中茁壮成长。因此，人们离开家乡越远，丢弃的品种就越多。经过耐心地计算、筛选，以及在两个大洲进行观察，他逐渐确定了小麦品种数量最多的地区，也就是阿比西尼亚的高原。因此，瓦维洛夫得出结论，很久以前，第一棵小麦就是在这里从野草丛中长出来的。可能是碰巧，也可能是人类培育出来的。

这项发现让瓦维洛夫在国际上享誉盛名，诺贝尔奖似乎近在眼前。可接下来，国内却出现了一片反对之声。人们反对的不是他的地理工作，因为其价值无可置疑；人们反对的是他的育种工作。作为孟德尔的忠实拥趸，瓦维洛夫耐心地在实验室里做了 2.5 万次小麦杂交实验。他曾向政府承诺，将来会培育出能在炎热的土库曼草原和寒冷的西伯利亚冻原上种植的小麦。这些小麦品种已经培育成功，但还没有产出足够的种子。再给他几年时间，稍加耐心等待，他就能提供足够的谷种了。这个要求非常合理，因为即使有两匹纯种马，它们也不可能在一季就产下好几代后代。

然而，这却让列宁全苏农业科学院院长李森科觉得有些可笑。李森科说道："植物学可能等得起。但我们等不起！我认为，我们在俄国发起了一场革命。这一套孟德尔学说没必要这样傲慢，固执地坚持所谓的种族特征，还有生物特性坚不可摧的观点。根据达尔文和马克思的观点，改变生物的是环境。在新的条件下，生物就会发生新的变化。我们和人民一起经历过改变，现在让我们看看，植物是不是比人类还保守！"

瓦维洛夫有几名工作人员也是李森科的学生。他从他们那里听到了李森科的嘲讽，并回击了自己的质疑："如果只能通过改变环境来改变生物，或许李森科可以随便拿些种子带到西伯利亚冻原，加热整个冻原，这样种子就不会冻死了。不过他恐怕很难找到足够的木头来烧火。”

但瓦维洛夫低估了李森科。李森科不只是“政客”，还是农民的儿子。由于在农民家庭长大，他很早就注意到有两个环境因素决定了植物的开花时间：日照时长和温度。现在他认为，同时改变这两个因素，或许值得一试。

美国学者加纳和阿拉德曾发现，植物中存在“短日植物”和“长日植物”。热带全年日照均等，约为 12 小时，所以热带植物是短日植物；而极地地区日照会持续数月，因此极地植物是长日植物。如果极地植物接受的日照时间太短，或者热带植物的日照时间超过 12 小时，两种植物就都不会开花结果。

如果这个理论正确（事实也的确如此），那么太阳灯、温床和阳畦[①]就能派上用场了。

李森科发现，在低温下发芽的种子生长迅速，而在高温下发芽的植物正相反。一个农民众所周知的事实就能证实这一点：如果冬小麦播种晚了，但仍能在严冬之前发芽，那么它就能在春天正常生长；但如果因为干旱，种子到春天才发芽，它就会长得很慢，无法结出麦粒。李森科决定，只用事先经过特殊光照和温度处理的种子来播种，并在种子还处于休眠状态时就让它做好准备，迎接即将来临的种种困难。李森科的伟大实验成功了。他通过实验，使种子适应了寒冷的气候条件，最终成功在极北地区扎根，为数百万人提供了粮食。此前，俄国最重要的产粮地在靠近德国和波兰边境的西部地区。现在俄国人知道，即使敌人占领了西部，他们也不必挨饿了。这对他们来说意义重大，因为冰天雪地的俄国北部也能生产粮食了。

① 阳畦，苗床的一种，设在向阳的地方，四周用土培成框，北面或四周安上风障，利用阳光加温。

◇ 118 ◇

不过，用什么方法并不重要。无论我们是追随孟德尔，通过杂交培育小麦良种，还是利用李森科的发现处理小麦种子，使它在任何环境中都能耐寒，气候这个宿敌已经被人类征服，都是不争的事实。植物学家名声大震，甚至胜过了工程师和农业化学家。

只用了略长于一代人的时间，植物学家、工程师和化学家就改变了世界粮食地图。在这场声势浩大的革命中，加拿大或西伯利亚的小麦种植只是一个片段。

我们再来看看其他国家。就印度而言，虽然印度人的主食依然是大米，但在该国气候比较温和的地区，每年都会种植大量小麦用于出口。人们发现了一种能够抵御热带阳光的小麦，这在以前是不可想象的。另外，还有澳大利亚。这个国家位于南部海域的巨大岛屿之上，亿万年来与其他大陆完全隔绝，因此生长着其他大陆没有的植物品种。这里沙漠广布，常年干旱。这样一个国家能够为本国国民乃至世界人民提供什么粮食呢？况且，澳大利亚还人烟稀少，其国土面积几乎和美国一样大，但人口只有美国的 1/18。不过，正因如此，澳大利亚人很早就认识到，他们必须用机器来弥补人力的不足。澳大利亚最早使用的一款联合收割脱粒机并不是美国传入的，而是一项本土发明。如今，澳大利亚人也许是全世界在思维方式上最接近美国人的。澳大利亚超过 60% 的可耕地都种了小麦，如果能进行人工“造雨”，小麦产量还会更高。尽管如此，人们还是通过科学方法和勤劳耕作，从这片最干旱的土地上挤出了水分。小麦出口成了澳大利亚的经济支柱。澳大利亚经悉尼和墨尔本出口的小麦中，有 40% 运往英国，30% 以上运往埃及。就这样，最年轻的小麦产国把本国剩余的小麦卖给了最古老的小麦产地。

阿根廷。当世界粮食短缺时，谁会想到求助于这个国家呢？直到1890年，阿根廷才胆怯地试探着出口了第一批小麦。但“一战”前不久，阿根廷全国的小麦种植面积就已经达到了2000万英亩。布宜诺斯艾利斯以西的省份显然最为肥沃，不过逐渐地，小麦种植业发展到了南部，并以惊人的速度扩张。在大西洋与安第斯山脉之间的广阔平原上，小麦长势喜人，每英亩产量达40蒲式耳。不过，与澳大利亚不同的是，阿根廷小麦主要用于内销。因为这里的小麦生长于沙质土壤，麦仁格外坚硬，不适合做面包，而更适合做意大利面。但是等一下，意大利不正需要通心粉吗？阿根廷正好可以给意大利供应大量的小麦。实际情况也正是这样。

在《深渊》中，弗兰克·诺里斯笔下的一个人物曾试图在芝加哥垄断全球小麦。如今，这已经是痴人说梦。尽管科学进步并没有一举推翻美国的小麦霸权地位，但再也没有任何国家能成为唯一的小麦生产大国。由于气候已不再是限制小麦种植的根本因素，世界经济的本质决定了，地球上不可能始终只有一个小麦产区。现在所说的小麦帝国主要是相对于其他谷物而言，但它并不只存在于某个国家，也不存在统治其他地区的所谓“皇帝”。自1910年起，在美国做小麦生意的百万富翁里，再也没有人成为亿万富翁了。无论是在自由放任经济机制中挤垮小农的小麦大亨，还是铲除股市竞争对手的股市投机商，他们都虔诚地追捧自由竞争，可如今却反受其害。小麦种植业已经遍地开花，极为普遍，再也不可能掌握在少数几个人手中了。在世界各地，每个月都有地方收获小麦。1月，澳大利亚、新西兰和阿根廷的小麦成熟；2月、3月是印度、巴西和乌拉圭；4月，北非、墨西哥和波斯的小麦成熟；5月，西班牙南部、中国、佛罗里达州和得克萨斯州的小麦成熟；6月是加州、意大利、法国南部和日本；7月，乌克兰、俄国中部地区以及北部各州、还有加拿大各地的人们开始收割小麦；8

月，英国、瑞典、挪威和德国收割小麦；9 月是苏格兰；10 月是俄国大部分地区；11 月是秘鲁和南非；12 月是埃塞俄比亚。虽然为全球市场供应小麦的的确只有少数几个国家，不过这份小麦收割日历十分清楚地表明，没有哪个国家能再像 1870 至 1910 年的美国那样控制小麦的供应和价格了。世界上大部分国家恢复了保护性关税，扶持本国的农业发展。由于 1914 年之后，再也没有哪个国家还会相信世界和平，所以没有哪个国家还会天真地指望国外能源源不断地供应粮食。工程学、土壤化学和植物学本来能够向人们展示如何生产足够的粮食来满足温饱需求，可是——大事不妙！德国在第二次世界大战中突然袭击，抢先一步，让这些努力毁于一旦。

农民的救赎

◇ 119 ◇

1918 年，决定了“一战”战局的德国夏季攻势发起之时，正是加拿大人收割冬麦的季节。20 岁出头的美国士兵（“吃上面包的人都营养充足”）一个个手握刺刀，冲出了蒂耶里堡[①]的森林。他们都是农民的儿子。他们的父辈曾怀疑美国的土地养活不了子孙后代，因为在他们看来，美国的土地似乎只养活了托拉斯和铁路公司。但谷物中似乎蕴藏着自我平衡的能力，最终帮助农民再次成为国家的中流砥柱。

政府几乎没有对农民提供什么帮助。美国人的特点是尊重企业精神，任何抑制企业精神的行为都与宪法背道而驰。他们还有强硬的个人主义，认为贸易就是贸易，不能为了发展农业而限制贸易。毫无疑问，这完全背离了杰斐逊总统和富兰克林总统的希望；但美国已经成为商业大国，实现了汉密尔顿曾经的期望。铁路帮助美国强大起来，成为世界强国。政府是否应该为了农民的利益，尝试追赶火车，给强

① 蒂耶里堡，法国东北部埃纳省城镇。第一次世界大战期间，从 1914 年德军推进到马恩河一线以后，法军就与协约国军队进行争夺蒂耶里堡的战斗，直到 1918 年 7 月 21 日法军最后收复该堡，战斗才告结束。

大的铁路公司套上缰绳呢？也许绳子会被拽断吧……

不过，到了19世纪80年代末，格罗弗·克利夫兰总统还是开始了这场斗争。美国政府规定了最高运价，但文件并未付诸实施。法院宣布这一行为违宪，公众舆论也对此大力支持，因为这项判决有利于自由企业的发展。可最终，抵制铁路的克利夫兰总统还是被迫派兵帮助铁路大王普尔曼镇压工人罢工。在这期间，曾号召支持者抵制普尔曼铁路公司的社会党领袖尤金·德布斯也遭到了逮捕。[①]

小农户孤立无援，四面楚歌。铁路只是敌人之一。他们被迫意识到，人力劳动无法与土地大亨的机器抗衡。因此，他们抵押土地来购置机器。为了支付货款，他们必须让机器开足马力，尽可能地增加收成。但另一方面，剩余粮食越多，存粮堆得越高，粮价就跌得越低。在这片金色的小麦洪流中，农民的收入却越来越少。据说，为了挽救小麦价格，还建立了新的粮食交易市场。但农民发现，不仅价格下跌的趋势没有停止，市价反而还受到了投机者的操纵，预期收成情况成了他们的赌注。这完全超越了农民的理解范围。

从世界诞生之初，不就有最公正的人明确提出，面包就像空气和水一样，不能用来谋取私利吗？在19世纪80年代，由于小麦产量大幅度上升所带来的压力，全世界各国人民和政党都开始要求粮食贸易国有化。1887年9月，在法国众议院，让·饶勒斯[②]起身提出动议，表示“国家应独享进口外国粮食和面粉的权利，每年依法统一定价并进行销售”。一个月后，普鲁士上议院的极端保守人士、农业部部长卡尼茨伯爵也提出了这一社会主义动议，几乎只字不差。这是因为，

---

① 普尔曼大罢工，是美国在1894年5月11日的全国性铁路罢工行动。当时美国工人的工作条件相当恶劣，成千上万的工人在繁重的劳动中丧命。罢工波及超过20条铁路段，最终被联邦政府和铁路公司镇压。

② 让·饶勒斯（Jean Jaurès，1859—1914），法国社会党领导人、历史学家。曾为反对军国主义和帝国主义战争威胁进行不懈的斗争，最后遭到刺杀。

面对粮商的做法，全世界都瑟瑟发抖。但奉行自由主义的美国却支持粮商。美国人从来不会对勇往直前的企业背后插刀。政府垄断粮食贸易的做法直到“一战”期间才在美国出现，而且战争结束后就立即废除。对大多数美国人来说，如果政府垄断了粮食，这就和法老或路易十四治下的情况没什么区别了。谁知道明天政府由谁掌权呢？

人们向农民保证，粮食交易市场确实是有用的。它能为农产品制定科学的标准，估算粮食存量，还能提前安排出口。但所有农民看到的只是一伙商人达成了协议，都把农产品价格维持在一个水平上；与此同时，投机者还在严重扰乱市场价格。老对手铁路又进一步推高了运价，而且一有机会，就只运输铁路大亨的粮食。农民转而求助于银行，却得知法律禁止农业抵押贷款。接着，放高利贷的人来到农场给农民提供资金，可当场就扣除掉了四分之一作为利息。农民拿到贷款之后，打算购置机器，可机器不仅贵得离谱，还每过十年就要进行重大改进升级。这样看来，农民阶级似乎完蛋了，好像种种经济因素都联合起来和他们作对。在走投无路之时，他们想到了要团结起来。不过他们并没有只是联合几百人进行请愿或暴力反抗，最终重蹈马瑟尔泥潭[①]悲剧的覆辙。这一次，数十万人认识到，他们既是生产者又是消费者，是具有强大力量的。农民这次能取得胜利，是因为采用了一种完全现代的观念，即经济合作社。

这种经济合作社名为“格兰其”（grange），其成效可谓立竿见影。格兰其是中世纪的一种经济形式，即使是规模再小的经济单位，也能通过这种形式实现独立，自给自足。当时的小型农场生产的农产品能够完全满足自身需求，没有被商人和投机者拖入世界经济的洪流之中，导致农产品贬值、生活成本提高。对于生活在19世纪下半叶的美国农

① 1880年5月11日发生在加州一个农场上移民与南太平洋铁路公司的土地所有权纠纷，造成7人死亡。

民而言，“格兰其”一词当然只是隐喻，不过却是一个非常恰当的隐喻。无论在任何地方，只要有格兰其开始组织成员共同进行机器和粮食交易，其成员的处境就能得到改善。很快，各个零散的格兰其就在地区层面联合起来，最后形成了各州的格兰其组织。每个地区都指定代理人，尽可能以高价销售该地区的农产品，并强制制造商以低价向格兰其出售机器。在格兰其的组织水平上，艾奥瓦州领先其他各州。截至 1872 年，在没有中间商赚差价的情况下，艾奥瓦州格兰其向芝加哥销售了 500 万蒲式耳粮食，其成员也已经通过大批量采购机器节省了 40 万美元。其他州也时来运转，格兰其竞相涌现，在各处建立了采购公司、机械制造厂，甚至银行。有的格兰其倒闭了，但还有许多成功了。尽管经历了许多挫折，但合作社的构想最终留存了下来，再也不会遭到扼杀了。1900 年，合作社仅有 1000 家；到了 1920 年，这一数字就已超过了 1.1 万。当然，其中只有一部分格兰其致力于粮食交易，不过它们的地位是最重要的。

不止农民，政府也开始意识到了农业合作社的价值。前一段时间，致力于维护中产阶级利益的西奥多·罗斯福总统曾强势宣称，他每天早餐时都要吞掉一家托拉斯。公众舆论也明显偏向农民。农业合作社成立的基础是自由协议，而不是权力，这才是格兰其强大的原因。还有什么比这更符合美国风格呢？就像朝圣先辈逃离旧英格兰一样，如今的美国人毫无流血牺牲就逃脱了现代经济的魔掌。1914 年，反托拉斯的法律通过之时，大投资者曾宣称农场集团历来也是某种形式的托拉斯。虽然这个观点不无道理，但反托拉斯的法律将合作社排除在了适用对象之外。战争期间及战后，粮食贸易赚取的利润不是托拉斯独吞的，每个人都赚取了自己应得的一份，农民也是如此。

如今，农民阶级对美国立法的影响无法估量。虽然他们不像欧洲农民那样成立了自己的政党，能在国会为有利于自身的法律投票，但作为一支无党派队伍，他们对民主、共和两党都施加了巨大的影响，甚或远远超出了正式的“粮食党”所能为他们赋予的影响力。无论如何，美国格兰其组织的创始人威廉·桑德斯和O. H.凯利，这两个生活在“往昔艰难岁月”的人，如果能看到孙辈的政治和经济成就，一定会热泪盈眶的。

不用说，美国农民经济状况的起起落落过程中，有一种精神因素始终在发挥作用。在大多数格兰其组织中，每一次集会时大家都会阅读《圣经》，这是他们的一大特色。确实，还有哪本书中有这么多关于农业的内容呢？从开垦犁沟到消除蝗灾，简直应有尽有。明尼苏达州的人始终不曾忘记，1877年，州长沃什伯恩曾要求在讲坛上诵读《圣经·诗篇》第91节。这篇充满力量的祷文，能够对抗“黑夜行的瘟疫……（和）午间灭人的毒病”[①]。念诵之后，蝗灾随即停止了。但让人惊讶的是，我们从韦斯利·麦丘恩的书中得知，“全国农业保护者协会”，也就是格兰其，很快就开始采用了一种厄琉息斯式的官员等级——有总管、督察、讲师、管家、教士、会计、秘书、门卫和女管家助理，以及三名女仪官，分别代表刻瑞斯（谷物神）、波莫纳（果树神）和芙罗拉（花神）。此外，这个“农业共济会”内部的圣所，也就是德墨忒尔大会，是由大祭司、执政官和史官主持的。这一“美国版厄琉息斯秘仪”绝不只是做做表面文章，而是表明美国农民也想像古希腊人一样，与古代农业宗教保持联系。因为就像1923至1941年间担任总管的路易斯·I.泰伯所说，“那些宗教建立在永恒的真理基础之上。”而且，和伊西斯时代一样，格兰其要求成员保密，不过还是有一些秘密泄露了。我们从而得知格兰其给每个成员都提供了一把刀，“提醒他们永远不折一花一木，而是要快刀砍下，以免伤及植株”。

① 《圣经·诗篇》，第91:6节。

在美国这片幸福的土地上，秘密组织还能为成员提供刀具，且不违法。而如果是在德国、匈牙利和罗马尼亚，这种行为必然会被看作“对政治秩序的致命威胁”。

◇ 120 ◇

如今，每项有利于农民阶级的法律都获得了全美人民压倒性的精神支持。这的确很了不起，因为大部分民众都不是农民。自从古希腊罗马时期以来，各国都存在城乡经济摩擦以及消费者与生产者之间的矛盾，美国也不例外。可即便如此，城市居民依然无条件地同情农民。

美国农业计划的基石是平价的概念。根据官方解释：“针对农产品制定平价，是为了使农民以该价格销售农产品后，所得收入使其足以购买生活必需品。收入水平应与特定基准期的水平相当。用作‘参照标准’的基准期通常是战前五年，即 1909 至 1914 年。”之所以选择这五年，因为这段时间是农业生产的高峰期。换句话说，在 1909 至 1914 年间，如果农民卖 100 蒲式耳小麦能赚取 100 美元，用 100 美元能买一个新炉子和一套新衣服，那么他今天卖 100 蒲式耳小麦的收入也应当能买到同样的商品。现在，假如有鞋匠和洗衣工问：“那我的炉子和我的衣服该怎么办呢？”我们也完全能理解了。不过，似乎出于某种骑士精神，他们基本上不会这么问。因为农民问题和农业问题虽然也是政治问题，但更主要的还是属于情感问题。这种对农民的情感是前所未有的，而且非常深刻。

是的，美国城市居民喜爱农业，多少还是有点令人惊讶的，这恰恰是因为他们并没有共同的政治根源。相反，城市居民必须清楚，有时他们是在拥护对自己不利的政策。因为面包、牛奶、鸡蛋等农产品的政策有时对消费者并不友好。不过这不重要。美国人在报纸上读到

"农业集团"代表的发言时，无论这位代表是民主党人还是共和党人，他们都很喜欢。他们会认真聆听平均地权论者的言论。比如参议员拉福利特的金句："农业劳动问题就像人类文明一样古老，又像今天的晨报一样崭新。"听罢，他们会刻意忘记，农业其实和自己毫无干系。我们一定得强调的是：作为多数群体的城镇居民能包容农民这一少数群体，是非常值得赞叹的，也是非常具有美国特色的。你还记得，就在几百年前，欧洲人是如何看待农民的吗？德国诗人塞巴斯蒂安·布兰特就表达出了当时欧洲人的普遍感受：

> 粗鲁农民的钱包鼓鼓囊囊；
> 他们的酒和小麦不卖只藏，
> 其他的东西也都是一样；
> 他们囤积居奇抬高物价，
> 直到天雷滚滚燃起火花，
> 彻底吞噬了粮仓和庄稼。

但现在，人们不会再这样看待农民了。这是为什么呢？这是因为宗教教化和经济启迪都没能做到的，有一股新的强大力量却做到了。它就是文学。

这是文学的杰作！现代文学的力量几乎可以媲美过去的宗教。它就像曾经的宗教一样，主宰了人们的精神领域。也许文学一度看起来像是受到了政治或经济的钳制，但后来它突然意识到，自己是不受束缚的，就对现行的经济体制发起反手一击。因为在民主国家，思想是真正自由的，所以文学就具有了无限的力量。无论是唯心主义者，还是势利小人，无论是多愁善感之人，还是单纯的猎奇者，他们都会受到文学的影响。文学的力量让大部分国民沉浸在了戏剧和小说中，虽然其中描述的内容并不是他们所关心的。不仅如此，文学作品还会对读者的社会根基提出质疑。如今，一个有钱人阅读厄斯金·考德威尔的《烟草路》[①]，就像18世纪法国贵族兴致勃勃地阅读博马舍的《费加罗的婚姻》[②]一样，他们是在进行一项与其自身利益相悖的行为。

这就是文学的力量。1910—1940年，文学使美国人的思想发生了巨大的变化，而且变化速度之快仿佛是经过了好几代人。如果翻阅美国文学作品，我们会发现作家极少对"镀金时代"[③]给予好评。没有人会赞颂攫取财富的商业巨头，"尽管他们为同胞带来了幸福，但却像个罗马皇帝一样"。工业领袖在政治领域以及现实生活中也许仍然居于统治地位，但在美国文化生活中，人们认为他们既没有技能，也没有文化；艺术作品不会去研究这个群体，也没有发现他们有什么闪光点。

美国的主流小说多以农业为主题，致力于描写小人物。在赛珍珠[④]的作品中，洪水、旱灾、虫害以及革命横亘在农民与大地之间。不过他们凭借着耐心，最终战胜了所有困难。在欧洲也是如此，民众长期呼唤优秀的农业小说。但考虑到欧洲的背景，出于历史原因，以及欧洲人轻视农民的心理，农业小说姗姗来迟且小心翼翼……或许可以说，法国大革命之后的所有农业小说都源于两位伟大的瑞士作家：感伤主

---

① 厄斯金·考德威尔（Erskine Caldwell，1903—1987），美国作家。《烟草路》（*Tobacco Road*）以喜剧性夸张手法来描写悲剧，夸大了人物的古怪性格和荒唐行为，突出人物与环境之间的格格不入及其悲惨结局，用幽默笔调表现了当时美国南方生活的贫穷、愚昧、落后。

② 博马舍，全名皮埃尔－奥古斯坦·加隆·德·博马舍（Pierre-Augustin Caron de Beaumarchais，1732—1799），法国剧作家、思想家。《费加罗的婚姻》是一部喜剧，作者借费加罗之口揭露封建政治的本质，要求思想言论自由，反对社会不平等和封建特权，表达了人民群众的愿望。

③ "镀金时代"，是美国南北战争结束到20世纪初的一段时间。南北战争为美国资本主义发展扫清了道路，加上不断涌入的移民和西部新发现的矿藏，使得美国的工业化极速发展，国家财富迅速增长。但表面繁荣掩盖着腐败的风气、道德的沦丧和潜在的危机。

④ 赛珍珠（Pearl Buck，1892—1973），美国作家、人权和女权活动家，曾获普利策奖和诺贝尔奖。她在中国生活了近40年，把中文称为"第一语言"。代表作《大地》（*The Good Earth*）中塑造了一系列勤劳朴实的中国农民的形象，勾勒出一幅20世纪中国农村的生活画卷。

义流派的代表人物让－雅克·卢梭和现实主义流派的代表人物耶雷米阿斯·戈特赫尔夫[①]。他们分别用法语和德语写作，为后世的农业小说奠定了基石。但也正是由于瑞士的景观特点，它无法进一步激发作家的灵感，写出更具声望的农业小说。瑞士遍地都是奶牛，瑞士人或许能创作出“牛奶史诗”，却永远也写不出粮食史诗。山地牧场无法孕育吟诵粮食史诗的诗人，只有肥沃的平原才可以。在19世纪的法国和德国，工业遮天蔽日，使农业小说无法得到充足的“阳光”，难以茁壮成长。挪威也是如此。如果克努特·汉姆生[②]歌颂了挪威真正的财富源泉——矿业、伐木业和渔业，他本可以成为伟大的诗人。然而，他却写了一部农业小说《大地的成长》，国内很少有人问津。只有到了东方，在波兰和俄国辽阔的农田里，农业小说才得以发展壮大。在这里，除了托尔斯泰的作品外，波兰作家瓦迪斯瓦夫·S. 雷蒙特也创作了四卷本小说《农民》。东方诞生了歌颂永恒农民阶级的伟大史诗。

永恒存在的广袤土地也造就了美国的农业作家。这里的城市现代化程度为世界之最，但农村地区仍保持着乡土气息。各个地区发展程度参差不齐；在工业最发达的城市附近，大约距离四天路程的地方，农民还在与牧民和牧场主斗争——这场斗争在欧洲已经上演了2000年。

1938年，赛珍珠获得诺贝尔文学奖。她的小说描写了中国的大地，也象征着世界各国农民不曾留意的大地。这一奖项推动了美国小说的流行趋势向农耕小说发展，去歌颂“勤劳的小农阶级”。见惯了文学流派起起落落的读者知道，这也只是一种流行趋势，短短几年之后就

---

① 耶雷米阿斯·戈特赫尔夫（Jeremias Gotthelf，1797—1854），原名阿尔伯特·毕齐乌斯（Albert Bitzius），瑞士德语小说家，著有长篇小说《长工乌利》（*Uli der Knecht*），描写了一个备受歧视的贫苦农民历尽艰辛终于致富的过程。

② 克努特·汉姆生（Knut Hamsun，1859—1952），挪威作家，1920年诺贝尔文学奖获得者。代表作品有《饥饿》（*Hunger*）、《神秘》（*Mysterier*）。

可能会被其他趋势所取代。但突然之间，居然有几百万从没听说过李比希或汤曾德子爵的人，只是通过阅读喜爱的小说，就得知了所有关于土壤肥力枯竭、轮作、冬小麦和害虫的知识，这简直令人震撼。就这样，弗兰克·诺里斯和埃德温·马卡姆在1899年播下的种子发芽了。当然，在公共图书馆中，《章鱼》也鲜少有人问津。不过，诺里斯的追随者，那些也像他一样走进田间地头描写农业与粮食问题的考德威尔们、福克纳[①]们，还有斯坦贝克[②]们，都拥有了自己的读者。这其中有充分的理由：他们比诺里斯更接近美国大地。诺里斯虽然开辟了道路，但他的文风太法式了，无论是在行文还是构思上，古典风格都信手拈来。左拉的作品像法庭审判一样为读者呈现证据，诺里斯也是如此。他们笔下的农民，无论是敌是友，说话的口吻都像律师一样。

相反，在斯坦贝克的小说《愤怒的葡萄》中，主角乔德一家人则笨嘴拙舌；《烟草路》中的吉特·莱斯特一家严重口吃，说不清楚时还要用手势表达。这又走向了另一个极端。40年前的小说里，农民发言时就好像刚刚读过土改运动人物亨利·乔治的作品一样；而当时的风潮（这的确是一种风潮）则让人再次忆起“农民无法发声”，由于集体失语，而无法向德国皇帝抱怨的时期。如今，作家可以为农民打抱不平了。而且，他们的做法是自己一言不发，让事实说话，可谓一切尽在不言中。海明威曾说：“别说了，把它锁在你的心坎里吧！”[③]福特·马多克斯·福特[④]则妙笔生花，高度凝练地概括了这一思想：“小

① 福克纳，全名威廉·福克纳（William Faulkner，1897—1962），美国文学史上最具影响力的作家之一，意识流文学代表人物，1949年诺贝尔文学奖得主。代表作为《喧哗与骚动》（*The Sound and The Fury*）。

② 斯坦贝克，全名约翰·斯坦贝克（John Steinbeck，1902—1968），美国作家，1962年诺贝尔文学奖得主。代表作有《人鼠之间》（*Of Mice and Men*）、《愤怒的葡萄》（*The Grapes of Wrath*）、《月亮下去了》（*The Moon is Down*）、《伊甸之东》（*East of Eden*）等。

③ 海明威：《太阳照常升起》，赵静男译，上海：上海译文出版社2011年版。

④ 福特·马多克斯·福特（Ford Madox Ford，1873—1939），英国小说家、评论家、编辑。代表作《好兵》（*The Good Soldier*）。

说家的目标是让读者完全忘记作者的存在，甚至忘记自己正在读书。”

但作家的任务不仅仅是如实地堆砌现实情况。斯坦贝克的反对者指责他没有真实反映社会环境和现状。他们大声抗议，说俄克拉何马州和加利福尼亚州不可能存在他描写的情况。他们极力主张斯坦贝克的作品言过其实，就像哈丽叶特·比切·斯托的《汤姆叔叔的小屋》一样……但是，无论他描绘的是否是现实情况，他的作品都在一定程度上反映了真实的思想精神状况，使得某件事是否“真的”像那样“发生”不再重要了。从这个意义上说，这些美国小说的确属于农业现实主义。无数由此衍生的戏剧和影视作品也理所当然得到大众的青睐。其现实主义或许并不像作者和读者认为的那样贴近实际情况，但这也不重要，道德准则才是最重要的。

◇ 121 ◇

所有这些作品中刻画的人物，无论命运好坏，都是勇敢的普通人。要想了解美国，就一定要知道勇敢的普通人对美国的意义。美国需要榜样人物。在电影里，当美国观众看到其貌不扬的小农民用牙叼着烟斗，手放在换挡杆上，开着咯噔咯噔的老爷车去附近的城镇买东西时，他们看到的是心满意足、充满人情味而又正派的农民形象。这是他们所喜爱的画面。大地主阶级曾经塑造了欧洲文化，却在美国默默无闻。人们对他们视而不见。西部的小麦大亨从来没能成为两百年前南方烟草和棉花种植园主那样拥有田产的贵族，主要原因或许是小麦大亨要在整个西部地区四处奔波，追求财富，故而居无定所。要在小麦贸易中取得高额利润，影响因素太多了。小麦大亨深知，自己不能在任何地方长期停留。由于他无情地对土地进行掠夺式耕作，广阔农场很快便肥力枯竭，于是每隔几年他就要继续迁移。（这是牧民五千年来的旧有模式，不过现在迁移的不是牛，而是种子和拖拉机。）最后，这些地区没有形成文化，或者说是贵族文化，因为富人没有想过要为自己建造一座城堡，雇用仆人、音乐家和乡间文人，将其打造成社交中心。这里也没有出现像17、18世纪点缀在匈牙利各处，能够为海顿[1]提供庇护的贵族庭院。美国富人不会把从土地上赚的钱再花在土地上，他会用这些钱去大都市享乐，或像过去的罗马大庄园主一样，去法国的海滨胜地里维埃拉度假。

小麦资本主义一路迁徙，留下了丑陋的印记：屋舍遭到废弃，乡村教堂破败不堪，校舍也坍塌了。但是，小农的精神支柱——格兰其让农田得以存续。冬天，小农民坐在炉火旁，读富人都没读过的书。他们把孩子送到学校接受教育，正是他们的存在使土地重新焕发了生机。危机确实也出现了，而且是严重的危机。1929年，战后余波致使经济整体倒退，危及农民阶级的生存。虚假繁荣崩溃了，生产过剩、分销危机、银行危机接踵而至。但是，在很大程度上，还是出身农民阶级的人伸出了援手。例如，1927年，麦克纳里颁布法案为农民提供补贴，阻止农产品价格持续下跌。时任美国副总统的华莱士则提出让政府租赁土地，使部分土地不参与农业生产，这样就能使农产品产量的下降与工业衰退保持一致。华莱士的措施维持了物价，为农民提供了喘息的机会。到了20世纪30年代初，完全可以说美国已经理解了德墨忒尔的警告，那个在农业六千年的历史长河中经常反复出现的古老警告。无论是梭伦、摩西、魁奈还是李比希，他们不同的声音都汇聚成了同一个观点：只有农民阶级取得自由、欣欣向荣，一个民族才能自由发展、兴旺发达。而归根结底，农民阶级取得自由、欣欣向荣，

① 海顿，全名弗朗茨·约瑟夫·海顿（Franz Joseph Haydn，1732—1809），出生于奥地利，古典主义时期作曲家，维也纳古典乐派奠基人。他曾任宫廷乐长，在此期间创作出大量音调欢快明朗、活泼且富有感染力的优秀作品，深受宫廷贵族喜爱。

是指小农户能在妻子、孩子和机器的帮助下独立耕种土地。他并不狂热地追求财富，而只想要简单舒适的生活。有 4000 万人要依靠农民阶级生存。关于农民的劳作，诗人华金·米勒这样写道：

> 谁收割自己亲手播种的粮食，
> 谁就贡献更多，为神、为人、也为己——
> 他比所有狂热的英雄更勇敢。

德墨忒尔再次警告子民

◇ 122 ◇

与土地缔结友谊是先决条件。纵观农业历史长河，我们知道，要想让土地为人类结出果实，人类必须与土地做朋友。一味的控制是不可能达到目的的。实际上，1934 年的自然灾害表明，在美国，人与土地的关系已经变质，过分倾向于主仆之间的奴役关系。于是，土地造反了。

我们知道，过去雅典工匠的纹章上刻着两个神：智慧女神雅典娜和锻造之神赫淮斯托斯。柏拉图曾宣称，智慧和技术结合之后，工业与公共福利就能随之而来。

但是，如果技术无法再与智慧和平共处呢？如果技术发展过头了呢？在传说中，锻造之神由此开始骚扰贞洁的雅典娜女神，追着她跑出了城市，绕着城墙追逐，又一路进入田野，想要意图不轨。锻造神生来跛足，皮肤黝黑，身强体壮。他从后面抓住了雅典娜，但雅典娜挣脱了，使劲用脚后跟踹了他的下体。他跌跌撞撞翻入了一条犁沟，精气尽出，大地为他生下了埃里克托尼奥斯。

显然，纵使是性格仁慈、发明了大量精巧物件的锻造之神，也会行为狂放。两千年后，美国小说家斯坦贝克在《愤怒的葡萄》中表示，这位工程师赫淮斯托斯，正在对地球施暴。虽然斯坦贝克知道如果不进行耕种（而且是深耕！）就无法收获粮食，但他依然认为耕地是一种暴力行为：

坐在铁座上的那个人，看去并不像一个人。他戴着手套和风镜，鼻子和嘴上套着橡皮制的防沙面具，他是那怪物的一部分，是一个坐着的机器人。汽缸的轰鸣声响彻了原野，与空气和大地合为一体，大地和空气都跟着颤动，发出低沉的声响……他尽可以夸赞拖拉机——赞美它那机器制成的表面，它那雄伟的力量，它那些汽缸震耳的吼声，但是这究竟不是他的拖拉机。拖拉机后边滚着亮晃晃的圆盘耙，用锋刃划开土地——这不像耕作，倒像施外科手术。一排圆盘耙把土划开，掀到右边，另一排圆盘耙又把土划开，掀到左边，圆盘耙的锋刃都被掀开的泥土擦得亮亮的。圆盘耙后面拖着的铁齿耙又把小小的泥块划开，把土均匀地铺平。耙后是长形的播种机——在翻砂厂里装置的12根弯曲的铁管，由齿轮推动着，按部就班地在土里插进抽出。驾驶员坐在铁座上，看着自己无意划出的那些直线，感到得意，看着并非自己所有和他所不爱的拖拉机，也感到得意，看着自己不能控制的那股力量，也感到得意。庄稼生长起来和收割的时候，没有人用手指头捏碎过一撮泥土，让土屑从他的指缝中漏下去。没有人接触过种子，或是渴望它成长起来。人们吃着并非他们种植的东西，大家跟面包都没什么关系了。土地在铁的机器底下受苦受难，在机器底下渐渐死去。因为既没有人爱它，也没有人恨它；既没有谁为它祈祷，也没有谁诅咒它。①

过去，人们用牛拉着小犁头耕地，大地心甘情愿结出谷物。但是现在，当德墨忒尔感到自己背上了六吨重的机器以后，她日渐感到愤恨，开始反抗机器。

1934 年 3 月中旬，在驶向弗吉尼亚的船上，人们看到了奇怪的景象。尽管天气晴朗，但美国海岸线上空却笼罩着一层黑纱，仿佛数十亿吨煤粉被吹上了几英里的高空。这种黑色的物质自北向南高速席卷而过。船靠近海岸时，甲板上也堆满了沙尘。原来这是美国的泥土被卷上了天空，在陆地上空翻腾。是什么样的灾难降临在了这片幸福的国度之上?

这是一场自然灾害，从经济角度来说，比庞贝城火山喷发造成的损失还大。但这一次，令无辜之人丧生的不是地下喷发出的暴虐岩浆，而是人类咎由自取。50 年来，一直有人警告说，用新发明的巨型机械犁过度粉碎土壤，犁得太深，会耗尽土壤的肥力。但是农民对警告置若罔闻，只是急不可耐地向大地索取收成。现在，有一股力量把他们的土地吹走了。那是古老的恐怖力量——风。风卷起了细土，带到了几百英里之外。

数据表明，1934 年风暴的猛烈程度与其他年份不相上下。这就是一场持续数天的二分点风暴——仅此而已。但在此之前的几年里，旱灾频发。土壤本就已经高度粉碎，再加上干旱使其过分干燥，从而完全丧失了水分，重量变得极轻。风暴突然袭来，就从地面上卷起了土壤，美国农民看到，他们的德墨忒尔戴着黑色面纱升上了天空。

这的确是一场悲剧。经过三个世纪的顽强斗争，美国人终于把土

① 译文摘自约翰·斯坦贝克:《愤怒的葡萄》，胡仲持译，陕西：太白文艺出版社 2019 年版。

壤从森林和草原那里夺了过来，开垦农田。史广多、朝圣先辈、奥利弗·埃文斯、华盛顿总统、杰斐逊总统和林肯总统都对这片土地倾注了关怀；人们为了开垦农田向西进发，翻山越岭、砍伐森林；农民与铁路抗争；匹兹堡生产了钢犁；化学家也被动员起来，对抗虫害和农作物疾病。

根据瓦罗所说，公元前40年，西班牙人曾恳求奥古斯都（后成为第一位罗马元首）出兵帮助他们抗击野兔瘟；但士兵还没赶到，西班牙的粮食就被吃光了。美国从未到达这般光景。政府、基金会、大学都扶持农业，另外还有捐助资金。农田周围划定了防疫线，麦蝇飞不过去，玉米穗虫也爬不进去。针对每一种昆虫幼虫，都有博士发表相关研究成果。在农业领域研究最值得赞誉的，并不是人们历来认为饱受饥荒困扰、研究最为深入的德国或欧洲其他国家，而是在世界上堪称首屈一指的美国农业科学人员。这一切努力难道只是徒劳吗？是的，因为土地不再服务于美国人了。

笼罩在美洲大陆上空的沙尘落在城市，侵入了人们的呼吸道，引发了肺部感染。婴儿和老人首当其冲。在牛棚里和牧场上，牛群惊惶失措，冲出牛棚，穿过篱笆，死在了荒无人烟的地方。沙尘无孔不入，掩埋了刚刚种下的种子，使其无法萌芽。几个月后，史无前例的大暴雨倾斜而下，造成了新的严重灾难。黑风暴过后仅存的土壤又遭到雨水侵蚀。俄克拉荷马州的农业专家保罗·B. 西尔斯指出，引发沙尘暴与洪水的是同一个罪魁祸首：对土壤的掠夺式耕作。干旱时，细土被风吹走；下雨时，由于土壤丧失了海绵状结构，因此无法保留腐殖质中的水分。相反，雨水冲刷土壤时将腐殖质也一同带走了。一旦雨水汇聚成一股汹涌的水流，再建造水坝防洪已是徒劳。实际上，每一滴雨水都应该储存利用起来为植被服务。但只有肥沃土壤所具有的松软、黝黑、黏稠的表土才具备这种功能。现在，表土已经流失了。西尔斯警告说，沙尘暴和洪水只是预兆，多股力量正在联合起来攻击人类。现在采用与欧洲类似的耕作方法，不再剥削土地，而小心加以呵护，还为时未晚。

西尔斯所说的欧洲方法指的是什么？18世纪英国科学家曾建议的作物年间轮作，在美国各农业高校都有讲授。但无论大农场主还是小农户，都没有将其付诸实践。除了对土地无情的压榨，长年累月的单种栽培也导致土壤肥力枯竭，加剧了水土流失。早在1934年之前，密苏里州的农业学家就计算过，如果按照欧洲的方法，交替种植小麦、玉米和苜蓿，每年由洪水造成的水土流失量平均只有3吨。但是，若只种植小麦，水土流失量为10吨；若只种植玉米，水土流失量可达20吨。统计学家估计，如果轮作得当，密苏里州的良田能继续种植375年；但若只种植小麦，则只能使用100年；而若只种植玉米，时间会缩短到50年。

18世纪，当阿瑟·扬[①]等农业改革家建议实施轮作时，他们的目的是提高土壤肥力。他们并不知道，轮作不仅能节约土壤中的化学营养物质，还能保持土壤的物理特性。正是轮作使得土壤不致龟裂。出生于瑞士的美国农业专家汉斯·珍妮推算出，在密苏里州，土壤中腐殖质和氮的含量已经下降了35%。当土壤开始被风卷走时，便已经丧失了农业价值。密苏里州的情况在各地纷纷出现。美国三分之一的耕地将会变成废地。

另一位权威人士I. N.达林对形势的预测更加悲观。他宣称，如果美国继续以过往的方式开发土地，35年后就将迎来饥荒。到1960年，人口增长曲线将与可耕地面积下降曲线相交，美国用于生产粮食的人均耕地面积将不超过2.5英亩。这将越来越接近中国的情况。达林警

---

① 阿瑟·扬（Arthur Young，1741—1820），英国农业经济学家，1793年任英国政府农业局首任局长，直到逝世。他是英国农业革命的先驱，对农业的研究涉及许多方面，提倡条播、马拉犁、轮种制。

告说，百余年来，美国人一直过度集约地耕作土地，正在一步一步地亲手将其毁灭。

◇ 123 ◇

沙尘暴肆虐不止，洪水依然在冲刷表土，专家仍旧在悲叹。这时，从位于华盛顿的农业部中走出了一位男子，衣领竖起，颇有风范，他叫停了所有的喧哗与骚动。这个人正是农业部长亨利·阿加德·华莱士。他的父亲既是农民，又是一位牧师，所以他的家庭既关心农作物种植和营销等世俗事务，又对工作中更为崇高的基督教层面给予了应有的重视。

到了这时，华莱士早已不再是那个 20 多岁、年轻气盛，喊出“更小农田，更高产量”口号的年轻人了。他受到牧师父亲的熏陶，踏实务农，在园艺方面颇有能力，他已经意识到，美国的土地遭到了冒犯。土地被迫像仆人一样过度操劳，不眠不休。华莱士和他的圈子长期支持限制美国农业发展，他们强行通过了一项法律，逐步扩大休耕土地的面积。多年前，华莱士就发现，农民从贫瘠的土地上榨出最后一蒲式耳粮食，已经不划算了。收益递减规律的作用已经开始显现，必须要回归集约程度较低的耕种方式，从而降低农业生产成本。1934 年，农业部宣布本年度将 400 余万英亩土地实施退耕还草。这一措施已不再仅仅是为了对抗生产过剩、维持粮价，华莱士明白美国所面临的危险，正在针对问题的根源采取措施。

政府承诺向所有希望进行部分退耕还草的农民提供援助。

为什么要退耕还草呢？这是因为草场上的草能固定土壤。沙尘暴无法从草场上卷走土壤再倾泻而下，从而破坏邻近的农田。以前，休耕大片土地纯粹是出于经济需要；现在，为了保持水土，也必须实行这一农业计划了。植树造林是重中之重，因为草根和树根可以牢牢地固定土壤，避免风沙和降水造成水土流失。每块麦田都要用草地和森林围起来，加以保护。这样的景观曾在哪里出现过呢？原来是欧洲的景观搬运到了美国。

色彩斑斓的景观让人心情愉悦。在湖泊、森林和小山之间，麦浪涌动；河道和道路蜿蜒至远方；沼泽闪烁着幽光……这一切为什么是这样的？又为什么让人觉得美丽呢？所有画家都会回答："世界就应该是这样，因为这才是它本来的模样。"也许画家相信，千百年来，要画出一幅"美丽的风景画"，始终都需要构图比例得当，并实现生态均衡。当然，德墨忒尔只有牺牲部分古老的林地、湖泊和平原才能开辟粮田，但绝不能让一方压倒、驱逐另一方。

我们在达·芬奇的日记中读到，大地是有生命的，岩石是筋骨，植被是头发，而水流则是血液。这并不是诗意的夸张，而是完完全全的现实。大地的确是有生命的，种种液体在它体内流动。它的每一部分都与其他部分一脉相连，共同律动。在大地上生长的万物都由大地联结在一起，呼吸空气，吸收养分，接受阳光雨露的滋养，向下扎根，向上成长。万物相生相克。艺术家称这种神秘的法则为"和谐"，不过我们最好称之为"平衡"。万事万物都互相依存，没有谁能够孤立存活。

所以，无论是粮田还是任何其他地貌，都不应当在农耕中占据主导地位。砍伐一片森林，究竟是为了给庞培[①]制造战船来追捕海盗，还是为了给纽约人在1940年印刷更多报纸，都已经无关紧要了。在任何情况下，只要过度砍伐森林，就是对自然界生态环境犯下了罪行，因为森林能够产生我们赖以生存的空气。植物通过蒸腾作用将水分散失

① 庞培，全名格涅乌斯。庞培（Gnaeu Pompey，前106—前48），古罗马末期著名的军事家和政治家，曾率海军平定了地中海地区的海盗。

到大气中，而只有有了水分，土地才能结出果实。人们知道这一点。可还有太多事情是他们不知道的！比如，人们就不知道沼泽地的功能。以往的观点是“沼泽地只会滋生疟疾。快把这块废地清理了！”但是，瑞士农学家埃伦弗里德·普法伊费尔在《生态农业和园艺》中表明，沼泽地为周围大片平原的空气提供了水分。也许仅仅依靠这片沼泽地，就有可能在干旱时期形成露水。如果遵循科技时代的理念，把沼泽地变成几亩耕地，又能得到什么呢？得与失孰轻孰重？这必须加以权衡。

就生物学角度而言，每一种生物都对整体生态具有重大意义。万物皆有定时，也有属于自己的位置，绝不可以强行使其消失，脱离原本的位置。按照本来的规律，生物才能繁盛。就让草原植被顺其自然地生长吧，不要用犁将其翻入地下，开垦农田。这是大型沙尘暴和重大洪灾给我们的教训。我们要记得，德墨忒尔不仅是谷物女神，也是所有生物的女神。她捍卫一切生物，向各国发出了警告。

◇ 124 ◇

美国人必须学一些新技术了，不过美国人喜欢学习。最初，城里人在沙尘暴来袭时第一次品尝到了黑土真正的味道，感到讶异。后来，他们知道了沙尘暴的成因，就希望消除这种现象。政府还将相关内容编入了学校教材。很快，就连最小的孩子都知道，密西西比河每年会将 3 亿吨沃土冲刷到海洋中，永远成了海洋的一部分。遏制水土流失成为一项国家要务。数以百万计的人丧失了所有财产，但他们意志力顽强，无比乐观、不惧挫折，始终蔑视灾难。政府的水土保持部也相应成立。有了充分的知识和充裕的资金，不就能通过新型改良技术来弥补过去的错误了吗？

美国人似乎生来就有一种能力：如果他们已经下定决心在未来避

免某个错误发生，就会坦率地承认错误、痛改前非。所以，1937 年 6 月 3 日，罗斯福才能够在一场历史性讲话中，宣布危机已经成为过去。他对国会说道："通过沙尘暴、洪水和旱灾，大自然已经反复发出尖锐的警告。我们如果想为自己和子孙后代保护自然资源，保证国民生活欣欣向荣，就必须在为时未晚之际采取行动。"

"经验告诉我们，审慎经营我国农业，需要高瞻远瞩。洪水、旱灾和沙尘暴都真切反映出，大自然拒绝容忍人们继续滥用其馈赠……"

他所谈论的事情确实已成往昔。如今，曾经荒芜的土地上已经长满了树林和树篱。梯田的形状与面积也经过调整，从而调蓄水流。人们播下草种；平原上绿毯无边。这就是卡尔·桑德堡所说的伟大的征服者："我就是草；我覆盖了一切。"借助数百万人的勤劳与智慧，古老的大地上旧貌换新颜。

面包、健康、经济以及人的灵魂

面包有思想。

——意大利谚语

◇ 125 ◇

机器侵犯了自然，这一点不仅体现在农业领域，也体现在营养学领域。科学家逐渐意识到，现代面粉加工厂对人们的健康无益。

面粉厂能有什么问题呢？可以肯定，在所有人类使用的工具中，碾磨机是他们最好的朋友。人们完全有理由赞同比利时诗人埃米尔·维尔哈伦的美妙诗句：

每座磨坊都像长矛和尖刀，
将扭曲、磨损、破碎之物统统碾磨。
抵挡寒霜侵袭，挣脱水流魔爪，
就连那天空中的肆虐狂风，也一样胜过。

然而，尽管磨坊的作用毋庸置疑，它还是碾碎了不该碾碎的东西。

科学观点在美国的传播速度可以说是快得惊人，有点像迷信在中世纪以迅雷不及掩耳的速度席卷欧洲一样。刚刚有人听说“我们吃得不好”，或者“我们都吃错了”（例如，1930年，卡莱特和施林克在《一亿只豚鼠》中表达了这一观点），就立刻会有数百万人惊慌失措。投入到食品工业的巨额资本每天都能创造惊人的利润（从而产生新的资本）；但这也让人们的疑虑与日俱增。数百万消费者开始变得满腹狐疑，纷纷捍卫起了自己的盘中餐。现代人不仅希望食物能填饱肚子，更希望食物能改善健康。这是前所未有的观点。

正因如此，“一战”后不久，美国人就开始对他们吃的面包进行了认真的思考。他们吃的是什么面包？他们吃的是帕尔芒捷的终极追求：不含麸皮的面包。帕尔芒捷认为，这种面包的缺乏曾在社会上造成了深重的苦难。那时的人们与其说在吃面包，还不如说是在吃麸皮，吃再多都无法减轻饥饿感。麸皮不可避免，是因为那时没有机器能将其从面粉中剔除。（拉瓦锡曾批评过农民若使用领主磨坊必须缴纳的税费）

但在前文我提到过，1830年时，米勒和苏兹贝格发明了现代磨坊。他们放弃了石磨，而是将七组瓷和淬火钢制成的辊筒组装在一起。第一组辊筒的间距较大，能压碎麦粒，分离出胚芽和油脂，从而将其从面粉中剔除。其他辊筒继续碾磨粗粉，去掉麦皮，等待进一步加工制成特级面粉。最后，由间距较近的辊筒把麦粒中的淀粉成分碾碎，生产出白面粉。去除了容易变质的小麦胚芽，以及容易吸潮的麸皮后，面粉就更易于存放了。这种碾磨设备被称为瑞士磨坊或匈牙利磨坊，它在19世纪80年代革新了明尼阿波利斯的面粉加工业。沃什伯恩公司和皮尔斯伯里公司生产的白面粉风靡全美国……

迄今为止，人们只能碾磨软质小麦。北方的冬小麦太硬，会磨损磨盘，因此无法碾磨。但现在，硬质小麦也可以碾磨了。伟大的面粉加工公司推动铁路向东建设，靠近消费者，同时向西建设，连接小麦产区。接下来，自 1903 年起，所有面粉加工商都开始不断向布法罗迁移。尼亚加拉瀑布诱惑着他们，面粉加工商会利用巨大的激流带动水磨。

人类已经取得了进步。1875 年，查尔斯·B. 加斯基尔在布法罗修建了第一座面粉加工厂，并将其与霍勒斯·H. 戴发明的水力系统相结合，利用尼亚加拉瀑布的水力能源。湍急的水流仿佛 500 万匹飞驰的白马，带动碾磨机器的运转，全国的小麦都不在话下。而在古老的庞贝，磨坊中只有两匹小马拉磨。人类真的取得了进步！

面粉的碾磨量提高了。但质量呢？面粉加工厂还在不断向具有强大动力能源的中心地区靠拢，却有一批人突然在 1920 年前后大声表示质疑：“可是，你们剔除了小麦的粉质胚芽！”人们在使用石磨磨面时，麦粒中的所有成分，包括麸皮、淀粉和胚芽，全都一起磨碎了。麸皮中含有矿物质，而胚芽又是重要的维生素 B_1 来源。但高度碾磨的工艺去除了麸皮和胚芽，这样的面粉做成的面包怎么会有营养呢？数百名医生开始提出质疑。

面包的确富含卡路里。虽然小麦生产及碾磨技术有了长足发展，但面包的能量几乎没有改变：每磅 1200 卡路里，每盎司 75 卡路里。而且面包很便宜；在同样摄取 75 卡路里的情况下，1 盎司面包是所有食物中最便宜的。现代科学也已强调并证明了摩西、耶稣、梭伦、柏拉图都深知的事实：面包能满足饥饿，也是非常好的能量来源，远胜于其他任何食物。然而，1920 年前后，美国人均面包消费量下降了至少五分之一。美国人开始喝果汁，吃蔬菜、水果以及其他富含维生素的食物。反对高度碾磨精制面粉的宣传助长了这一趋势。

许多注重饮食的美国人现在开始吃全麦面包了。他们受到了广告大力宣传的影响，认为只有全麦面包才相当于祖父母吃过的“石磨面粉”；据估计，祖父母的面粉中保留了约 60% 的维生素 B_1。但不久之后，白面包又开始重新夺回自己原来的地位。尽管面粉厂主走错了方向，但面包师又重回正轨。事实上，说服面包师并不容易，联邦食品委员会用了三本大部头，才推动他们采取行动。不过后来，在化学家的帮助下，他们能够将流失的维生素 B_1 再补充到面团中了。哥伦比亚大学教授亨利·克拉普·薛尔曼确定了种种方法，来补偿碾磨过程中损失的营养物质：添加脱脂奶粉和富含维生素的酵母，将小麦胚芽加入面粉或面团，以及在烘焙过程中添加维生素和矿物盐。此类方法已经应用到了美国每年烤制的 150 亿个面包中，恢复其营养成分。《面包师周刊》总结了所取得的成果：1941 年 10 月，30% 的白面包得到了营养强化；1942 年 6 月，这一比例增至 55%；到了 1943 年 1 月，达到了 75%；最后，政府强制要求所有白面包都进行营养强化，作为战时一项保证健康的重要措施。（全麦面包自然不需要进行强化）根据该法令，营养强化面包是指使用营养强化面粉制成的面包，或是“揉制面团时在普通面粉中添加了同等营养成分”的面包。

1941 年，大陆烘焙公司通过实验，研发出一种革命性的磨面技术。该公司改进了“厄尔工艺”（只去除最外层的小麦壳，去掉全麦的苦味），使白面粉得以保留 75% 的维生素含量。这一发明给棕色全麦面粉带来了沉重的打击，也削减了维生素的高额利润。斗争如火如荼。在全麦面包和营养强化白面包之间，商业领域和科学领域的竞争并未偃旗息鼓。不过消费者能从中受益，因为双方都在努力争取消费者的青睐。其实自从 1673 年，巴黎大学发起了“关于酵母的问题”的研究，调查松软的白面包是否比农村硬面包更有营养之后，消费者就一直在不断受益。竞争促使面包师提升烘焙水平，烤出更好的面包。在巴黎流行戴假发的年代，人们比拼的是警句和韵文；而在美国，两大面包阵营都设下了广告陷阱，想要抓住消费者的心。

◇ 126 ◇

在面包史的记载中，两次世界大战之间的那 20 年一定还会有个别称：卫生时期。这个词带有一些讽刺意味。因为如果罗斯福总统就美国农业未来发表演讲后才一年多，希特勒就注定入侵整个欧洲，并人为制造饥荒，致使民不聊生，那么，用所有新型方法保存面包中的营养成分还有什么意义？但是，就像李比希所说，战争不过是偶发事件。而人类进步会伴随战争，超越战争。人们在改善面包卫生方面所取得的成就是不会再因战争而失去的。

有人可能会认为，自从人们发明面包以来，就一直关注面包的洁净状况。但事实绝非如此。1886 年，维尔哈伦在第一本诗集《弗拉芒的女人》中，以现实主义笔法描述了比利时面包的烘焙方式：

侍女们在准备礼拜天的面包，
拿来了最好的奶，拿来了最好的面，
她们眉头紧皱，手肘向外支出；
汗水浸湿袖子，滴在和面缸里面。

她们双手不停动作，腰肢不断扭动。
紧紧的上衣里，喉咙也在颤动。
沾了面粉的拳头猛击面团，
将它揉得像酥胸一样圆润。

> 热浪蒸腾；煤炭通红。
> 柔软的面包胚两两放进烤盘，
> 送进圆顶烤炉。
>
> 可突然间，熊熊火焰窜出来，
> 滚烫，鲜红而热烈，就像一群猎犬，
> 猛地跳出来，噬咬她们的脸。

人们绝不会想到面包会有卫生问题。维尔哈伦笔下的侍女烤面包的方式和几千年前的希腊侍女一样。（卢浮宫的陶像就展现了这一点）《圣经》说，额上的汗水是上帝赐予一切人类劳动的点缀。但汗水似乎还是揉面团的好佐料。人体汗液中含有不同浓度的氯化钠，还有尿素、尿酸、乳酸、甲酸、丁酸和辛酸。几千年来，面包房里一直有这些物质，而且面包也并不难吃。

但 1920 年前后，面包的烘焙方式再也不像维尔哈伦年轻时所见到的那样了。面包厂中出现了机器，取代了人工劳动。在一篇题为《面包》的故事中，约瑟夫·赫格希默描述了“一战”接近尾声时美国面包厂的样子：

> 第二天早上，奥古斯特·特恩布尔开车去了特恩布尔面包厂。面包厂是一栋高大的长方形砖制建筑。办公室正对大门。工厂大院里行驶着笨重的送货卡车，震耳欲聋的嘈杂声不断回响。奥古斯特看到，所有的车辆上都新贴了一张临时标签，宣传又一种新型战时面包。标签上还附带着爱国宣言：“用小麦打赢战争。”他还是一如既往，对巨大的面包托盘着迷，生产线上源源不断的面包都是他凭借自己的能力苦心经营的结果。每块面包都密封在卫

生的纸袋里；人们普遍迷信卫生，这对他的巨大成功也同样起到了不可低估的作用。他喜欢把自己想象成一股强大的力量，把自己的工厂想象成一座城市赖以生存的粮仓。一想到成千上万的人，无论男女老少，都等着买他的面包，如果买不到还可能要挨饿，他就感到非常欣慰。

这篇故事讽刺的是主人公，一个令人讨厌的家伙。不过，“人们普遍迷信卫生”并不是讽刺。1913 年，工厂调查委员会对纽约面包厂进行了全面检查，结果充分显示面包厂普遍缺乏卫生设施。由于地窖租金便宜，有近 2400 家面包厂设在地窖里。在 C. M. 普赖斯医生的率领下，六名医生组成了委员会，对这些地窖里雇用的 800 名面包师进行了体检，证实其中 453 人患有疾病。32% 的人患有肺结核、风湿病、贫血和性病；26% 患有慢性卡他性炎症；12% 患有视力疾病；7% 患有“揉面痒病”，这是一种湿疹，早在中世纪便是众所周知的面包师职业病。这样的生产条件需要改革，但实施卫生措施并不符合血汗工厂的本质。只有大型企业才能采取必要的措施。

当然，满足卫生条件并不是促成大型面包企业的动机。建立大型工厂，是因为它符合经济学的逻辑。根据经济规律，即使有 2 万家小企业，也无法运作煤炭开采业，小企业满足不了世界对煤炭的巨大需求。同样的规律也开始在面包加工业产生影响。不过，在这个行业，规律没有那么绝对。因为几千年来，烤面包一直是一门手艺。即使今天，在乡村和小城镇，只要有几个会安排工作、水平高的好面包师，也完全能供应所需的面包。但在纽约、伦敦和圣彼得堡这样百万人口级别的大城市里，私人面包房已经被面包工厂淘汰了。面包不再由某个面包师供应，而是由生产商提供。他们的卡车队每天早上会把面包送到商店里出售。

在现代大都市，生产面包要消耗极大量的原料。1924年，大陆烘焙公司的106家面包工厂消耗了超过300万桶面粉、6000万磅糖、1000万磅鸡蛋、2500万磅牛奶、1100万磅盐、175万磅起酥油和900万磅酵母。大规模的消耗产生了以往面包师不曾遇到的困难：过期面包造成的过度损失。面包这种食品极易腐烂，不仅是其本身的性质使然，从商业角度来看也是如此。消费者总是会选择新鲜面包，而不是陈旧面包，可制造商根本无法预计当日的面包销量。1923年，斯坦克利夫·戴维斯和威尔弗雷德·埃尔德雷德为斯坦福大学食品研究所调查了过期面包的损失。两人都发现，面包厂的平均损失为产量的6%～10%。个别情况下，比例可高达25%。其中的情况很复杂，因为大型面包生产商与食品经销商之间没有签订固定合同，所以未售出的面包可以退回厂家。结果，过期但于健康无碍的面包又被送进烤箱，烤成了新的面包！而且数量多得惊人。1917年11月，据美国食品管理局估计，过期面包退回面包厂造成的损失“每年超过60万桶面粉”，经济损失高达上百万美元。在第二次世界大战中，政府首先采取的一项举措就是禁止过期面包退货。无论新鲜与否，面包都必须被吃掉，否则这就是经济和道德上的双重罪行。

我们的子孙后代可能不会见到过期面包了。他们将无法理解中世纪传说中“吝啬鬼迈因茨”的故事：迈因茨由于拒绝把一袋新鲜面包送给穷人，而是一直放到面包变质，最终就被魔鬼带走了……过期面包不会再出现，是因为面包变质是一个化学问题，终有一天能够克服。过去的化学家认为，导致面包变质的主要原因是水分的流失；但是奥斯特瓦尔德[①]在1919年进行的实验似乎表明，淀粉含量的变化才是这

① 奥斯特瓦尔德，全名弗里德里希·威廉·奥斯特瓦尔德（Friedrich Wilhelm Ostwald，1853—1932），出生于拉脱维亚的德国籍物理化学家，是物理化学的创始人之一。1909年，因其在催化剂的作用、化学平衡、化学反应速率方面的突出贡献，被授予诺贝尔化学奖。

一过程的主要因素。一般来说，如果化学家能够确定是哪一步造成了最终结果，他们就能“纠正这个过程”。奥斯特瓦尔德发现，糊化的淀粉糊会在加热时恢复到新鲜状态。这个发现至关重要，但面包加工业没有兴趣继续研究。这个行业和其他行业一样，都希望快速周转，获得盈利，所以对面包保鲜没有兴趣。不过，面临战争的紧急局势，人们可能会被迫改进面包的保鲜手段。在拿破仑时代（1810 年），曾有一个名叫尼古拉·阿佩尔的瑞士人，向世人展示了如何将水果煮熟并放入密封容器中进行保存。今天，显然也会出现这样一个人，向各国军队展示他们如何能够摆脱战地面包房的负担。

士兵想吃优质面包。“二战”期间，即使是在丛林和沙漠中，在天气最恶劣的情况下，也有人为他们烤制优质面包。但是，真的有必要与这些困难作斗争吗？难道不能在更好的条件下预先烤好面包吗？

现在还做不到。不过也不一定。1942 年 11 月，据报道，英国第八集团军在埃及阿拉曼地区俘虏了德国战俘之后，发现战俘带着“数月前在慕尼黑烤的新鲜面包”。也许这个故事并不真实，但它预示了未来的发展方向。

◇ 127 ◇

在美国，第一个认识到面包适合大规模生产的，是 W. B. 沃德。沃德是美国面包加工业真正的开创者，可以称得上是“面包加工界的拿破仑”。1849 年，沃德家族从纽约的一家小工厂起步，到了 1912 年，沃德家族经营的面包公司市值已达 3000 万美元，面包厂遍布东部与中西部。1924 年，沃德成立了大陆烘焙公司，并在半年内就收购了 20 余家烘焙公司。沃德随后筹集了 20 亿美元的资金，将通用烘焙公司与大陆烘焙公司合并为一家超级公司，这个庞然大物将控制整个面包行业。沃德自诩利他主义者，他希望控制“世人的命脉”，“最终使美国人民以公道的价格享有健康食品，每个孩子都有权健康地出生、健康地入学，逐渐成长为身心成熟的美国公民”。但这时，政府出面干预了。很明显，这家新成立的面包公司看起来将会成为托拉斯，经过精心谋算之后扼杀所有竞争者。而这与反托拉斯法的规定是相悖的。

1929年，沃德还没有完成自己的远大计划就去世了，但他的确把大型面粉厂吓得战战兢兢。因为，如果有任何资本家集团成功统一了整个面包行业，并进行统一管理，那么面粉行业将要被迫以他们指定的价格来出售面粉。为了防止这一局面出现，面粉公司开始通过收购进入面包行业。1931年，金粉公司和标准面粉公司采取了一项近2000年来前所未有的措施：二者把自己和面包商的利益结合在了一起。自古罗马帝国时代起，磨坊主和面包师就分道扬镳；如今，他们再次尝试联合起来。

沃德的宣传体现了很有趣的一点：在现代美国（以及世界其他地方），广告的主要伎俩就是坚持推销“健康”。事实上，也不能说这完全是虚假的说辞。产品达到洁净的标准，是现代工业发展过程中无心插柳的结果，但它具有重要意义。工业通过促进健康，能为它的残酷本质“赎罪”。在面包加工业，“未经人工加工”这句口号成为重中之重，也是终极目标。这意味着，将有无数员工会因此脱离这个行业。但这句口号本身并无恶意。

面包生产全程不经人手接触（即避免沾染细菌），直接“从磨坊到餐桌”的概念确实已经广为宣传，因为整个面包加工过程都实现了机械化。1850年，法国著名物理学家阿拉戈向法兰西科学院展示了第一台机械式揉面机。那是一个相当小的圆桶，似乎是被妖精敲得砰砰作响。今天的揉面机已经变成了一架机器，有强大的钢铁臂，能以惊人的速度穿透面团，将其揉匀，使其酥松。而且机器不会出汗！像农业一样，现在面包加工也有了自己的钢铁仆人，包括筛面工、搅拌工、揉面工，还有一些以前不存在的工种。

在面包师还是工匠的时候，烤面包的过程是充满变数的。自从面包厂开始机械化，面包的种种参数就进行了严格的界定。其制作方法与过去面包师或家庭主妇的工序截然不同了。配料会事先精确称重，并在搅拌机旁摆放好待用。然后，配料按正确顺序倒入搅拌机进行混合，直至揉成稠度刚好、温度精准的面团；接着面团倒入大缸，带到温暖的房间进行醒发，再送入斜槽，运送至称重分割机，将大面团经过精确称量，分割为同等重量的小面团；然后，面团进入设于上方的醒发箱进行二次醒发；醒发后的面团进入整形机，将球状面团变成条状，自动落入烤盘；烤盘中的面包胚滑向醒发箱，进行三次醒发；最后，烤盘被推进巨大的烤箱，温度精准保持在约 450 至 500 华氏度之间[①]。面包烤好后就从烤箱中取出，倒在架子上进行冷却，最后包装好运送至商店。

◇ 128 ◇

面包师的烤炉变成了机器人！

我们不安地走近了这台在辛辛那提制造的庞然大物。我们看到一堵巨大、光滑的墙，上面满是只有工程师才能读懂的刻度盘和测量仪。到处是闪烁的开关和操作杆，让外行人不敢靠近。我们看到了“计时器”“恒温器”“托盘指示器”“排风罩开关”……这还是烤箱吗？这就是福尔纳克斯和伊什塔尔等女神居住的房子吗？这的确不假。不过，它同时也是机器人。

那么，自古以来激发人们的热情与骚动，那种神奇的物质结合与

---

① 约为 232℃至 260℃之间。

转化，或者说是创造面包的神秘过程已经终结了吗？不，完全没有。它仍然存在于民间传说里，存在于梦中，尤其是在那些城市机器尚未触及的地方，比如东欧的村庄。

美国的面包厂就雇用了许多波兰工人，对他们来说，面包也许和其他工业产品没什么两样。但是这些工人来自移民家庭，还有表亲仍在波兰务农，对这些父亲和表亲而言，面包仍然有着截然不同的意义。在他们的祖国（当然是在和平时期），面包模具和发面桶是代代相传的，因为这些古老的工具常年用来做面包，所以人们熟知面团在其中发酵的状态。在波兰村庄里，如果旧的面桶裂开了需要新的，人们就会催促箍桶匠赶紧修补，因为他的勤劳精神能感染面团，让面团也“勤快”起来，这样面就会发得又快又好。人们认为每个面桶都是有生命的，都有自己的怪癖。有的喜欢温暖，有的喜欢寒冷；有的要求安静，有的不受噪音干扰。没有哪个家庭会把面桶借给别人，因为还回来之后它就会沾染别家的气味、学会别家的习惯。桶里装上面团时，要非常小心地搬动，还要盖上羊皮或者羽毛被。因为它是有生命的，面团发面时需要温柔的呵护，就像孩子一样不能受凉。

机器时代是人类经济社会史上的一个阶段，但这个阶段并没有抹杀之前的阶段。仔细研究便会发现，文明不过是一场骗人的把戏。不同的时代往往同时存在，各个时代的经历也在不断重复。罗马尼亚作家富洛普－米勒曾讲述了童年的经历：

> 一天夜里，我梦见早餐桌上放着一大条面包。母亲正要切面包时被人叫走了。她刚走，面包皮就裂开了，面包师的妻子伊达从柔软的白面包上站了起来。面包不见了；面包芯变成了伊达的身体，面包皮变成了她的头发。她那温暖的香味弥漫了整个房间；这香味太浓了，新来的女仆立刻被熏晕了，从椅子上摔了下来。

伊达对我说：“我这样做是为了让你知道，是我每天早上隐藏在面包里来找你的。但你要保密。”话音刚落，她的身体又变成了洁白柔软的面包芯，头发变回了面包皮，包住了面包芯。母亲进来时，那条没切开的面包原封不动地放在桌上。我一直对面包变成伊达的梦境记忆犹新。每次母亲切面包，我都能清晰地看到伊达在我面前。我吃面包时，总暗自想：“我吃的是伊达。”

这个现代儿童的梦境体现了面包神奇而又撩人的力量，这也是为大多数古代人所熟知的，因为拱形的烤炉就象征着母亲的子宫。烤炉是可能会嫉妒的。在马克萨斯群岛，当地人惯用香蕉粉烤面包，而刚烤过面包的男人当晚是不允许碰妻子的。“重返子宫”，也就是把男人藏入烤炉来躲避敌人，也是许多传说和童话故事中的元素。七年战争结束后，一位西里西亚妇女就夸口说，她曾把普鲁士国王腓特烈大帝藏在她的烤炉里，躲避奥地利人追杀；为了阻挠他们搜查，她在烤炉前后还放了两个装有排泄物的陶罐……如果弗洛伊德知道一些关于面包的民间传说，他可能会在自己的理论中加入传说里许多隐藏或表达愿望的符号与象征。另外，提出母权制理论（女性在早期人类社会组织中处于统治地位）的 19 世纪伟大瑞士人类学家恰好叫巴霍芬，意为“烤炉”。这可以说是个特别的暗示。因此，我们经常会发现，一个人名字所具有的象征意义会与他选择的终身事业相吻合。

虽然面包的生产已经机械化了，但它种种神奇的力量似乎还未丧失。1452 年是个丰年，有两位瑞士贵族骑马经过麦田，发现了一个熟睡的孩子。但孩子太重了，他们两个人合力都抱不动。于是他们叫了几个农民来帮忙，孩子却神奇地消失了，而整片地区都散发着浓郁的面包气味。1940 年，这个故事又在东欧重现了。在饱受战争蹂躏的欧洲国家，人们在这个神话故事上寄托了希望。它并不是由外国传入，而是当地人重新构想的。意大利人认为面包有思想。不仅如此，它还是先知和猎人，拥有超自然的力量。1942 年，身处英国的美国士兵惊奇地发现，许多英国人真的相信面包可以找到溺水者。如果把水银（象征动荡）烤进面包（象征平静）里，再把面包扔进水里，就能吸引溺水的人，从而找到他。迷信的英国人还提出了一个真实事件来证明自己的观点。1885 年 9 月 18 日，在大约一万人的见证下，人们在林肯郡的斯坦福德进行了这个实验，并取得了成功。如今，战事四起，沉船事故频发，这一古老的信仰又复活了。它或许就源自《圣经·传道书》第 11：1 节中这句常遭人误解的话："当将你的粮食撒在水面，因为日久必能得着。"

所有关于面包的习俗都生生不息，遍布全世界。1943 年，在教皇庇护十二世面前，人们在罗马圣彼得教堂演唱了圣托马斯·阿奎那的面包赞美诗。这首赞美诗如今受到了前所未有的重视：

瞧！天使的食物赐予这，
努力奋斗的朝圣者，
看那天堂里孩子的面包。

托马斯·阿奎那说："无论是好人，还是坏人。"好人会拿面包，坏人也会拿面包。圣餐保佑所有人。神父教导信奉天主教的孩童，不能用牙咬圣饼，而是要整个吞下去。他向孩子解释说，可以吞下上帝，但不能咬他。无论是好人，还是坏人！许多人认为，吃圣餐对不信上帝者没有助益，其他人则不这么认为。几十年前，诗人纪尧姆·阿波利奈尔[①]曾写文章讨论了教堂中有只老鼠偷吃了一块圣饼的问题。他们

① 纪尧姆·阿波利奈尔（Guillaume Apollinaire，1880—1918），法国著名诗人、小说家、剧作家和文艺评论家，其诗歌和戏剧在表达形式上多有创新，被认为是超现实主义文艺运动的先驱之一。

想知道，老鼠会因此而过上更崇高的生活吗？这并不是在开玩笑。在经院哲学的年代，法国作家经常讨论这个问题。

基督教教派已经不再为圣饼的概念争吵不休了，但每个教派仍各执己见。鲁伦·S. 豪厄尔斯表示，美国目前有十多个基督教会，从极端的现实主义到极端的象征主义，通过不同的角度对“面包是耶稣的身体”这一观点进行了种种解读。这些教会全都很兴盛，会给礼拜者分发他们的圣饼。但如果有需要的话，他们也会义不容辞地把食物分给周围的人。在同盟国的战场上，当神父慰问垂死之人时，最重要的不是教义，而是大爱。

◇ 129 ◇

因此，我们的生活同时具有不同时代的特点，人们也在同时经历不同的时期，而面包一如既往地重要。表面看来，面包的重要性纯粹在于物质领域，但这仅仅是表象。在商业领域的奇观中，那些善于观察的人能够察觉到，面包具有超越物质的力量。事实上，物质力量常常在更广泛的精神斗争中发挥战士的作用。这种精神和物质的混战在20世纪是非常典型的。

1899年，美国爆发了一场关于泡打粉的争论。泡打粉由李比希发明，对人类无害，主要是为德国家庭主妇和面包师提供了一种更快捷的发面方法。而在美国历史上，美国泡打粉协会和皇家泡打粉公司相互竞争，试图挤垮对方，也早就不是什么新鲜事了。新鲜的是公众的反响。斗争开始时，两家公司分别污蔑对方的产品有毒；而一年后，演变成了全国性斗争。在全国各地，双方的狂热支持者在争论一种被称为明矾的硫酸铝是否有害健康。许多名人，比如美国著名化学家、食品打假人士哈维·W. 威利（1844—1930），也加入了这场争论。在报纸上，明矾之争的风头甚至盖过了日俄战争，国会陷入了说客的围攻。接下来的审判持续了数年，当时美国政治惯用的贿赂参议员和众议员等腐败手段也纷纷上阵。许多说客遭到控告，企图自杀，或是告发同犯，或是逃之夭夭。后来，亚伯拉罕·莫里森将陈述、意见书、起诉书等整理成两卷文件，多达 2000 页。

这场斗争是对手公司发起的，但它是打着面包的旗号进行的，声称是为了保证面包纯净，保证公众生活纯洁。罗斯福总统也就是在这一时期，"读了厄普顿·辛克莱的一本小说，看到了其中关于香肠可能含有什么物质的描写，就把香肠扔到了窗外"。政府开始实施《纯净食品及药品法案》，用酸来漂白面粉的面粉加工厂主都被判入狱了。[①]

这场斗争或许是"物质"的，但其中的关键问题是面包是否有益健康。同样是在 1899 年，在世界东部神圣俄国的土地上，关于圣餐变体的古老战争又重新打响了。托尔斯泰在小说《复活》中的嘲讽最为强烈。

对托尔斯泰这样伟大的艺术家，我们没有办法去责备他。他这样描述道：

> 礼拜开始了……先是一个身穿特别古怪的、极不方便的锦缎法衣的神父，将面包在碟子里切成小块，再将它们放进盛了酒的大酒杯里，嘴里一直念着各种各样的姓名和祷词。与此同时，诵经士不停地先是念着……这些斯拉夫语祷词本来就难懂，现在读得……太快而更难懂……
>
> 礼拜的实质据说是，神父将切碎的面包浸到酒里，通过巧妙

---

① 1906 年，美国社会学作家厄普顿·辛克莱出版了小说《屠场》，除暴露美国政治腐败的问题之外，还对芝加哥肉类罐头工厂令人作呕的罐头加工过程做了细致描写，引起了强烈的民愤。6 月，美国总统西奥多·罗斯福签署通过了《纯净食品和药品法》。

◆ 泡打粉托拉斯爆炸了

的手法和祈祷，就变成了上帝的肉和血。这些巧妙的手法是这样的：神父尽管穿着碍手碍脚的像口袋一样的锦缎法衣，但能从容不迫地、平稳地举起双手，然后就这样举着双手跪到地上，吻着桌子和桌上的东西。最最主要的动作是，神父双手拿起餐巾，均匀平稳地在碟子和金酒杯上方来回拂动。据说面包和酒就是在这个时候变成了肉和血，所以礼拜做到这一步气氛特别庄严……

……在场的所有人谁都没有想到，这里所做的一切是极严重的亵渎，以基督的名义所干的一切正是对基督本人的嘲弄……他（神父）不相信面包能变成肉……这些都是无法相信的，他相信的只是必须相信这个信仰。更主要的，18 年来他奉行这个信仰的圣礼所获得的报酬供养了他的家庭。[①]

由于上文对圣礼的嘲笑，托尔斯泰于 1901 年被东正教教会驱逐。在这驱逐的背后，有非常强大的世俗力量——因为攻击东正教众就是攻击沙皇，挑衅王位，危害人民安全。世俗动机与精神动机相伴而生。俄国最高级别的教会要员、圣议会的高级诉讼代表康斯坦丁·波别多诺斯采夫声称，即使无法处死托尔斯泰，也要烧毁他的灵魂。对历史学家来说，这样的声明是否有效并不重要；而对我们来说，问题是：托尔斯泰是否实现了他所追求的目标？毫无疑问，大部分俄罗斯信徒并没有读到他的作品。当然，他更没有触动罗马天主教。杰出的政治家、思想家和心理学家，教皇利奥十三世（1878—1903）宣称：“圣餐的圣饼将成为 20 世纪的主导因素。”自他发表这一声明以来，40 年过去了。他没有完全说错。在“二战”期间，天主教会及其礼拜仪式的核心——面包的变体，发挥了前所未有的重大作用。

① 译文摘自列夫·托尔斯泰：《复活》，安东、南风译，上海：上海译文出版社 2010 年版。

希特勒的“饥荒条约”

剪虫剩下的，蝗虫来吃。蝗虫剩下的，蝻子来吃。蝻子剩下的，蚂蚱来吃。

——《圣经·约珥书》

◇ 130 ◇

“二战”中，面包沿着哪条路线前进？是沿用了“一战”的轨道吗？还是早早就走上了岔路？

“二战”爆发后，柏林农业部长立即开始宣传黑麦。这次宣传运动经过了精心准备，宣传海报的显著位置写着“吃黑麦面包吧。颜色不代表营养。黑麦面包让人气色好”。虽然没有指名道姓，但这张海报还是对小麦含沙射影。德国政府并不知道这场世界大战会持续多久。但它从上一次世界大战的经验中得知，国内产的小麦是不够的，而且如今再也无法进口美国小麦了。因此，政府让民众做好吃黑面包的准备。

如果产品好，不必特别费心做广告。要想反对黑麦，可以说小麦比黑麦的蛋白质含量高，但德国人还没有习惯小麦的口味，所以小麦很容易被扳倒。英法两国人可能会同意老普林尼的看法：“黑麦价值不高，只能用来果腹；黑麦穗产粮量高，但面粉颜色暗，令人反感……”但德国人觉得黑麦味道更好。1936 年，德国（约 2.8 万家）面粉厂研磨了约 900 万吨粮食，其中包括 480 万吨黑麦和 420 万吨小麦。因此，德国人均拥有约 300 磅粮食。战争开始时，面粉总消费量没有改变，不过小麦和黑麦的比例发生了重大变化。

1935 年 5 月 3 日，德国政府于愧意中颁布了面包法，规定面包粉中必须含 10% 的土豆粉。德国是黑麦之乡，但只有黑麦是不够的，面包里必须添加其他粮谷。在 1935 年，农业部似乎很清楚战争部的计划。

土豆是一种很好的蔬菜，但它不是谷物。过去 400 年的历史充分表明，无论什么时候在面包中加入土豆粉，其比例都会越来越高。面包中土豆粉的含量并没有停留在 10%，这使得面包中水分和淀粉含量都上升了。

但是，德国在参战时，国内的土豆储备创下了历史新高。1937 年，德国人收获了近 5300 万吨土豆，约占世界总收成的五分之一。因为德国人深知，除了脂肪和蛋白质，土豆几乎可以提供所有营养成分。无论如何，在现实层面，土豆一直都是德国人最好的朋友。尽管在 1848 年革命失败后，哲学家费尔巴哈曾愤怒地喊道：“吃土豆的人干不了革命。”想必他是说，德国人民饮食中蛋白含量低，使得他们性格软弱。这个理论相当值得怀疑，因为以土豆为主食的爱尔兰人就总是在进行大大小小的革命。

自从腓特烈大帝公开吃土豆，让普鲁士人相信土豆无毒的那天起，土豆就成了德国人非常珍视的食物。在战争初期，纳粹农业部长瓦尔特·达里觉得利用土豆做宣传会有很好的效果，就散布谣言说：“英国飞机空投了科罗拉多马铃薯甲虫的幼虫。”比起大肆宣扬战争中的暴行，指控英军攻击德国民众喜爱的土豆更能激起德国农民的愤慨。“英国攻击土豆”的谣言功不可没。这让德国农民深信，他们一定要与如此残暴无情的敌人斗争到底。

◇ 131 ◇

德国农民听信了希特勒的话，相信他会成为“农民的总理”。他们虽然很精明，却非常轻信。如果他们再仔细听一听，就会听到希特勒这个大喇叭，一方面承诺帮助“村里的小农”，另一方面又大肆宣扬要帮助“城里的小市民”。也就是说，他向卖粮食的承诺高价出售，又向买粮食的承诺低价购买。希特勒显然欺骗了双方，但农民并没有注意到这其中的自相矛盾之处；他们也没有听到，曾向他们承诺要击垮大庄园的希特勒也向容克地主阶级[①]承诺在农民起义中提供武装力量的保护。从来没有哪一个国家的各个阶层遭到了如此彻底的背叛。农民并不比其他阶级愚钝，但也并不比其他阶级更聪明。尽管农民自古以来就十分多疑，但希特勒还是成功地骗过了他们。

对魏玛共和国来说，开辟新的可耕地是重中之重。假如这个问题得到了及时解决，那希特勒可能永远不会掌权。共和国政府行动无方，举棋不定，为希特勒提供了借口。他呼吁道：“定居者的渴望一直没有得到满足。”他口中的“定居者”是希望在新土地上定居的人。而当背叛大师希特勒上台后，他又再次背叛了这些已经遭到政府背叛的定居者。

在德意志帝国，农民阶级基本没有受到尊重。这算不上是大城市

---

① 容克地主阶级，原为普鲁士的贵族地主阶级，后泛指普鲁士贵族和大地主。16 世纪起长期垄断军政要职，掌握国家领导权。19 世纪中叶开始资本主义化，成为半封建型的贵族地主。他们是普鲁士和德意志各邦在 19 世纪下半叶联合反动势力的支柱，以及德国军国主义政策的主要支持者。

的错，因为那里的人根本不了解农民；更主要的还是小镇居民的问题，因为他们太了解农民了。德国人的理想生活就是小镇生活。在想象中，看酒窖的人是镇上的重要人物，会为上等人敞开酒窖门供其挑选；最无足轻重的邮递员穿上制服以后，看起来也像是和皇帝用一个模子刻出来的；而在现实中，农民受到了深深的鄙视。他们满头大汗，穿着高筒靴，身上散发着粪肥的臭味，来镇上购物的时候，小镇居民都对他们怒目而视。

第一次世界大战彻底改变了这种情况。也许正是因为接触过真正的农业国家人民，接触了俄罗斯人和塞尔维亚人，才让无数小镇居民思念故土。在炮火的轰鸣声中，他们梦想拥有一块属于自己的土地，那将成为对抗军国主义和泛日耳曼主义的最好武器。

事实上，在这场可怕的战争中，德国人也遇到了一些奇怪的民族，比如保加利亚人。1918 年春，德军总参谋部非常惊讶地听说，保加利亚列兵预计他们 9 月 15 日就要回家了。兴登堡[①] 报告了此事，把这一谣传归咎于协约国的政治宣传。但德国人并不知道，数千年来在东南欧，9 月 15 日一直是“厄琉息斯周”的开始。这时谷种将重返大地，冬播也随之开始。到了 9 月 15 日，保加利亚农民准时脱掉了制服，离开萨洛尼卡前线，回家种地去了。

到了 1919 年，许多德国人都梦想着自己种粮食、烤面包。1918 年 11 月，兴登堡率战败的德军回国时，对士兵们说：

> 同志们，大规模的安置准备工作正在进行中，将很快开始实施。归国士兵将最先接受祖国对你们的感激之情……国家计划使用公共资金，以低价为农民、园丁和工匠们购置数十万安置所……

① 兴登堡，全名保罗·冯·兴登堡（Paul von Hindenburg，1847—1934），德国陆军元帅、政治家、军事家。魏玛共和国第二任总统。

> 这项伟大的工作已经开始了，需要几年的时间才能完成。耐心等待一段时间。帮助受伤的祖国渡过最困难的时期吧；发挥你们的纪律性，凭借你们的秩序感，再次拯救我们的祖国。如此，你们就能确保自己拥有幸福的未来。

这一宣言一举开启了魏玛共和国的农业计划。1919年8月，由马克斯·泽林教授起草的《德国安置法案》规定将德国大庄园的三分之一地产划拨出来，用于重新安置。

也许只有在20世纪20年代初的德国生活过，才能理解人们是多么虔诚而强烈地渴望重新安置。工人和知识分子（他们口袋里常揣着汉姆生的书）每天都向老天爷祈祷能分到一块地……大城市的局势空前险恶，在政治问题、粮食短缺和煤荒的夹攻之下苟延残喘。《纽约时报》的记者林肯·艾尔误解了当时的情况，他写道："德国人实际上没有向农村迁移。"事实上，安置政策是有的，只是一骗再骗，让德国人"眼看着安置推迟到了'圣永远不再节'"，他们才最终不再期待了。因为没有哪个德国政治家，无论是左翼还是右翼，能像信奉天主教的布吕宁[①]总理那样，从大地主手中夺取土地。

几个世纪以来，德国东部地区都属于1.3万户家族的地盘。这些家族之间有着千丝万缕的联系，对所有外人都充满敌意。他们曾经真正属于普鲁士王国，最终并入了德意志帝国。没有哪个国王能铲除他们，也没有哪一届政府能够对他们施加限制。德国政府需要优秀军官时，他们就输送了最优秀的军官。他们还把自己的地盘治理得井井有条。腓特烈大帝虽然钦佩这些东部省份的贵族，但同时也咒骂他们。他在1768年写道："在上次战争期间，我对东普鲁士贵族十分不满。

① 布吕宁，全名海因里希·布吕宁（Heinrich Brüning，1885—1970），德国魏玛共和国时期的总理。他是德国历史上一个有争议的人物，他使用的紧急状态法令和针对纳粹党模棱两可的政策导致了魏玛共和国的灭亡。

他们的脾气不像普鲁士人，倒更像俄国人；而且他们能做出像波兰人那样的种种恶行。”如今这些普鲁士人的子孙后代没什么长进，也没有丢掉他们的秉性。1920年，容克地主阶级的特权受到威胁时，他们背地诋毁共和国政府，叫嚣政府“没收财产”、推行“布尔什维克主义”，从而阻止了法令的实施。实际上法令中根本没有提及没收财产，只想强制贵族出售一部分土地。兴登堡自己就是大地主，同时也是军官。他成为共和国总统时怒吼道：“这是为什么？我们大地主一直都在尽心竭力地照顾小农户的。”

1941年，德国末代皇帝威廉二世去世时，仍在国内拥有24万英亩土地。紧随其后的是普莱斯公爵；接下来是霍恩洛厄王子，拥有12万英亩土地，然后是霍亨索伦－西格马林根王族，拥有11.2万英亩土地。如果德国农民有机会读到可信的报纸，他们就会知道，由马萨里克领导的捷克斯洛伐克、亚历山大国王领导的南斯拉夫，以及纳鲁托维奇领导的波兰，都在“一战”后成功瓜分了大地主的地产。但德国报纸一心关注“文化的丧失”，也就是新成立的斯拉夫国家的“野蛮文化”，以及他们对德国少数民族的“压迫”，却没有报道这一重要事实。容克地主依然生活在大庄园里。魏玛共和国政府则在采取行动之前，先是任命了一系列委员会来调查农业问题。可等到报告终于写完之后，革命之火也已经被扑灭了。机会就这样错失了。

希特勒开始借此大做文章，煽动人民。他尖叫道：“共和国对小农阶级的敌人都在做些什么啊？”希特勒总是能恰到好处地找到德国的伤疤，并在上面撒盐。早在1925年，也就是他掌权前八年，纳粹党人发起了一个纪念日，悼念1525年德意志农民战争期间惨遭城镇势力和贵族屠杀的农民。纳粹党人曾考虑将托马斯·闵采尔被俘的弗兰肯豪森战役[1]定为全国农民哀悼日，但他们又想出了更好的主意。因为从历史角度讲，纪念闵采尔会冒犯资本家和地主，而后者是希特勒的资金来源。于是，纳粹党人转而说服了农民，让他们以为自己最大的敌人就是民主的魏玛共和国。纳粹党人还声称共和国并不民主，而是奉行布尔什维克主义。农民一定要拒绝向共和国纳税，农民遭受苦难，都是官僚和犹太人的错。与此同时，共和国官员对待农民生硬粗鲁，农场债务负担日益加重，许多农场还被强制拍卖，都仿佛在为希特勒的鼓吹进行伴奏，印证了他的观点。农民任由希特勒利用他们，实现他个人的目的。

◇ 132 ◇

希特勒不喜欢农民。这对他来说无可避免，因为他作为小资产阶级之子，是渴望向上攀爬、提升社会地位的。诚然，他知道面包很重要，因为他也经常挨饿，但还是毫不顾忌地背叛了生产面包的农民。

在他看来，农民没有能力进行统治，这个阶级在各国都受压迫。即使一些希特勒的追随者一度持不同意见，但亚历山大·斯塔姆博利伊斯基（1879—1923）的悲惨命运也严重地遏制了他们的想法。

斯塔姆博利伊斯基是保加利亚的独裁统治者，他曾试图只依靠农民的支持来统治全国。作为农民党领袖，他反对沙皇斐迪南一世举全国之力投入巴尔干战争的政策。他认为，一个民族如果能自给自足，便可与所有邻国和平共处。1915 年，具有德国血统的斐迪南一世力图让保加利亚加入同盟国时，斯塔姆博利伊斯基闯入了沙皇的房间，并以暴力相威胁。他喊道：“斐迪南，你这个科堡家族的人，你是我们国

① 弗兰肯豪森战役，德国农民战争末期农民起义军遭惨败的一次战斗。1525 年 5 月 15 日，萨克森、黑森和布伦瑞克的诸侯联军在弗兰肯豪森打败托马斯·闵采尔所率的农民起义军。闵采尔兵败被俘，5 月 27 日被处绞刑。

家的外来者，你的王位会被推翻的！”因为这一罪行，斯塔姆博利伊斯基受到军法审判，被判处无期徒刑。1918年9月，在德国战败前夕，他被释放了，带领农民军攻入了首都索非亚。斐迪南一世逃亡了，他的继任者鲍里斯三世别无选择，被迫把所有权力都交给了斯塔姆博利伊斯基。

斯塔姆博利伊斯基身材魁梧，有一头浓密的黑发，看起来饱经风霜、眼神锐利。1920至1923年，他强力推行农业治国。全国五分之四的人口都支持这一土地专政，也就是说，他赢得了全体农民的支持。但剩下的五分之一收受了意大利的大笔贿赂，组织了一场政变，并于1923年6月9日推翻了政府。政变背后的支持者是墨索里尼。他痛恨斯塔姆博利伊斯基。而痛恨的原因与其说是农业社会主义，还不如说是痛恨斯塔姆博利伊斯基向邻国南斯拉夫天真示好。墨索里尼想要的是孤立并包围南斯拉夫，为了达到这一目的，他希望保加利亚改朝换代。于是，他才出资挑起政变。斯塔姆博利伊斯基逃到了家乡斯拉沃维察的村庄，却被保加利亚的法西斯武装部队困住，身中数枪而亡。临终前，他喊道：“国际农民联盟，为我报仇！”

但国际农民联盟并不存在。

此时，希特勒正在策划1923年11月的啤酒馆暴动，斯塔姆博利伊斯基的死令他震撼。这件事让他知道，“法西斯主义比农民更强大”，要想追求真正的权力，最好不要依靠农民的力量。

然而，纳粹文献还是在一段时间内保留了“对农民友好”的农民政策。在希特勒成为全德国元首很久之后，他仍喜欢在贝希特斯加登[①]探讨一些学术问题，比如“在公元元年以前，德国人是嗜农者还是恐农者？”他发动达里为他写了一本书，题为《农民是北欧民族活力的

① 贝希特斯加登，位于德国巴伐利亚州东南部的阿尔卑斯山脚下，以希特勒的“鹰巢”闻名。1978年建立了国家公园，其中包括国王湖和德国第二高峰瓦茨曼山。

源泉》。这本书“证明”，要把德国人改造成农民，不一定需要基督教……当希特勒看到自己热切信奉的理念印成了白纸黑字，他就把这本胡言乱语的书当作纳粹文化政策的基石。在他看来，德国农民是对抗基督教的堡垒。他派人去农村煽动农民，劝说他们改宗，废除基督教节日，播种和收割还是应该让日耳曼诸神来守护。这个想法很荒谬，因为这种所谓的保护根本就不存在。如前文所述，古代北欧诸神掌管的是暴风雨、风和云，这些都是农业的敌人。不过，农民并没有受到这些无稽之谈的迷惑。他们反驳道，如果一定要信仰什么，那他们只会去祈求圣母玛利亚的守护，过基督教节日。由于农民拒绝合作，不愿恢复北欧的神话，希特勒从未原谅他们。

◇ 133 ◇

在德国各个阶级犯下愚蠢的错误，助纳粹掌权之后，纳粹很快就把对农民的虚假承诺抛在了脑后。魏玛共和国政府犯下了为头号敌人容克地主提供补贴的致命错误；仅 1926 至 1930 年，每年就有约 7 亿马克涌进容克地主毫无产出的庄园。魏玛共和国最后一任总理库尔特·冯·施莱谢尔试图向纳税人解释“援助东部”（即东普鲁士破产庄园）的情况，这使得兴登堡被迫将其免职。希特勒由此上位。到了这时，农民最急需机器来减轻劳动负担，提高生产力。希特勒执政六年后，新任德国农业部长赫伯特·巴克不得不承认，德国只有不到 2% 的农场配备了拖拉机。希特勒一直在给农民变戏法，耍花招，搪塞敷衍他们。这让他非常满足。1933 年 9 月 29 日颁布的《国家世袭农庄法》就是他的伎俩之一。

这项法律规定，面积在 125 公顷（约 309 英亩）及 125 公顷以内，足以养活一个家庭但不足以构成可进行资本主义剥削之庄园的农庄。

将成为“世袭农庄”。此类农场不得出售，不得抵押，也不得分割继承，仅长子享有继承权……禁止抵押贷款可以避免强制拍卖的情况，对几十万农民而言是一项有利的措施；但另一方面，农民即使想卖地也卖不了了。这项法律把农民束缚在了土地上，尽管这块土地是他自己的。而农场不可分割继承这样一条父权制法令，引发了普遍的不满情绪，因为长子之外的其他儿子都丧失了继承权。他们只能选择离开农村去镇上，或者成为没有土地的农工。此外，这项法律的执法指令中还存在一个重大陷阱：根据规定，如农民务农能力低下，即可没收其土地。怎么会有农民务农能力低下呢？原来，在法西斯专政下，效率低下的农民并不是忘记播种的农民，而是没有履行合格法西斯党员义务的农民。毫无疑问，希特勒通过《世袭农庄法》为自己赢得了许多支持者，因为反对者都被赶出了“世袭”农庄。

在政治上，希特勒从来不是粗通皮毛，也不是毫无经验。1933 年 10 月 1 日，他颁布新法律时发表的讲话就证明，他了解农民阶级的力量。“如果德国农民毁灭了，德国人民就毁灭了。”他还说，可想而知，工匠阶级如果破产了，应该可以重整旗鼓；中产阶级如果穷困潦倒，有朝一日或许还能东山再起；工业如果遭到彻底摧毁，还能通过努力从头再来；城镇如果一贫如洗、人丁稀少，也有可能重新站起来，走向新的繁荣；但如果把农民从土地上驱逐出去，任由其消亡，农民阶级就会永远消亡了。农民不仅保证国家的日常生计，还保障了民族的未来，缔造了有力、健康、平和、耐久的德意志民族。

希特勒当然不是粗通皮毛。他是个冷血的骗子，深知受他欺骗的农民具有怎样的经济价值。1939 年农民阶级被卷入战争时，其贫困程度史无前例。他们的劳动力遭到剥削，却没得到任何回报。他们在世袭农庄上大汗淋漓，可农产品却卖不出好价钱。但是，容克地主却能够重返德皇威廉二世统治时期的地位，又一次当上了军官。政府不是说过要分割大庄园，建立小型安置所分配给安置者吗？怎么没有音讯了？1932年，也就是希特勒上台前一年，政府新建了9000个农庄，有25万英亩土地用于安置。1937年，在“农民总理”希特勒的统治下，只有不到三分之一的农庄和土地分给了渴望土地的安置者。1938年，在戈斯拉尔举行的农业会议上，农业部长达里认为有必要为德国农民的贫困处境道歉：

> 在过去十年间，毫不夸张地估计，农工共流失了70万到80万人……我知道，经济困难、工人贫困以及农妇负担过重，严重扰乱了人民的正常生活，导致民不聊生。农村劳动条件恶劣，特别是农庄女工尤为短缺，给德国农妇带来了沉重的负担，使她基本无力养育多个子女……农妇负担过重，导致我国农业立法的实际目的很难实现。农村境况若沿此方向发展，可能会对全国上下造成无法弥补的损害，这一事实必须引起认真注意。德国农业阶级至今未能摆脱资本主义的束缚，复兴尚无可能。

当然，达里不能承认，毁灭德国农民的不是资本主义束缚，而是军事奴役。德国疯狂地重整军备，造成农村人口减少，农工被迫进城。但与俄罗斯和美国不同的是，德国农村没有大规模的机械化系统来弥补农工的流失。从1935年起，希特勒便全身心地投入到了即将发动的战争中。戈林[①]肆无忌惮地砍伐国内森林，一方面是为了高价出售木材，另一方面是为了清理林地，修建军用公路。150余万英亩肥沃的良田退出农耕，用于建设营房，修建军演机场和基地。根据马丁·贡佩尔特在《饥饿万岁》中的计算，由于备战而无法产粮的土地面积已经超

① 戈林，全名赫尔曼·威廉·戈林（Hermann Wilhelm Göring，1893—1946），纳粹空军司令、盖世太保首长，与希特勒关系密切，曾被希特勒指定为接班人。

过了德国的商品蔬菜种植总面积。

接下来就到了1939年9月1日。战争打响了！纳粹竟然厚颜无耻地告诉农民，打这场战争是为了获取新的安置地。德国农民现在可以去占领波兰农民的土地了，因为波兰人不会种地……德国千年来对土地的渴望终于能够得到满足了。报纸上除了宣传这些对农民的承诺，还在另一些专栏中向中产阶级宣布，一旦德国占领了拥有大型纺织厂的服装生产中心罗兹，服装价格就能下降。

波兰在20天内就沦陷了。几周前刚收割的庄稼没有遭到破坏。半年后，德国武装力量还占领了荷兰、比利时和法国的沃土。西欧多年来囤积的大量小麦立刻开始涌入德国。纳粹还在丹麦缴获了食用油，在挪威缴获了鱼。通过与匈牙利和罗马尼亚的结盟，德国还收获了其他战利品，补充之前从波兰和西欧掠夺的物资。德国最高指挥部宣称，德国人不会再次遭受1917年那样的粮灾了。各国对此持一定的保留意见。因为通过战争掠夺物资确实可以支持继续作战，但这种模式能持续多久就很难说了。

◇ 134 ◇

在两次世界大战之间，欧洲在农业方面取得了骄人的进步。在1910年之前，我们几乎不会在报纸上读到联合收割机的改进、杂交小麦的新品种，或者洋葱收成的新纪录。但1920年以后，农业新闻占据了大量版面，因为欧洲察觉到了自己的农业实力。“一战”时，欧洲无法养活人民；如今，欧洲意识到必须要采取措施，防止1917年的大规模饥荒重演……几乎欧洲各国的战后预算都表明，欧洲人要坚定发展农业。然而，农业支出依然远远少于军事支出。为什么会这样？1942年，南斯拉夫流亡政府的农业部长承认，在他的家乡，还有30

万把犁是木制的。我们可以把这个数字与步枪数量进行一下对比，毕竟步枪肯定不是木制的。

欧洲的自给自足是经过深思熟虑，非常小心谨慎才得以实现的。因此，这种状态在 1940 年彻底崩溃才更令人悲伤。纳粹蓄意摧毁了这些手下败将的粮食经济。

纳粹为何要这样做？就饥饿本身而言，它是一种自然现象，就像极地的严寒或火山的火焰，是人类无法控制的。劳伦斯 · 比尼恩[①]于 1918 年 12 月发表的诗作就体现了这一点：

我像影子一样来到万民之中。
我坐在每个人身侧。
人们看不到我，但他们对视时，
便知道了我的存在。
我的沉默就像那无声的潮水
淹没了孩子们的游乐场；
就像那长夜里愈加深重的寒霜，
让鸟儿在清晨死去。
军队大肆进攻，狂轰滥炸，
枪声响彻大地和天空。
我比军队更可怕，
我比炮弹更可怕。
国王和总理能发号施令；
而我无法命令任何人；
但我的听众多于国王，

① 劳伦斯 · 比尼恩（Laurence Binyon，1869—1943），英国诗人，曾任大英博物馆东方绘画馆馆长，是著名的东方文化研究学者。在国内知名的作品是《亚洲艺术中人的精神》（*The Spirit of Man in Asian Art*）。

也多于热情的演说家。
我令人言而无信，贪得无厌。
不遮不掩之人都知道我的存在。
万物生来就叫，死前也唤的
都是我，饥饿。

但是纳粹却想尽办法，要把这种自然本能的力量变成战争武器，像利用毒气和炮弹那样利用饥饿。希特勒如今成了发动欧洲饥荒的总工程师。纳粹靠饥饿杀人，他们就像计算弹道一般，精准地估算饥饿所能产生的影响。

只有走上战场的人才能吃饱。其他所有人根据自身的体力状况，或早或晚都会挨饿。这才是真正的饥荒条约。在 18 世纪，它是法国的噩梦。法国人臆想王室和贵族决心要减少法国人口，但那是一派胡言。即使法国贵族和王室有心谋划，旧秩序下的组织能力也不足以胜任这项任务。昔日这一派胡言如今却成为现实。奇妙的纳粹机器几乎在悄无声息地逐步实现其目的：通过人为制造饥荒来减少欧洲人口。

在历史上，因粮食结盟又因粮食反目，都不是什么新鲜事。罗马皇帝亦效仿过奥古斯都大帝做出的坏榜样。兴登堡在回忆录中提到，如果土耳其人民没有在最后一刻从当时被占领的罗马尼亚获得小麦缓解饥荒，土耳其在 1917 年冬天就会退出战争。人们总是倾向于牺牲敌人养活朋友。但是，在人类历史上从来没有出现过没收和扣缴这样阴毒的制度，它不仅使敌人挨饿，还使拒不合作的中立国也陷入饥饿。

希特勒的饥荒条约首先是一种战争手段。他需要比利时的工业：比利时 75% 的煤炭、80% 的纺织产品、80% 的皮革制品都运到了德国。笼络劳工奴隶最简单的方法是什么？用额外的面包卡诱惑他们。比利时面包简直令人难以下咽，其中只含有 50% 的面粉，另外 50% 是异物，又黑又粘，用刀切不开，只能揪下一团一团地吃。即便如此，有机会吃到面包的工人已经很开心了。而只有为德国工作的工人才能获得勉强维生的食物。1941 年 11 月时，德国为比利时人每天配给的食物是：1/4 盎司人造黄油、1/5 盎司黄油、1.5 盎司肉（包括 20% 的骨头）、7 盎司面包、1/5 盎司大米、1/12 盎司糖，1/5 盎司干菜和 15 盎司土豆。这听起来很可笑，就像是蟋蟀的食谱，但这却是为成年人提供的口粮。15 盎司土豆听起来慷慨，但纯粹是理论上的。在布拉班特省，大多数人连一个土豆都吃不到。

但饥荒条约又不仅仅是一种战争手段。希特勒的军队每次入侵新国土时都实行的科学劫掠制度，除了取胜之外还有其他目的。那就是为了德国利益而有意识地改变欧洲的人口数量。希特勒对劳施宁[①]直言：减少人口是一门科学。作为这门科学的总工程师，他在西部地区实施时有些束手束脚（因为英国人在密切关注），但在欧洲东部和东南部，他可怕而凶残的欲望显露无遗。

这种像科学一般的严密犯罪竟然在政治世界中真实存在，对只在电影或侦探小说里领略其中一二的美国人来说很难想象。但事实的确如此。在希特勒和同伙开始用科学方法制造饥荒之前，他们仔细阅读了国际联盟关于保护性饮食和营养不良的研究；还了解了人体补充细胞所需的食物。然后他们利用这些医学知识作为武器，杀死所有东部国家的国民，这样德国人就能占领这些土地了。在食物的分配上，他们也做了精细的区分。一些被纳粹踩在脚下的民族，比如波兰人，会沦为虚弱的农奴和奴隶；而另一些民族，比如犹太人，则要完全铲除。美国犹太作家鲍里斯·舒布曾为美国犹太人大会调查过这些问题。他表示，纳粹有一套臭名昭著的“种族饮食”科学，规定德国人能获

① 劳施宁，全名赫尔曼·劳施宁（Hermann Rauschning，1887—1982），德国保守反动派，曾短暂加入纳粹运动，后与其决裂。曾著有《希特勒谈话录》（*Conversation with Hitler*）。

得 100% 的所需热量，而总督府管辖的波兰人只能得到 65% 的热量，犹太人只能得到 21%。在食用油的分配上（纳粹新秩序下的各国均存在食用油短缺），德国人仍能满足 77% 的需求，但波兰人只能满足 18%，犹太人只有 0.32%。这个计划无疑经过了深思熟虑和精心设计，旨在创造三个种族：营养充足的“优等民族”、势力弱小而无法翻身的工人种族以及需要灭绝的种族。希特勒手下的这帮强盗按照自己无情的逻辑，甚至考虑到了最终失败的可能性。如果德国注定要再次战败，他们只要想到自己在战争年代制造的系统性饥饿将致使欧洲人口力量的平衡发生永久的根本性转变，也会死而无憾的。

1941 年，德国人入侵希腊时，所有食物不是立即吃光就是在五天内打包送到了德国。牛直接被当场射杀并屠宰。德国人才刚刚抵达雅典，面包就变了颜色。美国女作家伊丽莎白·沃森曾目睹现代的“哥特人”入侵了德墨忒尔的圣城。她在书中写道：“面包是最让雅典人感到不安的……它不是黑色的，而是灰色。里面掺杂了全国上下拼凑的各种谷物……还有很大一部分是锯末。”1942 年夏天，乔治斯·科利亚基斯报道说，雅典已经不再把尸体抬到墓地了，尸体都堆在门口的人行道上……雅典是一座精致的现代化城市，一座和平的城市。但德国司令部却下令从内部施加毒害，制造了人为饥饿，这比轰炸还要更野蛮。

那些从塞尔维亚、荷兰、法国和挪威逃出来的欧洲难民讲述了他们的经历。他们目睹了枪杀人质，叛乱被镇压，还有几个德军士兵被地下埋藏的炸弹炸死。有时，他们会提到，破败的法国小镇上有许多人排着长队买面包。人们等了一小时又一小时，一步步地向前挪动；然后玻璃开始嘎嘎作响，面包店也关门了。但他们不会说起那些不太光彩的事情，因为这些事没有人看到。没有人说起办公室，说起打字机犯下的暴行，是它们敲出了制造饥饿的法令，并将其付诸实施。难民无法得知这些真相，他们必须等待胜利的协约国军队打开文件柜，再等待政治家将罪犯绳之以法。

与此同时，欧洲已经没落了。波兰流行斑疹伤寒，出现了饥荒；法国和捷克斯洛伐克出现了肺结核和佝偻病；荷兰流产率上升；挪威的鱼类食品出现短缺；老年人的寿命缩短了 20 年。如果战争缩短三个月，就可以挽救数十万人的生命（因为美国的粮食就能够运抵了）。1918 年时，中欧遭受饥荒，德国和奥匈帝国流行病肆虐，整个欧洲面临感染风险。但今时不同往日。如今，若欧洲大陆瓦解了，将威胁整个世界。如果传染得不到遏制，一整代病患（不仅是德国人，而是全欧洲人）再过 20 年就将把疾病传给下一代。纽约市立大学亨特学院院长乔治·N. 舒斯特博士在《纽约邮报》上写道：

> 纳粹真正的力量来自上一次战争时还未到参军年龄的那一代人。这些年轻人患有重度营养不良，状况极为恶劣。除了较为显著的身体疾病外，他们还患有较为隐蔽的精神疾病，这必定也是营养不良所导致的。这一代人的病态就是野蛮纳粹运动的根源。假如我们在 1918 年就制定了道威斯计划[①]，从而防止德国的通货膨胀；假如我们在停战期间就允许粮食运入德国，我们也许就可以纠正年轻一代的问题，从而纠正整个德国的部分问题。

若将“德国”一词替换成“欧洲”，我们便可预测未来将会面临危险。

① 道威斯计划（Dawes Plan），道威斯委员会提出的解决德国赔款问题的报告。由于德国财力枯竭，加上战胜国争夺德国赔款的矛盾，德国按《凡尔赛和约》支付赔款问题成为 20 世纪 20 年代资本主义国际经济与政治中难以解决的纠纷。第一次世界大战结束后，协约国于 1924 年制订了该德国赔款支付计划。

◇ 135 ◇

要说起当前欧洲饥荒中潜在的生物性危害，几乎没有人能比“一战”后美国救济管理局局长胡佛更权威了。停战后两周内，胡佛就带领若干美国食品管理局的要员组成核心团队，来到设在巴黎的总部，又招募了大量熟练的助理，将团队规模扩充到了1500人。

胡佛将欧洲局势描绘如下：“中立集团”有六个国家（丹麦、荷兰、挪威、西班牙、瑞典和瑞士），拥有4300万人口，本身具备航运能力和资金。“盟国集团”有五个国家（英国、法国、意大利、希腊和葡萄牙），拥有1.32亿人口，当然也可以自行提供资金和航运。“敌国集团”有四个遭到削弱的国家：奥匈帝国、保加利亚、德国和土耳其，共有1.02亿人口。最后是“解放集团”，有13个大小不一的国家（阿尔巴尼亚、亚美尼亚、阿塞拜疆、比利时、爱沙尼亚、拉脱维亚、立陶宛、捷克斯洛伐克、芬兰、格鲁吉亚、波兰、罗马尼亚和南斯拉夫），拥有9800万人口。共计28个国家，约3.75亿人。当然，不是所有人都在挨饿，但他们都在不同程度上缺乏食物和生活必需品。

胡佛坚定地向饥饿发起攻势。只有因发生内战而导致分发粮食和衣服的员工遭到怀疑，救济才被迫暂停，俄国就属于这种情况。此外，胡佛一度无法向挨饿的匈牙利人民送粮，这种局面持续了数月。当时，在美国人努力为匈牙利供粮期间，匈牙利经历了四次革命。分发粮食也讲究技巧，不能碰运气。工作人员必须依靠当地的官员，可大多数之前熟识的官员都被赶下台了。由于惊慌失措，官员有时会要求立刻送来全部的粮食。人民正在挨饿，而他们无法相信美国有足够的财力提供支撑，可以始终如一地履行承诺……

随着分发粮食的救济者向东推进，问题变得越来越严峻。由于四个昔日帝国垮台，促使欧洲大部分地区进入了彻底的无政府状态。有手段的人从农民手中抢走了粮食，或是囤积起来，或是在黑市出售。在无助的城市里，贫民的处境一度比停战前更加悲惨，因为那时至少还实行严格的粮食管制。因此，有必要在各个新政府中设立更加称职的粮食管理部门。这对美国人来说是一项艰巨的任务。因为现在管理东欧饥民的人员缺乏行政管理经验，他们更多地专注于政治和社会意识形态问题，而不是打理单调乏味的政府行政事务。

但胡佛的外交手段最终成功了。虽然遇到了财政和运输方面的困难，但他还是成功为欧洲提供了粮食；他把校舍、公共建筑和私人住宅改建成了厨房和就餐场所；他为 1500 万名欧洲儿童提供了食物，将超过 17.5 万吨的捐赠衣物交到了受益人手中。美国用于慈善事业的总支出达到约 3.25 亿美元。

只有在一件事上，胡佛没有成功。他曾提出签署停战协定后立即解除对德国的封锁，但这个明智的建议却遭到了福煦元帅的坚决拒绝，其他协约国军事领导人也表示严正拒绝。胡佛意识到，如果继续实行粮食封锁，将不可避免地造成大量德国人死亡，严重危害他们的健康。但是，尽管他设法解除了中立国和被解放国家的封锁，各方却不同意解封德国及其前卫星国。福煦在贡比涅下令："协约国及参战各国设置的现有封锁条件将保持不变，海上发现的德国商船仍可加以俘获。"后来他又声明"协约国和美国考虑在必要时向德国提供物资"，措辞的确有所缓和，不过这一条款从未落实。

在 1919 年 6 月 28 日，和平到来之前，德国的确一直在挨饿。从军事意义上讲，福煦或许是对的；他担心如果德国人能够获得充足的粮食，就不会签署和平条约；但从长远来看，这种拖延危害了德国人民，对他们造成了精神损害，让他们很容易受到新一波民族主义浪潮的蛊惑。毫无疑问，这有助于希特勒的登台。胡佛预见到了这一点。他（在威尔逊总统的支持下）与协约国军队领导人据理力争的相关内容经过苏达·L. 贝恩和拉尔夫·H. 卢茨的整理，形成了大约800页的文件。通过阅读这些信件、电报和备忘录，我们得以了解当时种种历史成就与错误的全貌，这非常具有指导意义。

◇ 136 ◇

饥饿会让人精神错乱。这在各地都一样。著名的俄裔美国社会学家索罗金就在他最后一本书中写道："在灾难中，人和社会完全切断了与传统伦理道德原则之间的联系。"1922年，德国作家阿图尔·霍利切尔沿着伏尔加河顺流而下，他看到沿岸地区饥荒肆虐，食人现象屡见不鲜。人们像未开蒙的野兽一样，吃掉了死去的同胞。吃人的人活了下来。但他们能忘记自己出于绝望所做的事吗？……1919年，德累斯顿由于粮食短缺爆发了骚乱。当时有一名社会主义者担任部长。暴徒闯入政府，把他们刚刚推选的这位部长拖到易北河的桥上，推进河里，并开枪打死了他。几名神志不清的暴徒被捕了，但他们解释说自己忘记了萨克森现在是共和国，还以为是在革命前的萨克森王国，以为自己杀的是国王大臣德尔萨将军……

1919年的复活节，胡佛在巴黎旅馆中收到了一封来自波兰的电报，说是因为分发美国小麦而爆发了大屠杀。他简直不敢相信，但这是真的。1919年4月5日，37名犹太人在"聚众讨论如何分发来自美国的逾越节面粉之后"而在平斯克被处死。这简直是欲加之罪。但是，在波兰，人人因挨饿而精神错乱，又出于中世纪的恐惧，担心自己灵魂安全，烤不发酵的面包还是很危险的……胡佛气得重重拍桌，召见了时任波兰总理伊格纳齐·扬·帕德雷夫斯基。总理牵强地解释道："那些犹太人可能是共产主义者。"但胡佛拒绝接受这一解释，并要求立即平息种族和宗教暴动。

接下来，到处都出现了疯狂的行为。但是，在过去四年间持续肆虐、结束无望的饥荒，远不及 1918 年的那一场严重。如果希特勒得以继续实施残忍的饥荒条约，他危及的将不止这一代被征服的民族，还将危害尚未出生的欧洲人。全世界将迎来一代又一代身体机能退化之人，以及潜在的恐怖分子。

在“二战”结束之后，全世界都处于饥饿状态，必须供给粮食。罗斯福总统和丘吉尔首相已经承诺要救济受害者，但这救济任务比“一战”后更加繁重，也更为艰巨。1918 年 10 月，眼看停战将近，胡佛得以向威尔逊总统提交了一份全球物资供应清单，显示共计需要约 3000 万吨食物。但这一次，这些物资已经远远不够了。“二战”后，约有 3.9 亿人需要获得食物。不仅欧洲人民需要救济，中国也需要。另外，俄国也需要美国面包。尽管植物学家创造了奇迹，使俄国甚至能在靠近北极圈的地区种植粮食；尽管越来越多的专家队伍使冻原开花，并结出丰硕的庄稼（美国政治家温德尔·威尔基在 1942 年环游世界时看到这一景象，大吃一惊），但在俄国恢复西部战后留下的焦土之前，仍然需要依赖美国面包。

要种植并收割足以养活这么多人的粮食，对美国农业来说是一个艰巨的任务。六千年来，每场战争都是对农业的打击。由于大量农民应征入伍，由于农业设备磨损加快无法更换，造成机器日益减少，再加上生产肥料的原料也都用来生产炸药，美国的粮食产量在漫长的战争期间很可能只降不增。只有将农业与军工产业放在同等重要的位置上，才能实现和平，而且是名副其实的“面包和平”。

新成立的联合国善后救济总署署长赫伯特·F. 莱曼面临着人类历史上最繁重的社会和经济重建工作。在开始这项事业之前，我们应该回想一下先知约珥所说的，上帝对人类的誓言：“蝗虫，蝻子，蚂蚱，剪虫，那些年所吃的，我要补还你们……你们必多吃，而得饱足。”[1]因为让全世界免于匮乏、实现自由，是一件非常伟大的事！

1943 年 11 月，在大西洋城举行的粮食会议上，有 44 个国家的政府联合参会。他们都知道，遭受纳粹和日本侵略的受害者不仅需要面包、衣服和药品，还需要种子、牲畜、原材料、机械、工具、器具，甚至房屋。即使大英帝国及其自治领按照人们的希望，将为救济工作做出巨大贡献，人们也很可能会要求美国捐赠一年国民收入的 1%，即 10 多亿美元。罗斯福总统明智地指出，战争的代价会比这昂贵得多！这笔钱也不会仅仅用于慈善事业。

当然，要实现这一点，捐赠国和受赠国之间必须充分合作，尤其是要建立某种全球配给制度。很明显，美国人民尽管取得了战争的胜利，但他们也无法像战前那样能够轻松便利地购买商品。甚至在战后很久很久之后都是这样！虽然每个政客都只敢谨慎地谈论这个问题，但美国义不容辞。如果美国只顾独善其身，实行孤立主义，那第三次世界大战将很快来临。到了那时，食物充足的美国可能会被世界上其他饥饿的国家群起而攻之。

1943 年 5 月，胡佛告诉我：“世界和平意味着面包和平。枪炮打响了战争，但面包总能结束战争……我们必须要再次养活全世界！”然后他又补充道：“美国人很难想象大规模饥饿的情形。我们美国从来没有这样的事……”的确如此。即使地球上所有东西对欧洲人来说都成了模糊的记忆，但在美国仍然可以买到。每个美国人都把这看作是理所当然的事，甚至有些太理所当然了。谷类食品供应充足，各种面包都能买到。意大利裔美国人可以选择他钟爱的复活节鸡蛋面包；法国裔美国人可以吃到“如夏日云彩一般松软”的巴黎白面包；生活在

① 《圣经 · 约珥书》，第 2:25–26 节。

纽约的德国人可以选择心爱的黑麦面包；明尼苏达州的挪威人可以选择松脆的未发酵面包。他们几乎无法理解，在他们祖父母生活的大陆上，面包已不复存在。

我对这一点有清楚的认识，因为我也亲身经历过。在布痕瓦尔德集中营，我们根本没有真正的面包；所谓的面包是土豆粉、豌豆和锯末的混合物。面包芯的颜色像铅一样，外皮和口感都像铁一样。这种面包还会渗水，就像饱受折磨之人额头上的汗水……然而，我们还是把它叫做面包，为的是纪念我们以前吃过的真正的面包。我们爱它，还迫不及待地等着有人把它分给我们。

许多人就在集中营里离开了这个世界，一生都没有尝到过真正的面包。而我还活着，还能吃到真正的面包，这对我来说简直不可思议。面包是神圣的，也是世俗的。人人皆有面包之时才最是美妙。在人类与面包并肩生活的6000年里，总有世间万物都得偿所愿、“而得饱足”的时刻。《圣经》中只用四个字，就淋漓尽致地表达出了这种幸福、满足和感恩。

译名表

A

A. W. 卢那察尔斯基，A. W. Lunacharsky

A. 海厄特・弗里尔，A. Hyatt Verrill

阿比西尼亚，Abyssinia

阿拉戈，Arago

阿勒恩 - 埃丁，Aln-Eddin

阿勒格尼山脉，Alleghenies

阿里奥维斯图斯，Ariovistus

阿里亚加，Arriaga

阿米亚诺斯・马尔塞利诺斯，Ammianus Marcellinus

阿切斯特拉图，Archestratus

阿斯图里亚斯，Asturias

阿坦齐克，Ataentsik

阿忒那奥斯，Athenaeus

阿特沃特，Atwater

阿图尔·霍利切尔，Arthur Holitscher
阿托利科，Attolico
阿维尼翁，Avignon
埃德蒙·拉芬，Edmund Ruffin
埃德温·马卡姆，Edwin Markham
埃里克·瓦斯曼，Erich Wasmann
埃伦弗里德·普法伊费尔，Ehrenfried Pfeiffer
埃米尔·佛兰魁，Emile Francqui
埃米勒·维尔哈伦，Emile Verhaeren
埃内亚·皮科洛米尼，Enea Piccolomini
埃塞尔伯特，Ethelbert
埃兹拉·帕马利·普伦蒂斯，Ezra Parmalee Prentice
艾奥斯克哈，Ioskeha
艾伯塔，Alberta
安德烈亚斯·卡尔施塔特，Andreas Karlstadt
安格斯·麦凯，Angus MacKay
昂吉安，Enghien
敖德萨，Odessa
奥贝德·赫西，Obed Hussey
奥尔格·多察，Georg Docza
奥尔卡尼亚，Orcagna
奥格斯堡，Augsburg
奥利弗·埃文斯，Oilver Evans
奥利弗·哥尔德斯密斯，Oliver Goldsmith
奥斯卡·戈尔德贝格，Oscar Goldberg

B

布戈涅，Bourgogne

布拉班特，Brabant

布拉格，Prague

布雷斯劳，Breslau

布雷西亚，Brescia

布吕恩，Brünn

布瓦西·丹格拉斯，Boissy d’Anglas

C

C.B. 约翰逊，C. B. Johnson

C.M. 普赖斯，C. M. Price

查尔斯·B. 加斯基尔，Charles B. Gaskill

查尔斯·R. 道奇，Charles R. Dodge

查尔斯·达尔文，Charles Darwin

查尔斯·克罗克，Charles Crocker

查尔斯·纽博尔德，Charles Newbold

查尔斯·桑德斯，Charles Saunders

查理大帝，Charlemagne

昌西·古德里奇，Chauncey Goodrich

长岛，Long Island

D

大特吕昂德里街，Rue de la Grande Truanderie

大主教宫，Archiepiscopal Palace

代根多夫，Deggendorf

丹尼尔·布林顿，Daniel G.Brinton
德·穆西斯，De Mussis
德迪，Dedi
德尔布吕克，Delbrück
德尔图良，Tertullian
德累斯顿，Dresden
德尼·弗朗索瓦，Denis François
德萨哈冈，De Sahagun
狄德罗，Diderot
狄德罗，Diderot
迪凯奥斯，Dikaios
底比斯，Thebes
蒂埃里，Thierry
蒂罗尔，Tyrol
佃户黑尔姆布雷希特，Meier Helmbrecht
都柏林，Dublin
杜·孔日，Du Cange
多萝西·贾尔斯，Dorothy Giles
多切斯特，Dorchester

E

E.T.A. 霍夫曼，E.T.A.Hoffmann
E. 迪布瓦·雷蒙，E. Dubois Reymond
厄普顿·辛克莱，Upton Sinclair
恩赫尔·德·格特纳，Wernher der Gärtner
恩纳，Enna

F

法兰克尼亚，Franconia

法伊特·金德林格尔，Veit Gundlinger

法依夫，Fife

范·列文虎克，Van leeuwenhoek

菲利普·阿穆尔，Philip Armour

费迪南德·戈奇，Ferdinand Goetsch

费雷罗，Guglielmo Ferrero

费罗，Féraud

弗拉基米尔·西姆霍维奇，Vladimir Simkhovitch

弗兰克·M. 瑟菲斯，Frank M. Surface

弗兰克·诺里斯，Frank Norris

弗朗茨·舒伯特，Franz Schubert

弗朗西斯·德雷克，Francis Drake

弗雷泽，Frazer

弗里茨·罗伊特，Fritz Reuter

弗里德里希·海勒尔，Friedrich Heiler

弗洛里安·盖尔，Florian Geyer

伏尔泰，Voltaire

符拉迪沃斯托克，Vladivostok

符腾堡，Wuerttemberg

福雷尔，Auguste Forel

福特希尔，Fort Hill

傅华萨，Jean Froissart

富兰克林·沃克，Franklin Walker

G

H

哈丽雅特・马蒂诺，Harriet Martineau
哈丽叶特・比切・斯托，Harriet Beecher Stowe
哈维・W. 威利，Harvey W. Wiley
海杜克，Hayduck
海尔布隆，Heilbronn
海勒姆・穆尔，Hiram Moore
汉弗莱・戴维，Humphry Davy
汉斯・弗里登塔尔，Hans Friedenthal
汉斯・辛瑟尔，Hans Zinsser
汉斯・珍妮，Hans Jenny
赫伯特・卡森，Herbert Casson
赫伯特・克拉克・胡佛，Herbert Clark Hoover
赫伯特・F. 莱曼，Herbert F. Lehman
赫伯特・巴克，Herbert Backe
赫尔芬斯泰因伯爵，Count von Helfenstein
黑尔里格尔，Hellriegel
亨利・华莱士，Henry A. Wallace
亨利・克拉普・薛尔曼，Henry Clapp Sherman
华金・米勒，Joaquin Miller
霍勒斯・H. 戴，Horace H. Day
霍勒斯・格里利，Horace Greeley

I

I.N. 达林，I. N. Darling

J

吉迪恩·林西克姆，Gideon Lincecum
吉森，Giessen
加布里埃尔·塔尔德，Gabriel Tarde
加尔西拉索·德拉维加，Garcilaso de la Vega
杰克·凯德，Jack Cade
杰思罗·塔尔，Jethro Tull
金斯林格尔，Genslinger
居斯特罗，Güstrow

K

卡代·德沃，Cadet de Vaux
卡尔·比歇尔，Karl Bücher
卡尔·冯·登·施泰因，Karl von den Steinen
卡莱特，Arthur Kallet
卡萨尔，Casal
卡什帕·克洛克，Kaspar Klock
卡什帕·施文克费尔德，Kaspar Schwenckfeld
卡塔赫纳，Cartagena
卡西米尔，Casimir
卡西米尔·冯克，Casimir Funk
康奈利乌斯·奈波斯，Cornelius Nepos
康斯坦丁·波别多诺斯采夫，Konstantin Pobyedonostsev
康塔屈泽纳，Cantacuzene

柯蒂斯·杰德温，Curtis Jadwin
柯利斯·P. 亨廷顿，Collis P. Huntington
科尔新堡，Korneuburg
科克，Cork
克拉科夫，Kraków
克莱奥帕特拉，Cleopatra
克劳德·洛兰，Claude Lorrain
克里斯托弗·卢德维克，Christopher Ludwick
克里特岛，Crete
口吃者诺特克，Notker Balbulus
库尔顿，G.G.Coulton
库尔特·冯·施莱谢尔，Kurt von Schleicher
库内什·翁·特雷博韦尔，Kunes von Trebovel

L

拉布吕耶尔，La Bruyère
拉德哈卡马尔·穆克尔德斯基，Radhakamal Mukerdschi
拉尔夫·H. 卢茨，Ralph H. Lutz
拉费泰苏茹瓦尔，La Ferté-sous-Jouarre
拉福利特，La Follette
拉特兰法令， Lateran Edict
莱尼亚戈，Legnago
莱斯博斯岛，Lesbos
莱辛，Gotthold Ephraim Lessing
勒·德洛尼，Guillaume-François Le Trosne

勒阿弗尔，Le Havre

勒格兰，Legrain

勒格朗·多西，Le Grand d’Aussy

勒克瑙，Lucknow

勒雷·德绍蒙，Le Ray de Chaumont

勒内·迪贝莱，René du Bellay

雷根斯堡，Ratisbon

雷根斯堡的贝特霍尔德，Berthold von Regensburg

李比希，Liebig

里加港，Riga

里夏德·希尔德布兰特，Richard Hildebrandt

利兰·斯坦福，Leland Stanford

利摩日，Limoges

列夫广场，Place de Grève

林肯·艾尔，Lincoln Eyre

林肯的圣休骑士，Hugh of Lincoln

卢伯克，John Lubbock

卢瑟·伯班克，Luther Burbank

鲁伦·S. 豪厄尔斯，Rulon S. Howells

路易斯·I. 泰伯，Louis I. Taber

罗伯特·艾斯勒，Robert Eisler

罗伯特·伯恩斯，Robert Burns

罗伯特·皮尔，Robert Peel

罗伯特·塞西尔，Robert Cecil

罗克福德，Rockford

罗兰·G. 厄舍，Roland G. Usher

罗马尼斯，George Romanes
罗尼克尔，Lonicer
罗斯托夫采夫，M.Rostovzev
罗素·史密斯，Russell Smith
罗兹，Lódź
吕贝克，Lübeck

M

马丁·贡佩尔特，Martin Gumpert
马克·霍普金斯，Marc Hopkins
马克·卡尔顿，Marc Carleton
马克·库克，Mac Cook
马克·吐温，Mark Twain
马克萨斯群岛，Marquesas Islands
马莱·迪庞，Mallet-Dupan
马利塞，Malisset
马尼托巴，Manitoba
马萨里克，Tomas Garrigue Masaryk
马瑟尔泥潭，Mussel Slough
迈尔斯·斯坦迪什，Miles Standish
麦克纳里，McNary
曼克奈斯·台力克，Magnus Derrick
梅德斯通，Maidstone
蒙森，T.Monssen
明尼阿波利斯，Minneapolis

N

O

P

帕奎乌斯·普罗库鲁斯，Paquius Proculus
帕特里克·贝尔，Patrick Bell
佩尔西乌斯，Persius
佩吕绍，Per-rucho
佩特洛尼乌斯·阿比特，Petronius Arbiter
彭诺克。Pennock
平斯克，Pinsk
普尔曼，Pullman
普雷沃·德博蒙，Prévost de Beaumont

Q

钱皮恩，Champion
乔叟，Chaucer
乔治·H. 沙尔，George H. Shull
乔治·克拉布，George Crabbe
乔治·N. 舒斯特，George N. Shuster
乔治斯·科利亚基斯，Georgios Koliakis
切萨雷·龙勃罗梭，Cesare Lombroso

R

让·吕埃尔，Jean Ruel
热纳维耶芙，Sainte Geneviève

S

萨凡纳共和党人报，Savannah Republican

萨克森明镜，Sachsenspiegel

萨卢斯特，Sallust

萨洛蒙·得·高斯，Salomon de Caus

萨洛尼卡，Salonika

萨斯喀彻温，Saskatchewan

塞巴斯蒂安·布兰特，Sebastian Brant

塞巴斯蒂安·洛茨，Sebastian Lotzer

塞戈维亚，Segovia

塞缪尔·巴特勒，Samuel Butler

塞缪尔·约翰逊，Samuel Johnson

沙特莱公爵，Duc de Châtelet

圣彼得，Saint Peter

圣格特鲁德，St. Gertrade

圣西蒙，Saint Simon

施林克，F.J.Shlink

施派尔，Speyer

斯蒂芬·塞切尼，Stephen Széchenyi

斯拉沃维察，Slavovitsa

斯坦克利夫·戴维斯，Stancliffe Davis

斯特拉波，Strabo

斯特拉斯堡，Strasbourg

松高尔，Schongauer

苏埃尼托乌斯，Suetonius

苏达·L. 贝恩，Suda L. Bane

苏亚雷斯，Suarez

苏伊达斯，Souidas

索非亚，Sofia

索罗金， Pitirim A. Sorokin

T

塔拉戈纳，Taragona

塔维斯卡拉，Tawiskara.

塔西佗，Tacitus

泰罗城，Tello

泰纳，Hippolyte Taine

昙无谶，Dharmakṣema

汤曾德子爵，Viscount Townshend

特拉波的马丁，Martin von Troppau

特里马尔奇奥，Trimalchio

腾尼·弗兰克，Tenney Frank

提尔，Tyre

图尔的贝朗热，Bérenger of Tours

图莱里，Tulare

托马斯·阿奎那，Thomas Aquinas

托马斯·马费特，Thomas Muffett

托马斯·闵采尔，Thomas Munzer

托马斯·文纳，Thomas Venner

W

W. M. 惠勒，W. M. Wheeler

W.B. 沃德，W. B. Ward

沃尔弗拉姆·冯·埃申巴赫，Wolfram von Eschenbach
沃尔特·斯科特 (Walter Scott)
沃什伯恩，Washburn
沃什伯恩，Washburn
乌尔里希·冯·胡滕，Ulrich von Hutten

X

西埃萨·德莱昂，Cieca de Leon
西奥多·罗斯福，Theodore Roosevelt
锡拉库萨，Syracuse
席勒，Schiller
夏尔特尔主教，Bishop of Chartres
辛辛那提，Cincinnati

Y

雅各比，Jacobi
雅各布·格林，Jacob Grimm
雅各布·苏兹贝格，Jacob Sulzberger
亚伯拉罕·莫里森，Abraham Morrison
亚里斯坦德，Aristander
亚历山大·汉密尔顿，Alexander Hamilton
亚历山大·斯塔姆博利伊斯基，Alexander Stambuliski
亚历山大的克雷芒，Clemens Alexandrinus
亚历山德里亚，Alexandria
延岑斯泰因，Jentzenstein

伊格纳齐·帕德雷夫斯基，Ignace Paderewski
伊丽莎白·沃森，Elizabeth Wason
伊萨克·卡索邦，Isaac Casaubon
伊特鲁里亚，Etruria
易北河，Elbe
英诺森三世，Innocent III
尤金·德布斯，Eugene Debs
尤卡坦半岛，Yucatan
尤利乌斯·费尔米库斯·马特尔努斯，Julius Rimicus Maternus
雨果·法尔西蒂，Hugo Farsitus
约翰·M. 曼尼，John M. Manny
约翰·P. 卡斯蒂斯，John P. Custis
约翰·贝克曼，John Beckman
约翰·迪尔，John Deere
约翰·恩迪科特，John Endicott
约翰·冯·克罗莱维茨，Johann von Krolewiz
约翰·福勒，John Fowler
约翰·福斯特，John Forster
约翰·胡斯，John Huss
约翰·杰拉德，John Gerarde
约翰·卡弗，John Carver
约翰·莱恩，John Lane
约翰·劳斯，John Lawes
约翰·施特劳斯，Johann Strauss
约翰·威克里夫，John Wyclif
约翰·温思罗普，John Winthrop

约翰·谢伊，John Shay

约翰内斯·冯·萨茨，Johannes von Saaz

约翰内斯·陶勒尔，Johannes Tauler

约克法，Statute of York

约瑟夫·赫格希默，Joseph Hergesheimer

约瑟夫·莱特，Joe Leiter

Z

泽西岛，Jersey

詹姆斯·特拉斯洛·亚当斯，James Truslow Adams

詹姆斯·瓦特，James Watt

朱尔·朱瑟朗，Jules Jusserand

朱利叶斯·巴恩斯，Julius Barnes

《13、14 和 15 世纪伦敦和伦敦生活编年史》，*Memorials of London and London Life in the 13th，14th and 15th Centuries*

《安内特》，*Annette*

《唱歌的山谷》，*Singing Valleys*

《朝圣先辈及其历史》，*The Pilgrims and Their History*

《大地的成长》，*Growth of the Soil*

《底层拉丁世界辞典》，*Glossaire de la Basse Latinité*

《独立》杂志，*The Independent*

《发明与发现史》，*History of Inventions and Discoveries*

《法国大革命》，*Considérations Sur les Principaux Événements de la Révolution Française*

《繁殖》，*Fécondité*

《讽刺诗集》，*Satires*

《弗拉芒的女人》，*Les Flamandes*

《哥伦布来晚了》，*Columbus Came Late*

《共济会的历史》，*History of Freemasonry*

《关于小麦和面粉的实验和思考》，*Expériences et reflexions sur le blé et les farines*

《广告报》，*Advertiser*

《哈布斯堡伯爵》，*Der Graf von Habsburg*

《海华沙之歌》，*The Song of Hiawatha*

《化学随笔》，*Chemische Briefe*

《饥饿万岁》，*Heil Hunger*

《饥饿与历史》，*Hunger and History*

《金钱》，*L'Argent*

《禁忌与灵魂的危险》，*Taboo and the Perils of the Soul*

《旧金山观察家报》，*San Francisco Examiner*

《坎特伯雷故事》，*Canterbury Tales*

《老鼠、虱子和历史》，*Rats，Lice，and History*

《勒特雷尔圣诗集》，*Luttrell Psalter*

《流行诗歌》，*Muse Populaire*

《论马铃薯栽培和用途》，*Traité sur la cultureet les usages de pomme de terre*

《罗马经济史》，*Economic History of Rome*

《罗马沦陷新思考》，*Rome's Fall，Newly Considered*

《马耕农事学》，*Horse-hoeing Husbandry*

《梅尔策尔的棋手》，*Maelzel's Chess Player*

《萌芽》，*Germinal*

《秘鲁编年史》，*Chronicadel Peru*

《面包和啤酒法令》，*Assisa panis*

《面包师周刊》，*Bakers' Weekly*

《纽约论坛报》，*The New York Tribune*

《纽约邮报》，*New York Post*

《农夫皮尔斯》，*Piers Plowman*

《农事诗》，*Georgies*

《农业哲学》，*Philosophie Rurale*

《女巫之锤》，*Malleus Malefic arum*

《钱伯斯百科全书》，*Chambers' Encyclopedia*

《人口论》，*Essay on Population*

《人是机器》，*L'homme Machine*

《深渊》，*The Pit*

《生活》，*Life*

《生态农业和园艺》，*Bio-Dynamic Farming and Gardening*

《汤姆叔叔的小屋》，*Uncle Tom's Cabin*

《土地》，*La Terre*

《我们的土地和土地政策》，*Our Land and Land Policy*

《我所了解的农业》，*What I Know of Farming*

《物种起源》，*Origin of Species*

《希腊诗选》，*Greek Anthology*

《橡树林间空地》，*The Oak Openings*

《一亿只豚鼠》，*100000000 Guinea Pig*

《英格兰概览》，*Description of England*

《英国庄园生活》，*Life on the English Manor*

《玉米纵览》，*Observations on Maize or Indian Corn*

《预言》，*Prohecies*

《约翰逊字典》，*A Dictionary of the English Language*

《章鱼》，*Octopus*

《中世纪的农村》，*Medieval Village*

《种植土豆提升英国人幸福感》，*England's Happiness Increased by a Plantation of Potatoes*

《自由射手》，*Der Freischütz*

后记

SIX THOUSAND YEARS OF BREAD

面包史是一门科学，根植于许多其他学科，从植物学到农业经济，从烘焙技术到政治和神学，涉猎甚广。我在编写本书的过程中可能参阅了 4000 部著作，从中查找事实，汲取灵感。

同时，我也要感谢巴黎、伦敦、苏黎世、斯德哥尔摩和圣彼得堡的多座伟大的图书馆。得益于它们的善举，我才能够开展研究。最重要的是，我要向哥伦比亚大学图书馆和纽约公共图书馆致以最衷心的感谢，感谢它们在我被迫逃离欧洲躲避纳粹统治之后，帮助我在过去四年间存放并保护我的研究资料。

另外，我还要感谢爱妻在集中营期间将尚未完成的书稿藏匿，否则野蛮的士兵会将其付之一炬。我也要感谢我的朋友、宗教史学家罗伯特·艾斯勒。在达豪和布痕瓦尔德的黑暗岁月里，是他一直激励我，不要放弃完成并出版本书的希望。就自然科学的相关研究而言，我要感谢纽约的库尔特·罗森沃尔德博士所提供的帮助。